"十一五"国家科技支撑计划课题

黄一如主编

不同地域特色村镇住宅建筑设计模式研究系列丛书

村镇住宅可持续设计技术

Sustainable Design for Chinese Rural Housing

陈 易 高乃云 张永明 寿青云 编著

Chen Yi, Gao Naiyun, Zhang Yongming, Shou Qingyun

U0194872

中国建筑工业出版社

图书在版编目（CIP）数据

村镇住宅可持续设计技术 / 陈易等编著 .—北京：中国建筑工业出版社，
2012.7

（"十一五"国家科技支撑计划课题，黄一如主编　不同地域特色村镇
住宅建筑设计模式研究系列丛书）

ISBN 978-7-112-14511-9

Ⅰ.①村…　Ⅱ.①陈…　Ⅲ.①农村住宅–建筑设计　Ⅳ.① TU241.4

中国版本图书馆 CIP 数据核字（2012）第 161724 号

本书从节地、节能、节水、节材、环境保护五个方面出发，详细论述了当前我国村镇住宅可持续设计的原则和方法，对我国当前村镇住宅设计、尤其是村镇住宅的可持续设计具有较好的指导价值。

本书吸取了当前国内外关于村镇住宅可持续设计的最新理念和研究成果，是国内目前在这一领域较为详尽、较为系统的著作。全书重点突出、论述科学、语言朴实、具有较强的理论性和实用性，可供建筑设计、热工设计、给排水设计、环境保护设计、材料选用等方面的专业人士、高等院校的师生和相关人士阅读使用。

This book explores the sustainable design principles and methods for Chinese rural housing from the viewpoints of land saving, energy conservation, water conservation, material saving and environmental protection.

With its comprehensive and systematic coverage on the knowledge of sustainable design, this book can serve as a valuable reference for professionals and students in architectural design, thermal design, water supply and drainage design, environmental protection design, materials engineering, as well as for general readers who are interested in sustainable development and housing design.

*　　*　　*

责任编辑：滕云飞

责任设计：赵明霞

责任校对：张　颖　陈晶晶

"十一五"国家科技支撑计划课题

黄一如主编

不同地域特色村镇住宅建筑设计模式研究系列丛书

村镇住宅可持续设计技术

Sustainable Design for Chinese Rural Housing

陈　易　高乃云　张永明　寿青云　编著

*

中国建筑工业出版社出版、发行（北京西郊百万庄）

各地新华书店、建筑书店经销

北京科地亚盟排版公司制版

北京建筑工业印刷厂印刷

*

开本：880×1230 毫米　1/16　印张：19¼　字数：490 千字

2013 年 4 月第一版　2013 年 4 月第一次印刷

定价：**50.00** 元

ISBN 978-7-112-14511-9

（22594）

作者简介

陈易，男，1966 年生，博士，同济大学建筑与城市规划学院教授、博士生导师。国家一级注册建筑师，意大利帕维亚大学访问教授。中国美术家协会环境设计艺术委员会委员，上海建筑学会理事、上海建筑学会室内外环境设计专业委员会副主任。长期从事教学、科研和实践工作，参加了一系列国内外学术会议，公开发表多部著作和多篇论文，主持和参加多项国家和省部级科研项目。主要研究领域：生态建筑、室内外环境设计。

高乃云，女，1949 年生，博士，同济大学环境科学与工程学院教授、博士生导师。曾任同济大学市政工程系主任、高等学校给水排水工程第四届专业指导委员会副主任、全国高等学校土建学科教学指导委员会委员。主持或参加完成国家自然科学基金、水专项、国家科技支撑计划、国家发展计划（863）课题。主编专著 3 部，副主编教材 1 部；与他人一起在中外杂志上发表论文 250 余篇；授权发明专利 10 余项；获国家级、上海市和教育部等省部级教学和科研奖及精品课程近 10 项。

张永明，男，1969 年生，同济大学材料科学与工程学院高级工程师，同济中欧建筑节能培训与研究中心常务副主任。中国建筑学会建材分会理事，墙体保温材料及应用技术专业委员会副主任委员。主持并参与多个国家、行业标准的制订工作。"商品砂浆生产与应用技术研究" 2006 年获上海市科技进步三等奖。

寿青云，男，1977 年生，博士，同济大学机械与能源工程学院制冷与热工程研究所讲师。主要研究方向为制冷空调系统优化设计、建筑设备节能技术和低碳能源系统规划等。在国内外重要学术期刊及会议上已发表论文 20 多篇，其中 EI 收录 3 篇；参与 4 部专业著作的编写，并作为主要研究人员参与了十多项国家科技部 "十一五" 科技支撑项目和上海市科技创新计划的科研工作。

前　言

改革开放以来，我国城市化进程迅猛。但尽管如此，我国仍有一半人口生活在农村，农村住宅仍然占有半壁江山。与此同时，随着生活水平的提高和新农村建设的推进，全国各地正面临大量新建村镇住宅及现有农村住宅的改造重建工作，任务艰巨。针对这一形势，国家"十一五"科技支撑计划支持了《不同地域特色村镇住宅建筑设计模式研究》（2008BAJ08B04）课题，希望通过研究，为我国农村人居环境建设提供理论指导。

建设良好的农村人居环境需要多方的努力，本书则致力于从可持续设计的角度出发，研究村镇住宅的设计。可持续设计涉及多方面的内容，不同学者有不同的论述和观点。为了使研究成果能够具有较大的可操作性，课题组遵循《绿色建筑评价标准》（GB/T50378-2006）中的原则，从节地、节能、节水、节材、环境保护五个方面出发，详细论述了村镇住宅可持续设计的原则和方法，希望对我国的农村人居环境建设有所裨益。

本课题属于《不同地域特色村镇住宅建筑设计模式研究》（2008BAJ08B04）中"村镇住宅可持续设计技术研究"子课题（2008BAJ08B04-02）。在课题研究工作中得到了中华人民共和国科学技术部、上海市科学技术委员会、同济大学等单位的支持，尤其得到国家科学技术部组织的专家评委们的多次指导，在此谨表示诚挚的谢意。同时，也得到相关子课题研究人员的大力支持，中国建筑工业出版社的领导和编辑亦提供了很大的帮助，在此都表示衷心的感谢。

本书各部分的主要撰写人员如下：

第一篇：陈易

董娟（参加第一章、第二章及第三章中部分内容）

第二篇：寿青云

第三篇：高乃云、楚文海、高燕飞

第四篇：张永明

第五篇：陈易（第一章第一节，第三章第一节）、

高乃云、楚文海（第一章第二节、第四节，第三章第二节）、

寿青云（第一章第三节，第二章第一节）、

张永明（第二章第二节）

我国地域辽阔，各地自然、经济、文化条件迥异，尽管课题组成员尽了很大的努力，但仍感能力有限，加之时间紧张，平时教学科研工作繁重，书中定有很多不妥之处，在此表示深深的歉意，同时希望得到专家、同行的批评指正，并能在今后的再版中一一修正。本书的一些数据偏重于说明设计原则，如有与现有规范不一致时，以国家和地方规范为准。

走可持续发展之路，建设节约型、和谐型农村人居环境是我国未来的发展战略，愿这本凝聚着课题组全体成员心血的著作能够为中国的农村人居环境建设作出微薄的贡献。

2011 年圣诞夜于同济园

目 录

前言

第四篇　村镇住宅节材设计

第五篇 村镇住宅环境质量设计

Contents

Design Strategies for Water Conservation

Design Strategies for Material Saving

Design Strategies for Environmental Protection

第一篇　村镇住宅节地设计

- **村镇住宅节地战略**
  - ○ 推进中心村建设
  - ○ 转变住宅建设模式
- **村镇住宅节地指标**
  - ○ 节地规划控制指标
  - ○ 住宅面积控制指标
- **村镇住宅节地布局与设计**
  - ○ 基地选择与节地
  - ○ 住栋构成与节地
  - ○ 村镇住宅节地布局
  - ○ 村镇住宅节地设计
- **村镇住宅内部空间高效利用**
  - ○ 各主要空间的合理使用
  - ○ 各主要空间的节约使用
  - ○ 内部空间的适应性设计

第一章
村镇住宅节地战略

土地对于人类的生存与发展具有不可替代的重要意义，如果没有土地，人类就失去了生存的条件。我国人口众多，可用土地资源紧缺。全国耕地只占国土面积的 13%，目前人均耕地仅有 1.39 亩，仅为世界平均水平的 40%；东南沿海省市的人均耕地甚至不足一亩，后备资源严重不足[1]，而且随着城镇化、工业化的加速，土地供应日益紧张，因此，节约土地，包括节约农村地区的住宅建设用地具有非常重要的战略意义。

第一节　推进中心村建设

长期以来，农村传统居民点往往呈现以下的缺点：一是村落规模小，用地松散，布局零乱；二是村民住宅占用耕地，浪费大；三是公共基础设施不足，环境差；四是由于大量村民进城打工，村庄"无人户"越来越多，甚至出现了越来越多的"空心村"，造成社会资源的极大浪费。随着我国进一步快速城镇化，以及农业现代化、规模化、机械化，在今后 20 年乃至更长的时期内，农村人口将继续呈现出向各大中小城市及各类城镇持续大规模迁移集聚的趋势，同时，农村住宅的建造模式也必将逐步改变。目前这种分散零乱的自然村落不利于接受城市辐射，不利于基础设施和公用设施的配套建设，不利于机械化耕作，更不利于农村土地的集约化使用，应该予以改变。

一、中心村及自然村

中心村行政范畴的概念一般是指农村中从事农业、家庭副业等生产活动的较大居民点，是人口规模较大的村庄。中心村除了作为农民集聚和从事农副业生产的基地外，还有为本村和附近基层村提供一些生活福利设施的功能。城乡规划体系中的中心村强调的则是在区域空间上，能替代城镇的部分功能、服务周围地区的有一定规模的农村集聚点。中心村是乡村城市化进程中出现的一个新概念。

与中心村相对的是自然村或基层村，自然村或基层村一般是指一定空间内聚集而成的自然村落，是农村中从事农业和家庭副业生产活动的最基本的居民点，是自然形成的农民聚居和从事农副业生产的聚落[2]。自然村一般由一个或几个劳动集体（村民小组或生产队）组成，一般只有住宅建筑和生产建筑，或具有较小规模的公共服务设施和简单的生活福利设施，或者没有。

推进中心村建设是农村土地集约化利用、建设社会主义新农村的必然趋势。需要通过合理的规划，将规模小的自然村落适当调整合并，采取拆零并散、相对集中的方式，整合农村的各类资源，节约土地。推进中心村建设的首要措施是编制合理的村庄布局规划，通过规划合理确定村庄的空间布局，适当减少村庄数量，扩大村庄规模，强化中心村建设，以调整改善现有村庄分布散乱的格局，促进农村人口的适当集中居住，提高土地集约利用和基础设施、公共设施的共建共享。在规划编制过程中，应当综合考虑村庄的发展条件、发展潜力和地质条件等各种因素，按照"改造城中村、合并小型村、缩减自然村、拆除空心村、建设中心村"[3]的思路，优化村庄布局。

二、中心村建设

中心村建设是一个长期的过程，不能急功近利，要根据各地区的社会和经济实际情况，循序渐进；村镇建设规划应根据地理条件、经济发展水平、群众意愿来制定，突出地域特色、地方特色、民族特色，避免一个模式。在村镇规划上不搞一刀切，而应形式多样，先易后难，分步实施。首先，"对于地理条件较好、农民经济水平较高、农户居住相对集中、群众积极性较高的村，可以走统一规划、拆旧建新、全面改造的道路"；其次，"对于依山傍水、居住分散、经济条件一般的村，可以先走旧房改造、环境美化、设施优化的道路，再逐步向中心村过渡"。[4]

在规划中，要特别注意：村镇的总体功能结构应以其产业结构为基础，尽力打破原来大部分村庄单一的第一产业经营模式，大力发展第二和第三产业，实行多元化经营方式。只有具备了多种产业模式的支撑和完善的配套设施，才有可能真正实现集中居住和生活，使村民真正实现"安居乐业"，而不至于形成一个徒有其表的空壳子，由"中心村"变成新的"空心村"。

在现实生活中，住宅建设与各类产业的关系往往可以归纳为以下几种模式：

模式一：住宅、工业区与农业用地的结合。这种模式适用于以工业为主的村宅。住宅建设应与工业区有绿带分隔，保持一定距离，使住宅用地与农业用地相结合，减少工业对居民生活的影响。

模式二：住宅、农业用地与旅游地的结合。这种模式适用于靠近旅游地的村宅、镇宅，农业用地与住宅均可作为旅游内容之一，住宅建设可与农家乐旅游接待相结合。

模式三：住宅、农业用地与商业点的结合。对一些处于地域中心或过境干道附近的中心村和集镇来说，商业活动是重要的生活组成部分。住宅与商业相结合，可以形成底商上住或前店后宅的综合商住模式。[5]

第二节　转变住宅建设模式

改革开放以来，我国村镇经济得到了一定的发展，人们的经济条件得到了较大改善，村镇建房的热情也逐渐升温。由于各村镇经济、文化、自然地理条件的不同，人们选择的建设方式也有所不同。实践证明，不同的建设方式对于住宅建设的内容和效果是不一样的。从实施节地战略而言，现阶段允许多种建设模式并存，但鼓励村镇住宅集中统一建设。

一、自建和联建

自建顾名思义就是自己建设，自建自住，这是农村住宅普遍采用的一种方式，也是最传统的方式。这种建房模式导致：农民建房基本上是农民的个人行为，权属性极强，独立性和自发性也很强。自建住宅从材料的准备到建成使用都由住户自己解决，可由远亲近邻帮工帮料，属于一种自发行为，矛盾少，见效直接。但这种模式的缺点也显而易见：农民建房往往只注重自家的房屋，对周围环境考虑少，缺乏总体布局意识；选址随意，布局零乱；许多农民建房不是从自己的实际需要和经济能力出发来考虑，盲目攀比，造成物质财富的严重浪费。此外，由于农民缺乏相应的专业知识和节约意识，在房屋的布局选址、质量、色彩、造型、通风、采光、抗震、排水、能源与资源节约等方面都缺乏科学考虑、统筹安排，容易造成空间布局混乱、质量低劣、功能不实用等后果，最重要的是造成土地资源的严重浪费。这种粗放型的建设模式与当前节约型社会和农村可持续发展的要求相矛盾，亟待转变和解决。

联建是几户甚至十几户联合建设，由几户联合起来买料和施工，能够降低一定的成本，工期也能相对较快。与自建住房比较，联建相对比较集中，能够节省一定的土地。由于联建基本上也是一种自发行为，且缺乏约束机制，所以存在着与自建模式相似的不足。

二、统建

统建则是由村、镇等组织机构统一组织建设。统建是经济发展到一定水平和工业化的一种体现。它彻底排除了手工业和小农业的个人做法，从规划到设计到施工，甚至到管理，都有统一筹划、统一施工、系统运作，这是乡村城镇化发展到一定程度产生的必然结果。村镇住宅的集中统一建设，要求在合理选址的前提下，科学制定规划设计方案，确定集中建设的模式与标准，制定与集中建设相适应的配套政策，循序渐进，分期进行，以提高集中建设的可操作性。

统建的优点是能够在科学规划的指导下，使住宅用地分布相对集中，集合化水平高，并且能够和其他功能结构科学地整合在一起，整体布局和形态容易掌握和控制，经济效益好。统建的缺点是规模大，实施时间相对较长，见效慢；同时由于设计建造者和使用者的分离，可能导致设计者不了解使用者的需求和农村独特的风俗习惯，造成与使用者需求脱节。

因此，统建住宅要求具有强有力的组织者和较强的经济实力，同时，设计者必须充分了解城市和乡村这两类不同居住环境的巨大差异，充分考虑使用者的居住需求，了解当地独特的社会文化，避免将城市建设经验生搬硬套到村镇住宅的建设上，造成"水土不服"。

三、未来趋势

我国目前大部分村镇住宅布局分散、宅基地户均面积大、点多面广、规模小，农村散乱差和土地资源的巨大浪费是当前农村土地利用的主要矛盾之一，这种粗放的土地利用方式对于土地资源的可持续利用和农村的可持续发展都是极为不利的。要想改变这种状况，只有加强农村建设用地的集约化管理。通过对村镇住宅用地的调整和适当集中合并，并制定各项配套措施和政策，鼓励、支持和引导农民相对集中统一建房，从而改进分散、粗放的土地利用方式，从根本上遏制农村土地不合理利用的现状，达到土地的可持续利用的目标。因此，统建是未来农村建房的主要趋势。

即使在没有条件实施统建住宅的地区，也应该通过制定科学的规划，在规划的指导下规范自建和联建的行为，使其在土地利用、布局选址、面积规模、外观色彩、建筑质量等方面都符合规划的要求，尽量避免造成空间布局混乱、质量低下、功能不实用等后果，确保土地资源的合理使用。同时，应该通过鼓励设计人员深入村镇，培训农村当地的设计人员，向自建联建者提供农村住宅设计图集、资料集等方式，为自建和联建方式提供技术支撑，确保达到较为理想的建设效果。

第二章
村镇住宅节地指标

合理的控制指标是住宅节地的首要因素。与城市住宅相比，村镇住宅的各类指标控制有其特殊性，在广大农村地区，常常涉及到宅基地标准的控制；同时，也必须考虑容积率、建筑密度等指标；在镇区建设中，还涉及人均建设用地指标，与城市住宅建设有类似之处。其次，住宅的面积指标也是一个重要因素，在兼顾舒适性的同时，控制每套住宅的面积也是实施节地战略的重要保证。

第一节 节地规划控制指标

人均建设用地指标、居住用地指标、容积率、建筑密度和宅基地面积是村镇住宅节地控制的首要内容，具有重要的实际操作意义。

一、合理控制宅基地面积

宅基地是农村住宅一个特殊的、区别于城市住宅的关键要素，合理控制宅基地的面积对于农村住宅节地意义重大。农村宅基地一般指农村居民用于建设住宅、厨房、厕所等设施的土地及庭院用地，农村宅基地属于村庄居住建筑用地的组成部分，承载着农村居民的生活和生产，事关农村居民的切实需要。农村原有的宅基地面积较大，一般多在 200m² 以上，这与以往农村存在大量的生产户、需要较大的庭院有关。随着农村产业结构的调整，农村的总体功能结构已经转化，越来越多的农村生产户转变为非生产户，宅基地的面积也应作出相应的调整。依据国土资源部《关于加强农村宅基地管理的意见》[6]的相关要求，近几年来各省区出台了"土地管理法实施办法"，针对各省份的不同情况对新批宅基地面积标准作出了不同规定，参见表 1-2-1-1。

全国不同省区宅基地面积标准统计表　　　　　　　　　　　　　　　　　　表 1-2-1-1

省区名称			宅基地面积上限（m²）			
			城郊／一般情况	占用耕地	利用荒山荒坡	备注
华东区	上海	蔬菜区	4人及以下：150	—	—	建筑占地不超过80
			6人户：160	—	—	建筑占地不超过90
		粮棉区	4人及以下：180	—	—	建筑占地不超过90
			6人户：200	—	—	占地不超过100
	浙江		140	125	160	—
	安徽		160	—	300	—
	山东		133.4~166.75	—	266.8	—
	江西		180	120	240	—
	福建		A=80~120	—	A+30	—
	江苏		133.4~200.1	—	200.1~266.8	建筑占地不超过70%

省区名称		宅基地面积上限（m²）			
		城郊／一般情况	占用耕地	利用荒山荒坡	备注
华中区	湖南	180	130	210	—
	湖北	140	—	200	—
	陕西	133.4~200.1	—	266.8	—
华北区	北京	166.75~200.1	—	—	—
	天津	166.75~200.1	—	—	—
	河北	200~233	—	—	坝上地区≤467
	河南	133.4~166.75	—	200.1	—
	山西	133.4~200.1	—	266.8	—
西南区	云南	100~150	—	—	人均20/30
	贵州	120~130	—	170~200	—
	四川	—	—	—	人均20/30。3人以下户按3人计算，4人户按4人计算，5人以上户按5人计算。
华南区	广东	80	—	120~150	—
	广西	100	—	150	—
西北区	新疆	A=200~800	—	≤2A	—
	宁夏	266.8	—	400/533.6	—
	青海	200~350不等	—	—	牧区≤450
	甘肃	200~330不等	—	—	牧区≤330
东北区	吉林	330	—	—	—
	辽宁	200/300/400	—	—	—

资料来源：根据各省国土资源厅网站各省区"《中华人民共和国土地管理法》施行办法"整理。重庆、内蒙古、黑龙江、海南、西藏等地因缺乏资料，故没有列入，也不包括港、澳、台等境外地区。

从上表可看出，我国不同地区宅基地面积标准规定不尽相同，东西部差异较大。总的来说，东部地区由于人口密集，土地资源稀缺，宅基地面积控制较严，宅基地面积标准较小，而西部地区则相对宽松得多。根据实践经验和对全国村镇住宅设计方案（实例）宅基地面积的统计（表1-2-1-2），100m²以下的宅基地很难做到功能齐全，满足生产生活的基本要求，而将宅基地面积控制在150m²左右则有可能做到室内外功能齐全，平面布置也较为合理和灵活（图1-2-1-1和图1-2-1-2）；而对于人均耕地面积较大或占用坡地荒地的地区，宅基地面积可适当放宽。

骆中钊《新农村住宅方案100例》中宅基地面积的统计　　　　　　　　　　表1-2-1-2

宅基地面积（m²）	数量（例）	百分比（%）
<100	5	5
100~200	29	29
120~150	41	41
150~200	16	16
>200	9	9
合计	100	100

资料来源：根据骆中钊《新农村住宅方案100例》整理

注：这里统计素材来自骆中钊先生所著《新农村住宅方案100例》，该书列举了近几年全国出现的各种类型（包括单层、2层、3层的独立式、双拼、联排式低层住宅）的新农村住宅实践案例，不少已建成，在新建的村镇住宅中具有一定的代表性，因此，选择此书中列举的住宅实例作为统计的对象。

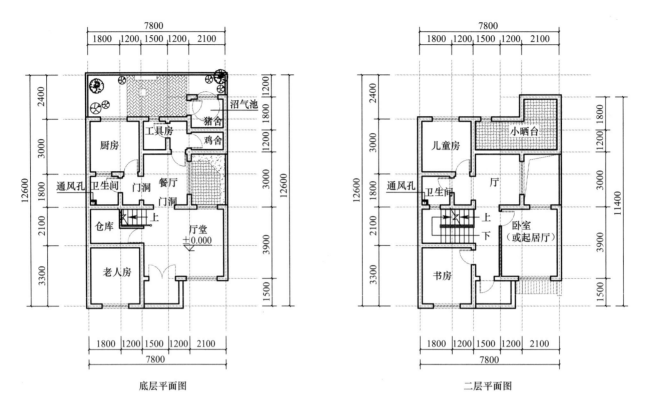

底层平面图　　　　　　　　　　　二层平面图

图 1-2-1-1　福建某农村 3 层住宅方案（紧凑型、可并联），宅基地面积 102m²，建筑面积 197m²，
建筑占地面积 80m²，院落面积 23m²

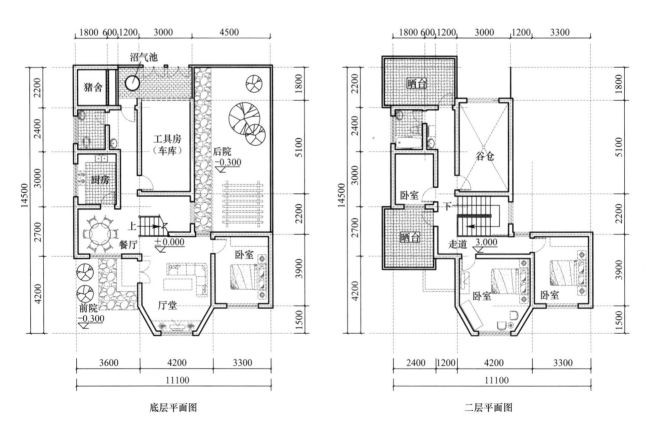

底层平面图　　　　　　　　　　　二层平面图

图 1-2-1-2　苏南某农村 2 层住宅方案（宽松型、可双拼），宅基地面积 146m²，建筑面积 159m²，
建筑占地面积 102m²，院落面积 44m²

二、合理的容积率和建筑密度

一般情况下，容积率是指：项目用地范围内总地上建筑面积与总用地面积的比值，计算公式：容积率＝总地上建筑面积／总用地面积。其中用地面积指：建筑或建筑群实际占用的土地面积，包括室外工程（如绿化、道路、停车场等）的面积，其形状和大小由项目用地的地块红线加以控制。

建筑密度是指建筑物的覆盖率，指项目用地范围内总建筑占地面积与总用地面积的比值，它可以反映出一定用地范围内的空地率和建筑密集程度，计算公式：建筑密度＝总建筑占地面积／总用地面积。其中建筑占地面积指：建筑物的垂直投影面积。

提高建设用地的容积率和建筑密度是节约用地的两项直接措施。在确保日照、防灾、疏散、私密性等要求的前提下，适度增加单位建设用地内的地上建筑面积及适度增加建筑覆盖率可以显著提高土地的使用强度和土地利用效率。

1. 村镇住宅小区（或组团）

关于村镇住宅小区（或组团）的合理容积率指标，各地尚在深入研究中。目前国内较为权威的研究结果是2001年中国建筑技术研究院编纂的《村镇示范小区规划设计导则》，该导则在全国调查的基础上提出了村镇小区容积率控制指标（表1-2-1-3）和建筑密度控制指标（表1-2-1-4）。尽管这是十多年前的研究数据，但由于当时调研的广泛性和目标的示范性，在今天看来仍具有一定的参考借鉴价值。

村镇小区容积率控制指标　　　　　　　　　　　　　　　　　　　　　表1-2-1-3

住宅层数	集镇小区	中心村住区
多层	0.9~1.05	0.85~1.0
多层低层	0.70~0.90	0.65~0.85
低层	0.50~0.70	0.45~0.65

资料来源：《村镇示范小区规划设计导则》（2001.03）

村镇小区建筑密度控制指标（％）　　　　　　　　　　　　　　　　　　表1-2-1-4

住宅层数	集镇小区	中心村住区
多层	18~25	17~22
多层低层	20~29	18~26
低层	20~35	20~32

资料来源：《村镇示范小区规划设计导则》（2001.03）

此外，近年来也有一些地区在充分调研的基础上提出了各地区的容积率与建筑密度控制指标。例如，上海市2007年10月颁布的《郊区中心村住宅设计标准》（DGJ08-2015-2007），第3.2.3条规定了郊区中心村居住小区的建筑容量（表1-2-1-5）。这一指标的制定既考虑了土地的合理利用又考虑了保证适宜的空间环境，对于华东地区的新建农村住宅具有参考价值。

上海市中心村新建住宅小区建筑密度与容积率控制指标 表 1-2-1-5

住宅建筑类型	建筑密度（%）	容积率（万 m²/hm²）	
	最大值	最小值	最大值
低层建筑	25	0.5	0.7
多层建筑	30	0.7	1.0
中高层建筑	30	1.0	1.5

资料来源：上海市《郊区中心村住宅设计标准》，2007.10。其中，低层住宅容积率是按照 2~3 层联排住宅进行实证测算的；多层住宅容积率是按照 4~5 层单元住宅实证测算的。

2. 宅基地

农村宅基地建房时的容积率和建筑密度有一定的特殊性。宅基地建筑密度也称宅基地占地比，即：住宅占地面积 / 宅基地面积，表明宅基地范围内建筑的覆盖率。对村镇住宅来说，这是衡量居住密度和土地利用效率的一个重要指标。控制宅基地占地比可以有效防止在容积率一定的情况下（相同建筑面积和宅基地范围）多占土地，从而保证一定的庭院面积，保证居住环境质量。

合理的占地比既可实现节约用地的目标，又可保证居住环境的舒适度。但目前全国各地似乎并未对此作出明确规定，仅江苏省规定了新建村镇住宅占地比上限（≤ 70%），未规定下限。2001 年《村镇示范小区规划设计导则》推荐的村镇住宅合理占地比范围在 2/5~1/2 之间。另外《上海市农村村民住房建设管理办法》（2007 年 7 月 1 日正式实行）规定个人住房建设中建筑占地面积应控制在宅基地总面积的 50%~60%，应当说是一个比较合理的取值范围。[7]

三、镇区的合理用地标准和用地比例

对于镇区建设而言，2007 年颁布的《镇规划标准》进一步对居住用地的标准提出了明确要求。《镇规划标准》是建设部发布的指导镇建设的技术性文件，其目的是为了加强镇建设和管理工作，使之科学化、规范化。新修订的《镇规划标准》（GB50188-2007）将镇用地分为居住用地、公共设施用地、生产设施用地、仓储用地、对外交通用地、道路广场用地、工程设施用地、绿地、水域和其他用地九大类。

表 1-2-1-6 是《镇规划标准》（GB50188-2007）中对于人均建设用地指标的分级要求，新建镇区的规划人均建设用地指标按表中第二级确定；地处《建筑气候区划标准》（GB50178）的 I、VII 建筑气候区（I 区基本是指严寒地区，VII 区基本是指严寒地区或寒冷地区）时，可按第三级确定，在各建筑气候区内均不得采用第一、第四级人均建设用地指标。

人均建设用地指标分级 表 1-2-1-6

级 别	一	二	三	四
人均建设用地指标（m²/ 人）	> 60 ~ ≤ 80	> 80 ~ ≤ 100	> 100 ~ ≤ 120	> 120 ~ ≤ 140

资料来源：《镇规划标准》（GB50188-2007）

在对现有镇区进行规划时，其人均建设用地指标应在现状人均用地指标的基础上进行调整（表 1-2-1-7），第四级用地指标可用于 I、VII 建筑气候区的现有镇区。

规划人均建设用地指标 表 1-2-1-7

现状人均建设用地指标（m²/人）	规划调整幅度（m²/人）
≤60	增 0 ~ 15
>60 ~ ≤80	增 0 ~ 10
>80 ~ ≤100	增、减 0 ~ 10
>100 ~ ≤120	减 0 ~ 10
>120 ~ ≤140	减 0 ~ 15
>140	减至 140 以内

资料来源：《镇规划标准》（GB50188-2007）

对于镇区规划中的居住、公共设施、道路广场以及绿地中的公共绿地四类用地占建设用地的比例，则提出了如下要求（表 1-2-1-8）。临近旅游区及现状绿地较多的镇区，其公共绿地所占建设用地的比例可大于所占比例的上限。

建设用地比例 表 1-2-1-8

类别代号	类别名称	占建设用地比例（%）	
		中心镇镇区	一般镇镇区
R	居住用地	28~38	33~43
C	公共设施用地	12~20	10~18
S	道路广场用地	11~19	10~17
G1	公共绿地	8~12	6~10
四类用地之和		64~84	65~85

资料来源：《镇规划标准》（GB50188-2007）

上述三个标准，从用地总量上控制了居住用地的指标，有利于确保镇区居住用地的合理化。

第二节　住宅面积控制指标

在控制宅基地、提高容积率、提高覆盖率、控制居住用地指标的同时，还应该注意采用合理的住宅面积。在容积率指标给定的情况下，决定村镇住区密度的主要因素是套均建筑面积，即住宅的面积标准越小，所能提供的住宅套数越多，对节地越有利。但住宅面积的缩小是有限度的，除了面积太小无法满足规范规定的最小标准外，同时也会对生活的舒适性带来一定的影响，因此需要十分谨慎。

我国的村镇住宅类型多样，经济发展水平不同，各地居住和生活习惯迥异，家庭人口构成复杂，这些都对村镇住宅面积标准产生了重要影响，因此要提出适合于全国的村镇住宅面积标准难度很大。这里仅从节地的角度出发，提出村镇住宅的经济合理面积，但总体而言，村镇住宅的套内面积普遍大于城镇住宅。

一、村镇住宅的使用功能

探讨住宅的合理面积首先就必然涉及基本的人体尺寸和住宅各空间的使用功能，与城市住宅相比，村镇住宅在这两方面都有自己的特殊之处。

1. 村镇住宅各主要空间的功能分析

村镇住宅的功能组成一般可分为三部分: 主要空间 (亦即住宅部分, 包括起居室、卧室、活动室、书房、厨房、卫生间等), 辅助用房及禽畜舍 (如车库、农具间、杂物间等), 还有就是院落。表1-2-2-1为村镇住宅主要空间的活动特征和个性。

村镇住宅主要空间的活动特征和空间个性 　　　　　　　　　　　表1-2-2-1

空间	主要活动	主要活动特征	空间个性
门厅	通行、出入	开放、活跃	开敞、动态
起居室	聚会、会客、娱乐、家庭生产	开放、活跃	动态、灵活、开敞
卧室	睡眠、休息、养病	安静、隐秘	封闭、固定、静态
餐厅	进餐、宴请	开放、活跃	动态、灵活、开敞
厨房	炊事、修理、杂物	活跃	固定 (有时也可开敞)
卫生间	洗浴、便溺、梳妆	私密	封闭、固定、静态

资料来源: 作者整理

注: 上表中, 仅指一般意义上的空间个性。如厨房也可作为开敞、动态空间处理。

1) 门厅

门厅: 北方由于气候的原因, 设置门厅较为普遍。南方地区村镇住宅设门厅的不多, 一般进门就是起居室, 没有一个室内外过渡的空间, 但随着生活条件的改善和新村镇建设的不断推进, 门厅空间会渐渐成为村镇住宅的一部分。图1-2-2-1为北方地区村镇住宅的门厅。

门厅除了作为公共空间与私密空间的过渡之外, 还要提供存放物品的空间。存放的物品包括衣物、鞋类、雨具、农具和一些杂物, 因此面积也相对要大些, 可单独设置, 也可在大空间中划出相对独立的部分。

2) 起居室

起居室 (又称 厅堂、堂屋、正屋、客厅等) 具有生活、生产、晾晒与暂储农作物等多种功能, 有时还有供奉祖先和神灵的功能。随着时代的发展, 起居室的功能也在发生变化, 生活性功能变得日益重要, 私密性日益加强, 仪礼性功能和生产性功能逐渐减弱甚至消失。

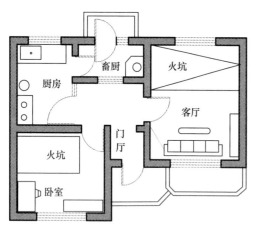

图1-2-2-1　北方地区农村住宅的门厅

起居室是室内外空间的过渡空间, 有时甚至直接联系室外环境。从内部空间关系上看, 起居室既是活动空间, 也是主要的交通联系空间, 往往与楼梯等垂直交通构件紧密相连。村镇住宅的起居室一般处于平面的核心位置, 在底层南向面宽中间的一间。起居室内往往开门较多, 需留出充裕的使用面积。考虑到地方传统居住习惯, 通常有一定的轴线关系, 一般正对屋前院落。

多功能的需求决定了起居室的开间和面积较大, 开间不宜小于3.9m, 其使用面积一般要求20~30m²。基于节能、节地的原则, 面积也不宜大于40m²。

3）卧室

卧室又称居室、寝室，卧室是睡眠休息空间，兼顾储藏、梳妆、阅读、女工等功能。农村往往有来客留宿的习惯，因而卧室数量要求较多。

卧室要充分考虑私密性，考虑生活规律和睡眠时间的不同，考虑辈分和性别的差异。卧室应保证独立性，不允许穿套。目前村镇住宅的卧室数目一般为3~4间，在空间上分层布置。一层一般为老人卧室或客人卧室，设计时可将卧室与起居室并联或串联布置。老人卧室应靠近厅堂，便于到厅堂活动。其他的卧室分布在二层或三层。各种类型的卧室要满足不同使用者的要求。主卧室在条件许可的情况下，应设置单独的卫生间和储物空间。

卧室空间需要满足适宜的尺寸和面积。城市住宅卧室通常开间大小为3.3~4.2m，使用面积为12~20m²。由于村镇住宅的卧室兼具学习、个人起居、就寝等功能，所以面积可比城市住宅的卧室偏大。

4）餐厅

餐厅，又名餐室，为用餐空间，同时需要考虑食物运送、准备、餐具储藏的需要。

餐厅空间既要和厨房有便捷的联系，又要与起居室关系密切。村镇住宅的餐厅在空间布局上大致有以下几种情况，一种是与起居室共用一个空间，这种情况在传统的村镇住宅中比较普遍；第二种是单独设立一个房间作为餐厅；第三种与城市公寓住宅相类似，餐厅和客厅处于一个大空间，但分属不同的区域。当单独设立一个房间作为餐厅时，其面积一般在8~15m²之间。

5）厨房

厨房是进行炊事工作的场所，有时还是用餐、洗衣、准备饲料、储藏物品的场所。厨房是村镇住宅中最具乡村特色的功能空间之一。厨房的布置方式也千差万别。随着村镇生活的不断改进，现代设备开始进入农村，有时会有传统柴灶与现代煤气灶共存的状况，成为村镇住宅的特有现象。设计时应考虑生活习惯的差异、室内设施档次不同等因素，巧妙布局，以达到操作流程顺畅、室内空间整齐、清洁、卫生。

相对而言，村镇住宅的厨房功能较城镇住宅复杂，一般需布置柴灶（或煤灶）、水缸、碗柜、工作台、洗菜台等，而在一些兼有就餐功能的厨房，内部还需布置餐桌和坐凳。由于气候条件、生活习惯和能源供应的不同，厨房的布置及面积大小都有不同。一般来说，北方多煤灶房，面积较小，约为10m²。南方多柴灶厨房，面积比较大，一般在12~15m²。图1-2-2-2即为带餐桌和柴灶

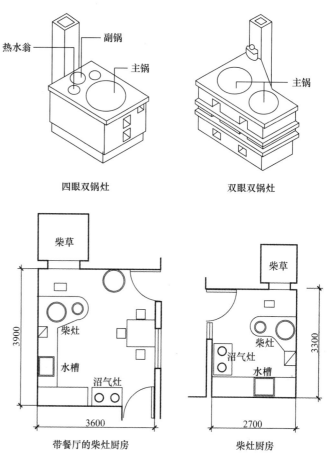

四眼双锅灶　　双眼双锅灶

带餐厅的柴灶厨房　　柴灶厨房

图1-2-2-2　带餐桌和柴灶的厨房

13

的厨房。

6）卫生间

卫生间的主要功能是洗浴、洗漱、梳妆及排便，适当考虑洗漱用具的储藏，有些地区将洗衣也归于此空间。卫生间在空间上和走廊空间以及卧室空间联系紧密，在底层的卫生间和院落也有密切的关系。

城市住宅的卫生间一般均将污水管网直接接入市政管网进行处理，但在农村地区，有时住宅无法与市政管网连接，此时就要求每户的厕所都应具备收集、输送或储存以及初步处理粪便污水的基本功能，这就对卫生间的设计提出了特殊的要求，卫生间的位置和面积都会与城市住宅不同。图1-2-2-3是典型的农村住宅，卫生间与住宅主体分开设置。

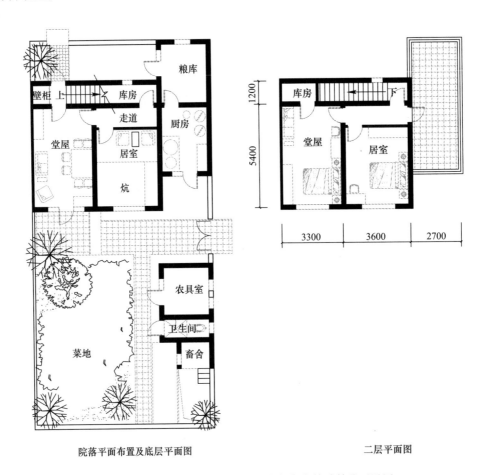

院落平面布置及底层平面图　　　　　　　　　二层平面图

图 1-2-2-3　典型的农村住宅，卫生间与主体建筑分开设置

2．村镇住宅主要辅助空间的功能分析

村镇住宅的主要辅助空间包括：生产用房、露台、院落。这部分空间往往结合院落布置，自成体系，是村镇住宅特有的空间类型。

1）生产用房

村镇住宅除了满足基本的居住功能外，有时往往还要满足农副业生产的功能，需要设置生产用房。生产用房包括农机具的存放空间，农作物、种子、化肥、农药的储存空间，农用车库以及杂物的堆放，饲养家禽家畜的房间。

存放农机具的房间尺寸与相关设备紧密相关，饲养家禽家畜的房间则与动物的数量和品种有关，一般而言，猪舍的最小尺寸在 10m² 以上，鸡舍以 6~8 只 /m² 计算，动物的具体尺寸可参见表 1-2-2-4~ 表 1-2-2-7。

总之，生产用房与农户的生产活动联系紧密，在空间上往往与院落和住宅出入口相关。其数量和面积由农户的生活和生产方式决定，设计时应根据农户的具体需求确定合理的面积。

2）露台

露台在村镇住宅中具有晾晒谷物、晾晒衣物、纳凉等作用。露台可以通过楼房错层获得，也可以利用整个屋面作露台，特别需要重视露台地面的保温隔热和防水处理。

3）院落

院落是村镇住宅区别于城市住宅的又一特色的空间，它既是满足住户日常活动的地方，又是进行家庭副业生产的场所，可以作为晒场、农业活动空间、花圃和菜圃使用；院落的附属建筑有副业用房、家禽家畜用房，还有存放农具、杂物、柴草的杂屋。为了安全和整洁，需筑墙围院，生活住房与辅助设施部分通过院落密切相连，同时也要有适当的分离，以避免厕所、畜舍影响住房的卫生。

具有生产功能的院落需要考虑夏季的主导风向，一般尽量使家禽和畜舍的位置位于夏季主导风向的下风带，以创造良好的居住卫生条件。随着生活和生产方式的转变，不少地区村镇住宅的院落已经没有生产功能，类似城市住宅底层的院落，完全是生活型庭院，这时院落的功能主要是以绿化为主，布局比较自由。

一般情况下，宅基地上除了住宅占地外的部分就是院落的面积，因此，在设计中必须综合考虑住宅的位置和占地面积，综合处理建筑与环境的关系、室内空间与室外空间的关系、生产与生活的关系、美观与实用的关系，尽量做到土地的高效、合理使用。

3. 村镇住宅的常用设计尺寸

村镇住宅的合理面积不但与其使用功能有关，而且也与常用设计尺寸密切相关。常用设计尺寸主要涉及人体基本尺寸、常见牲畜尺寸、常见农用设备尺寸。

1）人体基本尺寸

为了营造舒适的内部空间，首先应该了解我国的人体基本尺度。人体尺寸分为静态尺寸和动态尺寸。静态尺寸是人体静止时的身体尺寸，动态尺寸则描述了人在活动时的相关尺寸，是确立空间尺度和空间范围的重要依据（图 1-2-2-4）。

表 1-2-2-2 是我国各区域男性平均人体尺度（年龄 18~60 岁），表 1-2-2-3 是我国各区域女性平均人体尺度（年龄 18~60 岁），这些尺寸都是住宅空间设计的重要依据。

2）常见牲畜尺寸

在农村住宅设计中，除了人体尺寸之外，常常还会涉及一些家畜家禽的尺寸，因此需要了解一些大型家畜的尺寸，以便既紧凑又满足家畜饲养的需要。表 1-2-2-4 是不同品种的猪的体格，表 1-2-2-5 是不同品种的牛的体格，可见其尺寸相差较大。表 1-2-2-6 是不同品种的羊的体格，大小相差悬殊，大的体长 1m 以上，重100 余 kg；小的高仅 400mm，重 20kg。表 1-2-2-7 显示不同品种的马的尺寸，马的体格大小相差悬殊，重型品种体重达 1200kg，体高 2000mm；小型品种体重不到 200kg，体高仅 950mm，所谓袖珍矮马仅高 600mm。

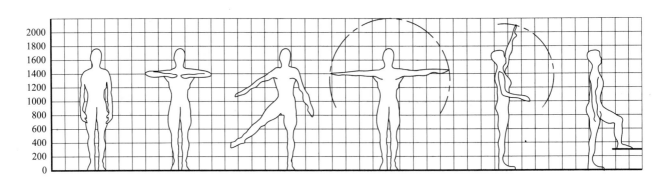

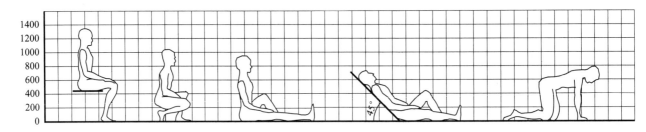

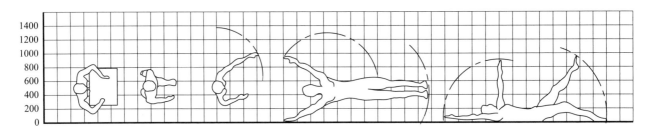

图 1-2-2-4   人体基本动态尺寸

我国各区域男性平均人体尺度（年龄 18~60 岁）   表 1-2-2-2

	东北华北区		西北区		东南区		华中区		华南区		西南区	
	均值 M	标准差 S_D	均值 M	标准差 S_D	均值 M	标准差 S_D	均值 M	标准差 S_D	均值 M	标准差 S_D	均值 M	标准差 S_D
体重（kg）	64	8.2	60	7.6	59	57	57	6.9	56	6.9	55	6.8
身高（mm）	1693	56.6	1684	53.7	1686	55.2	1669	56.3	1650	57.1	1647	56.7

资料来源：龚锦议，人体尺度与室内空间，天津科学技术出版社，1999

我国各区域女性平均人体尺度（年龄 18~60 岁）   表 1-2-2-3

	东北华北区		西北区		东南区		华中区		华南区		西南区	
	均值 M	标准差 S_D	均值 M	标准差 S_D	均值 M	标准差 S_D	均值 M	标准差 S_D	均值 M	标准差 S_D	均值 M	标准差 S_D
体重（kg）	55	7.7	52	7.1	51	7.2	50	6.8	49	6.5	50	6.9
身高（mm）	1586	51.8	1575	51.9	1575	50.8	1560	50.7	1549	49.7	1546	53.9
胸围（mm）	848	66.4	837	55.9	831	59.8	820	55.8	819	57.6	809	58.8

资料来源：龚锦议，人体尺度与室内空间，天津科学技术出版社，1999

猪的一些常见尺寸 表 1-2-2-4

种 类		体长（mm）	体高（mm）	肩宽（mm）
大花白猪	成年公猪	1260~1630	550~700	
	成年母猪	1250~1680	460~660	
	育肥猪	1200~1430	500~540	
公馆猪	公猪	1150~1220	480	
	母猪	1200~1570	420~640	
	育肥猪	1170~1530	430~580	
花猪	公猪	1060~1270	450~580	
	母猪	1250~1530	500~570	
约克巴克猪	公猪	1600~2000	900~1100	500~600
	母猪	~1600	800	350~400
	6个月猪	~1100	650	400

资料来源：陈易等编，不同地域特色村镇住宅资料集，北京：中国建筑工业出版社，2013

牛的一些常见尺寸 表 1-2-2-5

种 类		体长（mm）	体高（mm）	胸围（mm）	体重（kg）
亚洲水牛		2500~3000	1500~1800		
黑白花奶牛	公牛	1430~1470			900~1200
	母牛	1300~1450			650~750
鲁西黄牛	公牛	~1572	~1435	~1890	~509
	母牛	~1422	~1296	~1699	~389

资料来源：陈易等编，不同地域特色村镇住宅资料集，北京：中国建筑工业出版社，2013

羊的一些常见尺寸 表 1-2-2-6

种 类		体长（mm）	体高（mm）	体重（kg）
盘锦羊		1500~1800	500~700	110
高原型藏绵羊	公羊	630~700	620~800	~60
	母羊	620~750	600~680	27~50
河谷型藏绵羊	公羊	520~730	470~680	25~50
	母羊	490~680	470~630	20~35
贵州白山羊		560~600	490~520	
龙陵山羊		720~760	650~690	42~49

资料来源：陈易等编，不同地域特色村镇住宅资料集，北京：中国建筑工业出版社，2013

马的一些常见尺寸 表 1-2-2-7

种 类	体长（mm）	体高（mm）	胸围（mm）	体重（kg）
蒙古马		1200~1420		268~372
河曲马		1320~1390		350~147
伊犁马		1440~1480		400~450
山丹马	1423	1385	1693	

资料来源：陈易等编，不同地域特色村镇住宅资料集，北京：中国建筑工业出版社，2013

3）常见农用设备尺寸

农业生产离不开必要的设备，在村镇住宅旁有时需要设置一些房间，以储藏常用的农用设备，其尺寸对于相关房间的大小具有决定作用。表 1-2-2-8 和表 1-2-2-9 即为常见的小型农用机械和常见的农用机械车辆尺寸，供参考。

常见小型农用机械尺寸表

表 1-2-2-8

序　号	机械名称	型　号	外形尺寸（mm）
1	单人采茶机	农丰 4C-60	920×250×240
2	小型收割机	步步高收割机 1E40F-2	1660×130×130
3	花生收割机	4H-2 型花生收获机	1280×1180×780
4	喷雾机	B-1 背负式高压静电超低量电动喷雾机	240×120×440
5	磨粉机	6FY-28 磨粉机	820×1220×1480
6	榨油机	6YY-190 单向小型液压榨油机	850×900×1050
7	割草机	MDM1700 型四圆盘割草机	1430×1690×1830

资料来源：陈易等编，不同地域特色村镇住宅资料集，北京：中国建筑工业出版社，2013

常用农用机械车辆尺寸表

表 1-2-2-9

序　号	种　类	型　号	外形尺寸（mm）
1	轮式拖拉机	东方红 -MS284	3580×1520×1445
2	履带拖拉机	东方红 -802	4280×1850×2432
3	手扶拖拉机	东风 -12	2260×910×1269
4	微型耕作机	DWG2.5-4 型多功能微型耕作机	1585×675×940
5	联合收割机	太湖牌 4LBZ-145C	4380×1850×2400
6	水稻插秧机	东方红 2ZT-6	2410×2132×1300
7	施肥机	SGTNB-200Z2/8A8 旋播施肥机	1660×2300×1070
8	小麦收获机	4LZ-2.5 风行 2007 小麦收获机	6123×2927×3300
9	低速货车	欧铃牌 ZB2820-1T	4822×1630

资料来源：陈易等编，不同地域特色村镇住宅资料集，北京：中国建筑工业出版社，2013

二、村镇住宅合理面积标准

我国目前农村住宅户均建筑面积普遍偏大，200m² 以上的住宅十分常见，因而户内基本功能空间的面积也普遍偏大。在农村，超尺度的起居室、客厅、卧室比比皆是，造成空间的极大浪费。农村房间面积普遍偏大有其主观和客观多方面的原因，例如建筑功能空间的不确定性、在家庭内部办理婚丧喜事的需要、农器具（包括大件家具）的存放、普遍存在的"好大"心理、相互攀比的心态等等。随着生活水平的提高、生活习惯的改变、生产方式的转变，有可能使农村住宅的建筑面积向一般城镇住宅建筑面积靠拢。

村镇居民生产和生活方式的多样性，导致讨论村镇住宅的合理面积标准相当困难。根据村镇居民从事产业和居住生活的特点和需求，村镇住户可分为农业户、专业户、职工户和综合户四种户型。从内部功能空间构成角度，住宅类型可以分为垂直分户和水平分户两大类，因此，村镇住宅总体可分为农宅型和城宅型两类。

农宅型一般为垂直分户，兼有生产和生活两重性，如前图 1-2-2-3 所示。其功能空间主要包括三部分：基本功能空间（门厅、起居室、卧室、就餐空间、学习室、厨房、厕卫空间、贮藏空间）；辅助功能空间（各种库房、车库、家庭手工业用房）；院落（前院、后院、侧院、内院等）。

城宅型一般为水平分户，一般只满足生活休息之用，不含生产功能，其功能空间主要包括：基本功能空间

（同农宅型）；基本无生产性辅助空间；基本无单独院落（除底层居民）。其形式类似于大量的城镇公寓式住宅。

《村镇示范小区规划设计导则》在实态调查数据基础上，提出村镇住宅基本功能空间使用面积参考值（下限值），面积建议标准分为两类三种，共六档，见表1-2-2-10。

村镇住宅基本功能空间使用面积

表 1-2-2-10

住宅类型	类别（m²）	起居厅（m²）	主卧室（m²）	次卧室（m²）	厨房（m²）	卫生间（m²）	储藏（m²）	餐厅（m²）	门厅（m²）
垂直分户（农宅型）	A	16	12	8	6	5	3	8	3
	B	18	14	9	7	6	4	10	4
	C	22	14	12	8	7	5	12	4
水平分户（城宅型）	A	14	12	8	6	4	2	8	2
	B	16	13	8	6	5	3	9	3
	C	18	14	10	7	6	4	10	3

资料来源：《村镇示范小区规划设计导则》，2001.03

户型使用面积是套内基本功能空间的使用功能面积之和加上必要的交通面积（如：走道、楼梯）的总和。《村镇示范小区规划设计导则》亦在统计基本功能空间使用面积的基础上，根据不同的住宅类型和家庭人口构成列出了村镇住宅面积建议标准，亦分为两类三种，共六档，参表1-2-2-11。这一标准可以在设计中作为参考。

村镇住宅面积建议标准

表 1-2-2-11

住宅类型	类　别	使用面积（m²）	建筑面积（m²）
垂直分户（农宅型）	A	70~100	90~130
	B	110~135	150~180
	C	150~180	200~240
水平分户（城宅型）	A	55~70	75~90
	B	75~85	95~110
	C	90~105	120~140

资料来源：《村镇示范小区规划设计导则》，2001.03

此外，不同地区也根据当地实际情况出台了一些地方标准，如：上海市颁布了《郊区中心村住宅设计标准》，对村镇住宅套型标准作了规定，见表1-2-2-12。其中双户式、联排式住宅可以认为类似于垂直分户的农宅型，单元式住宅类似于水平分户的城宅型。

上海市郊区中心村住宅面积建议标准

表 1-2-2-12

套　型	类　别	建筑面积 A（m²）
双户式、联排式住宅	中套	120 ≤ A ≤ 160
	大套	160 ≤ A ≤ 220
单元式住宅	小套	A ≤ 70
	中套	70 ≤ A ≤ 120
	大套	120 ≤ A ≤ 160

资料来源：根据《郊区中心村住宅设计标准》相关规定整理。每户套建筑面积＝每户套内建筑面积＋标准层分摊面积。其中小套型为2人及以下；中套型为3~4人；大套型考虑4人以上。根据《上海市郊区新市镇与中心村规划编制技术标准》（DG-/TJ08-2016）规定：中心村村民人均住宅建筑面积为40~70m²，取折中的55m²，按大套每户4人计算，得出其面积上限220m²。

第三章
村镇住宅节地布局与设计

科学的节地应该在保证住宅使用舒适性、不断提高居住质量、满足居民的文化及生活习惯的基础上，提高土地的利用率。因此，节地离不开巧妙的住宅整体布局及单体设计，只有通过深入调研，反复推敲，仔细设计，才能达到舒适与节地的双重目标。

第一节 基地选择与节地

基地选择对于节约土地具有重要价值，在实践工作中，首先应该选择恰当的住宅建设用地，其次应该有合理的道路规划，这样才能有助于获得良好的节地效果。

一、合理选择基地

合理选择村镇住宅建设用地意义重大，既关系到居民的健康，又关系到建设成本，同时也与节地相关，是一项必须认真思考的内容。

1. 合理选择基地

一般而言，首先应该选择对人体无害（无有毒物质、无放射性物质等）和无地质灾害（如：地震、滑坡、洪水、泥石流）的场地；其次应该选择易于交通出行的场地；同时还应该选择环境条件优越的地段布置住宅，以较好地满足住宅日照、通风、朝向、保暖、密度、间距、防噪声、景观、环境幽静等条件，达到居住方便、安全舒适、利于管理的要求。中国传统文化对于选择理想的居住环境有过不少论述，"风水学"中的"负阴抱阳"、"背山面水"等就是关于理想选址的论述，见图1-3-1-1和图1-3-1-2。由于我国地处北半球，夏季的凉风主要来自东南方向，而冬季的寒风主要来自西伯利亚，因此"负阴抱阳"、"背山面水"有助于在夏季依靠水体降温作用而获得凉风，冬季依靠山体的遮挡作用而阻挡寒风，获得较为理想的居住环境，同时依山傍水还易于洗涮、灌溉、运输，易于获得炊事的柴薪。

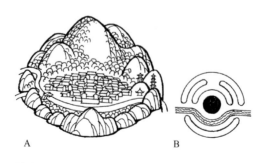

A   B

图1-3-1-1 传统风水理论中"负阴抱阳"、"背山面水"的住宅选址原则

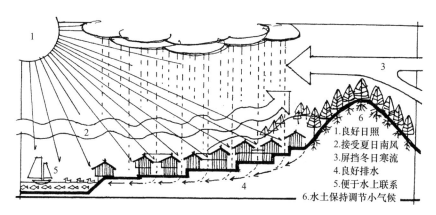

图 1-3-1-2　传统风水理论强调夏季依靠水体降温作用而获得凉风，冬季依靠山体的遮挡作用而阻挡寒风，获得较为理想的居住环境

在遵循上述原则的基础上，从节约土地而言，村镇住宅用地应该尽可能选择不利于农耕或者已经建设后被废弃的场地，只要对这些场地进行无害化处理后，就可以用于村镇住宅建设，这样可以大大节约良田。

就地形而言，一般情况下平地（坡度 3% 以下）是理想的建设用地，但事实上，南向坡地利于冬季得热和提高容积率，也是不错的选择，如图 1-3-1-3。

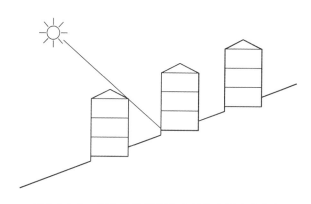

图 1-3-1-3　南向坡地易于冬季得热和提高容积率

就村镇住宅建设用地的形状而言，一般情况下，矩形的、一边接近与南向垂直或平行的地块是较为理想的，这样的地块易于布局，也易于做到土地的高效利用。当然，只要设计人员巧妙构思，任何形状的土地都能取得理想的效果。

2. 合理选择宅基地形状

原有农宅的宅基地常常是接近正方形的，因面积较大（通常 200m² 以上），所以对形状的要求不高。然而，随着对宅基地面积的控制，宅基地形状对于节地效果的影响也逐渐引起人们的重视。

课题组曾经以北方农村以往最小的宅基地（2.3 分，约 153m²）为例进行分析。从东西宽 6.6m 起讨论，面宽每增加 0.6m 为一组进行简单的数据分析，直至面宽增至传统方形宅基地，即 12.5m × 12.5m 的尺寸，所有不同面宽的宅基地的用地面积都相同（表 1-3-1-1、图 1-3-1-4）。

不同尺寸宅基地在同一块组团用地的排列结果分析   表 1-3-1-1

宅基面宽	宅基进深	宅前道路数	排数	列数	住宅数量	每户均摊用地（m²）
6.6	23.67	3	3.68	7.58	27.89	246.76
7.2	21.70	3	4.01	6.94	27.83	247.29
7.8	20.03	4	4.04	6.41	25.97	265.00
8.4	18.60	4	4.35	5.96	25.95	265.20
9.0	17.36	4	4.67	5.56	25.90	265.71
9.6	16.28	4	4.98	5.21	25.88	265.92
10.2	15.32	5	4.90	4.90	24.01	286.01
10.8	14.47	5	5.18	4.63	23.98	286.29
11.4	13.71	5	5.47	4.39	24.00	286.51
12.0	13.02	5	5.76	4.17	24.01	286.63
12.5	12.50	5	6.00	4.00	24.02	286.75

资料来源：董娟，基于地域因素分析的可持续村镇住宅设计理论与方法，同济大学博士学位论文，2010

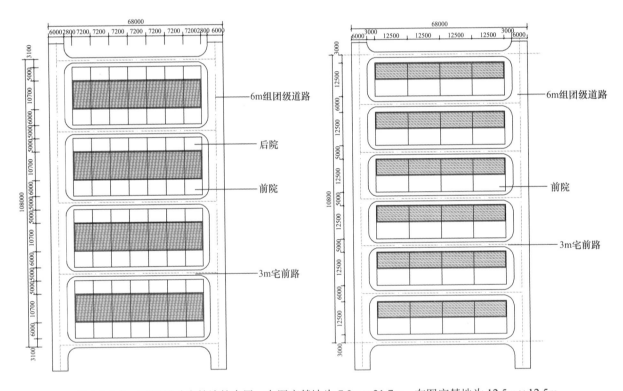

图 1-3-1-4　不同尺寸宅基地的布置。左图宅基地为 7.2m×21.7m，右图宅基地为 12.5m×12.5m

　　表 1-3-1-1 中的统计数据是以图 1-3-1-4 中用地红线内一块 62m×108m 的组团用地布置联排式住宅进行分析得出的。该组团用地内东西向能放置 4 块 12.5m×12.5m 的宅基地，南北向可以放置 6 排。

　　假定用地内的宅基地距离四周道路边线 3m，南北两侧的宅基地间隔 5m~6m 作为宅前通道。以此为限制尺寸布置不同宽度的宅基地，最后得出的统计结果是：东西面宽越小的宅基地越能省地。所以，矩形宅基地的优势是显著的。7.2m×21.7m 的长方形宅基地较之正方形的宅基地不仅可以多布置 4 户住宅，且这种用地的住宅日照间距可以达到 16m，即便在冬季也不会遮挡后排住户的院落日照；而方形用地的日照间距只有 12m 左右，多层住宅会遮挡房后住户的院落日照。方形用地几乎没有条件设置前后院落；而长方形用地则可以实现前后院分开，如图1-3-1-4。

当然宅基地面宽太小也不利于使用，但总体而言，应该尽可能控制宅基地的面宽，以更好地提高土地利用率。

二、合理布置道路系统

村镇住宅的道路和城市居住小区的道路有一定的区别，主要表现在两个方面：第一，车辆种类繁多。由于所从事的行业不同，存在着农业户、养殖户、运输户等，使得车辆的种类也比较丰富，涉及的相关运输工具有农用机动车、小货车、面包车、摩托车等，在一些地区还兼有马车、驴车；第二，人流量小。由于村镇住区的整体规模和居住密度都较小，所以相对人流也比城市小，交通没有城市住区复杂，人车分流也没有像城市那么迫切，为了提高道路的利用率和节约土地，人车混行的系统比较适合。

精心布置路网，在确保车行、人行安全并满足消防要求的前提下，尽量缩短道路长度，并根据通行量适当缩小道路红线宽度，这不但有利于增加绿地，同时在某种情况下也有利于节约土地。

尽量使道路位置与住宅的日照间距相重合，尽量在较宽的道路两侧布置层数较多的住宅。同时，在住宅布局中，可以采用一条巷路服务两侧住户的组合形式，以减少道路用地，减少住宅之间的间距，提高土地的利用率。

村镇住区道路的纵坡和横坡可以参照城市居住区的做法，机动车和非机动车的道路横向坡度为1.5%~2.5%；人行道横坡为1.0%~2.0%；纵向坡度见表1-3-1-2。

居住区内道路纵坡控制坡度（%）　　　　　　　　　　　　　　　　　　　表1-3-1-2

道路类别	最小纵坡	最大纵坡	多雪严寒地区最大纵坡
机动车道	≥ 0.2	≤ 8.0 L ≤ 200m	≤ 5.0 L ≤ 600m
非机动车道	≥ 0.2	≤ 3.0 L ≤ 50m	≤ 2.0 L ≤ 100m
步行道	≥ 0.2	≤ 8.0	≤ 4.0

资料来源：2002年版《城市居住区规划设计规范》（GB50180-93修订本）

第二节　住栋构成与节地

节地设计与住栋形式有关，村镇住宅的住栋有独立式、联排式（含并联式）、单元式（公寓式）三种，这三种方式适合于不同的情况，各有优缺点，但从节地而言，单元式的优势最明显。

一、独立式

独立式布局具有较强的私密性，容易解决自然通风和天然采光，但不利于节约用地。在土地利用相对宽裕和因地形复杂而联排住宅不宜布置的地区（如山区），低层独立住宅仍然具有一定的应用价值。

在独立式布局中仍然存在节约用地和提高土地利用效率的潜力。常见的独立式住宅布置方式是将住宅放置在宅基地的中间位置（图1-3-2-1左），这样住宅两侧的土地显得零散，土地利用率较低。建议将住宅贴临一侧的宅基地边线布置，使另一侧土地相对集中，易于布置庭院、道路、停车场地，土地利用率显著增加（图1-3-2-1右）。

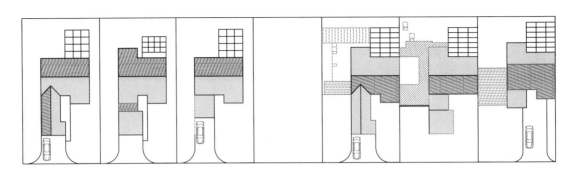

图 1-3-2-1　独立式住宅与宅基地的关系

注：左侧为将住宅布置在宅基地中间，不利于土地的利用；右侧则将住宅紧贴一侧的宅基地边线布置，利于土地的利用

二、联排式

联排式布局又分为联立式（并联式，即两户相连）和联排式（多户相连）。由于联排式组合格局对村镇的宅基地供应制度没有影响，是一种土地集约化进程中变革力度较小的一种方式，因而预期获得的阻力也会较小，是一种既比较节地，而且现阶段十分适合村镇住宅发展的居住模式。并联式（两户相连）的集约化水平介于独立式和联排式之间，可以认为是独立式和联排式之间的过渡方式。两户相连的形式比独立式减少了一面山墙，以及山墙之间必要的空地，建筑密度有所提高，实态统计的结果，这一类村镇住区的容积率在0.6左右，最高0.8左右。由独立式发展为并联式以及联排式，相应地，其院落也由独立式院落演变为两宅院、多宅院联排式院落（图1-3-2-2），院落的面积也显著缩小。

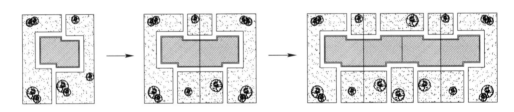

图 1-3-2-2　联排式布局组合方式，独立式院落演变为两宅院、多宅院联排式院落

多户相连相对于两户相连，建筑密度和土地的利用效率有了较大地提高，且依然适应农村的宅基地供应制度，因而多户相连相当于宅基地的贴临布置，这种宅基地布置方式更加紧凑，可以节省大量住宅用地面积。例如，辽宁本溪黄百峪村集中住区规划就是采用此种组合格局，该村集中建设的用地内共计规划了390户，总住宅用地面积为16.9万 m²，其中，宅基地总面积23万 m²，宅间道路2.12万 m²，宅间绿化3.63万 m²。平均每户所占住宅用地约为435m²，较现状分布较紧密片区的户均住宅用地面积570m²还节省135m²用地。此外，每户还拥有54m²的宅间道路用地和93m²的宅间绿化用地，居住环境和通行的便捷度都得到了很大的提高[8]。

村镇住宅联排式布局的组合方式一般有以下几种：

（1）"一字型"联排式布局

这种布局形式简单、均好性较好（前后出檐一致、不易产生阳光遮挡等问题），因而受到农村居民的普遍欢迎，但其容易产生的一个弊病是外观呆板，易形成兵营式的单调格局（图1-3-2-3）。

(2) "L型" 联排式布局

严格说这也是 "一字型" 布局的一种，所不同的是此种利用 "L型" 形体在每个单元前面围合成了一个小的半开放庭院，使彼此之间有视线的遮挡，领域感更强；相对于 "一字型"，这种布局形成的建筑形体较为活泼，不足之处是所需面宽较大，占地面积往往也较大，否则前部院落较为狭窄，对居室的采光有一定的影响（图 1-3-2-4）。

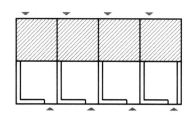

图 1-3-2-3 "一字型" 联排式布局

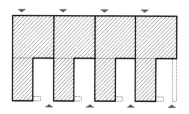

图 1-3-2-4 "L型" 联排式布局

(3) "T型" 联排式布局

将两个 "L型" 住宅相互咬合形成一个双拼院落，即变形为 "T型"，以此为单元进行拼接组合。东西向采用封闭实墙以利相互拼接，南北向进深较大，节地效果较好；住宅南北皆设开口，宅院组合采用的也是一条巷路服务两边的模式，减少道路占地，容积率大大提高（图 1-3-2-5）。

(4) "内天井（庭院）" 联排式布局

这种布局吸收了传统民居的做法，每户增加了内庭院（天井），形成了有趣味的私密空间，同时也解决了一些中部功能空间的采光通风问题。这种布局通过设置内院加大住宅的进深，户型的面宽可以较小，节地效果较好。不足之处是进深往往较大，交通流线较长（图 1-3-2-6）。

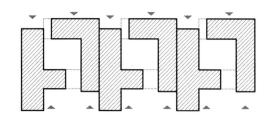

图 1-3-2-5 "T型" 联排式布局

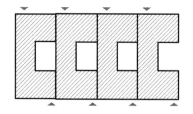

图 1-3-2-6 "内天井（庭院）" 联排式布局

(5) "错列式" 联排式布局

这种布局用错落的方式来增加户与户之间的私密性，增添院落的围合感；这样的排列还有助于打破单调的行列式，丰富建筑形体。不足之处是前后出檐不一致，易产生阳光遮挡，均好性不佳（图 1-3-2-7）。

与此同时，在一些不规则的地形中、或地块与道路成一定的角度情况下，"一字型" 联排式格局并非高效利用土地的最佳方法（易产生较多的边角地块）。因此，在这些情况下，采用错列式（或 "人字型"、"锯齿型"）的联排布局更为有利（图 1-3-2-8）。

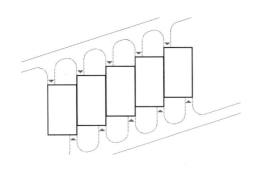

图 1-3-2-7　"错列式"联排式布局

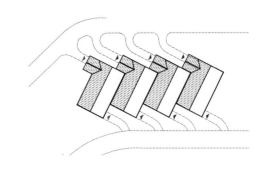

图 1-3-2-8　"人字形"联排式布局

在联排式布局方式中，有两个问题值得注意：

首先是相连的户数。从节地的角度来说，相连的户数越多越好，但实际操作中却不能如此简单，要综合考虑各方面因素。因为相连的户数越多，住栋的长度越大，体形系数变化对节能不利，对整个住区的自然通风也不利，同时影响居民的出行方便等等。对村镇住宅来说，2~6 户较为合适，一般不宜超过 8 户。

其次是联排住宅的高度。从节地的角度来说，层高越低、住宅高度越低对节地越有利，但在现实操作中，要考虑村镇居民的接受情况，一般将联排住宅的高度控制在 2~3 层，层高也不可太低。图 1-3-2-9 和图 1-3-2-10是安徽当涂县采用的农村居住小区联排住宅方案。

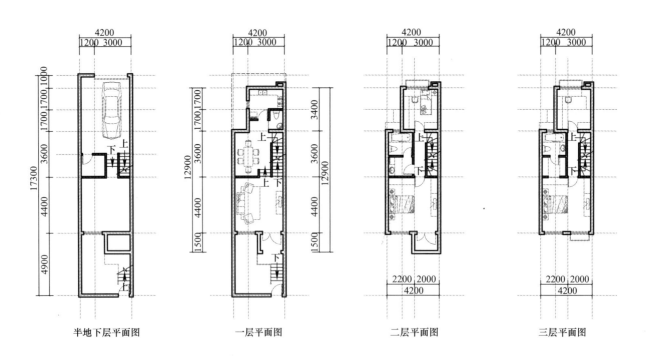

半地下层平面图　　一层平面图　　二层平面图　　三层平面图

图 1-3-2-9　安徽省当涂县博望镇平桥新农村居住小区联排住宅方案。面宽 4.2m，进深 12.9m，建筑面积 144.5m²，占地面积仅 54.2m²

在巧妙设计的情况下，可以将两套联排住宅在竖向相叠，这种方法可以大大节约土地，同时二层住户也可以保留室外平台，但失去了宅基地（图 1-3-2-11）。

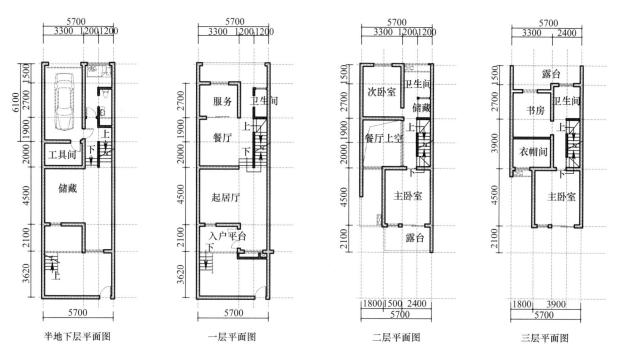

半地下层平面图　　　　　一层平面图　　　　　二层平面图　　　　　三层平面图

图 1-3-2-10　安徽省当涂县博望镇平桥新农村居住小区联排住宅方案。面宽 5.7m，进深 13.2m，
建筑面积 185.5m²，占地面积仅 77.5m²

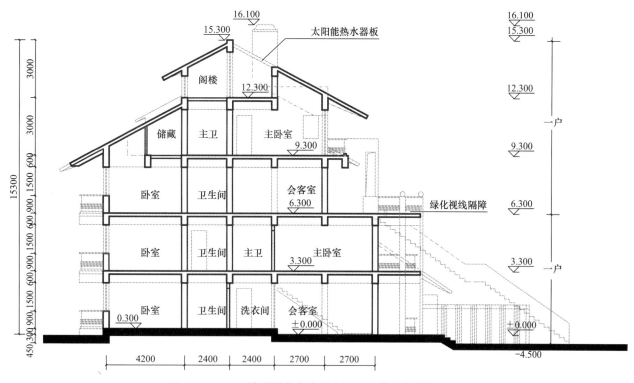

图 1-3-2-11　两套联排住宅在竖向相叠，进一步节约了土地

三、单元式（公寓式）

相对于前面两种方式，单元式（公寓式）布局是土地集约化水平最高的形式，住宅垂直方向的叠加使得建筑密度和容积率都大大增加。它的特点是水平分户，有公用的楼梯间，住栋的层数较高（3~6 层），宅基地不再属于每家每户所有。这种"城市型"的住宅组合是对农村传统的宅基地制度的颠覆，也是变革最为激烈的一

种形式，涉及到一系列的变革，例如：宅基地制度的废弃，建房的主体由个人转变为国家、集体甚至其他投资团体，因而在村镇地区推行时受到的阻力最大。尽管近年来在一些经济较为发达的村镇地区，单元式住宅有了较快的发展，但总体上看，在村镇尤其是大部分村庄，单元式住宅还是一个新兴事物，仍处于起步阶段。

尽管如此，长远来看，单元式住宅仍然是今后村镇地区住宅建设的发展方向和目标。因为这种方式不仅有利于土地资源的可持续利用，而且居民集中居住保证了配套设施的完善，有利于节约社会资源和方便生活。在村镇地区建设多层单元式住宅应当结合各个地区的实际情况，因地制宜地采取相应的策略，不可完全照搬城市住宅的模式，仍应考虑村镇居民的生活方式和使用特点。

第三节　村镇住宅节地布局

在确定住栋的情况下，住宅的节地布局还涉及合理的间距、恰当利用地形、合理布置道路等多方面的因素，需要在实践中灵活运用。

一、合理的间距

住宅的节地布局一般总要涉及合理的间距。合理的间距涉及诸多因素，需要综合平衡节地、日照、通风、工程管线布置、视觉干扰、交通、防火、防灾等各方面的因素。住宅间距包括被遮挡住宅的南侧外墙面与遮挡建筑北侧的最高遮光点垂直投影线的水平距离（正面间距）和山墙间距（侧向间距）。

1. 正面间距

根据我国地理位置、气候特点及规划实践的经验来看，日照成为影响住宅正面间距的主要因素，因此，规范中以日照条件作为住宅正面间距的控制标准。

一定的日照时间是保证一定的日照质量水平的重要保证。住宅最小间距应满足所有住户对日照要求的最低标准（一般以底层住户为衡量标准）。北半球太阳高度角在全年中的最小值是冬至日（或大寒日），因此，以冬至日（或大寒日）底层住宅室内得到的日照时间作为最低的日照标准。在我国通常取冬至日（或大寒日）中午前后两小时日照为下限，再根据各地的地理纬度和用地状况加以调整。平地日照间距的计算公式可以简要概括为：$L=H/\mathrm{tg}\alpha$，式中 L 为房屋间距（日照间距），H 是前排房屋北侧檐口和后排房屋南侧底层窗台的高差，α 为冬至日（或大寒日）下午的太阳高度角（当房屋正南向时）（图 1-3-3-1）。

在实际设计工作中，日照间距一定要根据各地的具体要求、基地的具体情况，查阅相应的资料后进行计算，目前经常采用计算机模拟的方法进行计算。在方案设计中，可以根据 L/H 的比值（房屋间距 L 和前排房屋的高度比值）进行初步的判断，如 L/H：0.8、1、1.2、1.5 等等。

一般来说，在高纬度地区的日照间距大于低纬度地区；农村地区的日照间距大于城市地区；用地宽松地区的日照间距大于用地紧张地区。农村地区的日照间距常常可以取到 L/H：1.5、2.0，即房屋前后的间距是房屋高度的 1.5、2 倍，一般都高于城市地区。

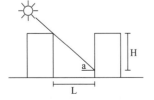

图 1-3-3-1　日照间距公式 $L=H/\mathrm{tg}\alpha$

表 1-3-3-1 是 2002 年版《城市居住区规划设计规范》（GB50180-93）中关于城市住宅建筑的日照标准，仅供村镇住宅设计时参考，特别值得注意的是：各省市一般都根据当地情况制定了相应的城市住宅建筑日照标准，而且一般情况下，村镇住宅的日照标准应高于城市住宅。表 1-3-3-2 则显示了不同方位住宅的日照间距的折减系数。

住宅建筑日照标准   表 1-3-3-1

建筑气候区划	Ⅰ、Ⅱ、Ⅲ、Ⅶ气候区		Ⅳ气候区		Ⅴ、Ⅵ气候区
	大城市	中小城市	大城市	中小城市	
日照标准日	大寒日			冬至日	
日照时数（h）	≥2		≥3		≥1
有效日照时间带（h）	8~16			9~15	
日照时间计算点	底层窗台面（距室内地坪0.9m高的外墙位置）				

注：Ⅰ、Ⅱ、Ⅲ、Ⅳ、Ⅴ、Ⅵ、Ⅶ气候区中的相关地区和城市参见《建筑气候区划标准》（GB50178-93）。
资料来源：2002 年版《城市居住区规划设计规范》（GB50180-93）

不同方位间距折减换算表   表 1-3-3-2

方　位	0°~15°（含）	15°~30°（含）	30°~45°（含）	45°~60°（含）	>60°
折减值	1.00L	0.90L	0.80L	0.90L	0.95L

注：1）表中方位为正南向（0°）偏东、偏西的方位角。
　　2）L 为当地正南向住宅的标准日照间距（m）。
　　3）本表指标仅适合于无其他日照遮挡的平行布置条式住宅之间。
资料来源：2002 年版《城市居住区规划设计规范》（GB50180-93）

此外，随着人们生活水平的不断提高，人们对自己独立生活的私密性也有了更高的要求。这就要求在满足规范日照间距标准的同时，也需要考虑到邻里之间的视野心理间距。例如，环境心理学研究表明，满足视线不受干扰的、平行布置的建筑距离不得小于 10m，这也可以作为设计中的一个参考值。

2．侧向间距

住宅的山墙间距（侧间距）应当满足防火、防震等安全要求，根据《农村防火规范》（GB50039-2010）的条文，一、二级耐火等级建筑之间或与其他耐火等级建筑之间的防火间距不宜小于 4m，但高度超过 15m 的居住建筑则应符合《建筑设计防火规范》（GB50016-2006）的规定。实践表明，4m 的山墙侧间距虽符合规范的要求，但仍显得太密，因此，建议联排式住宅和单元式住宅的最小侧间距应加大至 6m，这也符合多层建筑之间防火间距的要求。

此外，不少地区对城市多层住宅也提出了侧向间距大于住宅山墙高度的一半的要求，这对于村镇住宅也极有参考价值，而且村镇住宅的侧向间距要求建议可高于城市住宅。

3．适当的偏移

住宅的正面间距主要取决于日照时间，有时通过住宅之间的错位布置，将点式住宅与条式住宅结合，将住宅方向略偏向东西向布置，均可有助于缩减日照间距，达到节地的效果。图 1-3-3-2 显示通过住宅的错落布置，利用山墙间隙提高日照水平；图 1-3-3-3 显示了利用点式住宅增加日照效果，达到适当缩小间距的目的；图 1-3-3-4 显示将住宅适当偏东布置，等于加大了间距，增加了底层住户的日照时间。

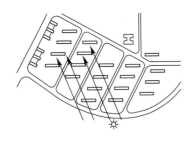

图 1-3-3-2　通过住宅的错落布置，利用山墙间隙提高日照水平

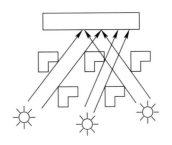

图 1-3-3-3　利用点式住宅增加日照效果，可适当缩小间距

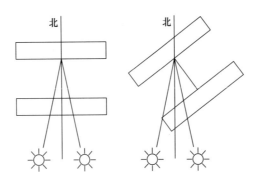

图 1-3-3-4　将住宅方位适当偏东或者偏西布置，等于加大了间距，增加了底层的日照时间，但阳光入室的照射面积比南向要小

表 1-3-3-3 则通过详细的分析研究，实证了采用错列式住宅布局有助于提供容积率，达到节约土地的目标。

行列式和错列式排布在大寒日 2h 日照标准下的住宅容积率　　　　　　表 1-3-3-3

依照高度角获得日照时		依靠方位角获得日照时		
住宅间距系数	容积率（万 m²/hm²）	住宅间距系数	容积率（万 m²/hm²）	
			行列式	错列式
1.71	1.53	0.90	1.44	1.94
		0.95	1.43	1.89
		1.00	1.41	1.85
		1.05	1.39	1.81
		1.10	1.37	1.77
		1.15	1.34	1.73
		1.20	1.32	1.70
		1.25	1.30	1.66
		1.30	1.28	1.63
		1.35	1.27	1.60
		1.40	1.25	1.57
		1.45	1.23	1.54
		1.50	1.21	1.51
		1.55	1.19	1.48
		1.60	1.17	1.45
		1.65	1.16	1.43

资料来源：袁磊，在高容积率下改造住区日照环境的研究，天津大学博士学位论文，2003

4．合理利用空地

在规划设计中，在不会对其他住区产生不利影响的前提下，可以提高最北侧的住宅的高度，因为这排住宅的阴影不会对住区内的其他住宅产生影响；同时，在保证规定的绿地日照面积的前提下，住区内部集中绿地南侧住宅的高度也可适当提高；道路宽度大于日照间距时，南侧住宅的高度也可提高。当然，这些方法都不是孤立的，需要结合整体规划和设计要求综合考虑，综合平衡节地与环境舒适性的要求。

二、合理利用地形

村镇住宅的地形地貌条件复杂多变，受地区经济发展水平的限制，村镇地区的住宅建设不能简单套用城市建设大规模改造地形的模式，只能根据各地区不同的自然地形环境特征，因地制宜地采取相应的设计策略。坡地住宅、滨水住宅、掩土住宅就是三种较好利用地形的布局方式。

1．坡地住宅

我国是一个多山、多丘陵的国家，坡地村镇分布很广，特别是中西部地区，许多村镇枕山襟水，起伏变化的地形和天赋的自然景致造就了独特的山村风貌。坡地住宅不但有利于营造独特的居住环境，同时也有利于减少住宅之间的间距，充分利用土地。

坡地可以按地形坡度进行分类，表1-3-3-4就是按坡度分类的坡地地形。坡地住宅最适宜建造的坡度范围大致在3%~50%之间，即从缓坡地到陡坡地之间，这是人在坡地中活动最广泛的区域。平坡地基本上是平地，住宅和道路布局自由，只需注意排水处理；缓坡地住宅群体布局不受地形限制；中坡地时，场地需作台阶处理，住宅需要考虑适宜的接地形式，车道不宜垂直等高线布置，住宅群体布置受到一定限制；陡坡地中的道路布局较为困难；急坡地一般不适于建筑用地，竖向交通困难，必要时需要借助机械交通方式；悬崖坡地不适宜人类居住。

按坡度分类的坡地地形 表1-3-3-4

坡度	3%以下	3%~10%	10%~25%	25%~50%	50%~100%	100%以上
类型	平坡地	缓坡地	中坡地	陡坡地	急坡地	悬崖坡地

资料来源：《建筑设计资料集》编委会，建筑设计资料集（第二版）第3集，北京：中国建筑工业出版社，1994

坡地住宅的布局一般有三种方式，即：平行等高线法、垂直等高线法、等高线斜交法。

1）平行等高线法

住宅布置与等高线相互平行，这是最常用的方式。其优点是道路及管线易于处理，一般适合25%以下的中缓坡。这种方式多行列式的住宅布置方式，形成住宅顺应等高线、住宅前后空间层次清晰的形态特征（图1-3-3-5）。

在北高南低的向阳坡地上，住宅既能获得充分日照和良好的通风，且正面视野宽广，可减少住宅之间的日照间距，节地效果明显。

在南高北低的坡地上，要调整前后排住宅的层数，避免过多拉大日照间距。还要尽量利用高差所形成的、住宅底部的封闭空间，作为停车、储藏、商业等辅助空间。

2）垂直等高线法

由于受场地地形条件、住宅朝向的限制或者为了突出住宅的个性特征，有时将住宅沿垂直等高线方向布置。垂直等高线布置易与地形结合、减少土方量、场地排水及住宅采光通风较好，一般适用于25%以上的均匀坡地。

设计中，一种方式是将住宅单体设计成沿垂直等高线爬升的爬坡式住宅；或是将住宅单元沿垂直等高线方向竖向错台布置，形成台阶式（错叠式）的空间形态；或形成不同标高的多级入口，通过对住宅层数的改变形成与地形的呼应关系（图1-3-3-6）。

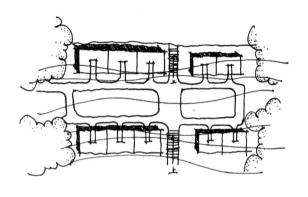

图1-3-3-5　平行等高线的坡地住宅

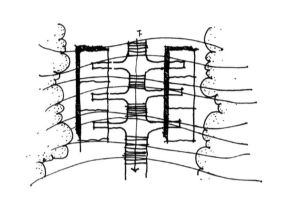

图1-3-3-6　垂直等高线的坡地住宅

3）等高线斜交法

村镇住宅也可以与地形等高线斜向布置，可据日照、通风要求调整住宅方位以获得良好朝向，根据地形坡度条件的不同可视为平行与垂直布置的中间方式。具体工程设计中应据实际地形综合分析坡度、工程量，结合单体接地方式和交通组织，选择最合理的布置关系，以节约用地、降低造价。

2. 滨水住宅

平原水网地区由于河道纵横，水网密布，水环境对村镇聚落分布和村镇住宅形态有很大的影响。江南水乡传统民居多滨水而建，住宅组群沿着河道两侧有机生长，主要街道沿着河道蜿蜒伸展，河池沟渠构成了居住区的骨架，住宅依水而立，形成"前街后河"、"一街一河"或"两街夹河"的居住格局，形成了独特的水乡建筑景观（图1-3-3-7）。当然对于新建村镇住宅而言，出于防洪防灾和环境保护的考虑，一般住宅建设均离开水体。但是在某些情况之下，出于节地或营造独特的地域特色的要求，也会设置一些滨水住宅。

1）顺应水网地形的住宅布局

传统水乡住宅沿河呈带状布局，河、街、宅三种空间要素沿一条轴线（河道）并行发展。沿河带状布局按照住宅与河、街的关系形成了几种构成方式（图1-3-3-8），主要有三种不同的住宅沿河界面形态。有在河的两岸直接建临水建筑的"巷—居—河—居—巷"的格局；也有住宅与河道隔街相对，"居—巷—河—巷—居"，河上的船运、街道的人流以及建筑高度的围合，形成了特有的生活空间。

"巷—居—河—居—巷"的格局，即中间是河道，河的两岸边都是临水住宅。其房高H与河宽D的比例D/H通常小于1。这种空间形态，住宅紧靠河道的两侧，临水而居，空间紧凑，水巷有深邃幽静之感。

图 1-3-3-7　传统水乡景观

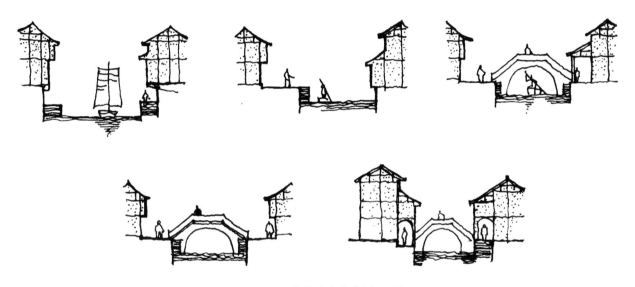

图 1-3-3-8　传统水乡街巷剖面示意

"巷—居—河—巷—居"的格局，即河道一侧为街巷，另一则为临水住宅，这种形态在江南地区较为常见，其房高 H 与河 + 街总宽 D 之比例 D/H 通常在 1 左右。这种空间形态有河道、街巷、住宅三个低、中、高不同的空间层次，河道是街巷空间的延伸，原本仅发生在街巷中的市民生活，也因河道的船行过往而更加丰富多彩。这种布局方便了河与街巷的联系，在河街交接处，会有许多公共空间，形成集市等公共聚会的场所。

"居—巷—河—巷—居"的格局，即中间是河道，两侧是街巷，这类空间形态的房高 H 与河 +2 条街总宽 D 之比例 D/H 通常大于 1，空间感觉比较开阔。

2）临水住宅的亲水性

传统水乡民居住宅与水体的关系主要有三种，即：住宅可以离水而建，也可以直接临水，甚至可以用悬挑、架空的方式突出水面，形成不同层次的亲水界面。

住宅"离水"：当住宅距离水面有一定距离时，可以设置室外台阶、步道、踏板将人们拉近水面（图 1-3-3-9）。

直接临水：住宅距离水面较近时可以设计成直落水面的形式，内部则抬高室内地坪，防止汛期水面上涨带来潜在的危险，同时也可以通过加设台阶和临水平台，使人们亲近水面（图1-3-3-10）。

突出水面：临水住宅甚至可以采用"悬挑、吊脚、架空"的方式将住宅凌空架设于水面之上，住宅"占天不占地"，突出水面的广阔视角让人们犹如置身水上，可以创造最大的亲水效应；同时，采用架空、吊脚的方式可以充分利用通常难以利用的坡度较大的水岸，将住宅的掉层空间设计为贴近水面的亲水活动平台（图1-3-3-11）。

  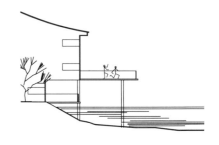

图1-3-3-9　住宅离水而建　　　　图1-3-3-10　住宅直接临水　　　　图1-3-3-11　住宅突出水面

3）临水住宅与节地

传统水乡住宅是适应江南水乡特有地形条件的产物，从某种意义上看，也是一种节地的选择。住宅沿东西向河道平行布置时，可以利用河道满足了运输、日照、避免视觉干扰、景观等多项要求，高效利用了空间。

有时在狭窄的河道处，两侧的民居压驳岸而建，石驳岸同时成了住宅建筑的基础，争取了更多的建宅基地。这种格局所形成的河道仅供小船通行，甚至在有些不通航的水巷处，部分住宅跨河而建。相邻住宅挑出凹进，建筑立面因开门、开窗的形式多种多样，高度、层数错落有致，屋面鳞次栉比而互相重叠衔接，临水踏步、栏杆、码头等穿插频繁，使整个水巷空间在紧凑中富有变化，充满生活情趣（图1-3-3-12）。

传统水乡住宅的这些节地优势值得在当代村镇住宅设计中借鉴。当代沿河住宅的层数可根据河道的宽度设定，一般来说，将住宅高度与河面宽度的比例控制在1∶1以上，既保证住宅河道街巷之间亲切宜人的空间比例，又保证两岸平行排列住宅的卫生和视线距离，保证居住的私密性，使之更适于现代人的生活，图1-3-3-13即为一例当代滨水村镇住宅。

图1-3-3-12　充满生活情趣的传统水乡　　　　图1-3-3-13　当代滨水村镇住宅

3．掩土住宅

黄土高原地区是全球黄土沉积层最厚的地区之一。由于土层厚实、易于开挖以及黄土层优良的热学性能，千百年来，那里形成了一种独特的住宅类型——窑洞。

1）窑洞的形式

根据不同地貌特征产生了不同类型的窑洞民居，其中最典型有三类——"靠山窑"、"地坑窑"和"独立窑"。

靠山窑（靠崖窑）出现在山坡和冲沟两岸。窑洞背靠山崖或陡坡而建，前面一般有开阔的河谷与川地。靠山窑一般随等高线布置，顺山挖掘既减少了土方量又顺应山势，取得与自然地形和谐的建筑形态。根据坡地面积和山崖的高度，可以布置多层台阶式的窑洞。但为了保证土层的稳定性，避免上层窑洞的荷载影响底层窑洞，窑洞通常是层层后退布置的，即底层的窑顶是上层窑洞的前庭，较少出现上下层重叠的情况（图1-3-3-14）。

地坑窑（下沉式窑洞、地下天井院）主要出现在平地，农民巧妙地利用高原黄土的特性（直立边坡的稳定性），就地向下挖掘一个方形地坑，形成四壁闭合的地下四合院（凹庭或天井院），后再向四壁挖掘窑洞而成。一般天井院尺寸有9m×9m和9m×6m两种，9m见方的一般每壁挖两孔窑洞，共8孔；9m×6m长方形的挖6孔。以其中一孔作出入口，向上挖成斜坡通向地面。门洞坡道的位置并无定式，常随地形灵活变化形成多种形式，院内地坪的标高通常比窑顶低6~7m[9]（图1-3-3-15）。

独立窑实质上是一种覆土的拱形房屋。人们用土或砖石砌筑结构体系，然后在上部和四周覆土，上部覆土常为1~1.5m，所以此种窑洞的拱顶和四周仍不失窑洞冬暖夏凉的特点。独立式窑洞可以灵活布置，布局不受地形的限制，因而受到人们的普遍欢迎；另外，由于独立式窑洞的结构和建造方式与现代建筑更为接近，也是窑洞民居向现代住宅方式转化过程中最具发展前景的一种形式（图1-3-3-16）。

图1-3-3-14　靠山窑

图1-3-3-15　地坑窑

2）窑洞与节地

窑洞不但节能，而且节地。窑洞巧妙地利用了地形，充分利用和拓展了地下空间，在土地资源日益紧张的今天具有很好的借鉴意义。

图 1-3-3-16 独立窑

窑洞特别是靠崖窑，一般都选择在通常难以利用的山坡、塬边缘和河沟谷地，当地居民巧妙地利用了这种特殊的地形，在崖壁上向内挖掘洞穴，创造了冬暖夏凉的适宜居住空间。沿沟开凿的窑洞，不仅日照充足还可以躲避风沙，是理想的栖居地。我国陇东庆阳、陕西米脂等地，不少村庄建在冲沟里，以节约大片耕地。为了不受雨水侵蚀，在沟壁上广种花、草、树以防止水土流失，阻止冲沟扩展，这种在冲沟中建宅的方式不仅充分利用了地形、争取了建设用地，还可有效地改善黄土高原的环境，控制水土流失（图 1-3-3-17）。

图 1-3-3-17 黄土高原上的窑洞民居与自然融于一体，节地节能

3）窑洞的新探索

传统的窑洞蕴涵了许多生态理念，然而也存在室内采光差、通风不良、潮湿等缺陷。近几年来诞生了一批采用传统营造方式、结合现代绿色建筑技术的新窑洞民居实验。新窑洞民居不仅传承了传统民居的外部形态，保持了传统窑洞冬暖夏凉的优越品质，还在通风、除湿、新能源的利用方面取得了进展，更好地改善了当地居民的生活质量，值得学习。

图 1-3-3-18~ 图 1-3-3-20 是西安建筑科技大学和日本理工大学组成的联合研究小组展开的新窑洞民居的实验，力求使新窑居在保持传统窑居优良热工性能的基础上更适应现代生活的需求。[10]联合小组针对窑洞建筑物理环境的缺陷，通过采用被动式太阳能采暖技术、机械通风技术等来改善窑洞通风不良的状况；针对其不适应现代生活方式的地方，设计并建造了二层的新型窑洞，对室内空间组织做了很大的改进以适应现代生活的要求；立面上配以使用现代材料的阳光间、太阳能集热板，加上屋顶种植绿化，使得新窑居似窑似楼，颇具现代气息，受到当地百姓的普遍欢迎。

设计中采取的改良措施有：

第一，在朝南入口方向设置进深约 1.8m 通长的玻璃阳光间（被动式太阳能房），以加强冬季保温，屋顶设开启窗扇，促进夏季通风散热；

第二，设置地下"隔污换气"自调节系统，利用室内排气的余热（冷）对窑洞进行自然调整，通风口内设风扇加强通风效果，风扇电源由屋顶太阳能电池提供；

第三，窑顶设有种植层、滤水层和隔排水层。种植层不仅具有保温、隔热、蓄能和调节小气候等功能，还充分利用窑顶增加了种植面积。在窑前、窑顶可设置太阳能温室，太阳能火炕、锅灶等；

第四，在前院设置水窖。水窖是民间传统的贮水方式之一，目前虽然给排水的条件有所改善，但作为节水措施，窖水可以用来浇园，亦可作为天旱时的补充；

第五，利用现代抗震技术措施，加强窑洞构造的防护。

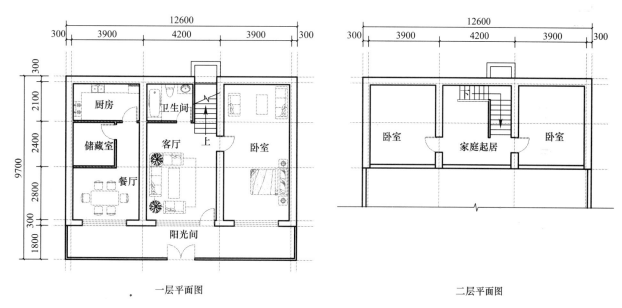

图 1-3-3-18　中日联合研究小组设计的新窑洞的一层平面图（左）和二层平面图（右）

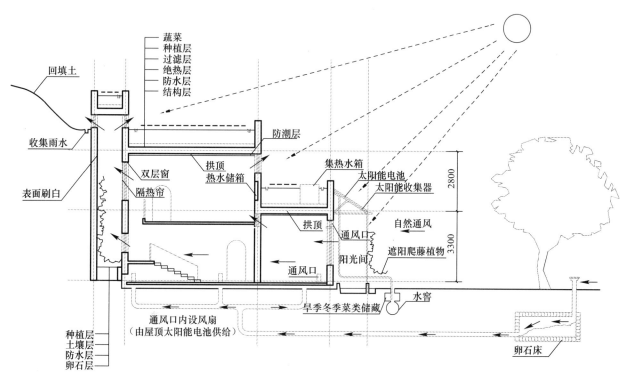

图 1-3-3-19　新窑洞住宅的剖面图

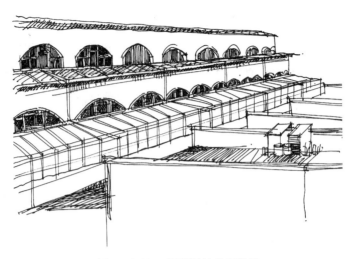

图 1-3-3-20　新窑洞的外观效果

第四节　村镇住宅节地设计

在合理布局的前提下，需要进一步注意住宅的节地设计。涉及节地设计的内容很多，常见的包括：合理的层数和层高，合理的面宽、进深和长度，巧妙的顶部剖面设计，恰当的竖向设计、良好的住区环境和特色等内容。

一、合理的层数和层高

层数和层高不但影响到住宅节能和节材，而且对于节地也有很大影响，有关学者的研究指出："8层以下的住宅，增加层数能节约较多的用地。高层住宅节约用地的效果显著⋯⋯住宅层数从5层增加至7层，用地大致可节约7.5%~9.5%，而层高从3.2m降至2.8m，可节约用地8.3%~10.5%（日照间距系数为1.5时）。"[11]。由此可见，确定合理的层数和层高具有重要的现实意义。

1. 合理的层数

村镇住宅中独立式住宅的层数一般为2~3层，联排式住宅的层数一般为3层左右，单元式住宅的层数则一般为3~6层，具体的层数应根据各地的实际情况，例如气候地形条件、日照间距、社会文化等因素确定。

例如在一些尚未实现锅炉供暖的北方采暖地区，住宅层数不宜过高，因为取暖燃料仍需人力搬上楼；有较多生产农具和日常杂物需上下"挪动"时，住宅层数也不宜过高。住宅层数还应考虑村镇居民原先的居住习惯，老年人较多的村镇住宅，其层数不宜过高，因为由于多年的生活习惯，老年人已适应底层住房的居住环境，心理习惯上比较"恐高"。

住宅的层数也不宜过低，否则既不经济，也不利于土地的高效使用，应当根据各地的村镇规划控制指标作合理安排。对于多层住宅，有关资料显示："如住宅层数在3~5层时，每提高一层，每公顷（10000m²）可相应增加建筑面积1000m²左右；而6层以上，效果将显著下降。"[12]。总的来说，在城市郊区和用地较紧张的地区，单元式住宅以4~5层为宜，局部地区可做到6层，也可考虑与高密度低层住宅（<3层）组团混建。在较为偏远地区和用地较为宽松的地区，住宅可以以3~4层为主。

2．合理的层高

层高是指上下两层楼面或楼面与地面之间的垂直距离，《住宅设计规范》（GB50096-2011）' 对城市住宅的层高做出如下要求，可以作为农村住宅层高的参考依据：

第一，住宅层高宜为 2.8m；

第二，卧室、起居室（厅）的室内净高不应低于 2.4m，局部净高不应低于 2.1m，且局部净高的室内面积不应大于室内使用面积的 1/3；

第三，利用坡屋顶内空间做卧室、起居室（厅）时，至少有 1/2 的使用面积的室内净高不应低于 2.1m；

第四，厨房、卫生间的室内净高不应低于 2.2m。

传统的村镇住宅层高普遍较高，多在 3m 以上，有的甚至达到 3.6m 以上。产生这一现象既有来自生产生活实际需求的客观原因（例如，农器具的堆放、大件古旧家具的摆放等），也源自农村居民的居住习惯和主观心理需求。根据调查，不少农村居民住宅底层仍保留"祖堂"，而较高的层高容易营造这一空间的礼仪感。此外，村民相互之间的攀比心理也是住宅层高居高不下的原因，住宅檐口的高度往往是家庭地位的象征，村民普遍不愿意建造和居住在"低人一等"的住宅中。

然而，过高的层高从节地、节能、节材角度来说都是十分不利的。据计算，"层高每降低 100mm，能降低造价 1%，节约用地 2%"。[13] 事实上，通过对室内空间的合理设计（例如开辟半地下室、局部拔高、设置足够的储藏空间），将层高控制在 3m~2.8m 是完全可行的。

针对村镇住宅的特点，在独立式布局和联排式布局的住宅中，可以将住宅的底层层高和楼层层高分开设置，底层层高可以较楼层适当放宽。例如，上海市《郊区心村住宅设计标准》规定："住宅的层高宜为 2.80~3.00m，其中低层住宅底层层高宜为 3.00~3.20m"。

二、合理的面宽、进深和长度

在住宅中，面宽一般指一套房子，或者一间居室的东西墙之间的距离；进深则是指一套房子，或者一间居室的南北墙之间的距离；长度往往是指一幢住宅中南向各套房子的面宽之和。在住宅设计中，确定合理的面宽、进深和长度都会直接影响到节地效果。

1．合理的面宽

住宅的面宽取决于不少因素，如：地块的形状、建筑面积的大小、房间数量的多少、房间的使用功能、使用设备的尺寸等，如何确定合理的面宽需要综合平衡这些因素。

南向在我国绝大部分地区是最理想的朝向，因此一般情况下，面宽越大的住宅往往越舒适，采光通风也越好，但是每户的面宽越大导致在基地内南面能安排的住户数越少，土地利用效率不高。为此，从提高土地利用的角度出发，应该控制每间房间的面宽，进而控制每户的面宽。

2．合理的进深

在住宅建筑面积一定的前提下，进深与面宽相辅相成，压缩面宽意味着增加进深，扩大面宽则意味着压缩进深。一般而言，压缩面宽增加进深有利于节地。"一般认为住宅进深在 11m 以下时，每增加 1m，每公顷可增加建筑面积 1000m² 左右；在 11m 以上时，效果相应减少。"[14]

当然，扩大进深并不意味着进深越大越好。进深过大，容易造成房间的长宽比例失调、房间的后部难以获得阳光、自然通风组织困难、户内交通流线过长等一系列问题，不利于居住质量的改善。因此，在设计中必须综合考虑面宽和进深的关系，在节地的同时确保居住的舒适性。

3．合理的长度

独立式住宅是一种点式住宅；联排式住宅中的联立式（并联式，即两户相连）可以视为点式住宅，一般的联排式住宅是板式住宅；单元式（公寓式）住宅也有点式和板式之分。

从自然通风和天然采光的角度而言，点式住宅具有较大的优势；但是从节地、节能的角度来看，板式住宅的优势更大。板式住宅大大减少了不同幢住宅之间的侧向间距，提高了土地利用率，而且住宅越长越利于节地。

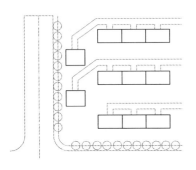

图 1-3-4-1 　板式住宅与点式住宅互相呼应，可以有效围合住区的东西界面，同时利于组织自然通风

同时板式住宅减少了外墙面积，降低了能耗。一般的住区内，往往尽量采用板式住宅，板式住宅的数量远大于点式住宅。据计算："住宅长度在 30~60m 时，每增长 10m，每公顷可增加建筑面积 700~1000m² 左右，在 60m 以上时效果不显著。"[15]

事实上，住宅的长度也不是越长越好。住宅的长度要全面考虑，综合权衡地形、通风、住宅面宽、交通、抗震等各种因素，最终得出一个理想的长度。一般而言，村镇住宅的长度可以比城市住宅略短。同理，住区中也不是板式住宅越多越好，适当布置点式住宅不但可以打破单调、围合空间、利于通风采光，而且有时也可以有效利用一些剩余的土地，反而起到节地的作用（图 1-3-4-1）。

三、巧妙的顶部剖面设计

住宅的顶部设计不但与外观造型紧密相关，而且与节地也有紧密相关。

1．合理的屋顶坡度

坡顶住宅的坡度不仅影响美观，而且与日照间距有关。坡度越陡，日照间距越大，节地越不利；坡度越缓，日照间距越小，节地越有利。不少地区，坡度 45°以下的坡顶，其建筑高度计算至檐口，而大于 45°的坡顶，则建筑高度计算至屋脊，因此，从节地的角度出发，屋顶的坡度不宜大于 45°（图 1-3-4-2 和图 1-3-4-3）。屋脊的位置亦与日照间距有关，在可能的情况下，屋脊位置南移，对日照的影响就会减少。

2．恰当的顶层设计

从日照间距而言，恰当的顶层设计主要涉及：采用平坡结合、"北退台"等方法以减少可能产生的日照遮挡，从而减少日照间距（图 1-3-4-4）。

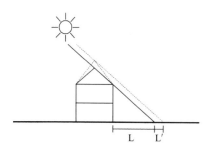

图 1-3-4-2　坡度太高导致
日照间距增大

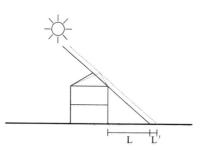

图 1-3-4-3　屋脊位置偏北
导致日照间距增大

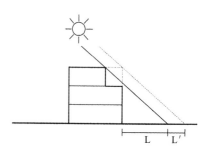

图 1-3-4-4　采用"北退台"的方法
有助于减少日照间距

四、适宜的住宅竖向设计

与公共建筑相比，住宅的竖向设计一般是较为简单的，不会故意出现很多高差变化。但是在地形高低变化的地区，住宅的竖向设计就需要认真考虑了。

图 1-3-4-5 显示了不同坡度的坡地类型，不同的坡度使村镇住宅与地面的接触关系变化多端，从而形成了多种多样的接地形态。所谓接地（landing），就是如何在坡地特殊的地理条件下，设计住宅与基地的接触方式，接地成为住宅竖向剖面设计中需要重点考虑的内容。村镇住宅在坡地上的接地方式主要有三种，即：单一水平界面的接地、不同高差水平界面的接地、水平界面与地表分离的接地。

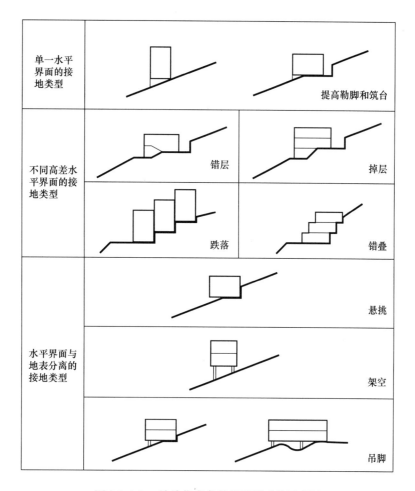

图 1-3-4-5　坡地住宅各种接地形式的示意图

1. 单一水平界面的接地类型

包括提高勒脚和筑台两种方式，适宜于 10% 左右的平缓坡地，住宅宜平行等高线布置。通过提高勒脚和筑台的办法，为上部住宅提供一个平整的基座，是传统坡地住宅的常用手法。

提高勒脚和筑台可以不改变住宅的结构，住宅设计通用平地标准，竖向高差由室外踏步调节，这是适应坡地地形最简便的一种方法，施工简单，应用广泛。

2. 不同高差水平界面的接地类型

地形复杂、坡度较大时，往往需要通过住宅本身剖面空间及单元组合变化来适应地形，节约土方工程量。常用方法有：错层、掉层、跌落、错叠四种。

1）错层

错层是将住宅的同一楼层做成不同标高，以适应坡地地形，使建筑底面与地形表面尽量吻合，同时也减少了土石方量。错层一般适用于中、缓坡地，不同高度的标高靠室内楼梯来连接。错层在坡地住宅中应用广泛，然而会给室内交通组织带来难度，设计施工较复杂，且对整体抗震不利，因而不适于抗震要求高的坡地。

2）掉层

同一住宅内部"错层"高度达一层或一层以上时，就形成了掉层。将住宅基底随地形高差作阶梯状处理，使阶差等于住宅的一层或数层高度，住宅上部各楼面保持同一标高，构成"天平地不平"的形态。掉层一般适合于 25%~50% 的陡坡地，掉层形式可以获得尽可能多的住宅用地和室内使用空间。

掉层住宅的上部空间完整，使用面积宽阔。下部空间由于紧靠竖向山体基面，因而空间闭塞、私密性强、采光通风不利，可设置农用车库、牲畜栏或者储藏室。临街部分可设置公共性强的功能用房和出入口，人流集散后，一般直接引至上部。掉层住宅一般可设置两个主要的出入口，主入口的位置可由住宅的具体地形环境而定。

3）跌落

跌落是住宅与等高线垂直或斜交时，各个单元在高度方向顺坡势错落成阶梯状，建筑呈现出层层跌落的外貌。跌落一般适于 10%~30% 的中坡地，跌落的高差和住宅面宽可以随坡地而定。

由于住宅以单元为单位跌落，其内部平面布置不受影响，跌落的高差和跌落的间距可以灵活选择，所以布局方式较为自由，适应性较广。跌落成组排列，所以每个住宅单元有较为完整相似的功能和使用空间，可以完全独立使用，这点不同于错叠住宅。

4）错叠（台阶式）

错叠，也称台阶式或退台式，是住宅与等高线垂直或斜交时，住宅的各层之间做水平方向的错动来适应地形，形成阶梯状的建筑外形，下层住宅的屋面可作为上层住宅的平台。

错叠式适应坡度范围较广，通过对单元进深和阳台大小的调节，可以适应不同坡度的山坡地形；层间错动距离也可视地形需要调整，所以对陡坡适应性更大。

错叠式住宅的内侧封闭感较强，一般用于作为解决水平交通的走廊，外侧可以获得良好的采光通风，故每层往往留出一个朝向室外开敞的亲近自然的平台，以减少山地竖向基面对建筑的压迫感，也解决了山地坡度较大，室外难以形成活动场地的问题。但在设计中需要注意上下用户之间的视觉干扰。

3．水平界面与地表分离的接地类型

在某些地形特别复杂的地段，如急陡坡、峭壁悬崖、临河坡地等处修建住宅时，宜采用部分接地、减少建筑基地面积的悬空式，如悬挑、架空、吊脚，以避免对地层结构的破坏，简化施工处理。这一方式可以较少占有基地面积而获得较大的使用空间，是一种对土地资源的高效利用。

1）悬挑

即从住宅立面挑出部分功能空间，住宅底层接地部分窄小，上部各层以挑楼、挑阳台、挑楼梯等方式来争取更多的使用空间，扩大使用面积。由于悬挑有占天不占地的优势，在用地紧促的地段，采用这种方式减少对地面空间的占用，同时创造出了具有气势的住宅形体。

2）架空

指住宅底层水平界面与山地基面完全脱离，依靠柱子支撑上部住宅，如传统的干阑建筑。这种方式对地形的变化有很强的适应能力，对山体地表的影响较小，有利于保留原有植被，减少对原有水文状况的扰动，是一种较为理想的接地方式。在现代村镇住宅中，由于框架式结构体系的成熟，架空式住宅的建造十分方便，能适应各种坡度的自然地形和各种功能空间的划分需要。

架空式住宅上部空间处理灵活，下部空间开敞通透，有利于湿热地区的通风防潮，或布置荫生植草使绿化渗透到建筑空间，形成半室外活动场所。也可通过架空平台的方法，达到人车立体分流，平台下停车，平台上设住宅入口，且提供休息交往空间。

3）吊脚

指部分架空的接地形式，即：水平界面与山地基面部分结合，以柱子局部支撑上部建筑的荷载，如传统民居中的吊脚楼。多见于临水靠崖的山位，住宅底层部分靠在坡坎崖壁上，部分用柱子支撑落于斜坡上。

吊脚式住宅结构形式轻巧，平面布局可不受地形限制，对不同的坡地地形有广泛的适应性和灵活性，争取了建造空间。对于地形的高低起伏，可以通过伸缩柱子的长度来适应场地，有效地维护了自然地貌和生态环境。

五、良好的住区环境和地域特色

在强调村镇住宅的节地设计时，应当避免矫枉过正，避免出现住宅容量过高乃至居住环境恶化等城市住宅开发中的常见问题。在设计中，应该尽可能避免出现空间环境呆板、生硬；住户家庭难以体现个性特征和领域感；住户之间缺乏村镇乡亲邻里的亲密交往；人与自然隔阂；杂物农具不便存放；老年人对传统住宅模式的眷恋及其他精神需求不能满足等问题。

从近年来一些地区村镇住宅建设的经验来看，普遍存在照搬城市建设模式的问题。由于村镇住宅建设往往受地方经济条件等因素的限制，基础设施与环境建设常常无法配套，结果不仅失去了原有村镇住宅人与自然、人与人和谐共处的特点，反而凸显了城市住宅的种种不足和弊端，必须引起设计人员的高度重视。村镇住宅建设必须从各地实际条件出发，从居民的意愿出发，选择适当的模式，进行合理的户型设计和环境的设计，为村镇居民塑造一个宜人、舒适、美观、生态的生活空间。

第四章
村镇住宅内部空间高效利用

在住宅占地面积和建筑面积一定的情况下，通过内部空间的高效利用，可以获得更多的实际使用空间，改善居住条件，这也是提高土地使用效率的一种途径，因此，空间的高效利用对于提高节地效果也有一定的作用。

第一节　各主要空间的合理使用

空间的合理使用涉及相关的使用尺寸，只有了解了常用家具及各主要空间的使用尺寸，才能合理地安排空间、使用空间。

一、常用家具尺寸

家具是内部空间的重要组成元素，家具的风格样式能体现、烘托室内环境的风格，营造特定的气氛，同时家具的尺寸也对空间大小和空间的合理使用具有重要影响。

1. 坐具

坐具必须满足坐的基本需求，其舒适程度直接关系到使用时的工作效率和舒适度。

坐高：依据不同使用需要，采用不同坐高。普通座椅，可采用 430~450mm 的高度；沙发、躺椅的坐高略低，可采用 360~400mm 的坐高；高凳，可采用 500~600mm 左右的坐高。

坐宽：普通座椅 380~460mm，软体坐具 450~500，沙发可以适当加宽，可以靠垫子调节。

坐深：坐深一般不大于 420mm，软体坐具不大于 530mm。

坐面斜度与背斜度：坐面斜度一般采用后倾，坐平面与水平面之间夹角 3°~6° 较好。靠背应适当后倾，垂直面与靠背夹角以 5°~15° 为宜。

扶手高度：从坐面往上 250mm 左右为扶手面高度。

2. 卧具

卧具是为人的休息、睡眠服务的，其尺度、弹性结构直接关系到人体的舒适度。卧具尺度不仅需考虑休息、睡眠所需空间，也要考虑穿衣、脱鞋、起床等一系列与卧具发生关系的动作。

卧具高度，一般在 420~480mm 之间。

卧具宽度多以仰卧姿势为基准，单人卧具宽约 700~1200mm，双人卧具宽约 1350~2000mm 之间。

卧具长度多以人体长度为基准，一般为人体平均身高的 1.05 倍再加头前与脚下的余量，通常约

1900~2100mm 之间。

3. 储物类

储藏家具的高度通常以人体高度、物品属性及室内层高来确定。一般分为三个高度区域：上层区域，储藏不常用物品，高度在 1800mm 以上，这一区域以拉门、开门或者翻门为宜，不适宜以抽屉的方式储藏；中层区域，储藏经常使用的东西，大约在离地 600~1800mm；下层空间，储藏常用且较重的东西，在离地 600mm 以下。

储藏家具的宽度可以根据储物的功能需求设定。深度根据物品状况及手臂能够到的距离来确定。一般深度为 300~650mm。

4. 桌台类

桌台类家具，高度与坐具高度相关。一般情况下，桌高 = 坐高 + 桌椅高差（坐姿时上身高度的 1/3）。根据不同的情况，椅坐面与桌面的高差值可以有适当的变化，如在桌面上书写时，高差 =1/3 坐姿时上身高减 20~30mm，学校中的课桌与椅面的高差 =1/3 坐姿时上身高减 10mm。通常情况下，桌面的高度为 700~760mm。

站立的桌台类家具，一般以人的手臂肘关节到地面的距离为依据，一般 910~960mm 左右。

桌台类家具，宽度和深度一般以人坐、站时可达的水平工作范围为依据。通常宽度 1200~1650mm 左右，深度约 560~900mm 左右。

桌台类家具下面空隙的高度应高于人的膝盖高度，大约 580mm；宽度保证膝部正常活动，约 520~650mm；深度应能保持双腿活动与伸展，约 250~350mm。

桌台类家具的种类较多，需要根据具体的使用情况确定相应的尺寸。

二、主要使用空间的使用尺寸

在了解家具的主要尺寸和人体尺寸的基础上，可以知道住宅各主要使用空间的大致尺寸。图 1-4-1-1 是起居室内的常见尺寸，图 1-4-1-2 是卧室内的常用尺寸，图 1-4-1-3 是餐厅内的常用尺寸，这些都有助于我们合理安排空间。

厨房和卫生间的空间尺寸不但需要考虑主要设备的尺寸，而且应该考虑时代发展后的适应性变化，其主要尺寸及各种布置方法可参图 1-4-3-3 和图 1-4-3-4。

第二节　各主要空间的节约使用

较之城市居民，村镇居民往往贮物量较大，所以更应在空间高效使用方面下功夫，以使住宅室内空间紧凑、经济、高效。

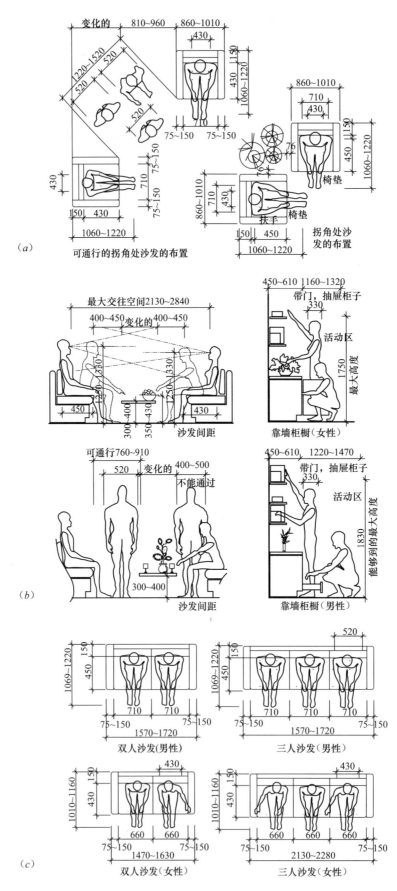

图 1-4-1-1 起居室内的常用尺寸

46

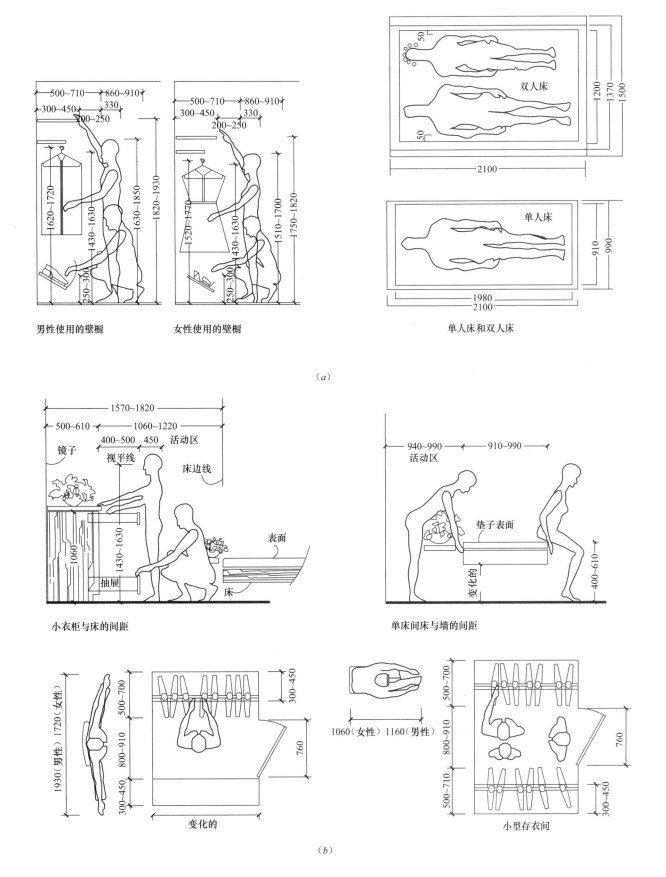

男性使用的壁橱　　　女性使用的壁橱　　　单人床和双人床

（a）

镜子　视平线　活动区　床边线

小衣柜与床的间距　　　　　　　单床间床与墙的间距

活动区

垫子表面

表面

床

抽屉

变化的　　　　　　　　　　　1060（女性）1160（男性）　　　小型存衣间

（b）

图 1-4-1-2　卧室内的常用尺寸

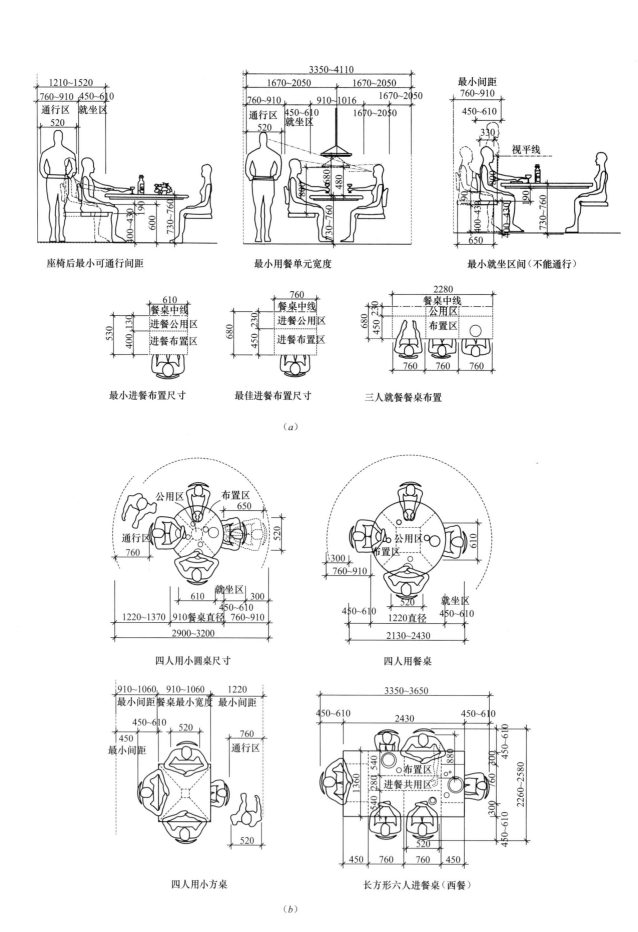

图 1-4-1-3　餐厅内的常用尺寸

一、利用家具限定空间

家具不但具有使用功能和美化功能，而且从空间限定上来看，家具还有分隔空间的作用，常常可以利用家具对空间进行二次分隔。例如在住宅室内环境中，可以利用组合柜与板、架家具来分隔空间，既划分了不同的区域，又节约了墙体的面积，提高了空间利用率，图1-4-2-1即是一例；在厨房与餐室之间，也常利用厨房家具，如吧台、操作台、餐桌等家具来划分空间，不仅有利于就餐物品的传送，同时也节省了空间，扩大了视觉上的空间效果；图1-4-2-2则为利用低柜划分睡眠空间与学习空间，既确保了空间的整体效果，又能减少不同活动之间的干扰。

图1-4-2-1　利用高柜架分隔睡眠和起居空间

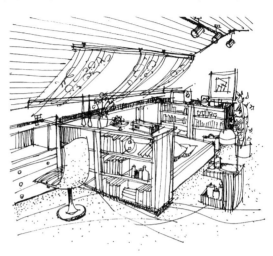
图1-4-2-2　利用低柜区分睡眠与学习空间

二、利用错层空间

不同的使用功能有不同的空间高度要求，一般情况下起居空间要求较高，而厨房、卫生间、贮藏室，甚至卧室对层高的要求不高，可以适当降低空间高度，因此可以通过错层充分利用空间，以在控制房屋总高度的前提下，增加使用面积。图1-4-2-3即为错层住宅的剖面。

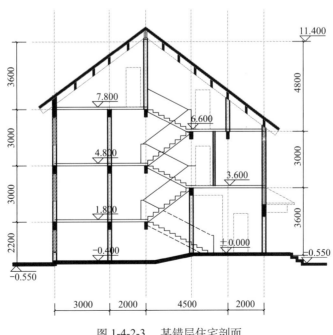
图1-4-2-3　某错层住宅剖面

三、充分利用局部空间

常见的利用局部空间的方法有：利用楼梯下部空间做贮藏，也可成为进入半地下室或地下室的入口；楼梯间上部顺梯段方向做倒台阶形吊柜，充分利用上部空间；利用坡顶下面的阁楼空间，阁楼可以作为卧室、书房等功能，也可以利用屋面斜坡空间吊顶做贮藏用；设置壁柜作为两个空间之间的隔墙；卫生间上空结合包封管的空间做贮藏之用；利用走道上部做吊柜等等。图1-4-2-4、图1-4-2-5即为实例。

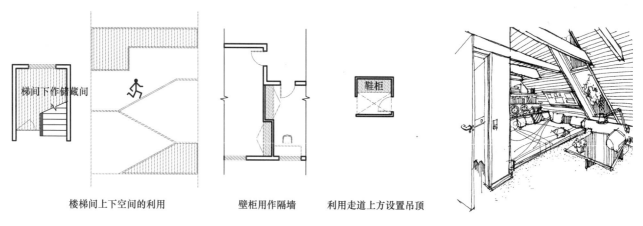

楼梯间上下空间的利用　　　壁柜用作隔墙　　　利用走道上方设置吊顶

图1-4-2-4　充分利用住宅局部空间　　　　　图1-4-2-5　利用阁楼空间作为卧室

四、结合地形充分利用空间

坡地住宅中，可以利用地形达到空间的高效利用。坡地环境中，坡地多、平地少，停车问题的解决有赖于住宅底层空间的多样化利用，小汽车或农用车停车库可以结合地形，通过少量的场地平整即可形成架空式或半地下式的停车空间，这种处理手法不仅解决了坡地住区的停车问题，而且对于潮湿多雨的南方地区还可起到通风防潮的作用，图1-4-2-6即为一例。

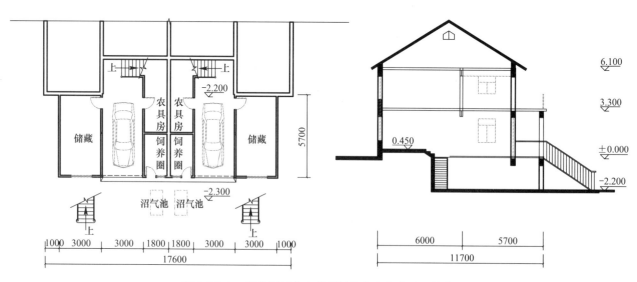

图1-4-2-6　坡地村镇住宅底层用作停车和农器具储藏

对于掉层住宅，因地形高差而产生的掉层部分往往采光通风欠佳，不宜用于居住，可以将其设为储藏、仓库等用途（图1-4-2-7）；也可与新能源的使用相结合，将掉层空间设为沼气发生池等，为村镇住区提供能源。

临街的掉层空间也可考虑适当设置一些商业或公共设施使用，底层可作适当的出挑，上面的住宅形成退让的姿态，底层建筑的顶部作为露台或花园使用，既利用场地创造了活动空间，又形成方便居民生活的服务设施。

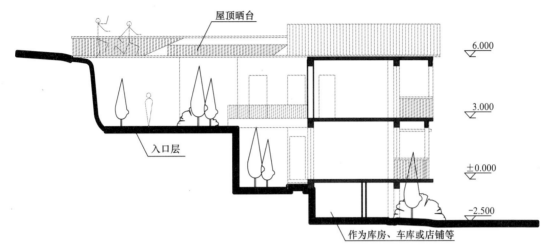

图 1-4-2-7　对掉层空间的利用

第三节　内部空间的适应性设计

住宅的设计使用寿命大多在 50 年左右，事实上，住宅的实际使用寿命会更长。在这漫长的时间中，由于社会经济的发展和文化观念的转变，人们的生活模式和家庭规模不断变化，导致对于住宅的使用要求也在不断发生变化，因此，完全有必要考虑内部空间的适应性处理。具有多种适应性的住宅能够满足人们不同时期的需求，减少因不能满足需求而新购或者更换住宅的可能性，从而达到节地、节能、节材、节水和减少环境破坏的目的。

内部空间的适应性改造涉及改变房间的使用功能、改变房间的形状、改变房间的数量、改变房间的组合关系、扩建改建等一系列内容，内部空间的适应性变化不仅仅是室内设计问题，而且与建筑设计紧密相关，必须在建筑设计中考虑到住宅内部空间的适应性要求，才有可能在未来满足人们对空间变化的需求。

一、单个空间的适应性变化

单个空间的适应性变化是经常遇到的，主要通过改变家具的类型、家具的布置方式、增加轻质隔断来实现，易于操作。要求设计人员在建筑设计中，事先考虑到若干种使用功能改变的可能性，确定合理的房间尺寸，增加空间的适应性。

1. 起居室的适应性设计

起居室是村镇住宅的核心空间，一般直接与外部空间相连，开间、进深、层高通常都较其他房间大，在实际使用中，较易进行适应性改造设计。图 1-4-3-1 即显示了将起居室改变为家庭旅馆门厅、临界店铺、办公室等多种可能性。

图 1-4-3-1 中，a 是常见的生活型起居室，包括入口缓冲区、家庭起居用餐区、祖宗拜祭或宗教供奉区；b 是改造为店铺的形式，包括入口缓冲区、收银区、商品展示区；c 是改造为家庭旅馆的门厅区，包括入口缓

51

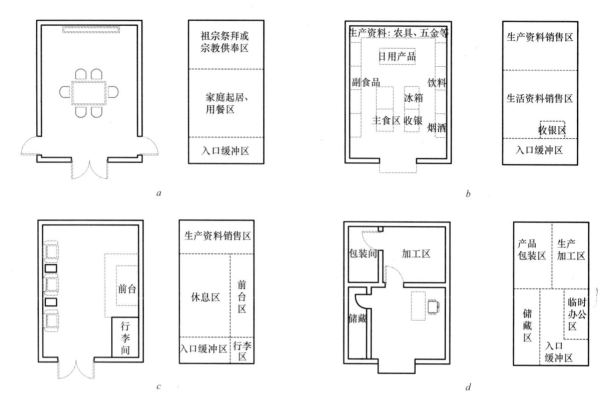

图 1-4-3-1　起居室的四种适应性改造。

a 常见的生活型起居室，b 改造成店铺，c 改造为家庭旅馆的门厅，d 改造成小型家庭作坊

冲区、前台区、休息区、行李区；d 是改造为小型家庭作坊的形式，包括入口缓冲区、办公区、加工区、包装区、储藏区。

2．卧室的适应性设计

卧室的适应性设计常常体现在两个方面：首先是卧室的功能可有多种利用和转化方式。例如，北向卧室可以转化为储藏室和工作间。临近主卧的小卧室可以变为书房，成为卧室功能的延伸和转化。其次是随着农家乐旅游的兴起，在一些风景区周边、城市郊区及资源独特区的农户开始利用其闲置的房屋来接待客人，向游客提供食宿、娱乐等简单基本的服务，于是村民就会将自家的卧室改为客房，图 1-4-3-2 显示了把卧室改变为家庭旅馆客房的平面图。

标准间　　　　　大床间　　　　　单人间

图 1-4-3-2　将卧室改变为家庭旅馆的客房的三种可能性（大床房、单人房、标准房）

3．厨房和卫生间的适应性设计

事实上，除了起居室和卧室之外，厨房和卫生间也常常面临各种变化。如：当炊事燃料从柴薪变为管道煤

气时，厨房空间就会发生很大的改变；当洗澡方式从盆浴改为淋浴时，洗衣方式从手洗改为洗衣机和烘干机时，卫生间的布置就会发生变化。图 1-4-3-3 和图 1-4-3-4 则很好地显示了厨房和卫生间的适应性设计。

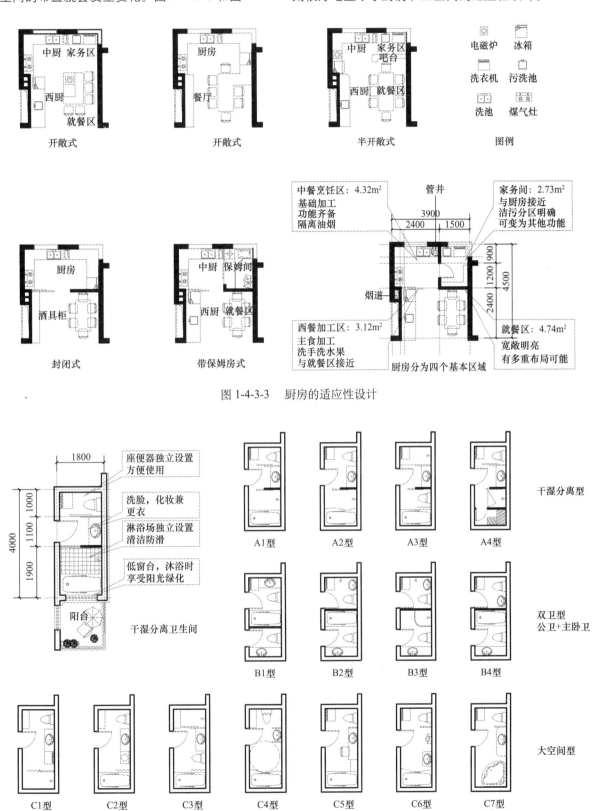

图 1-4-3-3　厨房的适应性设计

图 1-4-3-4　卫生间的适应性设计

图 1-4-3-3 是同一厨房空间的若干种处理方法，分为开敞式、半开敞式、封闭式、带保姆房式四种形式，且可以同时满足中式炊事和西式炊事的需要。

图 1-4-3-4 是同一卫生间的若干种处理方法，可以设计成大空间型、干湿分离型、双卫型（主卧卫生间 + 公共卫生间），且能满足布置不同卫生洁具（如：按摩浴缸、一般浴缸、淋浴房、桑拿房、洗衣机、洗脸盆、小便斗）的需要，甚至还可以满足无障碍设计的要求。

二、套内布局的适应性变化

套内布局的适应性变化对住宅平面的布局调整很大，其实施的顺利与否取决于住宅的结构设计和设备管线设计。考虑到未来套内布局变化的可能性，应尽可能采用开间和进深较大的柱网结构（或者短肢剪力墙结构），以增加内部空间重新变化的可能性；至于卫生间和厨房的位置，则尽可能仔细推敲，因为管线一旦定位，改变十分困难。

图 1-4-3-5 是目前常见的二室二厅一厨一卫的多层住宅平面，由于设计者采用了大空间的布局方式，所以

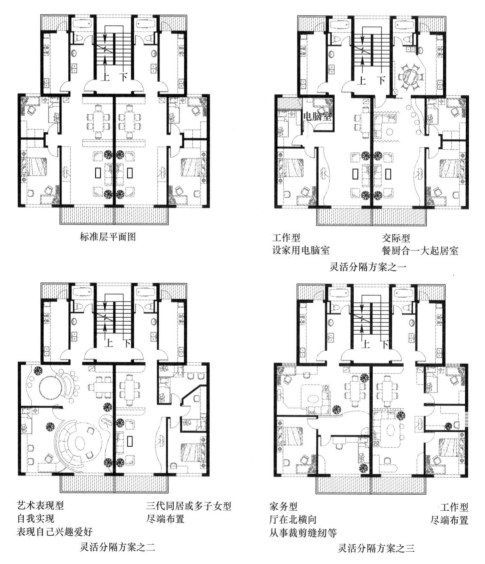

标准层平面图

工作型
设家用电脑室

交际型
餐厨合一大起居室

灵活分隔方案之一

艺术表现型
自我实现
表现自己兴趣爱好

三代同居或多子女型
尽端布置

灵活分隔方案之二

家务型
厅在北横向
从事裁剪缝纫等

工作型
尽端布置

灵活分隔方案之三

图 1-4-3-5　常见的二室二厅一厨一卫的多层住宅平面，由于采用了大空间的布局方式，使得住宅平面
可以适应多种不同使用者的需求，具有很好的适应性

使得住宅平面可以适应多种不同使用者的需求，具有很好的适应性。工作型家庭可以有自己的书房，交际性家庭可以有一个面积很大的起居室，艺术型家庭可以表现自己的独特喜好，有三代同居的家庭可以有老人的独立卧室。喜欢南面房间的家庭可以将起居室设置在北面，喜欢北阳台的家庭还可以设置一个小小的北阳台。

有时，只要事先巧妙设计，即使不采用大空间的布局方式，通过轻质隔断，仍然可以保持对空间的灵活划分。图 1-4-3-6 即是实例。通过轻质隔断的灵活处理，可以将原来的空间划分为：一厅（起居＋餐厅）二卧一书房、二厅二卧、二厅一卧一书房，满足不同家庭或不同家庭时期的需求。

图 1-4-3-7 则是德国的一个案例，该住宅的卫生间和厨房固定，不可变化，但其他部分采用了大柱网大

|基本套型|三居室|北厅两居室|南厅两居室|

图 1-4-3-6　不设柱子，通过轻质隔墙对住宅空间的灵活划分

1. 夫妇　　　　2. 父母、婴儿　　　　3. 父母、儿童

4. 父母、少年　　5. 父母、两个孩子　　6. 父母、两个孩子、一个老人

图 1-4-3-7　通过对大柱网大空间的灵活划分，可以满足家庭生命循环周期的各种使用需求

空间，可以通过轻质隔墙进行变化。通过仔细设计，该套型能够满足一对夫妇、父母＋婴儿、父母＋儿童、父母＋少年、父母＋2个孩子、父母＋2个孩子＋1位老人的需求。

三、套间布局的适应性变化

不但套内布局可以有适应性变化，套间布局也可以有适应性变化，图1-4-3-8即是一例。南侧的小套住宅可以给老人居住或者出租，北侧的中套住宅可以给中年夫妇＋小孩使用，两套住宅可以分开使用，各自独立；也可以合起来成为一套大套住宅使用，十分方便，具有很大的灵活性，能够适应家庭不同时期的使用要求。

子女房与老人
房可分设门户，
避免相互干扰

标准单元　　　　　　　　　尽端单元老少户

套型空间的组合设计研究　　　尽端单元老少户设计实例

图1-4-3-8　套间布局的适应性变化

注释

[1] 国土资源部，2006年度全国土地利用变更调查结果公报，2006。公报显示截至2006年10月31日，全国耕地面积为18.27亿亩，比上年度末的18.31亿亩净减少460.2万亩。耕地减少的原因主要是建设占用、灾毁耕地、生态退耕以及农业结构调整等。上述4项共减少耕地1011万亩，其中建设占用是耕地减少的主要原因。

[2] 董娟．基于地域因素分析的可持续村镇住宅设计理论与方法[D]．同济大学博士学位论文，2010。

[3] 建设部．关于发展节能省地型住宅和公共建筑的指导意见．建科[2005]78号，2005.5。

[4] 同（3）。

[5] 同（2）。

[6] 2004年国土资源部发布《关于加强农村宅基地管理的意见》（国土资[2004]241号），要求各地加强农村宅基地的管理，控制宅基地的面积。

[7] 同（2）。

[8] 彭震伟．农村建设可持续发展研究框架和案例[J]．城市规划汇刊，2004（4）。

[9] 候继尧．窑洞民居[M]．北京：中国建筑工业出版社，1989。

[10] 赵群，刘加平．地域建筑文化的延续和发展[J]．新建筑，2003（2）。

[11] 朱昌廉．住宅建筑设计原理[M]．北京：中国建筑工业出版社，1999。

[12] 李德华．城市规划原理（第三版）[M]．北京：中国建筑工业出版社，2001。

[13] 同（12）。

[14] 同济大学等．城市规划原理[M]．北京：中国建筑工业出版社，1981。

[15] 同（14）。

插图来源

（1）图1-2-1-1和图1-2-1-2　骆中钊．新农村住宅方案100例．北京：中国林业出版社，2008

(2) 图 1-2-2-1 和图 1-2-2-2　陈易等编. 不同地域特色村镇住宅资料集. 北京: 中国建筑工业出版社, 2013

(3) 图 1-2-2-3　《村镇建设技术丛书》编辑委员会主编. 农村住宅设计. 天津: 天津科学技术出版社, 1989

(4) 图 1-2-2-4　高祥生等编. 室内设计师手册(上). 北京: 中国建筑工业出版社, 2001

(5) 图 1-3-1-1 和图 1-3-1-2　尚廓. 中国风水格局的构成, 生态环境与景观, 风水理论研究(王其亨主编). 天津: 天津大学出版社, 1992

(6) 图 1-3-1-3　卢济威, 王海松著. 山地建筑设计. 北京: 中国建筑工业出版社, 2001

(7) 图 1-3-1-4　董娟. 基于地域因素分析的可持续村镇住宅设计理论与方法. 同济大学博士学位论文, 2010

(8) 图 1-3-2-1　根据 Mike Biddulph 的 Introduction to Residential Layout 整理, 2007

(9) 图 1-3-2-2 至图 1-3-2-8　董娟, 基于地域因素分析的可持续村镇住宅设计理论与方法, 同济大学博士学位论文, 2010

(10) 图 1-3-2-9 和图 1-3-2-10　董娟设计图纸

(11) 图 1-3-2-11　骆中钊, 林荣奇, 章凌燕主编. 小城镇时尚庭院住宅(一). 北京: 化学工业出版社, 2004

(12) 图 1-3-3-1　陈薇伊绘制

(13) 图 1-3-3-2 和图 1-3-3-4　李德华主编. 城市规划原理(第三版). 北京: 中国建筑工业出版社, 2001

(14) 图 1-3-3-5 和图 1-3-3-7　陈薇伊绘制

(15) 图 1-3-3-8　陈易绘制

(16) 图 1-3-3-9 至图 1-3-3-13　陈薇伊根据资料绘制

(17) 图 1-3-3-14 至图 1-3-3-16　侯继尧. 窑洞民居. 北京: 中国建筑工业出版社, 1989
　　　张璧田, 刘振亚. 陕西民居. 北京: 中国建筑工业出版社, 2001

(18) 图 1-3-3-17　荆其敏. 建筑环境观赏. 天津: 天津大学出版社, 1993

(19) 图 1-3-3-18 至图 1-3-3-20　赵群, 刘加平. 地域建筑文化的延续和发展. 新建筑. 2003 (2)。陈薇伊根据资料整理绘制

(20) 图 1-3-4-1 至图 1-3-4-5　陈薇伊整理绘制

(21) 《图 1-4-1-1 至图 1-4-1-3　陈易等编. 不同地域特色村镇住宅资料集. 北京: 中国建筑工业出版社, 2013

(22) 图 1-4-2-1 和图 1-4-2-2　庄荣, 吴叶红编著. 家具与陈设. 北京: 中国建筑工业出版社, 1996。陈薇伊整理绘制

(23) 图 1-4-2-3　陈薇伊整理绘制

(24) 图 1-4-2-4　朱保良, 关天瑞, 施承继. 农村住宅设计与施工. 上海: 同济大学出版社, 1985。陈薇伊整理绘制

(25) 图 1-4-2-5　庄荣, 吴叶红编著. 家具与陈设. 北京: 中国建筑工业出版社, 1996。陈薇伊整理绘制。

(26) 图 1-4-2-6 和图 1-4-2-7　骆中钊. 新农村住宅方案 100 例. 北京: 中国林业出版社, 2008。陈薇伊整理绘制

(27) 图 1-4-3-1 和图 1-4-3-2　陈易等编. 不同地域特色村镇住宅资料集. 北京: 中国建筑工业出版社, 2013

(28) 图 1-4-3-3 和图 1-4-3-4　周燕珉等著. 住宅精细化设计. 北京: 中国建筑工业出版社, 2008

(29) 图 1-4-3-5　朱昌廉主编. 住宅建筑设计原理(第二版). 北京: 中国建筑工业出版社, 1999

(30) 图 1-4-3-6　周燕珉等著. 住宅精细化设计. 北京: 中国建筑工业出版社, 2008

(31) 图 1-4-3-7　朱昌廉主编. 住宅建筑设计原理(第二版). 北京: 中国建筑工业出版社, 1999

(32) 图 1-4-3-8　周燕珉等著. 住宅精细化设计. 北京: 中国建筑工业出版社, 2008

主要参考文献

(1) 北京土木建筑学会, 北京科智成市政设计咨询有限公司主编. 新农村建设规划设计与管理 [M]. 北京: 中国电力出版社, 2008

(2) 北京土木建筑学会, 北京科智成市政设计咨询有限公司主编. 新农村建设建筑设计 [M]. 北京: 中国电力出版社, 2008

(3) 陈芳等著. 新农村建设规划及其特色研究 [M]. 北京: 知识产权出版社, 2008

(4) 陈易等编. 不同地域特色村镇住宅资料集 [M]. 北京: 中国建筑标准设计研究院出版, 2011

(5) 董娟. 基于地域因素分析的可持续村镇住宅设计理论与方法 [D]. 同济大学博士学位论文, 2010

(6) 段进, 季松, 王海宁著. 城镇空间形态——太湖流域古镇空间结构与形态 [M]. 北京: 中国建筑工业出版社, 2002

(7) 侯继尧. 窑洞民居 [M]. 北京: 中国建筑工业出版社, 1989

(8) 《建筑设计资料集》编委会. 建筑设计资料集(第二版)第 1 集 [M]. 北京: 中国建筑工业出版社, 1994

(9) 《建筑设计资料集》编委会. 建筑设计资料集(第二版)第 2 集 [M]. 北京: 中国建筑工业出版社, 1994

(10) 《建筑设计资料集》编委会. 建筑设计资料集(第二版)第 3 集 [M]. 北京: 中国建筑工业出版社, 1994

(11) 卢济威, 王海松著. 山地建筑设计 [M]. 北京: 中国建筑工业出版社, 2001

(12) (日)芦原义信著, 尹培桐译. 街道的美学 [M]. 天津: 百花文艺出版社, 2006

(13) 唐璞. 山地住宅建筑 [M]. 北京: 科学出版社, 1994

(14) 同济大学等编. 城市规划原理 [M]. 北京: 中国建筑工业出版社, 1981

(15) 徐小东, 王建国著. 绿色城市设计: 基于生物气候条件的生态策略 [M]. 南京: 东南大学出版社, 2008

(16) 袁磊. 在高容积率下改造住区日照环境的研究 [D]. 天津大学博士学位论文, 2003

(17) 张璧田, 刘振亚. 陕西民居 [M]. 中国建筑工业出版社, 2001

(18) 赵群, 刘加平. 地域建筑文化的延续和发展 [J]. 新建筑, 2003 (2)

(19) 周燕珉等著. 住宅精细化设计 [M]. 北京: 中国建筑工业出版社, 2008

(20) 朱昌廉主编. 住宅建筑设计原理(第二版) [M]. 北京: 中国建筑工业出版社, 1999

第二篇　村镇住宅节能设计

■ 村镇住宅被动式设计

　　○ 村镇住宅节能与总体布局

　　○ 村镇住宅中的自然通风

　　○ 村镇住宅中的天然采光

■ 村镇住宅围护结构设计

　　○ 村镇住宅墙体节能设计

　　○ 村镇住宅门窗节能设计

　　○ 村镇住宅屋面节能设计

　　○ 村镇住宅楼地面节能设计

■ 村镇住宅能源使用模式

　　○ 农村地区的能源消费

　　○ 村镇生物质能利用

　　○ 村镇太阳能利用

■ 村镇住宅设备节能

　　○ 房间空调器节能技术

　　○ 热泵节能技术

第一章
村镇住宅被动式设计

"充分利用建筑所在环境的自然资源和条件，在尽量不用或少用常规能源的条件下，创造出人们生活和生产所需要的舒适室内环境。"是建筑节能的重要原则，因此，要尽量通过建筑的合理规划和设计来获得舒适的室内环境，形成适合人们居住和工作的室内温湿度。

第一节　村镇住宅节能与总体布局

不同的气候区域有不同的气候特征，不同的气候特征对建筑的热湿环境产生了不同的影响，决定了建筑的群体布局、平面、剖面，乃至于开窗大小和开窗方式。为此，在村镇住宅规划设计时，应从建筑选址、群体和单体的布局、朝向定位、体形设计、楼间间距以及太阳日照的利用等方面综合考虑，充分利用自然气候条件中有利的因素，在满足舒适热湿环境要求的同时，又满足节能的要求。

一、中国传统民居的启示

我国传统民居在适应自然环境方面积累了很多经验。受当时技术和经济水平的限制，传统民居首先考虑的是尽可能利用外界能够有限利用的气候资源，尽可能获得自然采暖和制冷效应，这是早期传统民居形态的重要出发点之一。

我国地域广阔，气候类型多样，为适应当地气候，解决保温、隔热、通风、采光等问题，传统住宅在平面布局、形体处理、材料运用和构造方法等方面形成了多种多样的形态特征，采用了许多简单有效的生态节能技术，值得学习。

江南地区具有独特的河道纵横的地貌特点，传统民居设计时充分考虑了对水体生态效应的应用（图1-3-3-7）。城镇布局随河傍水，临水建屋，因水成市。由于水是良好的蓄热体，有助于调节温度和湿度，其温差效应也能起到加强通风的效果。在建筑组群的组合方式上，建筑群体采用"间—院落（进）—院落组—地块—街坊—地区"的分层次组合方式，道路、街巷与夏季主导风向平行或与河道相垂直，这种组合方式有助于形成良好的自然通风效果。建筑组群横向排列，密集而规整，相邻建筑合用山墙，减少了外墙面积，这种建筑布局能减少太阳辐射得热，具有自遮阳和较好的冷却效果。

北方地区藏、羌等少数民族的邛笼民居利用方整封闭的框套空间和竖向分隔空间，通过设置敞间、气楼和厚重的土石围护结构、深凹的漏斗形外窗等来适应山区严寒的气候和早晚温差变化对室内热环境的影响（图2-1-1-1）；新疆地区的高台民居利用内向型半地下空间与高窄型内院，通过吸热井壁、地下通道、双层通风屋顶、冬季空间和夏季空间的区别对待等设计手段来适应西北地区干热干冷的气候条件（图2-1-1-2）。

厅井民居是长江流域及其以南地区的通用形式，尤以江浙、两湖、闽粤最为典型（图2-1-1-3）。其特色表现在敞口厅及小天井，即组成庭院的四面房屋皆相互联属，屋面搭接，紧紧包围着中间的小院落。小院落因檐高院小，形似井口，故又称之为天井。厅井民居常常通过高敞堂屋（厅）和天井的组合、屋顶隔热、挑檐深远、多孔透气的隔墙和轻质围护结构等建筑手段，在湿热的夏季可以产生阴凉的对流风，改善小气候，以适应我国南方地区高温高湿的夏季气候条件。

　　傣族的干栏民居主要分布在西双版纳全境和德宏州的瑞丽等一带，以竹木为建筑材料。木材作房架，竹子作檩、椽、楼面、墙、梯、栏等，各部件的连接用榫卯和竹篾绑扎，为单幢建筑，各家自成院落，各宅院有小径相通，房顶用草排或挂瓦（图2-1-1-4）。干栏民居利用底层架空、通透开敞的平面空间，借助层层跌落的屋檐和腰檐、大坡度的屋顶、不到顶的隔墙、墙面外倾和轻薄通透的竹（木）板围护结构来适应干热河谷地带的热带气候，冬暖夏凉。

图 2-1-1-1　邛笼民居

图 2-1-1-2　高台民居

图 2-1-1-3　厅井民居

图 2-1-1-4　干栏民居

　　总之，传统住宅的建筑形态与节能技术有着密不可分的关系，其各项被动式节能措施与当代技术和工艺水平相比虽有一定的差异，但却达到了建筑形态与节能技术的结合，真实坦诚地体现了技术的特性和逻辑，符合当代节能建筑的审美要求。

二、建筑布局对建筑能耗的影响

建筑的平面布局和外观形式、建筑物的平面形状、进深、长度、层高、层数、门窗的面积大小与数量等都直接影响建筑能耗的大小。建筑节能设计除了考虑夏季隔热外，还应考虑冬季的保温，如何解决建筑设计中隔热与保温的矛盾，如何在平面布局中争取最佳的朝向，使建筑冬季争取日照和夏季避免日晒，这些在建筑总平面布局和单体设计中都必须给予充分的重视。开窗面积不仅有利于自然通风，也有利于心理的舒畅感和建筑立面设计，但随着开窗面积的增大，采暖空调能耗也会随之增大。减少体形系数、加大进深对节能有利，但过大的进深又会使通风采光不利。因此，不论是住宅的总平面布局还是单体设计，都应充分遵循本地区的自然气候条件和人们的地区气候适应性，最大限度地利用自然资源，在冬季获得较多的太阳辐射，减少室内采暖热负荷；在夏季利用自然通风降温，减少室内空调制冷负荷，从而达到节能的目的。

1. 总平面布局

住宅的总平面布局一般可采用行列式、错列式、斜列式和周边式等。对于夏热冬冷地区，从自然通风的角度来看，错列式、斜列式比较好；周边式适合于寒冷地区的建筑群体布局。

从节能而言，村镇住宅的总平面布置应遵照以下基本原则：

第一，建筑群体的布局宜有利于建筑群体夏季自然通风，如：兼用错列式、斜列式，结合地形特点的自由式和"高低错落"的处理方式；同时，应考虑冬季的避风，应争取不使大面积外表面朝向冬季主导风向。

第二，适宜的建筑间距，每户至少有一个卧室（或起居室）在大寒日（或冬至日）能获得满窗日照2h(3h)的要求，尚应满足居住者对环境视野及卫生标准的要求。

第三，居住建筑应采用本地区建筑的最佳朝向或适宜朝向，尽量避免东西向日晒。

第四，应充分利用太阳能、风能、地热、水等自然资源，减少住宅庭院的水泥地面，多用植被绿化，植被绿化以草本和乔木结合布置为宜。

2. 单体设计

村镇住宅单体设计中应考虑以下节能因素：建筑单体的平、立面设计和门窗设置应有利于自然通风、采光，但必须处理好南、北向窗口的构造形式与隔热保温措施，避免风、雨、雪等的侵袭，降低能源的消耗。选择合理的建筑平、剖面形式，合理地确定房屋开口部分的面积与位置，门窗的装置、开启方法和通风构造措施等。

从节能而言，村镇住宅的单体设计应遵照以下基本原则：

第一，布置村镇住宅建筑的房间时，起居室、客厅、卧室布置宜在南向、南偏东或南偏西，夏天可减少室外热量进入室内，冬天又可获得较多的日照。

第二，房间的面积以满足使用要求为宜，不宜过大。特别是起居室，它是整套居室采暖空调的中心地段，更不宜过大。

第三，门窗洞口的开启位置应有利于提高采光面积利用率，同时应注意有利于通风。

第四，要特别注意厨房和卫生间的通风换气。厨房和卫生间进出风口的设置，要考虑主导风向和对邻室的不利影响，避免强风时的倒灌现象和油烟等对周围环境的污染。

第五，从照明节能考虑，单面采光房间的进深不宜超过6m。

三、建筑体形对建筑能耗的影响

建筑形态的变化直接影响建筑采暖空调的能耗大小。在夏热冬冷地区和夏热冬暖地区，夏季白天要防止太阳辐射，夜间希望建筑有利于自然通风、散热；而在北方寒冷地区，在建筑形态上的控制要求较为严格。合理地确定建筑形态应考虑本地区气候条件朝向、冬夏季太阳辐射强度、风环境、围护结构构造形式以及热工性能等，全面衡量冬、夏两季建筑的得热和防止日照，是否有利于散热等利弊关系来确定适宜的建筑形态。

体型系数是影响建筑能耗的最重要因素，从节能的角度讲，单位体积对应的外表面积越小，外围护结构的热损失越小。体型系数越大，说明单位建筑空间的热散失面积越大，能耗就越高，从降低建筑能耗的角度出发，应该将体型系数控制在一个较低的水平。研究表明，体型系数每增大0.01，能耗指标约增加2.5%。提出控制体形系数的目的，是为了使特定体积的建筑物在冬季和夏季冷热作用下，建筑物的外围护部分接受的冷、热量最少，从而减少冬季的热损失与夏季的冷损失。

我国的相关建筑节能规范规定：严寒地区住宅的体形系数宜在0.25~0.5之间（不同层数住宅的体形系数不同）；寒冷地区住宅的体形系数宜在0.26~0.52之间（不同层数住宅的体形系数不同）；夏热冬冷地区，住宅的体形系数宜在0.35~0.55之间（不同层数住宅的体形系数不同）；夏热冬暖地区北区内，单元式、通廊式住宅的体形系数不宜超过0.35，塔式住宅的体形系数不宜超过0.40。因此，村镇住宅完全可以参照上述标准，在平面布局上外形不宜凸凹太多，尽可能力求完整，以减少因凸凹太多而形成外墙面积过大。

但是，体形系数不只是影响住宅外围护结构的传热损失，它还与建筑造型、平面布局、采光通风等紧密相关。体形系数过小，将制约设计师的创造性，导致住宅造型呆板、平面布局困难，甚至损害住宅建筑功能，因此应权衡利弊。

四、建筑朝向对建筑能耗的影响

在冬季，采暖建筑中的能耗，主要由通过围护结构传热失热和通过门窗缝隙的空气渗透失热，再减去通过围护结构和透过窗户进入的太阳辐射得热构成。在整个采暖期内，这部分太阳辐射得热是客观存在和可以利用的，而太阳辐射得热显然与建筑朝向有关。研究结果表明，同样的多层住宅（层数、轮廓尺寸、围护结构、窗墙面积比等均相同），东西向比南北向的建筑物能耗要高5.5%左右。通过门窗缝隙的空气渗透失热也与建筑朝向有关。因此，为了降低冬季采暖能耗中的建筑能耗，建筑朝向宜采用南北向或接近南北向，主立面宜避开冬季主导风向。

在夏季，空调建筑中的能耗，主要由透过窗户进入和通过围护结构传入的太阳辐射得热、通过围护结构传入的室内外温差传热得热和通过门窗缝隙的空气渗透得热构成，而其中的太阳辐射得热是空调能耗的最主要组成部分。因此，夏季空调能耗也与建筑朝向密切相关。研究结果表明，在窗墙面积比为30%时，东西向房间的空调运行负荷比南向房间的要大25%左右。由此可见，尽量避免东西向空调房间是空调建筑节能的重要措施。

五、日照对建筑能耗的影响

有效利用太阳能资源，争取冬季日照时间，夏季避免强烈的太阳辐射，是村镇住宅规划设计中非常重要的问题。

早在古希腊时，人们就已经认识到房屋的地理方位和周围环境的规划对建筑物供暖和降温的重要性，希望所建造的房屋既面对冬日的暖阳，又背对夏日的骄阳，为此，把住区尽量修建在山坡的南面，并且尽可能把街道修建成东西走向。古罗马人也同样认识到日照采暖的重要性，甚至制定了相关法律，确保不妨碍阳光照射到向阳的房间里去。在夏天非常炎热、冬天比较温和的地方，人们更向往荫凉，而不是太阳能采集。这些地方的人们常常在狭窄的街道两旁修建多层房屋，为街道以及对面的房屋遮挡阳光。当房屋修得不是很高，不能在行人穿梭的街道上投下足够的阴影时，街道上可以专门修建自身的遮阳设施，例如常在街道两旁修建带有列柱的拱廊，既能遮挡阳光又能遮挡雨水。

道路规划在很大程度上决定了建筑物修建时的方位。东西走向布置道路的方法适合冬天日照采暖和夏天避免暑热的需要，最大限度地满足了冬天从南面采集阳光的需要，而且在夏天的早晨和下午，也最大限度地遮蔽了从东、西边低射下来的阳光炙烤。南北走向的街道会限制阳光的进入沿街建筑，但也有一些方法可以提高街道两旁房屋利用日光的效率，比较显而易见的可行方法就是把南北走向街道两旁的建筑物侧面墙壁朝向街道修建成旗面布局（锯齿形布局，与街道成一定角度）的方式。

日照因素在村镇住宅的场地选择方面非常重要，一般情况下，选择山南坡是最佳的。太阳在冬天对山南坡的照射最为直接，使得这里每平方米所接受到的太阳能量最多，而且山的南坡物体投射到地面的阴影最短，植物生长期最长，所以这里受到阴影的遮蔽也最少，因此，山的南坡成为冬天里获得日照最多、最暖和的地方。山的西坡则是夏天最热的地方；山的北坡背对太阳，因而一般也最为寒冷；山顶是刮风最多的地方；山脚地区一般比山坡上要冷一点，因为冷空气下流后，都在这里聚积。

在寒冷地区，山的南坡日照最强，来自北方的冷风被山所阻挡，因此，不要把住宅建在多风的山顶和冷空气聚积的低洼地带；在炎热干燥地区，则应当把房屋建在冷空气聚积的低洼地带；在炎热潮湿地区，把房屋建在山顶，以最大限度地保证自然风畅通无阻，但一般不要建在山顶的西边，以避开下午炙热的阳光。如果冬天非常冷，可建在山南谷地；如果冬天比较温和，就建在山的北面或东面，但是无论何种情形，都不要将房屋建在山的西面。

六、风向对建筑能耗的影响

风对建筑热环境的影响主要体现在两个方面：第一，风速的大小会影响建筑围护结构与室外空气的热交换速率；第二，室外风的渗透或通风会带走（或带来）热量，使建筑内部空气温度发生改变。建筑与周围环境的热交换速率在很大程度上取决于建筑周围大气的风环境，风速越大，热交换也就越强烈，因此，若要减小建筑物与外界的热交换，达到保温、减少热损失的目的，就应该选择避风的场地，并尽可能减少体型系数。反之，如果希望加速建筑与外界的热交换，特别是希望利用通风来加快建筑散热降温，就应设法提高建筑周围的风速，这就是建筑通风设计的基本原则。

村镇住宅规划设计时，应从当地气候条件出发，进行规划布局。湿热地区，应形成有利于通风的条件；寒冷地区，应致力于防风；在干热风沙地区，对风的控制应着眼于防风及隔热，而不是通风。

风不仅对住宅环境有巨大影响，而且与室内环境和室内微气候也密切相关。夏季风是改善建筑热环境最有效的自然资源之一，它能强化潮湿地区水分蒸发，增强空气对流，促进人体表面与空气的热交换，加快夜间室内外热交换，降低建筑空调能耗。冬季季风将加大建筑外围护结构外表面的热损失，是直接影响建筑采暖能耗大小的重要因素，同时也是影响大气污染物稀释扩散的主要因素。由于风的自然变化规律和形式，会形成不同的风环境，风与建筑、风与环境的关联主要表现在冬季直接增加了建筑采暖能耗，而夏季有利于建筑室内的通风换气、热湿交换和减少空气污染等。为做好村镇住宅的风环境设计，必须了解当地风的运动特点，组织好住宅群、住宅单体、住宅内部良好的自然通风，降低建筑空调能耗。

对于寒冷地区，应防止冷风的不利影响，避开冬季寒流风向，争取不使大面积外表面朝向冬季主导风向。因此，在迎风面上应尽量少开门窗和严格控制窗墙面积比。通过适当的建筑布局，降低冬季风速，减少建筑外围护结构表面的热损失，防止冷风通过门窗口或其他孔隙进入室内，形成冷风渗透，同时，在冬季主导风向面可考虑强化建筑的封闭性，合理地选择建筑布局形式、开口开窗方向和位置，使之具有避风的效果。

对于夏热冬冷地区和夏热冬暖地区，夏季风向直接影响建筑的自然通风效果，对建筑空调能耗和建筑室内外热环境有很大的影响。欲使住宅获得良好的自然通风，其周围建筑物，尤其是前幢住宅的阻挡状况、住宅的间距与布局的排列方式、房间的开口和通风措施等都要有利于自然通风。在朝向上宜使住宅的开间方向尽可能垂直于夏季主导风向，要根据风向投射角对室内风环境的影响程度来选择合理的间距，综合考虑风的投射角与房间风速、风流场和漩涡区的关系，使住宅的开口朝向主导风向，选定有利于通风的投射角，通过影响住宅周围气流状态，结合住宅群体布局方式达到自然通风的目的，以节约空调能耗。

七、庭院绿化对建筑能耗的影响

庭院绿化有防风、遮蔽、防尘、降温、隔声和美化环境等多方面的作用。从建筑节能的角度看，庭院植树有助于室内环境的夏凉冬暖，其原因是：

第一，由于树木吸收太阳辐射热，通过光合作用，把空气中的二氧化碳和水变成有机物，并从根部吸收水分，通过叶面蒸发，从而降低空气温度。

第二，繁茂的树木在夏季有良好的遮阳作用，能挡住 50%~90% 的太阳辐射热。由于树木遮阴，使建筑物直接受到的太阳辐射热减少；又由于地面阴凉，从地面辐射到建筑物上的辐射热也减少了，进入建筑物的空气比较清凉。因此，被树木遮挡的建筑物表面温度会降低很多，室内温度也会明显降低。到了冬季，树木落叶又可透过阳光，而且由于太阳倾斜角大，射入室内较深，室内获得太阳辐射热较多。

第三，树木有引导风向及挡风作用，按照当地不同季节的主导风向，成排栽种的树木，可引导夏季凉风进入建筑物，而在北面及西北面栽种的树木则可降低风速，起到挡风的作用。

第二节　村镇住宅中的自然通风

通风是指室内外空气交换，它具有两个主要的作用：

首先，满足卫生健康要求，即卫生通风。卫生通风用室外的新鲜空气更新室内由于居住及生活过程而污染的空气，以保障室内空气品质符合卫生标准，这是任何气候条件下都应该予以保证的。随着生活水平的提高，人们越来越注重工作、生活环境中的室内空气质量。

其次，满足人体热舒适要求，即热舒适通风。热舒适通风可以排除室内余热、余湿，增加体内散热及防止由皮肤潮湿引起的不舒适，以改善热舒适条件。热舒适通风取决于气流速度和气流分布，同时还与温度、湿度、衣着、工作强度及新陈代谢有关。

自古以来，自然通风就是一种改善人与环境的重要手段，传统民居中的内天井、四合院等空间都有改善自然通风的效果。自然通风是一种比较成熟、廉价、朴素的技术措施，通过合理的建筑设计，自然通风可在不消耗不可再生能源的情况下降低室内温度、带走潮湿气体、排除室内污浊的空气，达到人体热舒适，并提供新鲜清洁的自然空气（新风），有利于人的生理和心理健康，减少人们对空调系统的依赖，从而节约能源、降低污染、防止空调病。

一、建筑通风文化

通风设计不但与当地的自然气候条件有关，而且与居民的生活方式、文化习俗紧密相连，具有文化的内涵。

1. "封闭型通风文化"与"开放型通风文化"

在北方的寒冷气候条件下，建筑必须同时注重气密性与保温性，其通风设计只要维持生命安全最小必要换气量即可。在过去住宅气密性不良的时代，换气量通常由门扇或窗框的间隙来提供即可；但在气密性良好的现代住宅中，则必须设置专用的通风口来维持安全的新风量。假如室内有炉火燃烧或烹饪，在过去则设置专用的烟囱或壁炉，以便有效排除浓烟废气。这时新风通常都不直接吹拂过人体表面，而是以封闭的路径控制最小新风量由间隙、通风口来供给燃烧的氧气，然后再经由烟囱或壁炉排至室外，这就是"北方封闭型通风文化"的通风方式。这种方式只是怕氧气不足而采取的消极性通风，与热湿气候条件下门窗敞开式的积极性通风完全不同。

"北方封闭型通风文化"常常利用热空气上升的"浮力"或"烟囱效应"来实现，因此，在建筑物上通常会出现高大的烟囱、壁炉、通风塔等构造物，这在建筑造型上可以称为"烟囱文化"。

图 2-1-2-1 是干热地区经常见到的通风塔，人们通常在通风塔内摆设水盆或是淋湿的草席，利用水分的蒸发冷却作用，使通过的气流变成湿润的凉风，以改善当地的干热气候。通风塔在我国西北及干热的中东地区非常普遍，它利用水蒸发原理来创造浮力对流，同时利用中庭与喷泉水池作为导引气流之出路。通风塔不但有助于为居民提供自然通风，而且成为当地建筑的一个标志。1973 年，英国伦敦建筑协会曾针对埃及一栋附有通风塔与中庭喷泉的民居进行通风实测，发现即使在干热强风的气候状态下，通过通风塔与水池的调节，起居空间风速与温湿度环

图 2-1-2-1　中东地区带有通风塔的民居

境均十分宜人，这是干热气候民居最令人赞叹的通风智慧。

与北方相反，在南方湿热之地，理想的通风方式是将新风吹拂过人体，以达到直接蒸发冷却作用，这属于"开放型通风文化"。在烹饪、采暖的燃烧气流控制上，北方采取封闭型的"灶"、"壁炉"，以让排气寻"烟囱"而走；而南方则常采用开放型的"火塘"、"火炉"，让排气自由流窜而出。在建筑通风气流控制上，北方多采用小开窗的夯土房，大部分时间以封闭型的门窗间隙来换气；而南方多采用开窗大、间隙多的木瓦房，大部分时间开敞门窗以达到开放对流通风的效果。

通风塔技术是属于干燥气候的通风对策，很难应用于热湿气候，因为热湿气候的自然蒸发冷却作用远不如干热气候，而在室内外温差小的热湿气候中，通风塔的性能也远不如在干热气候。解决热湿气候的高湿度问题，基本只能利用对流通风技术，来争取微弱的蒸发冷却作用，以获取"通风除湿"的凉意。发挥"通风除湿"的最高智慧莫过于采取"干栏"的居住文化，即以柱子将建筑物架高，把人体生活层提升于最大风场中，以争取最大的蒸发冷却与干燥除湿效益。地板悬空的"干栏建筑"是"南方开放型通风文化"的极致，"干栏"是热湿气候居民调节室内环境的最佳智慧，它既可利用通风除湿的原理来调节湿气，也是一种防虫、防疾病传染的居家卫生对策。

2. 通风设计文化

通风最基本的原理有"风力通风"与"浮力通风"两种。所谓"风力通风"是利用风压来进行换气的行为，它必须借由有风速的气流才能替换空气；另一种"浮力通风"，是利用热空气上升、冷空气下降的热浮力原理来进行换气的行为，只要有空气温差存在，就能产生对流换气，尤其是在挑高中庭或大型空间内，最容易产生空气温差而进行浮力通风。"风力通风"利用水平风压来推进气流，较适用于热湿气候的"开放型通风文化"；而"浮力通风"则利用垂直空气温差的吸力来导引气流，较适用于凉爽气候或干热气候的"封闭型通风文化"。

1) 浮力通风设计文化

浮力通风设计较适用于凉爽的中纬度温暖气候，由于浮力通风必须具备高度差才能设计，因此在中庭或挑空空间的建筑物中较能发挥所长，在公共建筑中运用较多，住宅中运用不多。

封闭型浮力通风设计，一般适合于凉爽的中纬度温带气候或干热气候，比较不适合于热湿气候，因为温差小与水汽重的气候会使浮力效益下降。但在有些典型的热湿气候区的民居，利用高大的斜屋顶来产生上升浮力，并利用深屋檐的遮阴导风作用，诱导四周冷空气进入室内。西方人在热湿气候区殖民时，利用通风塔与高屋顶的浮力原理，加上回廊与遮檐的导风原理，创造出通风除湿效果良好的殖民式建筑，这种将回廊与通风塔混合的殖民式建筑应该是建筑适应气候的一个实例（图2-1-2-2）。

由此可知，寒带气候的健康性通风换气

图2-1-2-2　美国佛罗里达州南方殖民式民居

设计，通常是以密闭风道系统来控制通风，其导入的外气必须以进风口、通风量、通风路径来设计计算，以免太冷或太热。热湿气候的舒适性通风设计，需要引进大量对流通风，常采用四周开放开窗来诱导通风穿越人体。热湿气候的浮力通风设计若能配合遮阳、回廊、屋顶百叶通风窗的导风作用，往往能发挥最好的通风效果。

2）风力通风设计文化

风力通风设计必须依赖充足的风力条件来实现，但由于风力是不稳定的地方气候因素，因此必须依照地方风力统计特征进行设计。假如能善用通风条件，居住环境大部分可依赖通风设计达到舒适的要求。在东亚亚热带气候，最主要的通风策略在于避开冬季东北季风之害，并迎接夏季南风之利，尤其在夏季应以水陆风和地形风为设计主轴。水陆风是因太阳对水体与陆地加温速度之差异而产生的地形风，通常在白天吹河海水体之风，而在晚间则吹陆风。水陆风因地形与季节风的干扰而显得较为混淆，设计者应以当地气象统计资料为依据，正确掌握适合的通风策略。地形风因地理而异，在山区通常白天吹山风而晚上吹谷风，尤其在谷沟与山脊之处均是强风汇集之处，设计者应配合地形地物，进行导风与防风设计。

对于村镇住宅而言，设计一个通风良好的建筑平面是最重要的。基本上纵深过大的建筑平面是不利于通风的，从建筑平面的形状即可大致判断其通风的潜力。一般而言，单边开窗的空间纵深超过 6m、双边开窗的空间纵深超过 12m 即不利于自然通风。通常，12m 是通风极限的住宅深度，还可以在中间勉强配置一间机械通风的浴厕而成为 14m。14m 深度通常就是良好通风的住宅进深极限，超出该深度的住宅必须长期依赖空调换气等设备才可维持其正常功能，非常不适于自然通风。

尽管通风设计有许多细节对策，例如：栋间距、开窗形式、室内布局、家具摆设、户外导风遮阳板等均可影响室内通风的效果，但相比之下，这些都不是重要的因素。唯有简单实用的"深度小于 14m"原则，才能有效保障自然通风的效果；反之，即使从开窗、室内布局去寻找对策也无济于事。

除了建筑平面进深外，建筑开口的导风设计也是风力通风设计的重要一环。由于热湿气候的"开放型通风"需要开放型围护结构，过去的传统民居多以竹帘、草席、布幔、格栅等透气性良好的材料来构成其围护结构，甚至连地板也以多间隙的竹木做成，让居住者好像生活在通风的竹篮中一样干爽。这些民居通常设有大屋顶面、遮阳板和大露台等水平构造，犹如鱼类鳍片一般具有整流的功能，配合屋顶山墙通气口的上升气流，可形成良好的整流导风作用。这种导风性、多孔性、透气性的热湿气候民居，可被称为"多孔隙导风建筑文化"。

多孔隙导风建筑有两项要素，一个是多孔隙围护结构，另一个为水平导风板。过去多孔隙围护结构所采用的草、竹、木之类的植物性有机材料，很难应用于现代住宅之中。现代住宅有许多多孔性、透气性的现代建材可供利用，如气窗、栏杆、格栅、水泥空心砖、花格砖、穿孔钢板等耐久性建材，也可以创造优良的通风效果。它们通常展现在阳台、栏杆、楼梯间、走廊、户外隔墙等中介空间，形成了富有阴影变化的热带建筑风貌。水平导风板为屋顶、阳台、遮阳板等强烈的水平元素，它们具有良好的导风与冷却效果，对于空调节能有很大帮助。若能善用"多孔隙围护结构"与"水平导风板"，则可创造出细致轻巧的造型、若隐若现的层次感和阴凉的舒适感。

二、村镇住宅的自然通风设计

村镇住宅的通风十分必要，它是决定室内人体健康和热舒适的重要因素之一。合理的建筑自然通风不但可以为人们提供新鲜空气，降低室内气温和相对湿度，促进人体汗液蒸发降温，改善人们的舒适感，而且还可以有效地减少空调开启时间，降低建筑运行能耗。因此，良好的建筑自然通风设计，是降低建筑空调耗能的先决条件，是最自然的建筑节能手法，也是绿色建筑最重要的气候调节对策。

1. 自然通风的形式

建筑通风是由于建筑物的开口处（门、窗等）存在压力差而产生的空气流动。按照产生压力差的机理不同，自然通风可分为风压自然通风、热压自然通风、风压与热压相结合的自然通风。

1）风压自然通风

当风吹向建筑物正面时，因受到建筑物表面的阻挡而在迎风面上产生正压区，气流偏转后绕过建筑物的各侧面及背面，在这些面上产生负压区。风压通风就是利用建筑物迎风面与背风面的压力差来实现建筑物的自然通风，它与建筑形式、建筑与风的夹角和周围建筑布局等因素有关。人们所常说的"穿堂风"就是利用风压通风的典型范例。

风压 p_1 的计算公式为：

$$p_1 = k\frac{\rho v^2}{2} \tag{2-1-2-1}$$

式中，k——前后墙空气动力系数之差；

ρ——空气密度，kg/m^3；

v——室外风速，m/s。

由风压引起的自然通风量 L_1 可用以下公式计算：

① 当风口在同一面墙上（并联风口）时

$$L_1 = 0.827\sum F\left(\frac{\rho_1}{g}\right)^{0.5} \tag{2-1-2-2}$$

② 当风口在不同墙上（串联风口）时

$$L_1 = 0.827\left[\frac{F_1 F_2}{(F_1+F_2)^{0.5}}\right]\left(\frac{\rho_1}{g}\right)^{0.5} \tag{2-1-2-3}$$

式中，$\sum F$——通风口总面积，m^2；

F_1、F_2——分别为两面墙上风口的面积，m^2。

为了充分利用风压来实现住宅的自然通风，首先，要求住宅外部有较理想的风环境（平均风速一般不小于3~4m/s）；其次，住宅应朝向夏季夜间风向，房间进深较浅（一般以小于14m为宜），以便形成穿堂风。此外，自然风变化幅度较大，在不同季节和时段，有不同的风速和风向，应采取相应措施（如适宜的构造形式，可开合的气窗、百叶等）来调节引导自然通风的风速和风向，改善室内气流状况。

2）热压自然通风

热压通风即"烟囱效应"。其原理为热空气上升，从建筑上部风口排出，室内因此产生负压，于是室外新鲜的冷空气被吸入建筑底部，从而在室内形成了不间断的气流运动。对于室外环境风速不大的地区，"烟囱效应"产生的通风效果是改善热舒适的良好手段。当建筑内温度分布均匀时，室内外空气温度差越大，进排风口高度差越大，则热压作用越强。热压 p_2 的计算公式为：

$$p_2=\rho gH\beta\Delta t \tag{2-1-2-4}$$

式中，H——进、排风口中心高度差，m；

β——空气膨胀系数，℃$^{-1}$；

Δt——室内外温差，℃。

由热压引起的自然通风量 L_2 可用下式计算：

$$L_2=0.171\left[\frac{F_{in}F_{out}}{(F_{in}+F_{out})^{0.5}}\right](H\Delta t)^{0.5} \tag{2-1-2-5}$$

式中，F_{in}、F_{out}——分别为进、排风口面积，m^2。

在村镇住宅中，进、排风口的有效高度差很小，故必须有相当大的室内外温差，才能使由热压引起的通风具有实际用途。这种较大的温差值只有在冬季、在寒冷的地区才能得到。日常生活中在厨房、浴室及厕所等可应用垂直管道进行排风，通风管道向上延伸可通过几层楼高，这样利用进出气流的高度形成的热压，就可以有效地应用于自然通风。

3）风压与热压相结合的自然通风

利用风压和热压来进行自然通风是互为补充、密不可分的。在实际情况下，风压和热压是同时存在、共同作用的。两种作用有时相互加强，有时相互抵消。一般而言，在住宅进深较小的部位多利用风压来直接通风，而进深较大的部位则多利用热压来达到通风效果。

2．自然通风的设计方法

村镇住宅的自然通风设计主要涉及室外自然通风的协调、应用以及室内的通风组织、设计，通过室内外的协作设计来改善住宅的风环境，达到节能的目的。

1）朝向、布局

应根据风玫瑰图，从基地分析和总平面图设计着手，使住宅的排列和朝向都有利于自然通风。建筑形体的不同组合，如一字形、品字形、口形、山行和台阶形等，在组织自然通风方面都有各自不同的特点。住宅群错列、斜列的平面布局形式较之行列式与周边式更有利于自然通风。为了组织好房间的自然通风，在朝向上应使房屋开间方向（横轴）尽量垂直于建筑所在地区的夏季主导风向。当村镇住宅前后都围有院路时，南侧小院内的空气由于受到阳光照射而上升，从而通过南北窗户把北侧小院的较凉的空气引向南院，这样也可起到房间通风的效果。

为获得良好的室内通风质量，取得合理的风速、风量和风场分布，还需要考虑住宅室内空间的布局，住宅平面、剖面形式的合理选择是组织自然通风的重要措施。布置村镇住宅的房间时，最好将老人卧室布置在南偏东，夏天可减少室外热量传入，冬天又可获得较多的日照；儿童用房宜南向布置；由于起居室的高峰使用时间主要是在晚上，宜南或南偏西布置，其他卧室可朝北；卫生间等辅助用房朝北、朝西均可。门窗的开启位置最好能有利于组织穿堂风，避免"口袋屋"式的平面布局。厨房和卫生间进出风口的设置要考虑主导风向和对邻室的不利影响，避免强风时的倒灌现象和油烟等对周围环境的污染。

2）绿化与水体的布置

室外绿化可以改变气流的流动状况，对基地的微气候环境调节起到重要作用，同时，良好的室外空气质量也增加了住宅利用自然通风的可能性。进风口附近如果有水面和绿化，在夏季其降温效果是显著的。当风流过室外的绿化或水面时，风被降温，风速被减弱，同时风流动的路线也可以被改变，这在引凉风入室时能起到很好的作用。

3）开间、进深

房间的通风效果与其开间、进深都有密切关系。通常情况下，建筑平面进深不超过楼层净高的 5 倍（一般以小于 14m 为宜，在前面已详细说明），以便易于形成穿堂风，而单侧通风的住宅进深最好不超过净高的 2.5 倍。

4）窗户

窗户的设置方式如开启的方式、开启角度和开启尺寸等，这些都直接影响着住宅室内的气流分布。

开启方式的影响：为得到较好的通风效果，应选择一些导风效果良好的开窗形式。常见的开窗形式有横拉窗、旋转窗和推窗等（图 2-1-2-3），不同的开窗形式具有不同的通风性。具有外推功能的外推窗与旋转窗，其最大开口面积约为横拉窗的两倍，同时外推窗面部分对于气流有很大的导风功能，因而具有较好的通风性能。上下拉窗虽然与一般横拉窗具有相同的开口面积，但因接近人体活动范围之有效开口面较大，因此比水平横拉窗具有更好的生活层通风效果。另外有一种上附翻转气窗的上下拉窗，因具有较好的温差浮力通风效应，是通风效果最好的开窗方式。

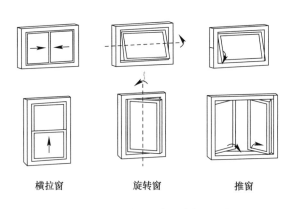

横拉窗　　　　旋转窗　　　　推窗

图 2-1-2-3　不同开窗形式的通风性

开启角度的影响：开启角度对整个房间的气流流型及气流速度的分布有影响，而对于平均速度的影响则有限。从窗口将气流引导向下，可显著增大主气流流道上的速度，但对室内其他地方由主气流所引起的紊流则影响很小。

开启尺寸对气流的影响：仅在一面墙上有窗户的房间内，窗户尺寸对室内气流速度的影响甚微。窗户相对于风向的位置有三种：垂直于风向、斜对着风向和窗户在背风墙上，它们的通风效果如表 2-1-2-1 所示。如果房间有穿堂式通风，则扩大窗户尺寸对于室内气流速度的影响甚大，但进风与出风窗户的尺寸必须同时扩大，如仅增大两者之一就不会对室内气流产生较大的影响。室内平均气流速度主要取决于较小开口的尺寸，至于进风口与出风口何者较小，差别不大。如果房间无穿堂式通风，当风向与进风窗垂直时，室内的平均气流速度还是相当低的；当有穿堂式通风时，尽管开口的总面积未变，但平均气流速度及最大气流速度均超过前者 2 倍以上。由此可见，开启尺寸对气流的影响在很大程度上取决于房间是否有穿堂式通风。

5）建筑构件

各种建筑构件如导风板、阳台和屋檐等直接影响住宅室内气流分布。我国南方民居中宽大的遮阳檐口，檐口离窗上口距离较小，这样强化了通风的效果，窗口上方遮阳板位置的高低，对于风的速度和分布也有不同的影响。

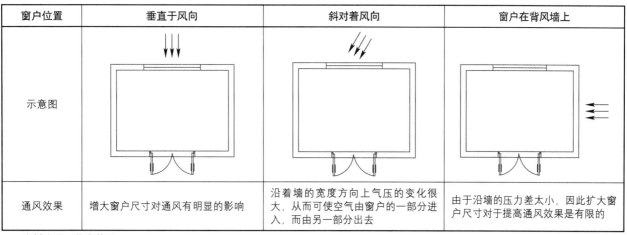

窗户位置	垂直于风向	斜对着风向	窗户在背风墙上
示意图			
通风效果	增大窗户尺寸对通风有明显的影响	沿着墙的宽度方向上气压的变化很大，从而可使空气由窗户的一部分进入，而由另一部分出去	由于沿墙的压力差太小，因此扩大窗户尺寸对于提高通风效果是有限的

窗户相对不同风向位置时的通风效果　　　　表 2-1-2-1

资料来源：作者整理

3．自然通风的评价

自然通风是住宅设计中的重要因素，对于自然通风的评价主要集中在以下两点：

1）评价良好通风条件的标准取决于使用特点及气候条件

北方干冷地区的室外气温、湿度与水蒸气压力都很低，应限制室外空气进入室内，控制冷风渗透，有时还需要加湿。这种情况下的通风，其功能在于保证最低换气率以满足卫生标准。一般而言，这一换气率对于提供必要的 O_2 及防止过多的 CO_2 含量是足够的。

南方湿热地区通风的功能是使气流通过人体来提供热舒适，以保证适当的散热与汗液蒸发。此时，应以房间生活区的气流速度作为衡量通风要求的标准，通常要提供 2m/s 的气流速度，这可以通过调整建筑细部设计的方法尽可能地利用主导风来实现。

2）热舒适所需气流速度取决于温度、湿度及活动强度

不同功能的房间，其对室内气流流型及气流速度分布的要求也不同。住宅起居室评价通风条件的最佳标准是位于 1m 高度上的平均气流速度，卧室是在地面以上 0.5~0.8m 的高度位置。对于办公空间（或者书房）来说，主要气流应直接吹向并稍高于头部，即离地约 1.2~1.5m 高度的位置，这样既可保持通风使人感觉清新凉爽，同时又把它对房间功能的干扰影响减小到最低程度。

第三节　村镇住宅中的天然采光

作为保证人类日常活动得以正常进行的基本条件，光环境的优劣是评价室内环境质量的重要依据。舒适的室内光环境不仅可以减少人的视觉疲劳、提高劳动生产率，而且对人的身体健康特别是视力健康有直接影响。良好的光环境可通过天然光和人工光来创造，但单纯依靠人工光源（通常多为电光源）需要耗费大量能源，间接造成环境污染，不利于可持续发展；而天然光是大自然赐予人类的宝贵财富，它不仅清洁安全，并且取之不尽、用之不竭，充分利用天然采光不但可省大量照明用电，还能提供更为健康、高效、自然的光环境，是实现可持续设计的路径之一。

我国大部分地区处于温带，天然光充足，在白天的大部分时间内都能满足视觉工作要求。这在我国电力紧张的情况下，对于节约能源具有重要意义。

一、村镇住宅的天然采光设计

建筑的天然采光就是指：将日光引入建筑内部，精确地控制并且将其按一定的方式分配，以提供比人工光源更理想和质量更好的照明。村镇住宅的天然采光设计必须采用成熟并行之有效的技术，做到经济合理，提高工作效率，改善生活、工作的环境质量。

1．光气候分区

影响室外地面照度的气象因素主要有太阳高度角、云、日照率等。我国地域辽阔，同一时刻南北方的太阳高度角相差很大。从日照率来看，由北、西北往东南方向逐渐减少，而以四川盆地一带为最低。从云量来看，自北向南逐渐增多，四川盆地最多；从云状来看，南方以低云为主，向北逐渐以高、中云为主。这些均说明，南方以天空扩散光照度较大，北方以太阳直射光为主，并且南北方室外平均照度差异较大。若在采光设计中采用同一标准值，显然是不合理的。为此，在《建筑采光设计标准》（GB/T50033-2001）中将全国划分为五个光气候区（按年平均总照度（klx）：Ⅰ．$E_q \geqslant 28$，Ⅱ．$26 \leqslant E_q < 28$，Ⅲ．$24 \leqslant E_q < 26$，Ⅳ．$22 \leqslant E_q < 24$，Ⅴ．$E_q < 22$），实际应用中分别取相应的采光设计标准。

2．设计步骤

建筑物，包括住宅的天然采光设计步骤为：

第一，确定满足功能使用要求的照度水平和性能目标，并由此确定建筑的位置、形状和朝向；

第二，根据研究确定窗的参数，并将其融入基本建筑形式；

第三，根据气候、窗户位置、窗户朝向及天穹的研究，结合建筑艺术处理，确定玻璃材料和能够调节天然采光的建筑构件，以保证最高的效能；

第四，施工验收，用仪器检测房间的照度水平，并与设计的照度水平、性能目标相对照，提出必要的改进方法，制定确保建筑天然采光特点和维持最佳性能的维护措施。

3．天然采光系统设计

为了获得天然光，通常需在建筑外围护结构上设计各种形式的采光口，并在其外装上透明材料（如：玻璃、有机玻璃等），形成窗户，以便允许日光进入并充分分配和发散光线。设计良好的天然采光应该避免因直射引起的、会削弱视力和产生不舒适的多余热量和亮度。根据窗户位置、形式的不同，可将天然采光系统分为侧窗采光系统、天窗采光系统、混合采光系统和中庭采光系统。

1）侧窗采光系统

侧窗采光系统可用于任何有外墙的建筑物，在房间的一侧或两侧开采光口，是最常用的一种采光系统，如图 2-1-3-1 所示。透过侧窗的光线有明确的方向性，有利于形成阴影，对观看立体物件特别适宜并可以直接看到外界景物，视野宽阔，满足了建筑通透感的要求。但由于其照度分布不均匀，近窗处照度大，离窗越远照度下降越多；并且照射范围有限，故一般只用于进深不大的房间。

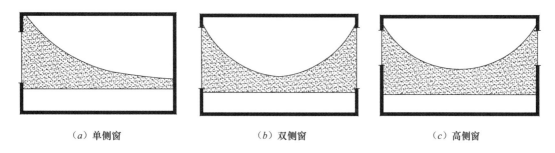

（a）单侧窗　　　　　　　　　　（b）双侧窗　　　　　　　　　　（c）高侧窗

图 2-1-3-1　侧窗采光的三种开窗形式
（上部曲线为照度曲线，下部直线为工作面）

侧窗窗台的高度通常为 1m 左右，如窗洞上口至房间深处的连线与地面所成的角度不小于 26°，则可以保证房间进深方向的光线均匀性。除了房间进深影响光线的均匀以外，建筑物的间距、窗户的面积、分布及形状等都影响房间照度和均匀性。有时，为获得更多的可用墙面或提高房间深处的照度以及其他需要，可能会将窗台的高度提高到 2m 以上，靠近天花板处。这种窗户称为高侧窗，可以看成侧窗的特例，是一种非常好的、使日光深入内部空间的方法。

2）天窗采光系统

天窗采光系统可用于任何具有屋顶的室内空间，由于采光口设置在房屋屋顶上，在开窗形式、面积、位置等方面受到的限制较少。按使用要求的不同，天窗采光又可细分为矩形天窗、锯齿形天窗、平天窗、横向天窗和井式天窗等类型，但由于天窗的建筑构造和施工较为复杂，且仅适合于顶层的房间，因此，在村镇住宅中使用较少。

3）混合采光系统

混合采光系统是指在同一空间内同时采用前述两种采光方式进行采光的系统，如图 2-1-3-2 所示。混合采光兼有侧窗采光和天窗采光的优点，可增大房间进深，使室内光线分布均匀。

4）中庭采光系统

中庭最大的贡献在于提供了优良的光线和射入到平面进深最远处的可能性，中庭本身则成为一个天然光的收集器和分配器，庭院、天井和建筑凹口都可以看作中庭的特殊形式。中庭的采光除了考虑直射光外，更主要的是光线在中庭内部界面反射形成了第二次或第三次漫反射光。

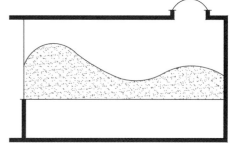

图 2-1-3-2　混合采光的开窗形式

中庭起了一个"光通道"的作用，这条光通道四周的墙体决定了光线的强弱以及有多少光线可照到中庭底和进入建筑物最底层房间的内部。到达中庭地面的直射光量取决于中庭本身的纵横比，该特性决定了庭院光照水平的衰减程度；侧面反射也很重要，不同反射性能的墙，其效能有很大的差异。对于依靠中庭采光的底层部分，对面的反射墙就是它的"天空"，若该墙为一面从顶到地的玻璃或完全是敞开的，则很少一部分光线会在它面上反射而传入下面各层。

二、新型天然采光技术

从节地的角度出发，住宅的进深应适当加大，此时仅靠传统天然采光已不能满足住宅内部的采光要求，因此就要通过一定的技术手段把太阳光引入房间内部，另外考虑到人体健康等原因，地下空间也需要引入天然光，于是出现了导光管、光导纤维、采光搁板、棱镜窗等新型的天然采光技术，它们通过光的反射、折射、衍射等方法将天然光引入并传输到需要的地方。这些技术目前运用尚不广泛，但随着生活水平的提高，有可能会逐步得到推广。

1. 导光管

对导光管的研究已有很长时间，至今仍是照明领域的研究热点之一。最初的导光管主要传输人工光，20世纪80年代以后开始扩展到天然采光。

用于采光的导光管主要由三部分组成：用于收集日光的集光器、用于传输光的管体部分和用于控制光线在室内分布的出光部分，如图2-1-3-3所示。集光器有主动式和被动式两种：主动式集光器通过传感器的控制来跟踪太阳，以便最大限度地采集日光；被动式集光器则是固定不动的。有的集光器的管体和出光部分合二为一，一边传输，一边向外分配光线。垂直方向的导光管可穿过结构复杂的屋面及楼板，把天然光引入每一层直至地下层。为输送较大的光通量，导光管直径一般都大于100mm。由于天然光的不稳定性，往往给导光管装有人工光源作为后备光源，以便在日光不足的时候作为补充。导光管采光适合于天然光丰富、阴天少的地区使用。

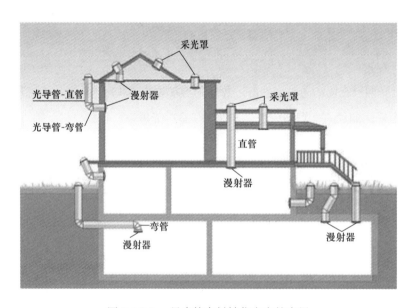

图 2-1-3-3　导光管在村镇住宅中的应用

2. 光导纤维

光导纤维于20世纪70年代最初应用在光纤通信，20世纪80年代开始应用于照明领域，目前光纤用于照明的技术已基本成熟。光导纤维采光系统一般也是由聚光部、传光部和出光部三部分组成。聚光部分把太阳光聚在焦点上，对准光纤束。用于传光的光纤束一般用塑料制成，直径在 10mm 左右。光纤束的传光原理主要是光的全反射原理，光线进入光纤后经过不断的全反射传输到另一端。在室内的输出端装有散光器，可根据不同的需要使光按照一定规律分布。

对于一幢村镇建筑物来说，光纤可采取集中布线的方式进行采光。把聚光装置（主动式或被动式）放在楼顶，如图 2-1-3-4 中的向日葵聚光器所示，同一聚光器下可以引出数根光纤，通过总管垂直引下，分别弯入每一层楼的吊顶内，按照需要布置出光口，以满足各层采光的需要。

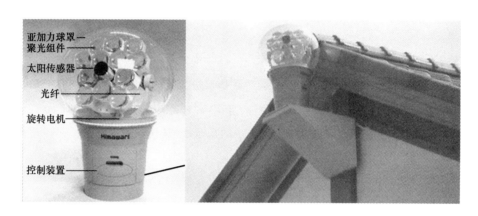

图 2-1-3-4　向日葵聚光器的构造和安装

因为光纤截面尺寸小，所能输送的光通量比导光管小得多，但它最大的优点是在一定的范围内可以灵活地弯折，而且传光效率比较高，因此，同样具有良好的应用前景。

3. 采光搁板

采光搁板是在侧窗上部安装一个或一组反射装置，使窗口附近的直射阳光经过一次或多次反射进入室内，以提高房间内部照度的采光系统，如图 2-1-3-5 所示。房间进深不大时，采光搁板的结构可以很简单，仅是在窗户上部安装一个或一组反射面，使窗口附近的直射阳光，经过一次反射，到达房间内部的天花板，利用天花板的漫反射作用，使整个房间的照度和照度均匀度均有所提高。

当房间进深较大时，采光搁板的结构就会变得复杂。在侧窗上部增加由反射板或棱镜组成的光收集装置，反射装置可做成内表面具有高反射比反射膜的传输管道。这一部分通常设在房间吊顶的内部，尺寸大小可与建筑结构、设备管线等相配合。为了提高房间内的照度均匀度，在

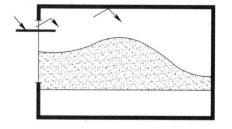

图 2-1-3-5　采光搁板示意图

靠近窗口的一段距离内，向下不设出口，而把光的出口设在房间内部，这样就不会使窗附近的照度进一步增加。配合侧窗，这种采光搁板能在一年中的大多数时间为进深小于 9m 的房间提供充足均匀的光照。

4. 导光棱镜窗

导光棱镜窗是利用棱镜的折射作用改变入射光的方向，使太阳光照射到房间深处。导光棱镜窗的一面是平

的，一面带有平行的棱镜，它可以有效地减少窗户附近直射光引起的眩光，提高室内照度的均匀度。同时由于棱镜窗的折射作用，可以在建筑间距较小时，获得更多的阳光。

三、新型采光玻璃

新型采光玻璃可根据人们的需要灵活地控制室外光和热的进入，为最大限度地利用天然光提供了可能，在减少能耗的前提下，为人们提供健康、舒适的室内环境。

1. 光致变色玻璃

人们通常希望在阳光强烈的时候少一点天然光进入，而在阳光较弱的时候多一些天然光进入。光致变色玻璃的透过率可以随着其表面照度的增加而降低，从而达到调节进光量的目的。光致变色玻璃是由平板玻璃和胶片复合而成的夹层玻璃，通过改变光致变色胶片的成分，并根据不同的需要制作具有不同功能的光致变色玻璃。使用防紫外线胶片制作的光致变色玻璃，可阻挡 99% 以上的紫外线进入，对室内易老化物品具有保护作用。

2. 电致变色玻璃

电致变色玻璃由两片平板玻璃组合而成，该平板玻璃是多层金属氧化物镀膜的玻璃，其空腔内充电解质，通过电位差改变玻璃颜色，以达到控制光和热的透过率的目的。由于电致变色玻璃可高效地调节其透光性能，因而可减少过多直射阳光的进入，有利于防止眩光的产生。采用这种玻璃还可显著降低采暖或制冷的能耗：在炎热的夏季，它可以最大限度地阻挡红外线的进入，降低制冷负荷；在寒冷的冬季，又可使红外线充分地透射，因此对降低采暖能耗大有帮助。据测算，相比于普通玻璃，使用此种玻璃每年可降低能耗约 48%，因此具有相当大的节能潜力。

3. 聚碳酸酯玻璃

单层"聚碳酸酯玻璃"能使 85% 的光线进入室内，升温速度低于普通玻璃，有韧性，可做成曲面。有空气层的双层聚碳酸酯玻璃透光小于单层，但热阻增加，在玻璃一侧的内表面呈锯齿状，光线在其内部不断反射。

4. 光触媒技术的运用

由于大气污染日益严重，作为主要采光口的玻璃窗常被大量灰尘所附着，不但影响美观，而且严重阻挡了天然光的进入，使室内照度急剧下降。对那些较高的村镇住宅而言，清洗玻璃窗有一定的危险性。光触媒技术在玻璃上的运用可使此种情况大为改观。在玻璃的表面涂敷一层光触媒膜（如氧化钛），在 350~400nm 紫外光的照射下，发生光化学反应，光触媒物质活化后可促使形成污垢的物质分解，并能杀死大肠杆菌等病原体，这样就能大大减少玻璃表面的污染，从而减缓其表面透过率的降低。

第二章
村镇住宅围护结构设计

采用合适的围护结构设计对于住宅节能具有重要意义，住宅围护结构的节能设计主要涉及：墙体节能设计、门窗节能设计、屋面节能设计和楼地面节能设计四大方面。

第一节　村镇住宅墙体节能设计

一、热工性能指标

居住建筑墙体的传热系数指标，应根据建筑所处地区的气候分区区属，符合表 2-2-1-1 中的规定。如不能满足表中的规定，必须按居住建筑节能设计标准的规定进行围护结构热工性能的综合判断。

不同气候区居住建筑墙体的传热系数和热惰性指标限值　　　　　　　　表 2-2-1-1

气候分区	墙体部位		传热系数 K /[W/(m² · K)]	
			≥ 4 层建筑	≤ 3 层建筑
严寒地区 A 区	外墙		≤ 0.40	≤ 0.33
	分隔采暖与非采暖空间的隔墙		≤ 0.7	
严寒地区 B 区	外墙		≤ 0.45	≤ 0.40
	分隔采暖与非采暖空间的隔墙		≤ 0.80	
严寒地区 C 区	外墙		≤ 0.50	≤ 0.40
	分隔采暖与非采暖空间的隔墙		≤ 1.0	
寒冷地区 A 区	外墙		≤ 0.50	≤ 0.45
	分隔采暖与非采暖空间的隔墙		≤ 1.2	
寒冷地区 B 区	外墙	重质结构	≤ 0.60	≤ 0.50
		轻质结构	≤ 0.50	≤ 0.45
	分隔采暖与非采暖空间的隔墙		≤ 1.0	
夏热冬冷地区	外墙	D ≥ 3.0	≤ 1.5	
		3.0 > D ≥ 2.5	≤ 1.0	
	分户墙		≤ 2.0	
夏热冬暖地区	外墙	D ≥ 3.0	≤ 2.0	
		D ≥ 2.5	≤ 1.5	
		D < 2.5	≤ 1.0	
温和地区 A 区	外墙	重质结构	≤ 1.0	≤ 0.8
		轻质结构	≤ 0.5	≤ 0.4
	分户墙		≤ 2.0	

资料来源：卜一德主编，绿色建筑技术指南，北京：中国建筑工业出版社，2008

二、墙体保温节能设计

墙体保温隔热节能设计分为单一墙体节能与复合墙体节能。

1. 单一墙体节能

单一材料墙体就是利用材料自身良好的热工性能及其他力学性能作为墙体材料。优点是构造简单，施工方便。单一墙体节能指通过改善主体结构材料本身的热工性能来达到墙体节能效果，目前常用的墙体材料有加气混凝土、空洞率高的多孔砖或空心砌块，其传热系数如表 2-2-1-2 所示。

单一墙体的传热系数   表 2-2-1-2

墙材种类	传热系数（W/(m²·K)）
加气混凝土外墙（用于框架结构的填充墙）	1.02
黏土空心砖（240mm 厚黏土空心砖内抹 30mm 厚石膏保温砂浆）	1.12
空心砌块外墙（240mm 厚双面抹灰的空心砌块外墙）	1.32

资料来源：摘自产品样本资料

2. 复合墙体节能

随着对外墙保温性能要求的提高，单砌筑的墙体结构导热系数往往不能满足建筑节能设计标准的要求，为此需要用导热系数小的高效绝热材料（如聚苯板、玻璃棉、岩棉板、矿棉板等）附着在新型墙体结构层进行复合。复合墙体节能技术是指在墙体主体结构基础上增加一层或几层复合的绝热保温材料来改善整个墙体的热工性能。复合外墙是将复合墙体作为外围护结构中的墙体，由于建筑外围护结构的热损耗较大，因此，发展外墙保温技术及节能材料是村镇住宅建筑节能的主要实现方式。

根据复合材料与主体结构位置的不同，又分为外墙内保温、外墙外保温及外墙夹芯保温。外墙内保温是将保温材料复合在承重墙内侧，在满足承重要求及节点不结露的前提下，墙体可适当减薄。由于保温材料强度较低，需设覆盖层保护。

外墙外保温是目前大力推广的一种建筑保温节能技术，它是指将保温材料复合在承重墙外侧。外保温与内保温相比，技术合理，有明显的优越性。

外墙夹芯保温在我国严寒地区得到一定程度的应用，它是将保温层夹在内、外墙体中间。主墙体采用钢筋混凝土或砖砌体，保温材料可采用岩棉板、聚苯板、玻璃棉板或袋装膨胀珍珠岩等，并在主墙施工时砌入。这样有利于发挥墙体材料本身对外界环境的防护作用，可取得良好的保温效果，但要填充严密，避免内部形成空气对流，并做好内外墙间的牢固拉结。三种外墙保温技术的特点比较如表 2-2-1-3 所示。

三种外墙保温技术的特点比较   表 2-2-1-3

保温技术	优 点	缺 点
内保温	技术不复杂，施工简便易行，可保证进度；保温材料要求较低，技术性能要求比外保温低；造价相对较低	内保温构造中几乎所有的梁、柱以及外墙与内墙、楼板等的连接部位都未做保温处理，难以避免冷（热）桥的产生；防水和气密性较差，须设置隔汽层以防止墙体产生冷凝现象；施工会多占用使用面积，影响居民的二次装修，且内墙悬挂和固定设施也容易破坏内保温结构；内保温板材出现裂缝是较为普遍的现象

保温技术	优　点	缺　点
外保温	保温层置于建筑围护结构外侧缓冲了因温度变化导致结构变形产生的应力，避免了雨、雪、冻、融、干、湿循环造成的结构破坏，减少了空气中有害气体和紫外线对围护结构的侵蚀，延长建筑物寿命；基本消除了冷（热）桥的影响，有利于提高墙体的防水性和气密性；有利于保持室温稳定，改善室内热环境质量；便于对既有建筑进行节能改造，并可在一定程度上增加建筑使用面积，避免室内装修对保温层的破坏	对保温体系材料的要求较严格；对保温材料的耐候性和耐久性提出了较高的要求；材料要求配套，对体系的抗裂、防火、拒水、透气、抗震和抗风压能力要求较高；要求有严格管理的施工队伍和技术支持
夹芯保温	将保温材料设置在外墙中间，有利于较好地发挥墙体本身对外环境的防护作用；对保温材料的要求不严格	易产生冷（热）桥，内部易形成空气对流，施工相对困难，内外墙保温两侧不同温差使外墙建筑结构寿命缩短，抗震性能差

资料来源：作者整理

三、外墙的隔热性能

围护结构的保温不等于隔热，它们的区别在于保温措施主要是减少通过围护结构向外的传热损失，而隔热的目的是尽量减少围护结构所吸收的太阳热辐射向室内的传递。对于自然通风的建筑而言，外围护的隔热设计主要是控制内表面的温度，为此要求外围护结构应具有一定的衰减度和延迟时间，以保证内表面温度不致过高，避免向室内和人体辐射过多的热量引起房间过热。围护结构的隔热方法和控制程度，与地区气候特点、人们的生活习惯和对地区气候的适应能力以及当前的技术经济水平有密切的关系。

第一，根据使用特点：对于村镇住宅建筑而言，几乎全天有人在家，太阳辐射使室外温度在下午达到了最大值，室外热量通过围护结构传递到室内最好在室外温度较低时的夜间。因此，可通过加强墙体的蓄热性能来获得延迟时间，将内表面最高温度出现的时间和建筑使用的时间错开。为此选择一些重质的材料，利用材料本身的热惰性来达到隔热的目的。

第二，根据气候特点：干热地区日夜温差较大，建筑材料多选用重质的材料；湿热地区的昼夜温差不大，建筑材料多选用轻质的材料，外表面升温快，向外散热也快，室内的防热主要是加强室内的通风，使传入室内的热量和室内的湿气很快被风带出室外。

第三，建筑表面颜色：建筑隔热外表面应采用浅色平滑的粉刷和饰面材料，利用对太阳短波吸收率小而对长波发射率大的材料。

第四，在墙体中设置通风间层或在通风间层中设量铝箔。通风间层与室外或室内相通，利用风压和热压的作用带走进入空气层的一部分热量，从而减少传入室内的热量。

第二节　村镇住宅门窗节能设计

在建筑围护结构各部件中，门窗的绝热性能最差，是影响室内热环境质量和建筑节能的重要因素。据统计，就我国目前典型的围护部件而言，门窗的能耗约为墙体的 4 倍、屋面的 5 倍、地面的 20 多倍，约占建筑围护结构总能耗的 40%~50%。在采暖或空调的条件下，冬季单层玻璃窗所损失的热量约占供热负荷的 30%~50%，夏季因太阳辐射热透过单层玻璃窗射入室内而消耗的冷量约占空调负荷的 20%~30%。因此，增强门窗的保温隔热性能，减少门窗能耗，是改善室内热环境质量和提高建筑节能水平的重要环节。

从建筑节能的角度看，建筑外门窗一方面是能耗大的构件，另一方面也是得热构件，即太阳光通过玻璃透射入室内而使室温升高。因此，在门窗节能设计时，应该根据当地的建筑气候条件、功能要求以及其他围护部件的情况等因素来选择适当的门窗材料、窗型和相应的节能技术，这样才能取得良好的节能效果。

一、热工性能指标

居住建筑门窗的传热系数和遮阳系数指标，应根据建筑所处地区的气候分区区属，符合表中的规定。如不能满足表 2-2-2-1 中的规定，必须按居住建筑节能设计标准的规定进行围护结构热工性能的综合判断。

严寒和寒冷地区居住建筑门窗的传热系数和遮阳系数限值　　　　　　表 2-2-2-1

气候分区	门窗部位		传热系数 K [W/(m²·K)]	遮阳系数 SC （东、南、西向/北向）
严寒地区 A 区	户门		1.5	—
	阳台门下部门芯板		1.0	—
	外窗（含阳台门透明部分及天窗）	窗墙面积比≤20%	2.5	—
		20%<窗墙面积比≤30%	2.2	—
		30%<窗墙面积比≤40%	2.0	—
		40%<窗墙面积比≤50%	1.7	—
严寒地区 B 区	户门		1.5	—
	阳台门下部门芯板		1.0	—
	外窗（含阳台门透明部分及天窗）	窗墙面积比≤20%	2.8	—
		20%<窗墙面积比≤30%	2.5	—
		30%<窗墙面积比≤40%	2.1	—
		40%<窗墙面积比≤50%	1.8	—
严寒地区 C 区	户门		1.5	—
	阳台门下部门芯板		1.0	—
	外窗（含阳台门透明部分及天窗）	窗墙面积比≤20%	2.8	—
		20%<窗墙面积比≤30%	2.5	—
		30%<窗墙面积比≤40%	2.3	—
		40%<窗墙面积比≤50%	2.1	—
寒冷地区 A 区	户门		2.0	—
	阳台门下部门芯板		1.7	—
	外窗（含阳台门透明部分及天窗）	窗墙面积比≤20%	2.8	—
		20%<窗墙面积比≤30%	2.8	—
		30%<窗墙面积比≤40%	2.5	—
		40%<窗墙面积比≤50%	2.0	—
寒冷地区 B 区	户门		2.0	—
	阳台门下部门芯板		1.7	—
	外窗（含阳台门透明部分及天窗）	窗墙面积比≤20%	3.2	—
		20%<窗墙面积比≤30%	3.2	—
		30%<窗墙面积比≤40%	2.8	0.7/—
		40%<窗墙面积比≤50%	2.5	0.6/—

资料来源：卜一德主编，绿色建筑技术指南，北京：中国建筑工业出版社，2008

夏热冬冷地区居住建筑门窗的传热系数

表 2-2-2-2

朝向	窗外环境条件	传热系数 K / [W/(m²·K)]				
		窗墙面积比≤25%	窗墙面积比 >25% 且≤30%	窗墙面积比 >30% 且≤35%	窗墙面积比 >35% 且≤45%	窗墙面积比 >45% 且≤50%
北（偏东60°到偏西60°范围）	冬季最冷月室外平均气温 >5℃	4.7	4.7	3.2	2.5	—
	冬季最冷月室外平均气温 ≤5℃	4.7	3.2	3.2	2.5	—
东、西（东或西偏北30°到偏南60°范围）	无外遮阳措施	4.7	3.2	—	—	—
	有外遮阳（其太阳辐射透过率≤20%）	4.7	3.2	3.2	2.5	2.5
南（偏东30°到偏西30°范围）	—	4.7	4.7	3.2	2.5	2.5
户门		3.0				

资料来源：夏热冬冷地区居住建筑节能设计标准，JGJ134-2001

夏热冬暖地区北区居住建筑外窗的传热系数和综合遮阳系数限值

表 2-2-2-3

外墙	外窗的综合遮阳系数	传热系数 K / [W/(m²·K)]				
		平均窗墙比≤25%	25%< 平均窗墙比≤30%	30%< 平均窗墙比≤35%	35%< 平均窗墙比≤40%	40%< 平均窗墙比≤45%
K≤2.0 D≥3.0	0.9	≤2.0	—	—	—	—
	0.8	≤2.5	—	—	—	—
	0.7	≤3.0	≤2.0	≤2.0	—	—
	0.6	≤3.0	≤2.5	≤2.5	≤2.0	—
	0.5	≤3.5	≤2.5	≤2.5	≤2.0	≤2.0
	0.4	≤3.5	≤3.0	≤3.0	≤2.5	≤2.5
	0.3	≤4.0	≤3.0	≤3.0	≤2.5	≤2.5
	0.2	≤4.0	≤3.5	≤3.0	≤3.0	≤3.0
K≤1.5 D≥3.0	0.9	≤5.0	≤3.5	≤2.5	—	—
	0.8	≤5.5	≤4.0	≤3.0	≤2.0	—
	0.7	≤6.0	≤4.5	≤3.5	≤2.5	≤2.0
	0.6	≤6.5	≤5.0	≤4.0	≤3.0	≤3.0
	0.5	≤6.5	≤5.0	≤4.5	≤3.5	≤3.5
	0.4	≤6.5	≤5.5	≤4.5	≤4.0	≤3.5
	0.3	≤6.5	≤5.5	≤5.0	≤4.0	≤4.0
	0.2	≤6.5	≤6.0	≤5.0	≤4.0	≤4.0
K≤1.0 D≥2.5 或 K≤0.7	0.9	≤6.5	≤6.5	≤4.0	≤2.5	—
	0.8	≤6.5	≤6.5	≤5.0	≤3.5	≤2.5
	0.7	≤6.5	≤6.5	≤5.5	≤4.5	≤3.5
	0.6	≤6.5	≤6.5	≤6.0	≤5.0	≤4.0
	0.5	≤6.5	≤6.5	≤6.5	≤5.0	≤4.5
	0.4	≤6.5	≤6.5	≤6.5	≤5.5	≤5.0
	0.3	≤6.5	≤6.5	≤6.5	≤5.5	≤5.0
	0.2	≤6.5	≤6.5	≤6.5	≤6.0	≤5.5

资料来源：夏热冬暖地区居住建筑节能设计标准，JGJ75-2003

外墙 ($\rho \leqslant 0.8$)	综合遮阳系数				
	平均窗墙比≤25%	25%< 平均窗墙比 ≤30%	30%< 平均窗墙比 ≤35%	35%< 平均窗墙比 ≤40%	40%< 平均窗墙比 ≤45%
K≤2.0 D≥3.0	≤0.6	≤0.5	≤0.4	≤0.4	≤0.3
K≤1.5 D≥3.0	≤0.8	≤0.7	≤0.6	≤0.5	≤0.4
K≤1.0 D≥2.5 或 K≤0.7	≤0.9	≤0.8	≤0.7	≤0.6	≤0.5

资料来源：夏热冬暖地区居住建筑节能设计标准，JGJ75-2003

　　居住建筑外窗应具有良好的密闭性能。严寒、寒冷地区及夏热冬冷地区1~6层居住建筑的外窗及阳台门的气密性等级不应低于现行国家标准《建筑外窗气密性能分级及检测方法（GB/T7107-2002）》中规定的4级，夏热冬冷地区7层及7层以上居住建筑的外窗及阳台门的气密性等级不应低于该标准中规定的3级，夏热冬暖地区1~9层居住建筑外窗（包括阳台门）的气密性能，在10Pa压差下，每小时每米缝隙的空气渗透量不应大于2.5m³，且每小时每平方米面积空气渗透量不应大于7.5m³；10层及10层以上居住建筑外窗的气密性能，在10Pa压差下，每小时每米缝隙的空气渗透量不应大于1.5m³，且每小时每平方米面积空气渗透量不应大于4.5m³。

　　严寒地区居住建筑不应设置凸窗，寒冷地区和夏热冬冷地区北向卧室、起居室不应设置凸窗，其他地区或其他朝向居住建筑不宜设置凸窗。如需设置时，凸窗从内墙面至凸窗内侧不应大于600mm。凸窗的传热系数比相应的平窗降低10%，其不透明的顶部、底部和侧面的传热系数不大于外墙的传热系数。

二、门窗节能设计

　　随着对节能的重视和人民生活水平的提高，人们对门窗的要求也越来越高，已经从简单的透光、挡风、挡雨发展到节能、舒适、安全、采光灵活等要求，使门窗设计呈现出多功能、高技术化的发展趋势。门窗的节能设计技术主要可从减少渗透量、减少传热量、减少太阳辐射能三个方面进行。

1. 减少渗透量

　　减少门窗的渗透量可以减少室内外冷热气流的直接交换而降低设备负荷，通过采用密封材料可提高门窗的气密性。有资料表明，房间换气次数由0.8h⁻¹降到0.5h⁻¹，建筑物的耗能可减少8%左右。因此，设计中应采用密闭性良好的门窗。为提高门窗的气密性能，门窗的面板缝隙应采取良好的密封措施，玻璃或非透明面板四周应采用弹件好、耐久的密封条密封或注密封胶密封。开启扇应采用双道或多道密封，并采用弹性好、耐久的密封条；推拉窗开启扇四周应采用中间带胶片毛条或橡胶密封条密封。严寒、寒冷、夏热冬冷地区，门窗周边与墙体或其他围护结构连接处应为弹性构造，采用防潮型保温材料填塞，缝隙应采用密封剂或密封胶密封。

2．减少传热量

减少传热量是减少因室内外温差引起的热量传递，建筑物的窗户由镶嵌材料（玻璃）和窗框、扇型材组成，通过采用节能玻璃（如中空玻璃、热反射玻璃等）、节能型窗框（如塑性窗框、隔热铝型框等）来降低窗户的整体传热系数，从而减少传热量。

1）控制合理的窗墙比

在保证日照、采光、通风、观景条件下，应尽量减少外门窗洞口的面积。注意合理控制窗墙比，一般北向不大于25%，南向不大于35%，东西向不大于30%。

2）选择适宜的窗型

目前常用的窗型有推窗（一般为外推）、横拉窗（上下拉、左右拉）、旋转窗（上旋、下旋、中旋）等形式。窗型的选择与气候特点有关，如：夏热冬冷地区应兼顾通风与排湿的要求。该地区夏季十分潮湿，湿度常保持在80%左右，因而对通风的要求更高。横拉窗的开启面积只有1/2，不利于通风，在夏热冬冷地区是最大的缺点，故不宜推广采用。推窗则以通风面积大，气密性较好，符合该地区的气候特点，且以其安全、五金件简便、成本较低等优点，在夏热冬冷地区较受欢迎。

3）利用空气间隔层增加窗户热传阻

利用空气导热系数很低的特性，选择带空气间隔层的双层玻璃，可大大提高其热阻性能；或者在两层玻璃间充入导热系数更小的惰性气体（如氩气、氖气等）或其他绝热气体，做成特殊中空玻璃，则可获得更好的阻热效果。

4）玻璃的选材

为减少建筑物能耗，应合理选择玻璃材料。当选择使用节能玻璃时，应根据门窗所在位置确定玻璃种类。

首先，日照时间长且处于向阳面的玻璃应尽量减少太阳辐射热进入室内，以减少空调负荷，所以为提高建筑门窗的隔热性能，降低遮阳系数，宜采用吸热玻璃、镀膜玻璃（包括热反射镀膜、遮阳型Low-E镀膜、阳光控制镀膜等）；进一步降低遮阳系数可采用吸热中空玻璃、镀膜（包括热反射镀膜、Low-E镀膜等）中空玻璃等。

其次，寒冷地区或处于背阳面的玻璃应以控制热传导为主，所以为提高建筑门窗的保温性能，宜采用中空玻璃；当需进一步提高保温性能时，可采用Low-E中空玻璃、充惰性气体的Low-E中空玻璃、两层或多层中空玻璃等。采用中空玻璃时，窗用中空玻璃气体间层的厚度不宜小于9mm。

5）加强门窗框的阻热性能

加强门窗框料的阻热性能，就是增加其传热阻，这有利于减少窗户的传热量，降低空调或采暖能耗。应优先选用导热系数小的窗框材料，表2-2-2-5为不同窗框材料的导热系数。

不同窗框材料的导热系数　　　　　　　　　　　　　　　　　　　表2-2-2-5

窗框材料	导热系数／[W/(m·K)]
钢材	58.2
铝合金	20.3
PVC	0.16
松木	0.17

资料来源：作者整理

从窗框材料而言，窗户一般可以分为三种：木窗、铝窗和PVC塑钢窗。这三种有时也相互结合，如铝木复合、铝塑复合等。在目前的住宅中用得比较多的还是铝合金和PVC塑钢窗，它们各有自己的特点，如表2-2-2-6所示。

铝合金和PVC塑钢窗的特点比较 表2-2-2-6

窗框材料	导热系数	购买价格	受气候影响程度	舒适度	保温隔热防水性能	耐用性	生产耗能
铝合金	大	高	大	一般	一般	不易变形	多
PVC	小	低	小	好	好	容易变形	少

资料来源：作者整理

隔热断桥铝合金窗是在传统铝合金的基础上为提高门窗保温性能而推出的改进型，利用增强尼龙隔条，将铝合金型材分为内外两部分，从而阻隔了铝的热传导。隔热断桥铝合金门窗的突出优点是强度高、保温隔热性好、刚性好、防火性好、采光面积大、耐大气腐蚀性好、综合性能高、使用寿命长、装饰效果好、外型材可以由不同颜色和表面处理方式的型材组成。

3. 减少太阳辐射能

在南方地区太阳辐射非常强烈，通过窗户传递的辐射热占主要地位。因此，可通过遮阳设施（外遮阳、内遮阳等）及高遮蔽系数的镶嵌材料（如Low-E玻璃）来减少太阳辐射量。建筑外窗的遮阳应综合考虑建筑效果、建筑功能和经济性，合理采用建筑外遮阳并和特殊的玻璃系统相配合。按照夏热冬冷和夏热冬暖地区冬季日照、夏季遮阳的特点，考虑空调设备的适合位置，合理设计挑檐、外廊、阳台等遮阳构造和采用遮阳板、遮阳篷、热反射窗帘等活动式遮阳措施，并在窗户内侧设置镀有金属膜的热反射织物窗帘或安装具有一定热反射作用的百叶窗，减少阳光透过窗户进入室内的直接辐射，以降低夏季空调能耗。

4. 外门保温

外门应采用填充保温材料来提高门的保温效果，可选用聚苯板、玻璃棉、岩棉板、矿棉板等高效保温材料，并使用强度较高且能阻止空气渗透的面板加以保护。

第三节　村镇住宅屋面节能设计

屋面作为一种建筑物外围护结构所造成的室内外传热耗热量，大于任何一面外墙或地面的耗热量。因此，提高屋面的保温隔热性能，可有效地抵御室外冷、热空气的热量传递，减少空调采暖能耗，是改善室内热环境的有效途径。屋面的节能方法非常丰富，包括：常见的保温屋面，通过采用保温隔热材料，改善屋面层的热工性能，阻止热量传递；架空通风屋面，通过架空层，隔离太阳辐射热，减少阳光直射；种植屋面，通过对屋面进行绿色覆盖，既遮阳又隔热，且起到美化环境的作用；蓄水屋面，通过特殊的构造措施营造独特的屋面景观。

一、屋面热工性能指标

居住建筑屋面的传热系数和热情性指标，应根据建筑所处地区的气候分区，符合表2-2-3-1中的规定。

不同气候区居住建筑屋面的传热系数限值　　　　　　　　　表 2-2-3-1

气候分区		传热系数 K / [W/(m² · K)]	
		≥ 4 层建筑	≤ 3 层建筑
严寒地区 A 区		0.40	0.33
严寒地区 B 区		0.40	0.36
严寒地区 C 区		0.45	0.36
寒冷地区 A 区		0.50	0.45
寒冷地区 B 区	重质结构	0.60	0.50
	轻质结构	0.50	0.45
夏热冬冷地区 A 区	重质结构	≤ 0.8	≤ 0.6
	轻质结构	≤ 0.4	≤ 0.4
夏热冬冷地区 B 区	重质结构	≤ 0.8	≤ 0.6
	轻质结构	≤ 0.4	≤ 0.4
夏热冬冷地区 C 区	重质结构	≤ 1.0	≤ 0.8
	轻质结构	≤ 0.5	≤ 0.4
夏热冬暖地区	重质结构	≤ 1.0	≤ 0.8
	轻质结构	≤ 0.5	≤ 0.4
温和地区 A 区	重质结构	≤ 0.8	≤ 0.6
	轻质结构	≤ 0.4	≤ 0.4
温和地区 B 区		—	

资料来源：卜一德主编，绿色建筑技术指南，北京：中国建筑工业出版社，2008

二、屋面节能设计

屋顶具有多种节能设计技术，常见的如下：

1. 保温隔热屋面

保温隔热屋面一般分为平屋顶和坡屋顶两种形式，由于平屋顶构造形式简单，所以是最为常用的一种屋面形式。为了提高屋面的保温隔热性能，设计时应遵照以下设计原则：

首先，屋面的保温隔热材料应根据节能建筑的热工要求确定，最好选用导热性小、蓄热性大的材料，保证其热绝缘性的要求；同时要考虑不宜选用密度过大的材料，以防屋面荷载过大。

其次，保温隔热层厚度影响屋面的保温隔热性能，因此要因地制宜地选择其厚度；同时排列次序不同也影响屋面热工性能，要根据建筑的功能、地区气候条件的特点进行材料层的排列设计。

2. 倒置式屋面

倒置式屋面是将传统屋面构造中保温隔热层与防水层"颠倒"，使保温隔热层置于防水层之上。由于倒置式屋面为外隔热保温形式，外隔热保温层的热阻作用抵挡了部分室外温度，使其后产生在屋面重质材料上的内部温度和所蓄积的热量都低于传统保温隔热屋顶的内部温度和热量，向室内散发的热量也要少很多。因此，倒置式屋面是一种节能屋面构造形式，隔热保温效果更好。倒置式屋面具有以下特点：

第一，保护防水层，延长其使用年限。由保温材料组成不同厚度的隔热层，可起到一定的缓冲击作用，使防水卷材不易在施工中受外界机械损伤；并大大减弱了防水层受大气、温差及太阳光紫外线照射的物化影响，使其长期保持柔软性、延伸性等性能，可使使用寿命延长 2~4 倍。

第二，若将保温材料做成放坡（一般不小于 2%），雨水可以自然排走，或者通过多孔材料蒸发掉。因此，进入屋面体系的水和水蒸气不会在防水层上冻结，也不会长久凝聚在屋面内部形成结露；同时也避免了传统屋面防水层下面水汽的凝结、蒸发，造成防水层鼓泡而被破坏、产生涌漏水等质量通病。

第三，施工简便，利于翻修。倒置式屋面省去了传统屋面中的隔汽层和保温层上的找平层，施工程序简化，而且更加经济。即使出现个别地方渗漏，只要揭开几块保温板，就可以进行维修处理。

3. 架空通风屋面

架空通风屋顶的原理是在屋顶设置通风间层，一方面，利用通风间层的外层遮挡阳光，如设置带有封闭或通风的空气间层遮阳板拦截直接照射到屋顶的太阳辐射热，使屋顶变成两次传热，避免太阳辐射热直接作用在围护结构上；另一方面，利用风压和热压的作用，尤其是自然通风，将遮阳板与空气接触的上下两个表面所吸收的太阳辐射热转移到空气中随风带走，且风速越大，带走的热量越多，隔热效果也就越好，大大地提高了屋顶的隔热能力，从而减少室外热作用对内表面的影响。架空通风屋顶在我国夏热冬冷地区被广泛采用，尤其是在气候炎热多雨的夏季，这种屋面构造形式更显示出它的优越性。

通风间层屋顶具有省料、质轻、材料层少、防雨、防漏、经济、易维修等优点，其构造简单，比实体材料隔热屋顶降温效果好；甚至一些瓦面屋顶也加砌架空瓦用以隔热，保证白天能隔热，晚上又易散热。

4. 种植屋面

在我国夏热冬冷地区和华南等地过去就有"蓄土种植"屋面的应用实例，通常称为种植屋面。利用屋顶种一些植物，在遮挡太阳辐射热的同时还吸收这些热量用于植物的光合作用、蒸腾作用和呼吸作用，把照射到屋顶的太阳辐射热转化为植物的生物能量和空气的有益成分，实现太阳辐射热的资源性转化。因此，屋面温度变化比较小，隔热保温性能优良，是一种生态型的节能屋面，并逐步在广东、广西、四川、湖南等地被广泛应用。

种植屋面各构造层次自上而下可分为七层：种植介质、隔离过滤层、排水层、耐根系穿刺防水层、卷材或涂膜防水层、找平层和找坡层。

种植屋面分覆土种植和无土种植两种：覆土种植是在钢筋混凝土屋顶上覆盖种植土壤 100~150mm 厚。无土种植，具有自重轻、屋面温差小、有利于防水防渗的特点，它采用水渣、蛭石或木屑代替土壤，重量减轻了而隔热性能反而有所提高，且对屋面构造没有特殊的要求，只是在檐口和走道板处须防止蛭石或木屑在雨水外溢时被冲走。种植层的厚度一般依据种植物的种类而定：草本 15~30mm，花卉小灌木 30~45mm，大灌木 45~60mm，浅根乔木 60~90mm，深根乔木 90~150mm。

5. 蓄水屋面

蓄水屋面是在刚性防水屋面上蓄一层水来提高屋顶的隔热能力。它具有以下特点：

第一，良好的隔热性能。水在屋顶上能起隔热作用是利用水比热大的特点，主要是水在蒸发时要吸收大量的汽化热，而这些热量大部分从屋面所吸收的太阳辐射中摄取，有效地减弱了屋面的传热量，降低了屋面的内表面温度。水蒸发量的大小与室外空气的相对湿度和风速关系密切，相对湿度的最低值发生在 14~15 时附近，夏热冬冷地区中午前后风速较大，故在 14 时左右水的蒸发作用最强烈，从屋面吸收用于蒸发的热量也最多。而这个时刻屋顶室外综合温度正好最高，即适逢屋面传热最强烈的时刻。因此，在夏季气候干热、白天多风的地区，用水隔热的效果十分显著。

第二，刚性防水层不干缩。混凝土在空气中的收缩值随时间延长而增长，但当周围湿度较大时，混凝土的收缩就小，长期在水下的混凝土反而有一定程度的膨胀。由于它产生收缩值变化不明显，水化生成的胶体不会因此而有一定程度的膨胀，避免了出现开放性透水毛细管的可能性而不至于渗漏水。

第三，刚性防水层变形小。水下防水层的表面温度要比暴露在大气时低 15℃ 以上，由此昼夜内外表面温度波幅小，混凝土防水层及钢筋混凝土基层产生的温度应力也较小，由于温度应力而产生的变形也相应变小，从而避免了由于温度应力而产生的防水层和屋面基层开裂。

第四，密封材料使用寿命长。在大面积刚性防水蓄水屋面的分格缝中，需要填嵌密封材料。密封材料在大气中主要受空气的氧化作用和紫外线的照射，易于老化，耐久性降低；而适合于水下的密封材料由于与空气隔绝，不易老化，可以延长使用年限。

第五，夜间屋顶蓄水后外表面温度始终高于无水屋面，这时很难利用屋顶散热；且屋顶蓄水增加了屋顶静荷重，同时为防止渗水，还要加强屋面的引水措施。

以上所述各种节能屋面的保温隔热系统构造、设计要点及适用范围见表 2-2-3-2。

各种节能屋面的构造和设计要点　　　　　　　　　　　　　　　　　　表 2-2-3-2

种类	构造简图	设计技术要点	适用范围
保温隔热屋面	保护层／防水层／找平层／保温层／结构层	由于防水层直接与大气接触，表面易产生较大温度应力，使防水层在短期内被破坏，所以应在其上加做一层保护层；保温层宜选用吸水率低、密度和导热系数小并有一定强度的材料，以避免屋面湿作业时，保温层大量吸水降低热工性能	适合各类气候区；不适合室内湿度大的建筑
倒置式屋面	保护层／保温层／防水层／找平层／结构层	应采用吸水率低（≤4%）且长期浸水不腐烂的保温材料；保温层上采用卵石保护层时，两者之间应敷设耐穿刺且耐久性防腐性能好的纤维织物作为隔离层；在檐沟和水落口等部位应采用现浇混凝土或砖砌堵头，并做好排水处理；选用具有一定压缩强度的保温材料	夏热冬冷、夏热冬暖地区；既有建筑节能改造、室内空间湿度大的建筑；不适用于金属屋面

种类	构造简图	设计技术要点	适用范围
架空通风屋面	架空层 防水层 找平层 保温层 结构层	架空屋面的坡度不宜大于5%；架空隔热层的高度根据屋面宽度或坡度确定，一般按冬季节能传热系数校核，高度以100~300mm为宜，当屋面宽度大于10m时，应设置通风屋脊，以保证气流畅通，但屋面和风道长度不宜大于15m；进风口应设置在当地炎热季风向的正压区，出风口设置在负压区；架空板与女儿墙的距离约250mm	应与不同保温屋面联合使用；严寒、寒冷地区不宜采用
种植屋面	1- 种植层（人工合成土或覆土），厚度依据绿化要求； 2- 土工布过滤层； 3- 蓄排水层（塑料排水板、陶粒、卵石或其他合成土工材料）； 4-C25细石防水混凝土； 5-10mm厚隔离层＋根系阻挡层（如需）； 6- 高分子卷材或涂料防水层； 7- 水泥砂浆找平层； 8- 找坡层； 9- 钢筋混凝土结构层	优先考虑一次生命周期较长的植被，不宜种植根深的植物，应充分考虑植被的地域性；根据节能设计要求，在结构层与找坡层之间可设置保温层；倒置式屋面不得做种植屋面；应采用整体浇筑或预制装配的钢筋混凝土屋面板作为结构层；应采用设置涂膜防水层和配筋细石混凝土刚性防水层两道防线的复合防水设防做法；屋面坡度不宜大于3%，以免种植介质流失；应当专项设计，充分考虑适应性、系统性和协调性	夏热冬冷、夏热冬暖地区适用；严寒、寒冷地区不宜采用；坡屋面宜采用草皮及地被植物
蓄水屋面	蓄水层 防水层 找平层 保温层 结构层	采用现浇预制钢筋混凝土整板屋面；预留所有孔洞、预埋件、给水管、排水管等，在浇筑混凝土防水层后不得在防水层上凿孔打洞；整个蓄水区的防水混凝土必须一次浇筑完毕，使每个蓄水区混凝土的整体防水性好，不留施工缝，避免因接头处理不好而裂缝；保证泛水质量，将混凝土防水层沿女儿墙内壁上升，高度应超出水面不小于100mm；蓄水深度以保持在200mm为宜	夏热冬冷、夏热冬暖地区适用；严寒、寒冷地区、地震地区和振动较大的建筑物上不宜采用

资料来源：卜一德主编，绿色建筑技术指南，北京：中国建筑工业出版社，2008

第四节　村镇住宅楼地面节能设计

楼地面部位的能耗虽然在住宅整个外围护结构能耗中所占的比例不大，以往的关注度亦不够，但在节能设计中仍然应该引起设计人员的注意。

一、热工性能指标

居住建筑楼地面的传热系数应根据建筑所处地区的气候分区区属，符合表2-2-4-1中的规定。

气候分区	楼地面部位	传热系数 K / [W/(m² · K)]
严寒地区 A 区	底面接触室外空气的架空或外挑楼板	≤ 0.48
	分隔采暖与非采暖空间的楼板	≤ 0.70
	周边底面及非周边底面	≤ 0.28
严寒地区 B 区	底面接触室外空气的架空或外挑楼板	≤ 0.45
	分隔采暖与非采暖空间的楼板	≤ 0.80
	周边底面及非周边底面	≤ 0.35
严寒地区 C 区	底面接触室外空气的架空或外挑楼板	≤ 0.50
	分隔采暖与非采暖空间的楼板	≤ 1.00
	周边底面及非周边底面	≤ 0.35
寒冷地区 A 区	底面接触室外空气的架空或外挑楼板	≤ 0.50
	分隔采暖与非采暖空间的楼板	≤ 1.20
	周边底面及非周边底面	≤ 0.50
寒冷地区 B 区	底面接触室外空气的架空或外挑楼板	≤ 0.60
	分隔采暖与非采暖空间的楼板	≤ 1.00
夏热冬冷地区 A 区	底面接触室外空气的架空或外挑楼板	≤ 1.50
	楼板	≤ 2.00
夏热冬暖地区	底面接触室外空气的架空或外挑楼板	≤ 2.00
温和地区 A 区	底面接触室外空气的架空或外挑楼板	≤ 1.50
	楼板	≤ 2.00

资料来源：卜一德主编，绿色建筑技术指南，北京：中国建筑工业出版社，2008

二、热工设计措施

首先，采暖建筑楼地面面层的热工设计，宜从人们的健康、舒适及采暖方式综合考虑采取不同的表面材料。对于不采用地板辐射采暖方式的采暖建筑的楼地面，宜采用材料密度小、导热系数也小的地面材料。其次，从提高底层地面的保温和防潮性能考虑，宜在地内的垫层中采用不小于 20mm 厚度的挤塑聚苯板等，以提高地面的热阻。

夏热冬冷和夏热冬暖地区的建筑底层地面，在每年的梅雨季节都会由于湿热空气的差池而产生地面结露，底层地板的热工设计宜采取下列措施：

第一，地面构造层的热阻应不少于外墙热阻的 1/2，以减少向基层的传热，提高地表面温度，避免结露；

第二，面层材料的导热系数要小，使地表面温度易于紧随室内空气温度变化；

第三，面层材料有较强的吸湿性，具有对表面水分的"吞吐"作用，不宜使用硬质的地砖或石材等做面层；

第四，采用空气层防潮技术，勒脚处的通风口应设置活动遮挡板；

第五，当采用空铺实木地板或胶结强化木地板做面层时，下面的垫层应有防潮层。

三、楼地面节能设计

楼地面的节能设计，可根据底面是不接触室外空气的层间楼板、底面接触室外空气的架空或外挑楼板以及底层地面，采用不同的节能设计方法。保温系统组成材料的防火及卫生指标应符合现行相关标准的规定。

1．与室外环境直接相邻的楼地面

严寒及寒冷地区采暖建筑的底层地面应以保温为主，在持力层以上土壤层的热阻已符合地面热阻规定值的条件下，宜在地面面层下铺设适当厚度的板状保温材料，进一步提高地面的保温性能。

底面接触室外空气的架空或外挑楼板宜采用外保温系统。

2．与室外环境不直接相邻的楼面

与室外环境不直接相接的楼面，其节能设计相对较为简单。

1）层间楼板

可采取保温层直接设置在楼板上表面或楼板底面，也可采取铺设木龙骨或无木龙骨的实铺地板。此时需注意以下几点：

第一，在楼板上面的保温层，宜采用硬质挤塑聚苯板、泡沫玻璃保温板等板材或强度符合地面要求的保温砂浆等材料，其厚度应满足建筑节能设计标准的要求。

第二，在楼板底面的保温层，宜采用强度较高的保温砂浆抹灰，其厚度应满足建筑节能设计标准的要求。

第三，铺设木龙骨的空铺木地板，宜在木龙骨间嵌填板状保温材料，使楼板层的保温和隔声性能更好。

2）地板辐射采暖技术

为提高地板辐射采暖技术的热效率，不宜将加热管铺设在有木龙骨的空气间层中，地板面层也不宜采用有木龙骨的木地板。合理而有效的构造做法是将热管埋设在导热系数较大的密实材料中；面层材料宜直接铺设在埋有热管的基层上，且宜采用导温系数较大的材料做面层。

采用低温（水媒）地板辐射采暖系统技术的建筑，在夏季不可将冷水通入系统的加热管中进行冷水降温。

第三章
村镇住宅能源使用模式

能源是人类社会赖以生存和发展的重要物质基础，人类文明的每一次重大进步都伴随着能源的改进和更替。能源的开发利用极大地推进了世界经济和人类社会的发展，但同时也带来了严重的生态环境问题，比如化石燃料的使用就是导致 CO_2 等温室气体增加的主要原因。

第一节　农村地区的能源消费

进入 21 世纪以来，我国能源消费总量呈现迅速增长的趋势。"十五"规划期间，能源消费总量年均增长率达到 10.15%，年均增加量 17226 万 t 标准煤，成倍于历史上任何时期的增加量。2005 年我国能源消费总量达到 224682 万 t 标准煤，是 1978 年的 3.93 倍；自 1992 年起能源消费总量超过能源生产总量，到目前能源供应低于能源消费的趋势仍在延续，能源供应的不足部分不得不依靠进口。

一、我国农村能源消费状况

近 30 年来，随着农村经济的不断发展，我国农村能源消费总量有了大幅度的提高，能源消费结构也发生了明显的变化。从总量上看，1980 年农村能源消费总量为 32800 万 t 标准煤，到 2006 年达到 91332 万 t 标准煤，农村居民能源消费总量增加了 178.45%，年均增长 6.0%。其中，商品能源增加 47.6%，年均增长 6.7%；非商品能源增加 26.4%，年均增长 3.4%。

在农村居民能源消费中，清洁能源的增长速度较快。其中，农村户用沼气消费增长速度最快，与 1998 年相比，2007 年增长了 353.3%，年均增长 26.1%。其次为液化气和电力，分别增长了 127.3% 和 97.2%，年均增长速度分别为 16.2% 和 12.8%。

农村生活用能中商品性能源消费总量和比重不断攀升。以 2001 年~2005 年为例，农村生活用能中，商品性能源消费比例从 45.36% 增长到 46.05%。虽然非商品性能源消费比例从 54.64% 降低到 53.95%，但商品性能源的比例一直小于非商品性能源（图 2-3-1-1），距离小康水平的能源需求仍有一定差距。从 2001 年到 2005 年，农村居民生活能源消费总量年均增长率为 4.0%，其中，商品性能源年均增长率为 6.7%，非商品性能源年均增长率为 3.4%；同时，农村人均生活能源消费量也在不断增加。我国农村生活用能一直以薪柴、秸秆等传统能源为主，这两项燃料用能合计占 50% 以上，2001 年两项用能合计占生活能源消费的 54.7%，2005 年为 53.9%，这说明农村生活能源中非商品性用能仍然占主导地位。农村煤炭消费量的比例大约只占农村生活用能总量的 1/3，电力和煤油照明两项合计约占 10%，沼气、液化气、太阳能等其他能源所占比例很小，但呈逐渐上升趋势。

新能源和可再生能源已成为农村能源消费新的增长点。2007 年，全国省柴节煤灶保有量 1.5 亿户，节能

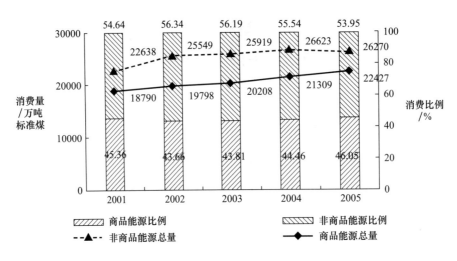

图 2-3-1-1 2001—2005 年农村生活用能中商品和非商品能源消费总量及比例

炉保有量 3471 万户，节能炕 2024 万铺；新增农村户用沼气用户 482.35 万户，全国沼气用户累计达到 2650 万户，年产沼气达 102 亿 m³。太阳能利用的技术推广和市场拉动，有效扩大了太阳能热水器市场，使太阳能热水器的生产和应用进入稳定增长阶段。到 2007 年底，全国农村地区太阳能热水器保有量达 4286 万 m²，比 2000 年增加了 3178 万 m²，平均每年增加 454.06 万 m²，年均增长速度为 21.3%；太阳灶保有量达 112 万台，比 2000 年增加了 78.88 万台，年均增长速度为 19.06%；农村太阳房达 1524 万 m²，比 2000 年增加了 546 万 m²，年均增长速度为 15.8%。已建成秸秆集中供气站 734 处，建立了一批秸秆固化示范点。这些新能源的开发和推广使得农村能源消费品种增多，结构得到改善，未来必将成为农村可持续发展的推动力。

改革开放以前，我国的农村经济处于自给自足的半封闭状态，几乎没有外界能源补给，农村居民主要依赖当地的能源禀赋来满足其生产、生活需要，对于能源品种没有自由选择的余地。随着能源供给计划体系的打破，商品性能源的市场化以及可再生能源建设的开展，农村居民对能源品种选择的自由度逐渐增大。结合我国农村能源消费的特点，可将我国农村能源消费历史划分为三个阶段。

第一阶段，即农村能源消费紧缺阶段（1980 年以前）。该阶段外界能源补给十分匮乏，能源消费主要以当地自然资源的禀赋为主，农村当地能源资源不能满足其生产和生活的基本需求。能源消费具有如下特点：第一，消费水平低，紧缺严重。1980 年全国农村能源消费总量为 32800 万吨标准煤，占全国能源消费总量的 50.8%；其中近 68% 的能耗是低品位的生物质能，人均商品能源消费 122 千克标准煤，无法满足农村基本生活的能量需求；第二，能源利用效率低，浪费严重。炊事用柴灶能量转换效率不足 10%，煤灶为 16%~18%，农村电力利用效率低下；第三，农业生态进一步恶化。农村居民长期依赖生物质（秸秆、薪柴、荒草、人畜粪便等）作为生活燃料，对自然资源的采伐过量，直接导致农田有机质含量下降，土壤肥力减弱，水土流失严重。

第二阶段，即农村能源基本满足阶段（1980—2001 年）。这 20 年我国正处于改革开放的经济高速发展时期，农村经济也得到了长足发展，农民秸秆和薪柴可获得量普遍提高，生活有效能源需求得到基本满足；同时商品性能源（如电力和液化气等高品质能源）也在加速替代传统燃料（秸秆和薪柴），农民对商品性能源的需求也基本得到满足。商品性能源消费迅速增长的原因，主要在于农村居民的收入提高引致其对较高生活质量和生活水平的能源需求。一方面，国家商品能源供应体系的改变，农民可以通过市场来满足其能源需求；另一方面，农村电网改造、电力供应可靠程度的提高及遍布城乡液化气换装点的普遍建立，基本上满足了消费需求。从全国来看，商品性能源占农村能源消费的比重不断攀升，但农村居民能源消费主体仍然是当地的生物质资源。

第三阶段，即农村能源消费多元化阶段（2001 以后）。随着我国能源供给体系改革的不断深入，我国农村地区获得外界商品性能源的补给也越来越多，到 2005 年，农村商品性能源消费比重达到 46.05%。人均有效能源需求得到充分满足，商品性能源普遍进入农户家庭，人均生活用电水平较高，满足基本需求之外的能源消费也迅速增长。另外，由于能源安全问题的日益凸现，农村能源发展及建设被赋予了新的历史使命，即担负国家能源安全战略及其实施。在这个大背景下，由于农村能源与可再生能源的天然联系，农村能源建设转向可再生能源项目建设，各地大力发展风电、水电、太阳能和生物质能等能源建设项目，农村地区的能源消费选择品种趋向多元化。全球气候变化促使各国纷纷出台传统能源替代的战略规划，农村能源又被赋予减缓气候变化的更高层次的历史使命。我国正大力通过能源技术变革、创新及推广，积极改善农村能源消费模式，如生物质能的加工和使用，沼气池推广等，使农村能源消费品种和品质得到显著提升。

二、我国农村建筑能源消费状况

目前，我国农村的民用建筑面积约为 221 亿 m²，占全国总建筑面积的 56%。在过去相当长的时期内，由于城乡经济状况和人民生活水平的巨大差异，农村民用建筑商品用能总量和单位面积的商品能耗量都远低于城市建筑。改革开放后特别是近些年来，随着农民生活水平的提高，新农村建设的不断深入，农宅建设进入了更新换代的高峰时期。广大农民的生活水平在达到“小康”的同时，村镇住宅的能源消费水平也同时发生着前所未有的变化。根据农村生活用能的现状，制定切实可行的农村建筑节能措施和鼓励机制，对加快我国整体建筑节能步伐起着举足轻重的作用，也是村镇可持续发展的重要组成部分。

首先，主要依靠被动式建筑节能技术，即指在不多消耗能源的基础上，通过对农村建筑围护结构热工特性的改善来提高建筑的隔热、保温与通风性能，从而达到节能的目的。常用的节能技术包括增强房屋的保温、增加被动式太阳能利用、利用自然通风降温和提倡节能的生活方式等。这些技术不仅实施起来简单易行，而且效果明显，节能率可达到 40%~60%，并且也是其他建筑节能技术实现的前提。

其次，在被动式节能基础上，采用合适的主动式建筑节能技术，即指利用一定的技术措施对各种能源消耗系统进行改进或替代，以实现能源的高效综合利用。常用的节能技术包括发展符合农村实际的采暖方式，提高现有采暖、制冷和照明系统的效率等，这些技术还可以进一步节能 10%~20%。

此外，还需因地制宜地积极推广生物质能等可再生能源的高效清洁利用，逐步减少农村对煤炭等不可再生能源的依赖，以促进我国新农村建设的发展和农民生活品质的进一步提高，同时大大缓解农村生活水平和用能水平提高对我国能源供应的压力。

三、我国农村传统能源和可再生能源的利用

在我国，传统意义上的农村能源主要是指农作物的秸秆、薪柴、野草、树叶和畜粪等非商品能源。现代的农村能源，除以上传统能源之外，还包括工业能源，特别是煤、电和石油制品等商品能源。

1. 农村传统能源的利用

薪柴是以树木提供做燃料的生物质，是最古老的能源。尽管近代煤、油、气和电等能源相继被开发利用，但薪柴在世界能源消费中，仍占有十分重要的地位，在发展中国家更是如此。从宏观上看，在农村总耗能量中，生活用能约占80%。在生活用能结构中，薪柴占39.8%。薪柴是我国农村能源最重要的组成部分，目前在我国广大农村，农民生活及生产用能仍以烧柴为主。农村每人平均年需薪柴675kg，而实际只能合理提供146kg。据测算，平均每个农户每年缺柴约80天。为了满足能源需要，森林、灌木丛甚至草根被大量破坏，全国农区每年薪柴近1亿 m^3，占全国森林资源总消耗量30%，由此引发了一系列环境问题。

秸秆是粮食生产的主要副产物。它通常是指农作物在获取其主要物质（籽实）后所剩留下来的地上部分的茎叶或藤蔓，主要是各种禾本科作物秸秆和豆科作物秸秆。在我国，农作物秸秆有着数量大、分布广以及有机物总量高的特点。虽然秸秆每年产量巨大，但该资源利用率较低。据统计，1998年全世界作物秸秆仅有12%作为草食家畜的饲料，而仍有60%直接还田或作生活能源而被烧掉。在我国，仅有20%~30%作草食家畜的饲料，而约有70%左右的秸秆作为生活能源的燃料或就地燃烧还田或直接翻入土层中还田。由此，在生产实践中，充分合理有效地利用作物秸秆，是当代农业发展的重要内容。

据统计，我国每年约可产人畜粪便3亿t，约合1.3亿t标准煤。在一些牧区和燃料缺乏地区常用牛粪作燃料，年消费量约0.1亿t。另外，全国每年约有255万t干粪物质用于农村户用沼气池和大中型沼气站的原料，产生13亿 m^3 沼气作民用燃料。

我国小煤矿资源丰富，占全国产煤量的1/3。小煤矿生产的煤炭大部分供应农村，约占农村煤炭消费量的75%。乡镇煤矿是农村经济改革与我国国情相结合的产物。目前，乡镇煤矿不仅是农村能源最重要的组成部分，也是全国煤炭和能源供应的组成部分。乡镇煤矿虽然为农村劳动力提供了就业机会，并对促进农业和农村经济发展、减轻国家财政负担、缓解能源供应紧张局面、回收大矿遗弃和无法规模化开采的煤炭储量做出了贡献，但也存在着生产安全和资源利用率低等问题。

农村村镇在实现燃气化的过程中，液化气直供是一条安全、经济、快捷的有效途径。其作用在于：一是改变农村燃料结构，方便于民；二是对经营管道燃气的企业有良好的经济效益；三是实现村镇燃气化，对提高农民生活水平和质量有推动作用。管道液化气直供方式具有灵活机动、投资少、见效快、易管理、使用方便、经济效益好等优点，比较适合城郊和富裕村镇发展燃气化建设，是今后村镇建设迅速实现燃气管道化的有效途径。

农村生活用能是农村能源消费大户，大部分用于炊事和取暖。能源消费结构中，秸秆、薪柴等占56.3%，煤炭占34.7%，电力占5.5%，薪柴、秸秆等农村能源消费结构仍占有主导地位。由于农村用能结构的不合理，薪柴消耗过大，直接燃烧的热能利用率很低，并导致生态环境日趋恶化，严重影响农民生活质量的提高和农村经济的可持续发展，因此，大力发展清洁能源和可再生能源迫在眉睫。

2. 农村可再生能源的利用

国家"十一五"规划纲要中提出"积极发展农村沼气、秸秆发电、小水电、太阳能、风能等可再生能源"的要求。在村镇可持续发展建设中，科学合理地利用可再生能源不仅可以减缓能源紧张局面，减轻能源需求快速增长的压力；而且还能满足农民的用电需求，提高他们的生活质量，促进城乡协调，实现社会经济的可持续发展。

我国可再生能源数量丰富，具有开发利用的良好条件。经过多年的努力，我国可再生能源利用已经取得了很大成绩，特别是在农村沼气、太阳能热水器等方面，已形成较大规模的应用（表 2-3-1-1），并积极推广农村能源、环境、经济效益相结合的农村可再生能源综合利用生态农业模式，将会更有力地促进农村地区的可持续发展。

2004 年全国农村可再生能源开发利用量　　　　　　表 2-3-1-1

能源种类	利用方式	开发利用量
生物质能	户用沼气池	1541 户，产气量 55.7 亿 m³
	大中型沼气工程	2671 处，产气量 1.8 亿 m³
	秸秆气化	525 处，使用秸秆总量 12.6 万 t，产气量 1.8 亿 m³
太阳能	热水器	2846 亿 m²
	太阳房	1360 万 m²
	太阳灶	57.8 万台
	光伏电池	8.4 万处，93 万 MW
水电	微水电	装机 23.1 万 kW，发电量 3.3 亿 kWh

资料来源：徐云主编，新农村能源与环保战略，北京：人民出版社，2007

我国广大农村拥有广阔的生物质能源，如农作物秸秆、林木采伐后的枝叶、木材加工后的木屑、稻谷加工后的粗糠、水果加工后的废弃果壳、禽畜粪便等，而且生物质能有着广泛的用途，可以满足农村做饭、照明和其他动力用电。

农村烧柴的热转换效率只有 10%~15%，如按目前已广为推行的省柴灶的热转换效率 30%~40% 计，至少有一半的生物有机质被虚耗掉。这项虚耗若以全国 1.7 亿户计，至少有 2.5 亿 t，相当于 7000 万 t 标准煤。另一种损失是在生物质中所含的有机氮随着燃烧而化为氮的氧化物逸入大气而损失掉，无法还田，数量也很惊人。如以现在行之有效的借沼气池所能保存而可还田的氮含量计，全国因烧柴而损失的氮相当于 600 万 t 碳铵。按目前国内化肥厂的平均耗能量折算，相当于虚耗 500 万 t 标准煤。故两项合计虚耗掉的能源相当于 7500 万 t 标准煤。

近年来，中央把农村沼气建设作为改善农民生产生活条件、带动农民就业、增加农民收入的"六小工程"之一来抓。来自农业部门的统计表明，作为农村环保型新能源建设的重要措施，到 2005 年底，已建农村户用沼气 1807 万户，年产沼气 71 亿 m³；大中型畜禽养殖沼气工程 3556 处，年产沼气 2.3 亿 m³；我国已有 1800 多万农户使用上卫生方便的农村沼气，用于日常的炊事取暖及生活照明。在全国范围内，特别是经济比较发达的东部省份，在 3500 多处办了养殖场，建立大型养殖工程，处理养殖场排放出来的粪便，使周边环境得到了很大的改善。此类可再生能源的广泛利用，不仅相当于每年节省 6000 万 t 标准煤，而且净化了农村空气。

目前，在我国试点的 9 个省中，乙醇汽油已占汽油消费量的 20%，每年节省 100 万 t 的汽油；城市空气中的 NO_2、CO 季均值与使用普通汽油相比下降了 8% 和 5%。生物压块燃料的热值约为煤的 70%，适合生物质原料地区和农村当地加工、当地使用。

我国已经成为世界上最大的太阳能热水器生产和销售国，产值突破 100 亿元，技术水平也处于国际先进行列。我国农村太阳能利用尚处于起步阶段。在我国实施的"光明工程"计划中，太阳灶和太阳能发电主要用于解决在日照条件较好，但缺乏燃料的边远地区，如西藏、新疆、甘肃等省区的生活用能问题。目前在西藏那曲县安多地区建成的太阳能光伏电站，功率达到100kW。到2005年，全国光伏发电站装机容量，已达到100MW，能够解决边远无电地区800万人口的用电问题。

太阳能还可提供炊事、采暖、生活用水和照明用能。太阳能炉、太阳能房和太阳能热水器的使用，对于缓解我国农村能源供需矛盾和过量消耗生物资源造成的生态环境破坏起了很大的作用。目前，太阳能热水器已在我国中小城市和村镇安装了1500万m^2，年节约标准煤180万t。近年来太阳能温室种植蔬菜已发展到40万hm^2，山东、河北已规模推广。

我国中低温地热资源非常丰富，遍布20多个省市，主要可用于采暖、工业用热、农业利用、干燥、医疗、居民生活热水等。丰富的地热资源为地热开发利用提供了良好的条件。目前我国地热养殖的规模相当大。北京、河北、广东等地用地热水灌溉农田，调节灌溉水温，用30~40℃的地热水种植水稻，以解决春寒时的早稻烂秧问题。温室种植所需热源温度不高，在有地热资源的地方，发展温室种植是促进该地区农业发展的方法之一。我国凡是有地热资源的地区，几乎都建有用于栽种蔬菜、水果、花卉的地热温室。

我国较早就开始利用风能。1958年起许多省市开始研制5kW以下的小型风力提水发电装置，1978年引进了100W和250W风力机，用以提水、发电，结构简单，适合牧区使用。风力发电是解决边远农牧区和海岛用电的重要方式，截至2003年年底，我国风力发电装机容量已达56.7万kW。西北的新疆、内蒙古、甘肃和东南沿海以及东北、河北等地已建成40个风电场，有近20万台小型风力发电机在无电的边远农牧区运行，解决了当地生活用电，深受农牧区居民的欢迎。

"十一五"规划纲要已经将节约资源确定为我国的基本国策。在新农村建设中，科学合理地利用可再生能源是件利国利民的好事，可以增加农村缺能地区的能源供应量，缓解能源需求快速增长的压力；改善农村用能结构，提高农村生活质量；减轻秸秆焚烧等造成的烟尘污染，降低农村用能引起的环境污染，改善农村卫生状况；提高能源利用效率，满足农村地区居民对电力等能源的需求；使可再生能源成为农村的特色产业，对农村地区发展经济、保护环境、实现可持续发展具有重要意义。

第二节　村镇生物质能利用

生物质能作为唯一可再生、可替代化石能源转化成气态、液态和固态燃料以及其他化工原料或者产品的碳资源，随着化石能源的枯竭和人类对全球性环境问题的关注，其替代化石能源利用的研究和开发，已经成为科学研究和社会关注的热点。全球能源消费中，生物质能约占14%，居于第四位，仅次于煤炭、石油和天然气，在不发达地区可达到60%以上。

一、生物质能概况

生物质能（biomass energy），就是太阳能以化学能形式储存在生物质中的能量形式，即以生物质为载体的能量。它直接或间接地来源于绿色植物的光合作用，可转化为常规的固态、液态和气态燃料，是一种可再生能源。全世界每年通过光合作用生成的生物质能约为 50 亿 t，其中仅有 1% 用作能源，但它已为全球提供了 14% 的能源，并成为世界上 15 亿农村人口赖以生存的主要能源。根据生物学家的估算，地球陆地每年生产 1000~1250 亿 t 生物质，海洋每年生产 500 亿 t 生物质。生物质能源的年生产量远远超过全世界总能源需求量，相当于目前世界总能耗的 10 倍。我国可开发为能源的生物质资源到 2010 年可达 3 亿 t 以上。随着农林业的发展，特别是薪炭林的推广，生物质资源还将越来越多。

生物质能最大的优点是作为燃料时，吸收和排放的二氧化碳几乎相等。由于它在生长时需要的二氧化碳相当于其排放的二氧化碳的量，因而对大气的二氧化碳净排放量近似于零，可有效地减轻温室效应。同时还具有可再生性、低污染性、分布广泛及来源丰富性等特点，可保证能源的永续利用。生物质的硫和氮含量较低，燃烧过程中生成的 SO_2、NO_x 较少。

我国生物质分布十分广泛，从全国范围来看，各省分布不平衡，1/2 以上的生物质资源集中在四川、河南、山东、安徽、河北、江苏、湖南、湖北、浙江等 9 个省，广大的西北地区和其他省区相对较少。目前我国年可获得生物质资源量达到 3.14 亿 t 标准煤，其中秸秆和薪材分别占 54% 和 36%，工业有机废水废渣占 3%，禽畜粪便占 3%，城市生活垃圾占 3%，能源植物占 1%。另外，我国还有 5700 万 hm^2 宜林地和荒沙荒地，还有 1 亿 hm^2 不适宜发展农业的边际土地资源，充分开发利用我国的土地资源，在不与农林作物（粮油棉）等争土地的条件下，发展林木生物质能源潜力巨大。

二、生物质能分类

对于生物质能如何进行分类，有若干不同的标准。例如，依据是否可以大规模代替常规化石能源，而将其分为传统生物质能和现代生物质能。广义地讲，传统生物质能指在发展中国家小规模应用的生物质能，主要包括农村生活用能，如薪柴、稻草、稻壳及其他农业生产的废弃物和畜禽粪便等；现代生物质能是指可以大规模应用的生物质能，包括现代林业生产的废弃物、甘蔗渣和城市固体废物等。

以下依据来源的不同，将适合于能源利用的生物质分为林业资源、农业资源、生活污水和工业有机废水、城市固体废物及畜禽粪便等五大类。

第一类，林业资源：林业生物质资源是指森林生长和林业生产过程中提供的生物质能源，包括薪炭林、在森林抚育和间伐作业中的零散木材、残留的树枝、树叶和木屑等，木材采运和加工过程中的枝杈、锯末、木屑、梢头、板皮和截头等；林业副产品的废弃物，如果壳和果核等。

第二类，农业资源：农业生物质能资源是指农业作物（包括能源植物）以及农业生产过程中的废弃物，如农作物收获时残留在农田内的农作物秸秆（玉米秸、高粱秸、麦秸、稻草、豆秸和棉秆等）；还包括农业加工业的废弃物，如农业生产过程中剩余的稻壳等。能源植物泛指各种用以提供能源的植物，通常包括草本能源作物、油料作物、制取碳氢化合物植物和水生植物等几类。

第三类，生活污水和工业有机废水：生活污水主要由居民生活、商业和服务业的各种排水组成，如冷却水、洗浴排水、盥洗排水、洗衣排水、厨房排水、粪便污水等；工业有机废水主要是酒精、酿酒、制糖、食品、制药、造纸及屠宰等行业生产过程中排出的废水等，其中都富含有机物。

第四类，城市固体废物。城市固体废物主要是由城镇居民生活垃圾，商业、服务业垃圾和少量建筑业垃圾等固体废物构成。其组成成分比较复杂，受当地居民的平均生活水平、能源消费结构、城镇建设、自然条件、传统习惯以及季节变化等因素影响。

第五类，畜禽粪便。畜禽粪便是畜禽排泄物的总称，它是其他形态生物质（主要是粮食、农作物秸秆和牧草等）的转化形式，包括畜禽排出的粪便、尿及其与垫草的混合物。我国主要的畜禽包括鸡、猪和牛等，其资源量与畜牧业生产规模有关。例如根据这些畜禽的品种、体重、粪便排泄量等因素，估算我国每年畜禽粪便排放总量达 25 亿 t。

三、生物质能应用

生物质能是一种高效的清洁能源，生物质能利用主要包括生物质能发电和生物燃料。生物质能发电的主要利用形式有：大型火电系统，例如直接燃烧生物质或与煤混燃产生蒸汽发电和供热；大型生物质气化发电系统（10MW 以上）；垃圾填埋气回收供热和发电系统。生物燃料是指通过生物资源生产的石油替代能源，包括生物乙醇、生物柴油、生物气体、生物甲醇与生物二甲醚。

美国利用生物质发电处于世界领先地位，已经成为大量工业生产用电的选择。据美国能源信息署的统计数字，生物质能发电的总装机容量已超过 1 万 MW，单机容量达 10~25MW，占美国可再生能源发电装机的 40% 以上。2007 年美国能源构成中，石油占 40%，天然气占 23%，煤占 22%，核电占 8%，可再生能源占 7%（其中，太阳能占 0.07%，水电占 2.52%，地热能占 0.35%，生物质占 3.71%，风能占 0.35%）。预计到 2010 年，美国将新增约 1.1 万 MW 的生物质发电装机。

巴西政府于 1975 年大力推行以甘蔗为主要原料的"乙醇计划"，同时发展大型水电。经过多年努力，石油资源贫乏的巴西在 2006 年首次实现能源自给，其中甘蔗业提供了全国能源需求的 15%，成为世界上唯一一个不使用纯石化汽油的国家。2008 年巴西能源结构中，石油占 36.7%、水电占 14.7%、天然气占 9.6%、煤炭占 6.0%、核能占 1.6%、甘蔗 16.0%、其他可再生能源占 3.0%、其他生物质能占 12.4%。再生能源利用占能源总需求的 46.1%，其中水电约占 14.7%，甘蔗渣燃烧发电占 16%，而全球可再生能源平均利用率仅为 13.5%。

其他国家也大力发展生物质发电。如芬兰生物质发电量占本国发电量的 11%；德国拥有 140 多个区域热电联产的生物质电厂，同时有近 80 个此类电厂在规划设计或建设阶段。目前许多国家提出了生物燃料发展目标。如欧盟提出，到 2010 年生物燃料占交通燃料的份额达到 6%；美国提出，到 2020 年生物燃料在交通燃料中的比例达到 20%；瑞典提出，2020 年之后利用纤维素生产的燃料乙醇全部替代石油燃料，彻底摆脱对石油的依赖。有关资料显示，到 2020 年，西方工业国家 15% 的电力将来自生物质发电，而目前生物质发电只占整个电力生产的 1%。届时，西方将有 1 亿个家庭使用的电力来自生物质发电，生物质发电产业还将为社会提供 40 万个就业机会。

我国拥有丰富的生物质能资源，理论生物质能资源每年有 50 亿 t，其中农作物残留物占一半多。据初步估算，在我国，仅农作物秸秆技术可开发量就有 6 亿 t，其中除部分用于农村炊事取暖等生活用能、满足养殖业、秸秆还田和造纸需要之外，我国每年废弃的农作物秸秆约有 1 亿 t，折合标准煤 5000 万 t。照此计算，预计到 2020 年，全国每年秸秆废弃量将达 2 亿 t 以上，折合标准煤 1 亿 t。

根据我国经济社会发展的需要和生物质能利用的技术状况，我国重点发展生物质发电、沼气、生物质固体成型燃料和生物液体燃料。到 2006 年年底，全国生物质能发电累计装机容量 220 万 kW；其中，蔗渣热电联产 170 万 kW，农林废弃物、农业沼气、垃圾直燃和填埋气发电 50 万 kW。2006 年年底全国已建成农村户用沼气池 1870 万口，生活污水净化沼气池 14 万处，畜禽养殖场和工业废水沼气工程 2000 多处，年产沼气约 90 亿 m^3，为近 8000 万农村人口提供了优质的生活燃料。预计 2010 年，我国的沼气发电容量为 80 万 kW，2020 年达到 150 万 kW；2010 年垃圾焚烧发电装机容量将达到 50 万 kW，2020 年焚烧发电的垃圾处理量达到总量的 30%，垃圾焚烧发电总装机容量将达到 200 万 kW 以上。我国在 9 省（黑、吉、辽、冀、鲁、豫、苏、鄂、皖）试点使用乙醇汽油，截至 2006 年 12 月底，全国 4 个生产企业共生产销售燃料乙醇 243 万 t，2006 年全国共销售乙醇汽油 1300 万 t，占全国汽油消费量的 23.3%。我国已经成为全球第三大燃料乙醇生产国，仅次于巴西和美国。至 2007 年底，全国二甲醚总产能将突破 100 万 t，目前规划和建设中的总产能达到千万吨以上。二甲醚既可以作民用燃料，也可以作车用燃料。随着 2008 年 8 月建设部二甲醚民用燃料标准的出台，二甲醚替代城市煤气和液化气已经没有任何障碍。

四、生物质能发展趋势

国家发改委就我国生物燃料产业发展做出三个阶段的统筹安排："十一五"实现技术产业化，"十二五"实现产业规模化，2015 年以后大发展。预计到 2020 年，我国生物燃料消费量将占到全部交通燃料的 15% 左右，建立起具有国际竞争力的生物燃料产业。此前，国家发改委在《可再生能源中长期发展规划》中已提出：2010 年生物燃料年替代石油 200 万 t，2020 年生物燃料年替代石油 1000 万 t。

据《中国新能源行业分析报告》指出，2050 年我国生物质能资源可开发量接近 10 亿 t 标准煤。根据我国生物资源可获得量，假设能源植物部分（制生物燃油）按 2020 年、2030 年、2050 年分别取可获得量的 30%、50%、70% 的利用率计算；其他资源主要用于生物质发电，按 2020 年、2030 年、2050 年分别取可获得量的 20%、40%、60% 的利用率计算，发电效率按 20% 计算，则到 2050 年我国生物质能资源可开发量接近 10 亿 t 标准煤，其中能源植物（制生物燃油）3.6 亿 t 标准煤，占到了 30% 以上的份额。未来 50 年我国主要生物质能的可获得量见表 2-3-2-1。

未来 50 年我国主要生物质能的可获得量预测　　　　　　　　　　表 2-3-2-1

生物质能可获得量	实物量单位	2020 年		2030 年		2040 年	
		实物量	标煤当量（亿 t）	实物量	标煤当量（亿 t）	实物量	标煤当量（亿 t）
工业废水废渣（沼气）	亿 m^3	200	0.17	280	0.24	320	0.27
畜禽粪便（沼气）	亿 m^3	370	0.26	550	0.39	820	0.59
秸秆及农业加工剩余物	t	4.00	1.90	4.30	2.10	4.50	2.20
柴薪及林业加工剩余物	t	2.59	1.48	2.81	1.60	3.12	1.78
城市生活垃圾	t	4.70	0.40	7.70	0.66	13.80	1.18
能源植物（制生物乙醇）	t	0.197	0.17	0.263	0.23	0.395	0.34
能源植物（制生物柴油）	t	0.741	1.08	1.112	1.62	2.223	3.24
总计			5.46		6.84		9.60

资料来源：中国节能投资公司编，2009 中国节能减排产业发展报告——迎接低碳经济新时代，北京：中国水利水电出版社，2009

五、村镇可持续发展中的生物质能利用技术

生物质能的载体——生物质是以实物的形式存在的，相对于风能、水能、太阳能和潮汐能等，生物质能是唯一可存储和运输的可再生能源。生物质的组织结构与常规的化石燃料相似，它的利用方式也与化石燃料类似。常规能源的利用技术无需做太大的改动，就可以应用于生物质能。但生物质的种类繁多，分别具有不同特点和属性，其利用技术远比化石燃料复杂与多样，除了常规能源的利用技术以外，还有其独特的利用技术。

生物质能转化利用途径主要包括燃烧法、生化法、化学法、热化学法和物理化学法等，其分类如图 2-3-2-1 所示，可转化为二次能源，或转变为热量、电力、固体燃料（木炭或成型燃料）、液体燃料（生物柴油、生物原油、甲醇、乙醇和植物油等）及气体燃料（氢气、生物质燃气和沼气等）。

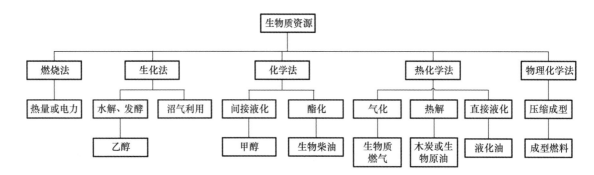

图 2-3-2-1 生物质能转化利用途径

1. 生物质燃烧技术

这是传统的能源转化形式，也是人类最早的能源利用方式。生物质燃烧所产生的热能可用于炊事、室内采暖、工业过程、区域供热、发电及热电联产等领域。炊事方式是最原始的利用形式，主要应用于农村地区，但能源利用率最低，一般在 15%~20% 左右。通过改进现有炉灶，可提高燃烧效率和热利用率。室内采暖主要用于室内升温，此外还有装饰及调节室内气氛等作用。工业过程和区域供暖主要采用机械燃烧方式，适用于大规模生物质利用，效率较高；若配以汽轮机、蒸汽机、燃气轮机或斯特林发动机等装置，可用于发电或热电联产。

2. 生化法

依靠微生物或酶的作用，在厌氧空间密闭发酵，对生物质能进行生物转化，生产出如乙醇、氢、甲烷等液体或气体燃料。主要针对农业生产和加工过程产生的生物质，如农作物秸秆、畜禽粪便、生活污水、工业有机废水和其他农业废弃物等。到 2006 年前，我国酒精年产量 300 多万 t，仅次于巴西和美国，列世界第三。我国生物沼气技术已经相当成熟，它具有极易利用，分布较分散的优势，主要有农村户用沼气池、大中型沼气工程和生活污水净化、城市废弃物处理沼气池等。

3. 热化学法

包括热解、气化和直接液化。热解是指在隔绝空气或通入少量空气的条件下，利用热能切断生物质大分子中的化学键，使之转变为低分子物质的热化学反应。热解的产物包括醋酸、甲醇、木焦油抗聚剂、木馏油和木

102

炭等产品。其中,快速热解是一种尽可能获得液体燃料的热解方法,其产物在常温下具有一定的稳定性,在存储、运输和热利用等方面具有一定的优势。

4. 液化

把固体状态的生物质经过一系列化学加工过程,使其转化成液体燃料(主要是指汽油、柴油、液化石油气等液体烃类产品,有时也包括甲醇、乙醇等醇类燃料)的清洁利用技术。根据化学加工过程的不同技术路线,液化可分为直接液化和间接液化。

直接液化是把固体生物质在高压和一定温度下与氢气发生反应(加氢),直接转化为液体燃料的热化学反应过程。与热解相比,直接液化可以生产出物理稳定性和化学稳定性都更好的液体产品。

间接液化是指将由生物质气化得到的合成气(指由不同比例的 CO 和 H_2 组成的气体混合物),经催化合成为液体燃料(甲醇或二甲醚等)。生产合成气的原料可以是煤炭、石油、天然气、泥炭、木材、农作物秸秆或城市固体废物等。生物质间接液化主要有两条技术路线,一个是合成气 - 甲醇 - 汽油(MTG)的 Mobil 工艺,另一个是合成气费托(Fischer-Trop-sch)合成。

5. 酯化

指将植物油与甲醇或乙醇在催化剂和 230~250℃ 温度下进行酯化反应,生成生物柴油,并获得副产品——甘油。生物柴油可单独使用以替代柴油,也可以一定比例(2%~30%)与柴油混合使用。除了为公交车、卡车等柴油机车提供替代燃料外,也可为海洋运输业、采矿业、发电厂等具有非移动式内燃机行业提供燃料。

6. 气化

以氧气(空气、富氧或纯氧)、水蒸气或氢气等作为气化剂,在高温的条件下通过热化学反应将生物质中的可燃部分转化为含一氧化碳、氢和低分子烃类的可燃气体的热化学反应。气化可将生物质转换为高品质的气态燃料,直接应用于锅炉燃料或发电,产生所需的热量或电力,或作为合成气进行间接液化以生产甲醇、二甲醚等液体燃料或化工产品。

7. 压缩成型

利用木质素充当黏合剂将农业和林业生产的废弃物压缩为成型燃料(如块型、棒型燃料),提高其能源密度,以便集中利用、提高热效率、降低运输成本,是生物质预处理的一种方式。生物质压缩成型的设备一般分为螺旋挤压式、活塞冲压式和环模滚压成型。将松散的秸秆、树枝和木屑等农林废弃物挤压成固体燃料,能源密度相当于中等烟煤,可明显改善燃烧特性。生物质成型燃料应用在林业资源丰富的地区、木材加工业、农作物秸秆资源量大的区域和生产活性炭行业等。

生物质具有分布较为分散、形态各异、能量密度低等特点,这些都给收集、运输、存储和利用带来了一定的困难,必须采取一定的预处理措施或转换技术。目前情况下与化石能源相比,生物质缺乏足够的竞争力,由此限制了其大规模的应用。并且,有些生物质含水率较高,在热利用过程中需预先进行干燥处理,耗费了额外的能源。另外，生物质的供应具有季节性和周期性，增加了存储的空间与成本。

六、生物质能利用在村镇可持续发展中的重要意义

生物质能是人类利用最早的能源之一，具有分布广、可再生、成本低等优点。我国是人口众多的农业国家，生物质能在我国的能源结构中占有相当重要的地位，尤其在广大农村地区，生物质能曾经是最重要的能源。但是，长期以来，大多生物质能的利用以直接燃烧为主，不仅热效率低下，而且伴随着大量的烟尘和余灰的排放，成为阻碍农村经济和社会进步的重要因素之一。随着科学技术的发展和进步，生物质能可以通过各种转换技术高效地加以利用，生产各种清洁燃料和电力，以替代煤炭、石油和天然气等矿物燃料。所以，开发与利用生物质能源，对实现可持续发展，保障国家能源安全、改善生存环境和减少 CO_2 排放都具有重要作用和实际意义。

应加大农村清洁能源建设，根据广大农村的实际情况，大力倡导生物质能源的清洁转化利用，提高农业生态系统中的能量流动、合理开发利用资源、发展循环农业、改善农村生活环境和村容村貌、推进农民家居温暖清洁化、促进庭院经济高效化、提高森林覆盖率、防止土壤沙化和水土流失、建立现代化的生态农业，这些对于解决农村能源问题和村镇可持续发展具有重要的现实意义。

第三节　村镇太阳能利用

我国土地广阔，有着十分丰富的太阳能资源。全国各地太阳年辐射总量为 3340~8400MJ/m²，中值为 5852MJ/m²。由于地理和气候条件的不同，各地太阳能资源的情况也不相同，但从全国来看，太阳能资源相当丰富，具有发展太阳能利用技术得天独厚的优越条件，太阳能利用事业在中国有着广阔的发展前景。

一、我国太阳能资源状况

我国太阳能资源分布的主要特点为：第一，太阳能的高值中心和低值中心都处在北纬 22°~35° 这一带，青藏高原是高值中心，四川盆地是低值中心；第二，太阳年辐射总量，西部地区高于东部地区，而且除西藏和新疆地区外，基本上是南部低于北部；第三，由于南方地区云雾雨多，在北纬 30°~40° 地区，太阳能的分布情况与一般的太阳能随纬度而变化的规律相反，太阳能不是随着纬度的增加而减少，而是随着纬度的升高而增长。

为了按照各地不同条件更好地利用太阳能，国家气象局科学研究院根据全国近 700 个气象台（站）的观测数据，按照各地接受太阳总辐射量的多少，将全国划分为如表 2-3-3-1 中的五类地区。

中国太阳能资源的区划　　　　　　　　　　　　　　　　　　表 2-3-3-1

地区分类	全年日照时数（h）	太阳辐射年总量(kJ/(cm²·a))	相当于燃烧标准煤(kg)	包括的地区	与国外相当的地区
一	2800~3300	670~837	230~280	宁夏北部、甘肃北部、新疆东南部、青海西部和西藏西部	印度和巴基斯坦北部
二	3000~3200	586~670	200~230	河北北部、山西北部、内蒙古和宁夏南部、甘肃中部、青海东部、西藏东南部和新疆南部	印度尼西亚的雅加达一带

地区分类	全年日照时数（h）	太阳辐射年总量（kJ/(cm²·a)）	相当于燃烧标准煤(kg)	包括的地区	与国外相当的地区
三	2200~3000	502~586	170~200	山东、河南、河北东南部、山西南部、新疆北部、吉林、辽宁、云南以及陕西北部、甘肃东南部、广东和福建的南部、江苏和安徽的北部、北京	美国的华盛顿地区
四	1400~2200	419~502	140~170	湖北、湖南、江西、浙江、广西以及广东北部、陕西、江苏和安徽三省的南部、黑龙江	意大利的米兰地区
五	1000~1400	335~419	110~140	四川和贵州	法国的巴黎和俄罗斯的莫斯科

资料来源：徐任学主编，太阳能利用技术，北京：金盾出版社，2008

一、二、三类地区，年日照时数大于 2200h，太阳年辐射总量高于 5016MJ/m²，是中国太阳能资源丰富或较丰富的地区，约占全国总面积的 2/3 以上，具有利用太阳能的良好条件。四、五类地区，虽然太阳能资源条件较差，但是也有一定的利用价值，其中有的地方是有可能开发利用的。

二、村镇太阳能利用状况

我国太阳能热利用技术的研究开发始于 20 世纪 70 年代末，其重点是简单、价廉的低温热利用的适用技术，如太阳能温室、太阳灶、被动式太阳房、太阳能热水器和太阳能干燥器等。这类技术在农村得到推广应用，对缓解农村能源短缺、改善农村生态环境和农民生活水平发挥了积极的作用，并收到了显著实效。目前已发展了 4 亿 m² 的太阳能温室种植蔬菜，年收入 300 亿元以上，农民的经济状况得到了改善。在我国西北地区有 30 万台太阳灶投入使用，每台太阳灶每年可节约 600~1000kg 柴草。在农村已安装了 750 万 m² 的被动式太阳房，每年可节约 18 万 t 标准煤。在中小城市和村镇已安装了 1500 万 m² 的太阳能热水器，年节约 180 万 t 标准煤。这些成功的实践充分表明低温太阳能热转换技术确实在农村能源建设中发挥了重要作用，为新农村建设的可持续发展作出了巨大贡献。

三、村镇太阳能利用技术

太阳能利用技术多种多样，在村镇住宅中经常使用的有：太阳热水器、太阳灶、太阳房、太阳能光伏发电系统、太阳能干燥技术等几种。它们使用方便，性价比较高，具有很大的推广意义。

1. 太阳热水器

太阳热水器是目前太阳能热利用中最常见的、最受村镇居民认可的一种供热水装置，如图 2-3-3-1 所示。它利用太阳能集热器接收太阳辐射能，将其转换成热能，并向水传递热量，从而获得热水。太阳热水器主要由太阳能集热器、传热介质（最常见的是水）、贮热

图 2-3-3-1　太阳热水器

水箱、循环水泵、管道、支架、控制系统和相关附件组成。太阳能集热器性能是决定太阳热水器性能优劣的核心，传热介质将热能传送给贮热水箱，贮热水箱是保证用户热水供应的必备设备。

太阳热水器的工作过程是，在太阳辐射下，集热器吸收太阳能并转换成热能传递给集热器内的传热介质。传热介质受热后通过自然循环方式将贮水箱中的水循环加热，也可通过强迫循环（如泵循环）等方式将集热器中的热能传递给贮水箱内的水。

太阳热水系统的热性能是太阳热水器工作效率的关键。太阳热水器一天所获得的热水热量与照射到集热器面积上的太阳总辐射量之比为太阳热水器日平均热效率，同一台热水器因运行地点、时间、环境等因素不同，日平均热效率或产热量也不一样。为了获得较多的有用热能，首先应选用热性能良好的太阳能集热器，使其有较高的集热性能和较低的热损失；另外太阳热水系统的良好结构设计和水箱、管路保温也是提高太阳热水器热性能的重要因素。

2. 太阳灶

太阳灶是利用太阳辐射能，通过聚光、传热、储热等方式获取热量，从而进行炊事烹饪食物的一种装置，应能满足烧开水、煮饭及煎、炒、蒸、炸的功能，如图 2-3-3-2 所示。它对于广大的农村，特别是那些缺乏燃料，而日照较好（如我国西北和西藏）的地区有着重要的现实意义。太阳灶的经济效益与使用地区、生活习惯和常规能源的价格等因素有关。一般来说，在日照较好的地区正常使用情况下，每年每台太阳灶可节约柴草约 1000kg，年利用率在 30%~50%。按节约的柴草量来估算，大约两年就可收回投资，还能节省大量劳动力，有利于改善生活条件，保护植被和生态平衡。

图 2-3-3-2　太阳灶

根据太阳灶收集太阳能量的不同，基本上可分为箱式太阳灶、聚光太阳灶和综合型太阳灶三种基本结构类型。

1) 箱式太阳灶

基本结构为一箱体，箱体上面有 1~3 层玻璃（或透明塑料膜）盖板，箱体四周和底部采用保温隔热层，其内表面涂以太阳吸收率比较高（应大于 0.9）的黑色涂料，此外还有外壳和支架。此类太阳灶的优点是结构简单、成本低廉、使用方便。但由于聚光度低，功率有限，箱温不高，只能适合于蒸煮食物，而且时间较长，使用受到较大的限制。

2) 聚光太阳灶

利用抛物面聚光的特性，大大提高了太阳灶的功率和聚光度，使锅圈温度可达 500℃ 以上，大大缩短了炊事作业时间。聚光式太阳灶又可以根据聚光方式的不同，分为旋转抛物面太阳灶、球面太阳灶、抛物柱面太阳灶、圆锥面太阳灶和菲涅耳聚光太阳灶等。由于旋转抛物面太阳灶具有较强的聚光特性、能量大，可获得较高的温度，因此，使用最广泛。

3）综合型太阳灶

将箱式太阳灶和聚光太阳灶具有的优点加以综合，并吸收真空集热管技术、热管技术研发的不同类型的太阳灶。

3．太阳房建筑

太阳房建筑是利用太阳能进行采暖和空调的环保型建筑，不仅能满足建筑物冬季的采暖要求，而且也能在夏季起到降温和调节空气的作用。太阳房是一种节能建筑，每平方米建筑面积每年可节约标准煤 10kg 左右。太阳房基本上可分为主动式太阳房和被动式太阳房两种类型。

1）主动式太阳房

主动式太阳房与常规能源采暖的区别是以太阳能集热器替代以煤、石油、天然气、电等常规能源作为燃料的锅炉。它的主要设备包括太阳能集热器、贮热水箱、辅助热源以及管道、阀门、风机、水泵、控制系统等部件。如图 2-3-3-3 所示，太阳能集热器获取太阳的热量，通过配热系统送至室内进行采暖。过剩热量储存在水箱内，当收集的热量小于采暖负荷时，由储存的热量来补充，当热量不足时由备用的辅助热源提供。

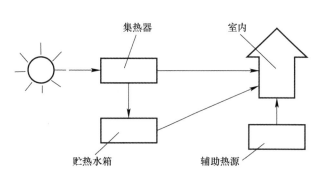

图 2-3-3-3　主动式太阳能采暖示意图

主动式太阳房的特点有：第一，因为太阳能不是连续、稳定的独立能源，若要满足连续采暖的需求，系统中必须有贮存热量的设备和辅助热源装置。贮热设备通常按可维持 2~3 天的能量来计算。

第二，太阳房所采用的集热器要求构造简单、性能可靠、价格便宜，由于集热器的集热效率随集热温度升高而降低，因此，要尽可能降低集热温度。如采用太阳能天棚或地板辐射采暖，集热温度在 30~40℃ 之间就可以了。

第三，由于地表面上每平方米能够接收到的太阳能量是有限的，所以集热器面积就要足够大，一般要求太阳能利用率在 60% 以上，集热采光面积占采暖建筑面积的 10%~30%（该比例数大小与当地太阳能资源、建筑物的保温性能、采暖方式、集热器热性能等因素有关），因此，往往需要与建筑设计紧密配合。

2）被动式太阳房

被动式太阳房是指靠冬季太阳高度角低的自然特点，以房屋结构本身实现集热、储热和释热功能的采暖建筑。从本质上说，它是强调利用太阳能的节能建筑。

被动式太阳房的特点是不需要专门的集热器、热交换器、水泵（或风机）等主动式太阳能采暖系统中所必需的部件，只依靠建筑方位的合理布置，通过窗、墙、屋顶等建筑物本身构造和材料的热工性能，以自然交换的方式使建筑物在冬季尽可能多地吸收和贮存热量以达到采暖的目的。简而言之，被动式太阳房就是根据当地的气象条件，在基本不添置附加设备的条件下，只在建筑构造和材料性能上下功夫，使房屋达到一定采暖效果的系统。因此，这种太阳能采暖系统构造简单，造价便宜。

图 2-3-3-4 所示，将一道实墙外面涂成黑色，外面再用一层或两层玻璃加以覆盖。将墙设计成集热器，同

时又是贮热器，室外冷空气由墙体下部入口进入集热器，被加热后又由上部出口进入室内进行采暖。当无太阳能时，可将墙体上、下通道关闭，室内只靠墙体壁温以辐射和对流形式不断地加热室内空气。

从地域分布上看，我国被动式太阳房多集中在华北、东北和西北夏温冬冷地区；从经济上看，被动式太阳房的造价一般仅比传统建筑高 10%~20%；从节能上看，太阳能采暖保证率一般在 60%~80%，每年采暖期，平均每平方米被动式太阳房可节省能源 20~50kg 标准煤。

4. 太阳能光伏发电系统

利用光生伏打效应原理制成晶体硅太阳能电池，可将太阳的光能直接转换成为电能，称为光—电转换，即太阳能光伏发电。太阳能光伏发电的能量转换器是太阳能电池，又称光伏电池，是太阳能光伏发电系统的基础和核心器件，如图 2-3-3-5 所示。

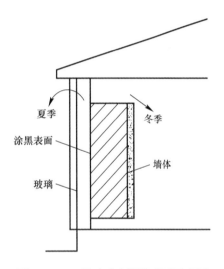

图 2-3-3-4 被动式太阳能采暖示意图

图 2-3-3-5 太阳能光伏发电的应用

太阳能转换成为电能的过程主要包括三个步骤：

第一，太阳能电池吸收一定能量的光子后，半导体内产生电子——空穴对，称为"光生载流子"，两者的电性相反，电子带负电，空穴带正电。

第二，电性相反的光生载流子被半导体 P—N 结所产生的静电场分离开。

第三，光生载流子电子和空穴分别被太阳能电池的正、负极收集，并在外电路中产生电流，从而获得电能。

5. 太阳能干燥技术

太阳能干燥是人类利用太阳能历史最悠久、最广泛的一种形式。早在几千年前，我们的祖先就开始把食品和农副产品直接放在太阳底下进行摊晒，待物品干燥后再保存起来。这种在阳光下直接摊晒的方法一直延续至今，可算作被动式太阳能干燥。但这种传统的露天自然干燥方法存在诸多弊端：效率低、周期长、占地面积大、易受阵雨等气候条件的影响，也易受风沙、灰尘、苍蝇、虫蚁等的污染，难以保证被干燥食品和农副产品的质量。现代意义上的太阳能干燥是利用太阳能干燥器对物料进行干燥，可称为主动式太阳能干燥。如今，太阳能干燥技术的应用范围有了进一步扩大，已从食品、农副产品扩大到木材、中药材、工业产品等的干燥。

太阳能干燥就是使被干燥的物料，直接吸收太阳能并将它转换为热能，或者通过太阳能集热器所加热的空气进行对流换热而获得热能，继而再经过以上描述的物料表面与物料内部之间的传热、传质过程，使物料中的水分逐步汽化并扩散到空气中去，最终达到干燥的目的。要完成这样的过程，必须使被干燥物料表面所产生的水汽压强大于干燥介质中的水汽分压。压差越大，干燥过程进行得就越快。因此，干燥介质必须及时地将产生的水汽带走，以保持一定的水汽推动力。如果压差为零，就意味着干燥介质与物料的水汽达到平衡，干燥过程就停止。太阳能干燥通常采用空气作为干燥介质。在太阳能干燥器中，空气与被干燥物料接触，热空气将热量不断传递给被干燥物料，使物料中水分不断汽化，并把水汽及时带走，从而使物料得以干燥。

太阳能干燥将太阳能转换成热能，可以节省干燥过程所消耗的大量燃料，从而降低生产成本，提高经济效益；并由于使用可再生能源，对保护自然环境十分有利。太阳能干燥是在特定的相对密闭的装置内完成的，可以改善干燥条件，提高干燥温度，缩短干燥时间，进而提高干燥效率，并使物料避免风沙、灰尘、苍蝇、虫蚁等的污染，也不会因天气反复变化而变质，提高了产品质量。

第四章
村镇住宅设备节能

除了前面介绍的充分利用可再生能源，通过住宅群总体布局、住宅单体的自然通风和天然采光，以及做好住宅单体围护结构的保温隔热措施之外，设备节能也是村镇住宅节能的重要组成部分，设备节能主要包括房间空调器节能技术和热泵节能技术。

第一节　房间空调器节能技术

随着农村居民收入的增加，其对生活水平的要求不断提高；同时，在国家"家电下乡"和"以旧换新"财政补贴政策的激励下，房间空调器在村镇的普及率逐年增加。房间空调器的耗电量在住宅最热（冷）月用电量中占有很大的比例，而且最热（冷）时间的用电，一般属于高峰电，加大了峰谷差。所以，房间空调器的节能非常重要。

一、功能分类

房间空调器主要有单冷型、单冷除湿型和冷暖型三种。

1. 单冷型（冷风型）

单冷型空调器，只能吹冷风，多用于夏季室内降温。这种形式的空调器也具有一定的除湿功能，在房间内创造一个温湿度比较舒适的环境。这种空调器的特点是比较简单，可靠性高，价格便宜。但是因其功能少，所以使用率不高。

2. 单冷、除湿型

这种空调器不仅在夏季能向房间吹冷风，而且具有除湿功能，能在多雨季节（即相对湿度比较高时）保持房间比较干燥的环境，起到比较理想的防霉、防潮的作用，在夏热冬冷地区和炎热地区对家庭作用很大，它解决了雨季室内潮湿的苦恼。

3. 冷暖型

这种空调器不仅在夏季能吹冷风，而且在冬季可吹热风。根据供暖方式的不同，分为热泵型、电热型和热泵辅助电热型。

热泵型，代号R。热泵制热是在空调器制冷系统中加一个电磁换向阀，使两个换热器（蒸发器与冷凝器）的功能转换，以达到制热效应。热泵空调器是一种节能产品，它制取的总热量总是比消耗的电能大得多。

电热型，代号D。即在单冷型空调器内安装电加热器制热。这种电加热型空调器冬天耗电多，不符合节能标准，且不安全。

热泵辅助电热型。由于热泵空调器的制热量一般与夏天的制冷量相差不大，在冬季温度比较低的地区，热泵空调器的制热量往往不能满足要求，此时，在热泵空调器上增加一个辅助电加热器，增加供热量。

冷暖除湿型。这种空调器具有多种功能，无论是在经济上还是在节能上，都有很大好处，而且节省了房间的使用空间。

二、主要性能指标

房间空调器的主要性能指标涉及：制冷量、供热量、循环风量、有效输入功率、性能系数。

1. 制冷量和供热量

指：房间空调器在额定工况和规定条件下进行制冷或制热运行时，单位时间从密闭空间、房间或区域内除去的热量总和称为制冷量，而向密闭空间、房间或区域内送入的热量总和称为制热量。

2. 循环风量

空调器用于室内、室外空气进行交换的通风门和排风门（如果有）完全关闭，并在额定制冷运行条件下，单位时间内向密闭空间、房间或区域送入的风量称为循环风量。风量的大小直接影响送风温度和换热器的传热效果，因此，使空调器适应不同的使用要求而采用相应的循环风量，可以提高空调器的能效比，这需要通过对风机采用一定的控制手段来实现。

3. 有效输入功率

指在单位时间内输入空调器内的平均电功率，包括：压缩机运行的输入功率和除霜输入功率（不用于除霜的辅助电加热装置除外）；所有控制和安全装置的输入功率；热交换传输装置的输入功率（风扇、泵等）。

4. 性能系数

也称能效比，它等于房间空调器在额定工况和规定条件下，进行制冷运行时，制冷量与有效输入功率的比值。

三、房间空调器的节能技术

房间空调器的节能主要需要考虑：空调器的能效比、正确的容量选择和安装方式、合理的使用方法。

1. 性能指标

能效比是空调器最重要的经济性能指标。能效比高，说明该空调器具有节能、省电的先决条件。《房间空气调节器能效限定值及能源效率等级（GB12021.3-2010）》中规定，空调器的能效比实测值应大于或等于表

2-4-1-1 的规定值。

空调器能效限定值　　　　　　　　　　　　　　　表 2-4-1-1

类 型	额定制冷量（CC）/ W	能效比（EER）/ W/W
整体式	—	2.90
分体式	CC ≤ 4500	3.20
	4500 < CC ≤ 7100	3.10
	7100 < CC ≤ 14000	3.00

资料来源：《房间空气调节器能效限定值及能源效率等级》(GB12021.3-2010)

空调器的能效等级是表示空调器产品能源效率高低差别的一种分组方法。依据空调器能效比的大小，分成1、2 和 3 三个等级，1 级表示能源效率最高，3 级表示能源效率最低，见表 2-4-1-2。空调器出厂时，必须由生产厂家按照规定注明空调器能源效率等级。空调器节能评价值是指空调器制冷运行时在额定工况条件下，达到节能认证产品所允许的能效比最小值，空调器的节能评价值为表 2-4-1-2 中能效等级的 2 级。

空调器能效等级指标（W/W）　　　　　　　　　　表 2-4-1-2

类 型	额定制冷量（CC）	能效等级		
		1	2	3
整体式		3.30	3.10	2.90
分体式	CC ≤ 4500	3.60	3.40	3.20
	4500 < CC ≤ 7100	3.50	3.30	3.10
	7100 < CC ≤ 14000	3.40	3.20	3.00

资料来源：《房间空气调节器能效限定值及能源效率等级》(GB12021.3-2010)

要节约空调器消耗的电能，首先要提高空调器的能效比。按照现行国家标准的规定，国产空调器达到节能型空调器的指标以后，节约的电能将是十分可观的。在空调器的设计制造方面，开发、采用先进的节能技术，是节约建筑物空调能耗的重要途径，选用能源效率等级指标高的空调器，在整个采暖、空调季都能节约可观的电能。

能效比是在某种特定工况下测得的空调器性能指标，单独用它还不能全面反映空调器的能效特性。这是因为在使用过程中，空气环境是不断变化的，空调器的运行启停状况、工作环境温度、房间的夏季需冷量和冬季需热量处在不断的变化之中，它的能效比也在不断地变化。为比较科学地评价空调器的综合能效特性，对空调供冷提出了季节能效比（SEER）、对空调供热提出了供暖季节性能系数（HSPF）的评价指标。SEER 为整个供冷期间的总制冷量与供冷期间总电耗之比（W/W），HSPF 为整个供暖期间总的供热量与供暖期间总电耗之比（W/W）。

2. 容量选择

根据空调器在实际工作中承担负荷的大小进行制冷量选择是很有必要的。如果选择的空调器容量过大，会造成使用中启停频繁、电能浪费较大；选得过小，又达不到使用要求。房间空调负荷受很多因素的影响，计算比较复杂。对于一般的居住条件而言，并不需要精确计算，可用经验数字概略估计即可。按照国际制冷量学会提供的下列数据，可供用户在选购空调器时参考：在密闭的房间内，有阳光直射的窗户应以窗帘遮住，环境温度为35℃，相对湿度为70%时；室内每平方米约需冷量120~150W，室内平均每人约需冷量150W，室内发热电器的热量以相等冷量抵消计算，不加窗帘的窗户每平方米约需冷量300~500W。

3. 正确安装

空调器的耗电量与空调器的性能有关，同时也与合理安装空调器有很大关系。

1）分体式空调器室内机布置

首先，应安装在室内机所送出的冷风或热风可以到达房间内大部分地方的位置，以使房间内温度分布均匀。室内机不应安装在墙上过低的位置，因为室内机出风口在下部，进风口在正面，如果安装过低，冷风直吹人体或送在地面上，造成室内温度均匀性极差，会使人感到不舒服。

其次，对于窄长形的房间，必须把室内机安装在房间内较窄的那面墙上，并且保证室内机所送出的风无物阻挡，否则会造成室内温度分布不均，使制冷时室内温度下降缓慢，或制热时温度上升缓慢。

同时，室内机应安装在避免阳光直照的地方，否则制冷运行时会增加空调器的制冷负载。

此外，室内机必须安装在容易排水，容易进行室内、外机连接的地方。室内、室外机连接管必须向室外有一定的倾斜度，以利于排除冷凝水。

2）分体式空调室外机的布置

首先，室外机应安装在通风良好的地方。其前后应无阻挡，以利于风机工作时抽风，增加换热效果。为防止日照和雨淋，应设置遮篷。

其次，室外机不应安装在有油污、污浊气体排出的地方，否则会污染空调器，降低传热效果，并破坏电气部件的性能。

同时，室外机的四周应留有足够的空间。其左端、后端、上端空间应大于100mm，右端空间应大于250mm，前端空间应大于400mm。

4. 合理使用

房间空调器的合理使用主要涉及合理的温度和加强通风两方面的内容。

1）合理的温度

设定适宜的温度是保证身体健康、获取最佳舒适环境和节能的方法之一。温度的设定主要考虑人体舒适感。一般来说，夏季人们衣着较少，当环境温度为26~28℃、相对湿度为40%~70%，略有微风时，人们会感到舒适，这时人们做些轻微的活动，也不易出汗。冬季，当人们进入室内，脱去外衣时，在温度为16~20℃、相对湿度大于30%的环境下，人会感到十分轻松。室内外温差不宜过大，温差过大，会使人从一种环境进入到另一种环境时感到难以适应，极易因忽冷忽热而引起伤风感冒。另从节能角度看，夏季室内设定温度每提高1℃，一般空调器可减少5%~10%的用电量。夏季室温过低，对人体健康不利。在夏季，人们呆在有空调的房间里，会感到很舒适，如果温度设定得较低，时间一长，很容易得关节炎等疾病。夏季室内温度的设定一般在 26~28℃、室内外温差在 5~8℃ 为宜，冬季室内温度一般设定在 16~20℃ 为宜。

2）加强通风

在许多有空调的房间里，为节省冷量，往往是门窗紧闭，密不透风。由于没有新鲜空气补充，房间内空气污浊，许多人会产生头昏乏力等现象，各种呼吸道传染性疾病也容易流行。因此，加强通风，保持室内正常的空气流通是空调器用户必须注意的。一般可利用早晚比较凉爽的时候开窗换气，或在没有阳光直晒的时候通风换气；当空内人数较多时，更应加强换气；也可以选用具有热回收装置的设备来强制通风换气。

第二节　热泵节能技术

我国《暖通空调术语标准》（GB50115-1992）对"热泵"的解释是"能实现蒸发器和冷凝器功能转换的制冷机"；《新国际制冷词典》对"热泵"的解释是"以冷凝器放出的热量来供热的制冷系统"。

建筑的空调系统一般应满足冬季供热和夏季制冷两种相反的要求。传统的空调系统通常需分别设置冷源（制冷机）和热源（锅炉）。建筑空调系统由于必须有冷源（制冷机），如果让它在冬季以热泵的模式运行，则可以省去锅炉和锅炉房，节省了初投资。随着使用场合及季节的变化，可通过控制手段来实现热泵制冷和制热两种功能的转换，由此可以大大降低一次能源的消耗。

在自然界和工业生产中，存在大量的低品位热源，储藏于空气、土壤、水中，以及工业废气、废水中，利用热泵就可以回收这些低品位热量，产生高品位的热量来供应生产和生活之用。这些可被热泵利用的热量都属于可再生能源。

热泵的应用还可带来良好的环境效益，在提高能源利用率的同时，减少对电能的需求，进而为减少温室气体排放发挥作用。据美国环保署估计，设计安装良好的地源热泵空调系统，平均可以节约 30%~40% 的供热制冷空调的运行费用，而污染物排放最多可减少 70% 以上。虽然同样也使用制冷剂，但比常规空调装置减少 25% 的充灌量，属自含式系统，密封性良好，制冷剂泄漏率将大为减少，对环境的潜在破坏率大大降低。若结合其他节能环保措施，效果则会更加明显。

一、热泵的自然热源

自然热源包括空气、水（地下水、地表水等）、土壤及太阳辐射热等。自然热源空调就是利用地球水体及土壤等所储藏的太阳能资源作为热源，通过热泵进行利用。这些能源是清洁的、可再生的，对它们的利用技术因在节能和环保方面的显著优点，日益受到人们的重视。

1. 空气

空气随时随地可以利用，其装置和使用比较方便，故目前成为热泵装置的主要热源。空气在各种不同温度下都能提供一定数量的热量。但由于空气的比热容小，为获得足够的热量以及满足热泵温差的限制，其室外侧蒸发器所需的风量较大，使热泵的体积增大，也造成一定的噪声。空气热源的主要缺点是空气参数（温度、湿度）

随地域和季节、昼夜均有较大变化。空气参数的变化规律对于空气热源热泵的设计与运行有重要影响，主要表现在以下几方面：

第一，随着空气温度的降低，蒸发温度下降，热泵温差增大，热泵的效率降低；

第二，随着环境空气温度的变化，热泵的供热量往往与建筑物的供热负荷相矛盾，即大多数时间内均存在供需不平衡现象；

第三，由于空气具有一定湿度，当空气流经蒸发器被冷却时，在蒸发器表面会凝露甚至结霜（低温时）。除霜时，热泵不仅不能供热，还要消耗除霜所需的热量。

2. 水体

水是水源热泵的能量来源，它既可以是自然水源，也可以是再生水源。再生水源包括人工利用后排放但经过处理的城市生活污水、工业废水和热电厂冷却水等。有条件利用再生水源的用户，变废为利，可节省初投资，节约水资源。但对大多数用户来说，可供选择的是自然界中的水源，即自然水源。

可供热泵作为低位热源用的自然水源有地表水（河川水、湖水、海水等）和地下水（深井水、泉水、地下热水等）。水因其热容量大、流动和传热性能好而成为理想的热源。地球表面的浅层水源吸收太阳的辐射能量，是一个巨大的太阳能集热器，为水源热泵机组提供用于能量转换的清洁的可再生能源。水源热泵机组可利用的冬季水源温度为 10~22℃，它比环境空气温度高，所以热泵循环的蒸发温度可以升高，能效比得以提高。夏季水温为 18~40℃，水温比环境空气温度低，则制冷循环的冷凝温度降低，使得冷却效果好于风冷式和冷却塔式，机组能效比也可以提高。另外，由于水源温度一年四季相对稳定，其波动范围远小于空气温度的变动，这使得热泵机组运行更可靠、稳定，也保证了系统的高效性和经济性，且不存在空气源热泵的冬季除霜等难点问题。但其缺点是热用户一般需靠近水源或设有一定的蓄水装置；且对水质也有一定的要求，输送管路和换热器的选择必须先经过水质分析，否则可能出现腐蚀和微生物热阻。影响水源热泵系统运行效果的重要因素有水源系统的水量、水温、水质和供水稳定性。应用水源热泵时，对水源系统的原则要求是：水量充足，水温适度，水质适宜，供水稳定。

3. 土壤

地表浅层土壤相当于一个巨大的太阳能集热器，收集了约 47% 的太阳辐射能量，比人类每年利用的能量还要多，且不受地域、资源等限制，真正是资源广阔、取之不尽、用之不竭，是人类可利用的可再生能源。土壤热源和空气热源相比，具有如下特点：

第一，全年土壤温度波动小且数值相对稳定，冬季土壤温度比外界环境空气温度高，夏季比环境温度低，可以分别在冬、夏两季提供较高的蒸发温度和较低的冷凝温度，所以土壤源热泵的供热、制冷性能系数较高；

第二，土壤的蓄热性能好，土壤的温度变化较空气温度的变化有滞后和衰减，这使得土壤作为热泵的低位热源，与空气源相比更能适应负荷的变化，能与负荷更好地匹配。并且，冬季从土壤中取出的热量在夏季可通过热传导由地面补充；

第三，埋地热交换器不需要除霜，减少了结霜和除霜引起的能耗；

第四，土壤源热泵系统的换热器设在地下，换热效率高且不占用地面用地，没有空气源热泵的风扇耗能及产生的噪声，转动部件相对较少，运行可靠。

根据目前已有的使用情况可知，土壤源热泵的主要缺点是：

第一，埋地换热器受土壤性质影响较大；第二，连续运行时，热泵的冷凝温度或蒸发温度受土壤温度变化影响而发生波动；第三，土壤热导率较小，换热量较小，单位管长持续吸热速率变化范围之所以较大的原因是地下土壤的结构、密度、含水率与地下水流动状况等因素相关，当系统供冷供热量一定时，换热器占地面积较大。

土壤源热泵就是利用地下土壤作为热源进行能量转换的供热空调装置。夏季制冷时，室内的余热经过热泵转移后，通过埋地换热器释放于土壤中，同时蓄存热量，以备冬季采暖用；冬季供暖时，通过埋地换热器从土壤中取热，经过热泵提升后，供给采暖用户，同时，在土壤中蓄存冷量，以备夏季制冷用。土壤源热泵"冬取夏灌"的能量利用方式，在一定程度上实现了土壤热源的内部平衡，符合可持续发展的趋势。

4. 太阳能

太阳能利用技术与热泵技术的结合非常灵活，系统形式也多种多样，一般可分为太阳能驱动热泵和太阳能辅助热泵两大类。太阳能驱动热泵主要是指以太阳能光电或热电驱动的压缩式热泵以及以太阳辐射热直接驱动的吸收式热泵、吸附式热泵、喷射式热泵和化学热泵等，这类热泵大多以实现太阳能制冷空调为主要目的，一般对太阳能集热温度要求较高，而且普遍存在体积大、成本高、效率低等问题，较难实现小型化和商业化发展。太阳能辅助热泵通常是指作为太阳能热利用系统辅助装置的热泵系统，包括独立辅助热泵和以太阳辐射热能作为蒸发器热源的热泵，这类热泵多数以供热为主，涉及建筑采暖、生活热水供应以及工业用热等应用领域，对太阳能集热温度要求不高，具有灵活多样的系统形式、合理的经济技术性能和良好的商业实用化前景。

由于太阳辐射具有不连续性、波动性大等缺点，而太阳辐射强度的变化必将导致热泵系统性能的波动，因此，如何既能充分利用太阳能又能保证系统的稳定性和可行性，是太阳能热泵系统走向实际应用必须解决的重要问题。

二、空气源热泵

空气源热泵机组最近几年在我国得到广泛应用推广，这主要得益于以下突出的优点：

首先，空气源热泵机组使空调系统冷热源合一，室外机可置于建筑物屋面，不需另设专门的冷冻机房、锅炉房，省去了烟囱和冷却水管道等占有的建筑空间；

第二，空气源热泵机组无需锅炉，无相应的燃料供应系统，无烟气，无冷却水系统等污染源，系统安全、卫生、简洁。

第三，系统设备少而集中，操作、维护管理简单方便。一些小型系统可以做到通过室内风机盘管的启停控制热泵机组的开关。

第四，单机容量从 3RT 至 400RT (IRT=3517W)，规格齐全，工程适应性强，有利于系统细化划分，可分层、分块、分用户单元独立设置系统等。

然而，矛盾总是共生的，空气源热泵以空气为低位热源，不可避免也具有以下缺点：

第一，空气比热容小，为获得足够的热量和满足蒸发器传热温差的要求，需要较大的空气量。风量大将导致热泵装置的噪声较大，对环境及相邻房间都有一定影响；

第二，室外空气的状态参数随地区和季节的不同而有很大变化，这对热泵的容量和制冷制热性能影响很大。热泵冬季制热时，随着室外温度的降低，蒸发温度下降，制热性能系数也随之降低。而此时建筑物所需要的供热量上升，这就存在着热泵的供热量与建筑物耗热量之间的供需矛盾；

第三，冬季室外温度很低时，室外换热器中工质的蒸发温度也很低。湿空气流经蒸发器时，若蒸发器表面温度低于 0℃ 且低于空气的露点温度，换热器表面就会结霜，结霜不仅使空气流动阻力增大，还会导致热泵的制热性能和系统可靠性降低。

三、水源热泵

水源热泵是以水为热源的可进行制冷／制热循环的一种热泵型水—空气或水—水空调装置，它在制热时以水为热源，而在制冷时以水为排热源。以水作为热源的优点是：水的质量热容大，传热性能好，传递一定热量所需的水量较少，换热器的尺寸可较小。所以在易于获得温度较为稳定的大量水的地方，水是理想的热源，如地下水以及江河湖海的地表水在一年内温度变化较小，都可作为热源的水源。

1. 地下水源热泵

地下水源热泵是将建筑物附近井内的地下水汲出，并通过水源热泵机组中的换热器进行加热或冷却，然后回灌到地下。它比较适用于夏热冬冷地区，可广泛应用于住宅和商务建筑等。

水源是应用地下水源热泵的前提条件，而地下水系统的水量、水温、水质是影响地下水源热泵性能的关键因素。地下水的水量应当充足，能满足用户制热负荷或制冷负荷的需要。如水量不足，机组的制热量和制冷量将随之减少，达不到用户要求。水源的水温要适度，水温过低或过高都会影响热泵机组的制热量和制冷量。另外地下水的水质应适宜于系统机组、管道和阀门的材质，不至于产生严重的腐蚀损坏。

2. 地表水源热泵

地表水源热泵使用建筑物附近的湖泊、水流或渠道中的地表水，将地表水汲出并使之通过水源热泵空调机中的换热器，然后再将升高或降低数摄氏度温度的地表水排入水源中。地表水源热泵受地区的限制较大，冬季地表水的平均温度会显著下降，必将影响系统供冷和供热的性能。故应用地表水源热泵取决于地表水如水池或湖泊的面积及深度、水质、水温。

四、土壤源热泵

土壤源热泵是一种充分利用地下浅层地热资源的既可以供热又可以制冷的高效节能环保型空调系统。这种系统把传统空调器的冷凝器或蒸发器直接埋入地下，使其与大地进行热交换，或者通过中间介质（通常是水）作为热载体，并使中间介质在封闭环路中通过大地循环流动，从而实现与大地进行热交换的目的。冬季通过热泵将大地中的低位热能提高品位对建筑供暖，同时贮存冷量，以备夏季使用；夏季通过热泵将建筑内的热量转移到地下，对建筑进行降温，同时贮存热量，以备冬季使用。

1. 系统组成

土壤源热泵主要由三部分组成：室外地热能交换系统、水源热泵机组及建筑物内空调末端系统。室外地热能交换系统即指地埋管地源热泵系统中的地下埋管换热器、地下水地源热泵系统中的水井系统及地表水地源热泵系统中的地表水换热器。水源热泵机组有水—空气热泵机组或水—水热泵机组两种形式。与此相应的空调系统有水—空气空调系统和水—水空调系统。地源热泵系统三部分之间靠水（或防冻水溶液）或空气换热介质进行热量的传递。水源热泵机组与地热能交换系统之间的换热介质通常为水或防冻水溶液，与建筑物内空调末端换热的介质可以是水或空气。

2. 工作原理

在夏季，水源热泵机组作制冷运行，水源热泵机组中的制冷剂在蒸发器（负荷侧换热器）中吸收空调房间放出的热量，在压缩机的作用下，制冷剂在冷凝器（冷热源侧换热器）中，将在蒸发器中吸收的热量连同压缩机的功所转化的热量，一起排给地埋管换热器中的水或防冻水溶液。在循环水泵的作用下，水或防冻水溶液再通过地埋管换热器，将在冷凝器所吸收的热量传给土壤。如此循环，结果是水源热泵机组不断从室内取出多余的热量，并通过地埋管换热器，将热量释放给大地，达到使房间降温的目的。

在冬季，水源热泵机组作制热运行，换向阀换向，水或防冻水溶液通过地埋管换热器从土壤中吸收热量，并将它传递给水源热泵机组蒸发器（冷热源侧换热器）中的制冷剂，制冷剂再在压缩机的作用下，在冷凝器（负荷侧换热器）中，将所吸收的热量连同压缩机消耗的功所转化的热量，一起供给室内空气，如此循环以达到向房间供热的目的。

3. 主要特点

第一，利用可再生能源，环保效益显著。土壤源热泵系统从浅层地热资源中吸热或向其排热。浅层地热资源之热能来源于太阳能，它永无枯竭，是一种可再生能源。所以，当使用土壤源热泵系统时，其地热资源可自行补充，持续使用。土壤源热泵系统的污染物排放，与空气源热泵相比，减少了 40% 以上，与电采暖相比，减少了 70% 以上。该装置的运行没有任何污染，可以安装在居民区，没有燃烧、排烟，也没有废弃物，不需要堆放燃料废物的场所，且不需要远距离输送热量，是真正的环保型空调系统。

第二，高效节能，运行费低。地能或地表浅层地热资源的温度一年四季相对稳定，冬季比环境空气温度高，夏季比环境温度低，是最好的热泵热源和空调冷源。这种温度特性，使得土壤源热泵系统在供热时其制热系数可达 3.5~4.5，比空气源热泵系统高 40% 左右。并且，地能具有温度较恒定的特性，使得热泵运行更可靠、稳定，也保证了系统的高效性和经济性。

第三，运行安全稳定，可靠性高。土壤源热泵系统利用常年温度恒定的地下土壤或水源，机组安装在室内，不暴露在风雨中，从而免遭破坏，延长了寿命。而且夏季不会向大气排放热量，不会加剧城市的"热岛"效应冬季不受外界气候影响，运行稳定可靠，不存在空气源热泵除霜和供热不足的问题。

第四，一机多用，应用范围广。土壤源热泵的空调主机体积小，机组安装在储藏室等辅助空间。它可供暖、空调，还可供生活热水，一机多用，无需室外管网，也不需要较高的入户电容量。

注释

[1] 卜一德. 绿色建筑技术指南 [M]. 北京：中国建筑工业出版社，2008.
[2] 付祥钊，肖益民. 建筑节能原理与技术 [M]. 重庆：重庆大学出版社，2008.
[3] 林宪德. 绿色建筑（生态·节能·减废·健康）[M]. 北京：中国建筑工业出版社，2007.
[4] 龙惟定，武涌. 建筑节能技术 [M]. 北京：中国建筑工业出版社，2009.
[5] 武江. 新农村建设建筑节能技术 [M]. 北京：中国电力出版社，2008.
[6] 徐云. 新农村能源与环保战略 [M]. 北京：人民出版社，2007.
[7] 中国节能投资公司. 2009中国节能减排产业发展报告——迎接低碳经济新时代 [M]. 北京：中国水利水电出版社，2009.
[8] 程胜. 中国农村能源消费及能源政策研究 [D]. 华中农业大学，2009.
[9] 北京土木建筑学会. 新农村建设生物质能利用 [M]. 北京：中国电力出版社，2008.

插图来源

图 2-1-1-1 至图 2-1-1-2　陈薇伊整理绘制
图 2-1-1-3　陈易整理绘制
图 2-1-1-4　王桢栋绘制
图 2-1-2-1 至图 2-1-2-2　陈薇伊整理绘制
图 2-1-2-3　摘自厂家样本
图 2-1-3-1 和图 2-1-3-2　作者整理
图 2-1-3-3 和图 2-1-3-4　摘自厂家样本
图 2-1-3-5　作者整理
图 2-3-1-1　程胜. 中国农村能源消费及能源政策研究 [D]. 博士学位论文，华中农业大学，2009.
图 2-3-2-1　作者整理
图 2-3-3-1 和图 2-3-3-2　摘自厂家样本
图 2-3-3-3 和图 2-3-3-4　作者整理
图 2-3-3-5　摘自厂家样本作者整理

主要参考文献

[1] 北京土木建筑学会. 新农村建设生物质能利用 [M]. 北京：中国电力出版社，2008.
[2] 卜一德. 绿色建筑技术指南 [M]. 北京：中国建筑工业出版社，2008.
[3] 程胜. 中国农村能源消费及能源政策研究 [D]. 博士学位论文，华中农业大学，2009.
[4] 付祥钊，肖益民. 建筑节能原理与技术 [M]. 重庆：重庆大学出版社，2008.
[5] 林宪德. 绿色建筑（生态·节能·减废·健康）[M]. 北京：中国建筑工业出版社，2007.
[6] 龙惟定，武涌. 建筑节能技术 [M]. 北京：中国建筑工业出版社，2009.
[7] 武江. 新农村建设建筑节能技术 [M]. 北京：中国电力出版社，2008.
[8] 徐云. 新农村能源与环保战略 [M]. 北京：人民出版社，2007.
[9] 中国节能投资公司. 2009中国节能减排产业发展报告——迎接低碳经济新时代 [M]. 北京：中国水利水电出版社，2009.

第三篇　村镇住宅节水设计

■ 村镇住宅小区给水排水工程规划设计

　　○ 村镇住宅小区给水和排水系统规划设计要求

　　○ 村镇住宅小区给水系统设计

　　○ 村镇住宅小区排水系统设计

　　○ 村镇住宅小区供水管网检漏与修复

　　○ 村镇住宅绿化与清洗节水

■ 村镇住宅供水和生活节水

　　○ 室内给水系统设计与施工

　　○ 室内排水系统设计与施工

　　○ 节水型卫生器具与设施选型

　　○ 给水和排水管道的管材选择

　　○ 居民日常生活与节水意识

■ 雨水和海水利用

　　○ 雨水收集与利用

　　○ 雨水处理工艺和设施

　　○ 雨水入渗、回灌补给

　　○ 海水直接利用

■ 村镇住宅污水再生利用技术

　　○ 村镇污水排放与处理

　　○ 农村小型污水处理技术

　　○ 中水和景观用水循环利用技术

　　○ 污水直接利用和灌溉技术

■ 热水的太阳能利用

　　○ 太阳能供热系统

　　○ 太阳能热水系统设计

第一章
村镇住宅小区给水排水工程规划设计

村镇住宅节水设计首先涉及给排水工程规划。参照城市住宅小区的概念，村镇住宅小区可以认为是指：含有商业服务、医疗、教育、文体及其他公共建筑的村镇居民住宅建筑区域，但在现实生活中，可能仅含有居住建筑，而且其规模也可能远小于城市住宅小区。

第一节　村镇住宅小区给水和排水系统规划设计要求

给水排水工程设计中，水量的变化规律与其服务范围有关。住宅小区的给水排水工程设计包括住宅小区给水工程（含生活给水、消防给水），排水工程（含生活污水、废水、雨水管道和小区污水处理设施）和中水工程。规划的年限一般分别写明近期和远期各从何年到何年的限定；规划的依据应该是国家、各省、市自治区有关文件与规定以及相关的规范、标准等。

一、给水管道规划设计要求

住宅小区给水管道可以分为小区给水干管、支管和接户管三类，小区给水干管和支管统称为小区室外给水管道。在布置小区管道时，应按干管、支管、接户管的顺序进行。给水管道规划设计应满足如下要求：

第一，满足最佳水力条件：管道布置应靠近用水大户，使供水干管短而直，一般初期布置成枝状网，逐步发展成为环状供水管网。

第二，满足维修要求：室外管道应尽量敷设在人行道或绿地下从建筑物向道路由浅至深顺序安装，室内管道尽量沿墙、梁、柱直线敷设，对美观要求高的建筑物管道可在管槽、管井、管沟及吊顶内暗设。

第三，保证使用和生产安全：管道布置不得妨碍交通运输或农业生产，应避开有燃烧、爆炸或腐蚀性可能的物品，不允许断水的用水点应考虑从环状管网的两个不同方向或枝状网采用阀门隔开的管段两端引入两个进水口。埋地管应避开易受重物压坏处，管道必须穿越墙基础、设备基础或其他构筑物时，应与有关专业协商处理。

第四，满足消防要求：根据规范要求，在需要布置室外消火栓的村镇住宅小区，室外给水管管径最小应为DN100。

二、排水管道规划设计要求

住宅小区排水管道的规划应根据总体规划，道路和建筑物布置，地形标高，污水、废水和雨水的去向等实际情况，按照管线短、埋深小、尽量重力自流排出的原则确定。排水管道规划的布置应符合下列要求：

第一，排水管道宜沿道路或建筑物平行敷设，尽量少转弯，减少与其他管线的交叉，如不可避免时，与其他管线的水平和垂直最小距离应符合规范要求。

第二，干管应靠近主要排水建筑物，并布置在连接支管较多的一侧。

第三，排水管道应尽量在道路外侧的人行道或草地下面，不允许平行布置在铁路和乔木的下面。

第四，排水管道应尽量远离生活饮用水给水管道，避免生活饮用水遭受污染。

第五，雨水排水管道规划布局应注意不同地域之间的差别，因地制宜，尽可能合理地进行规划设计。

第二节　村镇住宅小区给水系统设计

村镇住宅小区给水系统设计主要涉及水源、供水方式、管道系统、二次加压泵房和贮水池几方面的内容。

一、给水水源

住宅小区给水系统既可以直接利用村镇供水管网作为给水水源，也可以自备水源。位于村镇有条件集中供水范围内的住宅小区，应采用村镇给水管网作为给水水源，以减少工程投资。

远离村镇供水范围的住宅小区，可自备水源。对于离村镇供水设施较远，可以铺设专门输水管线供水的住宅小区，应通过技术经济比较确定是否自备水源。自备水源的住宅小区给水系统严禁与村镇给水管网直接连接。当需要将村镇给水系统作为自备水源的备用水或补充水时，只能将村镇给水管道的水放入自备水源的贮水池，经自备系统加压后使用，严禁水泵直接从村镇给水管道直接抽水加压后使用。

在严重缺水地区，应考虑建设住宅小区中水工程，利用中水冲洗厕所、浇洒绿地等。

二、给水系统与供水方式

村镇住宅小区供水既可以是生活和消防合用一个给水系统，也可以是生活给水系统和消防给水系统各自独立。在有条件的地方，提倡采用生活和消防给水各自独立的供水系统。

若村镇住宅小区中的建筑物不需要设置室内消防给水系统，火灾扑救仅靠室外消火栓或消防车时，宜采用生活和消防共用的给水系统；若村镇住宅小区中的建筑物需要设置室内消防给水系统，宜将生活和消防给水系统各自独立设置。

村镇住宅小区供水方式应根据小区内建筑物的类型、建筑高度、村镇给水管网的可利用水头和水量等因素综合考虑来确定。选择供水方式时首先保证供水安全可靠，同时要做到技术先进合理、投资省、运行费用低、管理方便。住宅小区供水方式可分为直接供水方式、调蓄供水方式和分区供水方式。

第一，直接供水方式：直接供水方式就是利用村镇给水管网的水压直接向用户供水。当村镇给水管网的水压和水量能满足住宅小区的供水要求时，应尽量采用这种供水方式；

第二，调蓄供水方式：当村镇给水管网的水压和水量不足，不能满足住宅小区内大多数建筑的供水要求时，应集中设置贮水调节水池和加压泵，采用调蓄增压供水方式向用户供水；

第三，分区供水方式：住宅小区的加压给水系统，应根据小区的规模、建筑高度、地形条件和建筑物的分布等因素确定加压泵站的数量、规模、水压以及分区水压。当住宅小区内所有建筑的高度和所需水压都相近时，整个小区可集中设置共用一套加压给水系统。当住宅小区内若干幢建筑的高度和所需水压相近且布置集中时，调蓄增压设施可以分片集中设置，条件相近的几幢建筑物共用一套调蓄增压设施。

三、管道布置和敷设

为了保证村镇住宅小区供水可靠性，小区给水干管应布置成环状或与村镇管网连成环状，与村镇管网的连接管不少于2根，且当其中一根发生故障时，其余的连接管应通过不小于70%的流量。小区给水干管宜沿水量大的地段布置，以最短的距离向用水大户供水。小区给水支管和接户管一般为枝状。

村镇住宅小区室外给水管道，应沿区内道路平行于建筑物敷设，宜敷设在人行道、慢车道或草地下；管道外壁距建筑物外墙的净距不宜小于1.0m，且不得影响建筑物的基础。给水管道与建筑物基础的水平净距与管径有关，管径为100~150mm时，不宜小于1.5m；管径为50~75mm时，不宜小于1.0m。

村镇住宅小区室外给水管道尽量减少与其他管线的交叉，不可避免时，给水管应在排水管上面，给水管与其他地下管线及乔木之间的最小水平、垂直净距见表3-1-2-1。

住宅小区地下管线（构筑物）间最小净距　　　　　表3-1-2-1

	给水管		污水管		雨水管	
	水平（m）	垂直（m）	水平（m）	垂直（m）	水平（m）	垂直（m）
给水管	0.5~1.0	0.1~0.15	0.8~1.5	0.1~0.15	0.8~1.5	0.1~0.15
污水管	0.8~1.5	0.1~0.15	0.8~1.5	0.1~0.15	0.8~1.5	0.1~0.15
雨水管	0.8~1.5	0.1~0.15	0.8~1.5	0.1~0.15	0.8~1.5	0.1~0.15
低压煤气管	0.5~1.0	0.1~0.15	1.0	0.1~0.15	1.0	0.1~0.15
直埋式热水管	1.0	0.1~0.15	1.0	0.1~0.15	1.0	0.1~0.15
热力管沟	0.5~1.0		1.0		1.0	
乔木中心	1.0		1.5		1.5	
电力电缆	1.0	直埋0.5 穿管0.25	1.0	直埋0.5 穿管0.25	1.0	直埋0.5 穿管0.25
通信电缆	1.0	直埋0.5 穿管0.15	1.0	直埋0.5 穿管0.15	1.0	直埋0.5 穿管0.15
通信及照明电缆 照明电缆	0.5		1.0		1.0	

注：1）净距指管外壁距离，管道交叉设套管时指套管外壁距离，直埋式热力管指保温壳外壁距离。
　　2）电力电缆在道路的东侧（南北方向的路）或南侧（东西方向的路）；通信电缆在道路的西侧或北侧。一般均在人行道下。
资料来源：《建筑给水排水设计规范》（GB50015-2003）

给水管道的埋深应根据土壤的冰冻深度、外部荷载、管道强度以及其他管线交叉等因素来确定。管顶最小覆土深度不得小于土壤冰冻线以下0.15m，行车道下的管线最小覆土深度不得小于0.7m。

为了便于小区管网的调节和检修，应在与村镇管网连接处的小区干管上，与小区给水干管连接处的小区给水支管上，与小区给水支管连接处的接户管上及环状管网需调节和检修处设置阀门。阀门应设在阀门井或阀门套筒内。

住宅小区内村镇消火栓保护不到的区域应设室外消火栓，设置数量和间距应按《建筑设计防火规范》（GB50016-2006）等执行。当住宅小区绿地和道路需洒水时，可设洒水栓，其间距不宜大于80m。

四、给水系统的水力计算

村镇住宅小区给水系统的水力计算包括设计用水量，给水系统设计流量，给水系统的水力计算，水泵、水池、水塔和高位水箱等内容。

1. 村镇住宅小区设计用水量

村镇住宅小区设计用水量包括住宅小区的居民生活用水量、公共建筑用水量、绿化用水量、水景和娱乐设施用水量、道路和广场浇洒用水量、公共设施用水量、管网漏失水量及未预见水量和消防用水量等。

住宅小区的居民生活用水量，应按小区人口和住宅最高日生活用水定额经计算确定，住宅最高日生活用水定额及小时变化系数详见表3-1-2-2。

住宅最高日生活用水定额及小时变化系数　　　　　　　　　　表3-1-2-2

住宅类别		卫生器具设置标准	用水定额（L/人·d）	小时变化系数 K_h
普通住宅	I	有大便器、洗涤盆	85～150	3.0～2.5
	II	有大便器、洗脸盆、洗涤盆、洗衣盆、热水器和沐浴设备	130～300	2.8～2.3
	III	有大便器、洗脸盆、洗涤盆、洗衣机、集中热水供应（或家用热水机组）和沐浴设备	180～320	2.5～2.0
别墅		有大便器、洗脸盆、洗涤盆、洗衣机、洒水栓，家用热水机组和沐浴设备	200～350	2.3～1.8

注：1）当地主管部门对住宅生活用水定额有具体规定时，应按当地规定执行。
　　2）表中别墅用水定额中含庭院绿化用水和汽车冲洗用水。
资料来源：《建筑给水排水设计规范》（GB50015-2003）

村镇住宅小区公共建筑用水量，应根据其使用性质、规模，按用水单位数和相应的用水定额经计算确定，住宅小区公共建筑用水定额及小时变化系数详见表3-1-2-3。

集体宿舍、旅馆等公共建筑的生活用水定额及小时变化系数　　　　表3-1-2-3

序号	建筑物名称	单位	最高日生活用水定额（L）	使用时数（h）	小时变化系数 K_h
1	单身职工宿舍、学生宿舍、招待所、培训中心、普通旅馆 　设公用盥洗室 　设公用盥洗室、淋浴室 　设公用盥洗室、淋浴室、洗衣室 　设单独卫生间、公用洗衣室	每人每日 每人每日 每人每日 每人每日	50~100 80~130 100~150 120~200	24	3.0~2.5
2	宾馆客房 　旅客 　员工	每床位每日 每人每日	250~400 80~100	24	2.5~2.0
3	医院住院部 　设公用盥洗室 　设公用盥洗室、淋浴室 　设单独卫生间 　医务人员 　门诊部、诊疗所 　疗养院、休养所住房部	每床位每日 每床位每日 每床位每日 每人每班 每病人每次 每床位每日	100~200 150~250 250~400 150~200 10~15 200~300	24 24 24 8 8~12 24	2.5~2.0 2.5~2.0 2.5~2.0 2.0~1.5 1.5~1.2 2.0~1.5
4	养老院、托老院 　全托 　日托	每人每日 每人每日	100~150 50~80	24 10	2.5~2.0 2.0

序号	建筑物名称	单位	最高日生活用水定额（L）	使用时数（h）	小时变化系数 Kₕ
5	幼儿园、托儿所 有住宿 无住宿	每儿童每次 每儿童每次	50~100 30~50	24 10	3.0~2.5 2.0
6	公共浴室 淋浴 浴盆、淋浴 桑拿浴（淋浴、按摩池）	每顾客每次 每顾客每次 每顾客每次	100 120~150 150~200	12 12 12	2.0~1.5
7	理发室、美容院	每顾客每次	40~100	12	2.0~1.5
8	洗衣房	每千克干衣	40~80	8	1.5~1.2
9	餐饮业 中餐酒楼 快餐店、职工及学生食堂 酒吧、咖啡馆、茶座、卡拉 OK	每顾客每次 每顾客每次 每顾客每次	40~60 20~25 5~15	10~12 12~16 8~18	1.5~1.2 1.5~1.2 1.5~1.2
10	商场 员工及顾客	每平方米营业厅面积每日	5~8	12	1.5~1.2
11	办公楼	每人每班	30~50	8~10	1.5~1.2
12	教学、实验楼 中小学校 高等院校	每学生每日 每学生每日	20~40 40~50	8~9 8~9	1.5~1.2 1.5~1.2
13	电影院、剧院	每观众每场	3~5	8~12	1.5~1.2
14	健身中心	每人每次	30~50	8~12	1.5~1.2
15	体育场（馆） 运动员淋浴 观众	每人每次 每人每场	30~40 3	— 4	3.0~2.0 1.2
16	会议厅	每座位每次	6~8	4	1.5~1.2
17	客运站旅客、展览中心观众	每人次	3~6	8~16	1.5~1.2
18	菜市场地面冲洗及保鲜用水	每平方米每日	10~20	8~10	2.5~2.0
19	停车库地面冲洗水	每平方米每次	2~3	6~8	1.0

注：1) 除养老院、托儿所、幼儿园的用水定额中含食堂用水，其他均不含食堂用水。

2) 除注明外，均不含员工生活用水，员工用水定额为每人每班 40~60L。

3) 医务建筑用水中已含医疗用水。

4) 空调用水应另计。

资料来源：《建筑给水排水设计规范》(GB50015-2003)

公用游泳池、水上游乐池的初次充水时间应根据使用性质和村镇给水条件等确定，宜小于 24h，最长不得超过 48h，补充水量要求见表 3-1-2-4。

游泳池和水上游乐池的补充水量 表 3-1-2-4

序号	池的类型和特征		每日补充水量占池水容积的百分数（%）
1	比赛池、训练池、跳水池	室内	3~5
		室外	5~10
2	公共游泳池、游乐池	室内	5~10
		室外	10~15
3	儿童池、幼儿戏水池	室内	不小于 15
		室外	不小于 20

序号	池的类型和特征		每日补充水量占池水容积的百分数（%）
4	按摩池	专用	8~10
		公用	10~15
5	家庭游泳池	室内	3
		室外	5

注：游泳池和水上游乐池的最小补充水量应保证一个月内池水全部更新一次。

资料来源：《建筑给水排水设计规范》（GB50015-2003）

水景循环系统的补充水量应根据蒸发、漂失、渗漏、排污等损失确定，室内工程宜取循环水流量的1%~3%，室外工程宜取循环水流量的3%~5%。

住宅小区的绿化浇洒用水定额可按浇洒面积1.0~3.0L/m²·d计算，干旱地区可酌情增加；住宅小区道路、广场的浇洒用水定额可按浇洒面积2.0~3.0L/m²·d计算。

住宅小区管网漏失水量和未预见水量之和可按最高日用水量的10%~15%计算。

住宅小区的消防用水量和水压及火灾延续时间，应按现行的《建筑设计防火规范》（GB50016-2006）等确定。生活、消防共用系统消防用水量仅用于校核管网计算，不属于正常用水量。

2. 村镇住宅小区给水系统设计流量

村镇住宅小区给水系统有其自身的特点，其用水变化规律既不同于村镇给水系统，又不同于建筑内给水系统。住宅小区给水管网的设计流量与住宅小区规模、管道布置情况以及小区的使用功能等因素有关，应通过多地点长时间实际测量各种住宅小区内不同供水范围用水量变化曲线，再对大量资料进行统计分析和处理，得出住宅小区给水管网设计流量计算公式。目前我国尚无村镇住宅小区给水管网设计流量专用计算公式，但我国现行的《建筑给水排水设计规范》（GB50015-2003）对住宅小区给水管网设计流量的确定与计算有明确规定。

村镇住宅小区的室外给水管道的设计流量，应按下列规定确定：

第一，当住宅小区的规模在3000人及以下，且室外给水管网为枝状管网时，其住宅及小区内配套的文体、餐饮娱乐、商铺及市场等设施应按其建筑物给水引入管的设计流量、节点流量和管段流量确定。

第二，当住宅小区的规模在3000人以上，室外给水管网为环状，与村镇管网的连接管不少于2根，且当其中一条发生故障时，其余的连接管应通过不小于70%的流量，其住宅按最大用水时平均秒流量为节点流量。小区内配套的文体、餐饮娱乐、商铺及市场等设施生活用水设计流量，应按最大用水小时平均秒流量为节点流量。

第三，住宅小区内配套的文教、医疗保健、社区管理等设施，以及绿化和景观用水、道路及广场洒水、公共设施用水等，均以平均用水小时平均秒流量计算节点流量。

第四，未预见水量和管网漏失量不计入管网节点流量，仅在计算小区管网与村镇管网连接的引入管时，考虑预留此余量。凡不属于小区配套的公共建筑均应另计。

建筑物的给水引入管的设计流量，应符合下列要求：

第一，当建筑物内的生活用水全部由室外管网直接供水时，取建筑物内的生活用水设计秒流量。

第二，当建筑物内的生活用水全部自行加压供给时，引入管的设计流量应为贮水调节池的设计补充水量；设计补充水量不宜大于建筑物最高日最大时生活用水量，且不得小于建筑物最高日平均时生活用水量。

第三，当建筑物内的生活用水既有室外管网直接供水，又有自行加压供水时，应按第1、2款计算设计流量后，将两者叠加作为引入管的设计流量。

3．村镇住宅小区给水系统的水力计算

村镇住宅小区给水系统水力计算是在确定了供水方式，布置完管线后进行，计算目的是确定各管段的管径和水头损失，校核消防和事故时的流量，选择确定升压贮水调节设备。

村镇住宅小区给水管网水力计算步骤和方法与村镇给水管网水力计算步骤和方法基本相同，首先确定节点流量和管道设计流量，然后求管道的管径和水头损失，最后是校核流量和选择设备。但进行住宅小区给水管网水力计算时应注意以下几点：

第一，局部水头损失按沿程水头损失的15%～25%计算。

第二，管道内流速一般可为1~1.5m/s，消防时可为1.5~2.5m/s。

第三，按计算所得外网需供的流量确定连接管的管径，计算所得的干管管径不得小于支管管径或建筑物引入管的管径。

第四，住宅小区室外给水管道，不论小区规模及管网形状，均应按最大用水时的平均秒流量为节点流量，再叠加区内一次火灾的最大消防流量（有消防贮水和专用消防管道供水部分应扣除），对管道进行水力计算校核，管道末梢的室外消火栓从地面算起的水压不得低于0.1MPa。

第五，设有室外消火栓的室外给水管道，管径不得小于100mm。

4．水泵、水池、水塔和高位水箱

当村镇给水管网供水不能满足村镇住宅小区用水需要时，小区需设二次加压泵站、水塔等设施，以满足住宅小区用水要求。

水泵扬程应满足最不利配水点所需水压，小区给水系统有水塔或高位水箱时，水泵出水量应按最大时流量确定；当小区内无水塔或高位水箱时，水泵出水量按小区给水系统的设计流量确定；水泵的选择、水泵机组的布置及水泵房的设计要求，按现行《室外给水设计规范》（GB50013-2006）的有关规定执行。

村镇住宅小区加压泵站的贮水池有效容积应根据小区生活用水量的调蓄贮水量和消防贮水量确定。其中生活用水的调蓄贮水量，应按流入量和供出量的变化曲线经计算确定，资料不足时可按住宅小区最高日用水量的15%~20%确定。消防贮水量应满足在火灾延续时间内室内外消防用水总量的要求，一般可按消防时村镇管网仍可向贮水池补水进行计算。为了确保清洗水池时不停止供水，贮水池宜分成容积基本相等的两格。

第三节　村镇住宅小区排水系统设计

村镇住宅小区的室外排水设计一般是指：连接各单体建筑排水，经汇总、处理后排入村镇排水管道或水体的设计。室外排水设计既要满足各单体排水要求，又要符合最终村镇排水接口要求，包括排水量转输、排放水质和管道标高的衔接。在总体设计中一般采用绝对标高。

一、排水管道设计要点

村镇住宅小区排水体制分为分流制和合流制，采用哪种排水体制，主要取决于村镇排水体制和环境保护的要求，同时也与住宅小区是新区建设还是旧区改造以及建筑内部排水体制有关。新建小区一般采用雨、污分流制，以减少对水体和环境的污染。住宅小区内需设置中水系统时，为简化中水处理工艺，节水投资和日常运行费用，还应将生活污水和生活废水分质分流。当住宅小区设置化粪池时，为减小化粪池容积也应将污水和废水分流，生活污水进入化粪池，生活废水直接排入村镇排水管网、水体或中水处理站。

1. 排水系统的选择

生活排水系统采用分流制、合流制或其他排水方式，需根据污水性质、建筑标准与特征、有无中水或污水处理、结合总体条件和村镇接管要求确定。一般需注意以下要求：

第一，当村镇有污水处理厂时，一般粪便污水与生活废水宜采用分流制排出，生活污水应经处理，达标后排放。

第二，当村镇无污水处理厂时，一般粪便污水与生活废水宜按分流制排出，生活污水应经处理，达标后排放。

第三，在住宅和公共建筑内，生活污水和废水管道、消防排水、厨房排水以及雨水管道一般均单独设置。生活污水不得和雨水合流排出，其他非生活排水除消防以外，宜排入室外生活排水管道。

第四，室外为合流制，室内生活污水必须经局部处理（或经化粪池）后才能排入室外合流制下水道，有条件时应尽量将生活废水与粪便污水分别设置管道。公共食堂的污水经隔油处理后，方能排入室外生活排水管道。

第五，较洁净的废水如空调凝结水和消防试验排水可排入室外雨水管道。但必须是间接排水，并采取防止雨水倒流至室内的有效措施。

2. 室外污水量计算

室外污水量计算时，需注意：

第一，最高日生活污水量为生活用水量的85%~95%。生活用水量不包含绿化浇灌、道路冲洗等用水量。

第二，最大时污水量。室外污水管道的设计流量，应按最大时污水量进行设计。

$$Q=Q_1+Q_2 \tag{3-1-3-1}$$

式中 Q——最大时污水量（L/s）；

Q_1——居民生活污水设计流量（L/s）；

Q_2——村镇公共建筑生活污水设计流量（L/s）。

当室外生活污水分为粪便污水管与生活废水管时，其每人每日生活污水和废水量应分别计算。

居民使用时间为24h，小时变化系数同给水系统，公共建筑使用小时变化系数按其性质确定。

二、排水管道的布置与敷设

村镇住宅小区排水管道的布置与敷设常涉及覆土厚度、雨水口形式和数量、排水管材和检查井等内容。

1. 排水管道的覆土厚度

覆土厚度应根据道路的行车等级、管材受压强度、地基承载力、土层冰冻等因素和建筑物排水管标高经计算确定。住宅小区干道覆土厚度不宜小于0.7m，如小于0.7m时应采取保护管道防止受压破损的技术措施；生活污水接户管埋设深度不得高于冰冻线以上0.15m，且覆土厚度不宜小于0.3m。

2. 雨水口的形式和数量

雨水口流量应根据布置位置、雨水流量和雨水口的泄流能力经计算确定。雨水口的布置应根据地形、建筑物的位置，沿道路布置。为及时排除雨水，雨水口一般布置在道路交汇处和路面最低点，建筑物单元出入口与道路交界处，外排水建筑物的雨落管附近，住宅小区空地、绿地的低洼点，地下坡道入口横截沟处。沿道路布置的雨水口间距宜在20~40m之间。雨水连接管长度不宜超过25m，每根连接管最多连接2个雨水口。平箅雨水口的箅口宜低于道路路面30~40mm，低于土地面50~60mm。

3. 排水管材和检查井

住宅小区内排水管道，宜采用埋地排水塑料管、承插式混凝土管或钢筋混凝土管。当住宅小区内设有生活污水处理装置时，生活排水管道应采用埋地排水塑料管。住宅小区内雨水管道，可选用埋地塑料管、承插式混凝土管、钢筋混凝土管或铸铁管等。

管道的基础和接口应根据地质条件、布置位置、施工条件、地下水位、排水性质等因素，参照国家标准图集的做法确定。

住宅小区排水管与室内排出管连接处，管道交汇、转弯、跌水、管径或坡度改变处以及直线管段上每隔一定距离应设检查井。小区内生活排水管道管径小于等于150mm时，检查井间距不宜大于30m；管径大于200mm时，检查井间距不宜大于40m。

三、排水系统的水力计算

村镇住宅小区排水系统的水力计算涉及：生活污水排水量与排水管道的设计流量，排水管道水力计算，排水管道的设计流速、设计坡度、最小管径的规定，污水管道的埋设深度等内容。

1. 住宅小区生活污水排水量与排水管道的设计流量

村镇住宅小区生活污水排水量是指生活用水使用后能排入污水管道的流量，这是住宅小区污水排水管网水力计算的基础资料。由于蒸发损失及小区埋地管道的渗漏，住宅小区生活污水排水量小于生活用水量。我国现行的《建筑给水排水设计规范》（GB50015-2003）规定，住宅小区生活排水系统排水定额是其相应的给水系统用水定额的85%~95%。确定住宅小区生活排水系统定额时，村镇的小区取高值，小区埋地管采用塑料管时取高值，小区地下水位高时取高值。

住宅小区生活排水系统小时变化系数与相应的生活给水系统小时变化系数相同。

公共建筑生活排水系统的排水定额和小时变化系数与相应的生活给水系统的用水定额和小时变化系数相同。

住宅小区生活排水管道的设计流量不论小区接户管、支管、干管都按住宅生活排水量最大时流量和公共建筑生活排水最大时流量之和确定。

2. 生活污水排水量计算理论分析

如前所述，小区生活污水排水量计算有两种情况，其一是按生活污水排水定额、人数求出小区日排水量、平均时排水量，再查知总变化系数，可求出最大日最大时排水流量；其二是按卫生洁具的排水量，同时排水百分数或按卫生洁具的排水当量求出排水量，用于建筑内排水管道计算。则小区排水管网处于两者交接处，在计算中当设计人口较少时，按卫生洁具排水当量（或卫生洁具排水量）计算所得的流量计；当小区设计人口数较多时，按最高日最大时计算所得的流量计。按式（3-1-3-2）和式（3-1-3-3），两个公式的自变量有所不同，在下列假定条件下进行比较。

$$Q = \frac{nNK_z}{24 \times 3600} \tag{3-1-3-2}$$

式中，Q——住宅区生活污水排水量，L/s；

  n——住宅区生活污水排水定额，L/(人·d)；

  N——设计人口数；

  K_z——总变化系数。

$$q_u = 0.12\alpha\sqrt{N_u} + q_{max} \tag{3-1-3-3}$$

式中，q_u——计算管段上排水设计秒流量，L/s；

  N_u——计算管段上的排水当量总数；

  q_{max}——计算管段上排水当量最大 1 个卫生洁具的排水流量，L/s；

  α——根据建筑物用途而定的系数。

例如：平均每户 4 口人、每人平均日污水量 120L，每户设厨房洗涤盆、洗脸盆、坐便器和浴盆各 1 件，每户有洗衣机 1 台，则每户排水总当量 N_u 为 12，式（3-1-3-3）中取 α=2.0，q_{max}=2.0L/s，计算结果见表 3-1-3-1。

式（3-1-3-2）和式（3-1-3-3）计算结果比较

表 3-1-3-1

式（3-1-3-2）				式（3-1-3-3）	
N/人	Q_d/(L/s)	K_z	Q_h/(L/s)	N_u	q_u(L/s)
500	0.69	2.81	1.95	1500	11.30
1000	1.39	2.60	3.62	3000	15.15
2000	2.78	2.41	6.70	6000	20.59

式 (3-1-3-2)				式 (3-1-3-3)	
N/ 人	Q_d/(L/s)	K_z	Q_h/(L/s)	N_u	q_u(L/s)
3000	4.17	2.31	9.63	9000	24.77
4000	5.56	2.24	12.45	12000	28.29
5000	6.94	2.18	15.13	15000	31.29
7000	9.72	2.10	20.44	21000	36.78
9000	12.50	2.05	25.56	27000	41.44
12000	16.67	1.98	33.02	36000	47.54
15000	20.83	1.93	40.28	45000	52.91
20000	27.78	1.87	52.03	60000	60.79
25000	34.72	1.83	63.46	75000	67.73
30000	41.67	1.79	74.64	90000	74.00
40000	55.56	1.74	96.42	120000	85.14
50000	69.44	1.69	117.60	150000	94.95

资料来源：姜湘山、李亚峰，建筑小区给水排水工艺，北京：化学工业出版社，2003

由式 (3-1-3-2) 绘曲线 (1)，由式 (3-1-3-3) 绘曲线 (2)，见图 3-1-3-1。

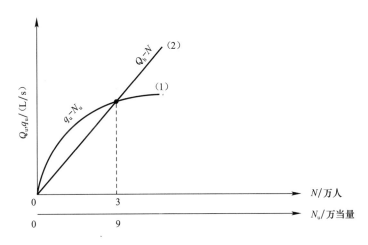

图 3-1-3-1 两公式计算结果绘出的曲线

1）两条曲线的形状是由其公式的数学形式而决定，当计算条件不同时，两条曲线的交点有所移动，但它们的相对关系一般不变。两条曲线的交点约为设计人口数 30000 人，排水当量值 90000，污水流量 74L/s；与此对应的小区规模已相当大。

2）式 (3-1-3-2) 是由某设计院根据实测资料总结出来，它是可靠的。它的使用下限为平均日污水量 5L/s，相应的设计人口数约 3600 人，最大日最大时流量约 11.50L/s，设计秒流量约为 26.94L/s。当按平均日总污水流量大于 5L/s，按设计秒流量设计显然有误。

3）当平均日总污水量在 0.7~5L/s 之间时，相应的设计人口数为 500~3600 人，最大日最大时流量为 2~11.50L/s，设计秒流量为 11.30~26.94L/s，这时如按设计秒流量设计，除上述定性分析的原因外，在数值上也无法与式 (3-1-3-2)"衔接"。

4）当设计人口数为 500 人时，相应的最大日最大时流量为 1.95L/s，它已经小于最大 1 个卫生洁具——坐便器的排水量（2L/s）。一般认为使管道发生淤积可能性最大的卫生洁具是坐便器，应保证它单独排出时管道具有自净能力，所以当最大日最大时流量小于 2L/s 时，按 2L/s 计。这样就将按式（3-1-3-2）计算方法的下限值延伸到平均日总污水流量约 0.7L/s。

5）式（3-1-3-3）是用卫生洁具当量计算排水设计秒流量的斯威史尼考夫公式。现行规范在对修正系数 α 调整后，确定用它计算建筑内排水管网。由于有些卫生洁具的排水当量大于其给水当量，所以它的计算结果一般大于原规范用给水当量计算的排水设计秒流量。即现行规范提高了建筑内排水管网的设计标准。现行规范对式（3-1-3-3）的使用上限未做规定，一般认为当它的计算结果小于按式（3-1-3-2）计算的结果时，完全可以判定已超出它的使用上限，由图 3-1-3-1 可见，当设计人口数小于 3 万人时，用式（3-1-3-3）计算流量大，这时小区内排水管网应该用设计秒流量进行满流复核，以便使建筑内外排水管网的设计能力相协调。

综上所述，建筑小区排水管网排水量若按设计秒流量式（3-1-3-3）计算流量较大，可以先按式（3-1-3-2）计算排水量，再用式（3-1-3-3）进行满流复核。

《室外排水设计规范》（GB50014-2006）中规定：管径为 200~300mm 时，最大设计充满度为 0.55，且在计算排水管充满度时，不包括淋浴或短时间内突然增加的污水量，但当管径小于或等于 300mm 时，应该按满流复核。小区排水管管径一般在 200~300mm 的范围内。

生活排水管在设计充满度下的最小设计流速为 0.6m/s，最小设计流速是保证管道内不发生淤积的自净流速，在小区排水管网的设计中应予以保证。

生活排水管道在街坊和厂区内的最小管径为 200mm，最小设计坡度为 0.004。在街道下的最小管径为 300mm，最小设计坡度为 0.003，要求若管道坡度不能满足上述规定时，可酌情减小，但应有防淤、清淤措施，而自流输泥管道的最小设计坡度宜采用 0.01。

为了减少堵塞次数又不致太不经济时，规范规定了最小管径，见表 3-1-3-2。

小区区域内排水管最小管径和最小设计坡度　　　　　　表 3-1-3-2

管　别		位　置	最小管径（mm）	最小设计坡度
污水管道	户前管	建筑物周围小路下	150	0.006
	支管	组团、街坊道路下	200	0.004
	干管	小区主干管、村镇道路下	300	0.003
雨水管和合流管道	户前管	建筑物周围小路下	200	0.004
	支管和干管	小区道路、村镇道路下	300	0.003
雨水连接管			200	0.01

注：1）户前污水管最小管径 150mm 适用于服务人口不宜超过 250 人（70 户），当超过 250 人（70 户）最小管径宜选用 200mm。
　　2）户前管管径不应小于建筑物的排出管管径。

资料来源：姜湘山、李亚峰，建筑小区给水排水工艺，北京：化学工业出版社，2003

最小管径的规定是根据养护经验和国家经济情况决定的，因此，小区排水管设计应按最小流量和不淤流速复核坡度。例：当平均日总污水流量为 5.0L/s 时，相应的最大日最大时流量为 11.50L/s，设计秒流量为 26.94L/s。如选用管径 200mm，设计坡度 0.004 时，设计充满度 0.55，设计流速 0.64m/s，能满足最大日最大时流量的设计要求。但最大满管流量为19.26L/s，不能满足设计秒流量顺流排出的要求；当改选管径200mm，设计坡度为0.007时，设计充满度0.47，设计流速0.79m/s，最大满管流量为25.48L/s，基本上能满足上述两者的要求。如按设计秒流量设计，选用管径300mm，设计坡度为0.003时，设计充满度0.52，设计流速0.71m/s。但对应最大日最大时流量，设计充满度0.33，设计流速0.57m/s。这样设计既不能保证不淤流速，也不经济。当平均日总污水量小于5L/s时，这种现象将更明显。

综上所述，小区排水管按最大日最大时流量计，当它小于2L/s时，按2L/s设计，按设计秒流量满流复核较合理且可行，按现行规范有关章节执行，但不能不经计算直接选用最小坡度。设计所选管径和坡度应保证在设计流量时其流速达到最小设计流速，并保证其相应的设计秒流量顺利排出。

3. 排水管道水力计算

村镇住宅小区生活排水管道水力计算的目的是确定排水管道的管径、坡度以及需提升的排水泵站设计。

村镇住宅小区生活排水管道水力计算方法与室外排水管道（或室内排水横管）水力计算方法相同，只是有些设计参数取值有所不同。

村镇住宅小区生活排水管道的设计流量采用最大小时流量，管道自净流速为0.6m/s，最大设计流速：金属管为10m/s，非金属管为5m/s。

当村镇住宅小区生活排水管道设计流量较小，排水管道的管径经水力计算小于下表最小管径时，不必进行详细的水力计算，按最小管径和最小坡度进行设计。住宅小区生活排水管道最小管径、最小坡度和最大充满度的规定见表3-1-3-3。

住宅小区生活污水和废水排水管道最小管径、最小设计坡度和最大设计充满度　　表3-1-3-3

管　别	管　材	最小管径（mm）	最小设计坡度	最大设计充满度
接户管	埋地塑料管	160	0.005	0.5
	混凝土管	150	0.007	
支管	埋地塑料管	160	0.005	
	混凝土管	200	0.004	
干管	埋地塑料管	200	0.004	0.55
	混凝土管	300	0.003	

注：接户管管径不得小于建筑物排出管管径。

资料来源：姜湘山、李亚峰，建筑小区给水排水工艺，北京：化学工业出版社，2003

住宅小区排水接户管管径不应小于建筑物排水管管径，下游管道的管径不应小于上游管道的管径，有关住宅小区排水管网水力计算的其他要求和内容，可按现行《室外排水设计规范》（GB50014-2006）执行。

建筑小区排水管道多用圆形断面管道，依照规范，采用的水力计算公式有：

$$v=C\sqrt{RI} \tag{3-1-3-4}$$

$$C=\frac{1}{n}R^{1/6} \tag{3-1-3-5}$$

则

$$v=\frac{1}{n}R^{2/3}I^{1/2}$$

$$Q=Wv=W\frac{1}{n}R^{2/3}I^{1/2}$$

式中： v ——流速，m/s；

Q ——流量，m³/s；

C ——谢才系数，m$^{1/2}$·s；

R ——水力半径，m；

I ——水力坡度；

n ——管的粗糙系数；

W ——过水断面面积，m²。

水力半径 R 为过水断面面积 W 除以湿周 x，即：

$$R=\frac{W}{x} \tag{3-1-3-6}$$

满流时，$R=\frac{D}{4}$

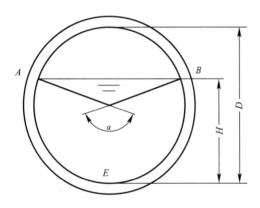

图 3-1-3-2　圆管非满流时有关计算参数

非满流时有关计算参数见图 3-1-3-2。

$$W=\frac{D^2}{8}(\alpha-\sin\alpha) \tag{3-1-3-7}$$

$$x=\frac{D}{2}\alpha \tag{3-1-3-8}$$

$$R=\frac{D}{4}\left(\frac{\alpha-\sin\alpha}{\alpha}\right) \tag{3-1-3-9}$$

$$\alpha=4\arcsin\sqrt{\frac{H}{D}} \tag{3-1-3-10}$$

非满流时管内水深 H 与管内径 D 之比 H/D 为充满度，污水管的充满度规定见表 3-1-3-4。

污水管道最大设计充满度　　　　　　　　　　表 3-1-3-4

管径（mm）	最大设计充满度
200~300	0.55
300~450	0.65
≥500	0.70

资料来源：《室外排水设计规范》(GB50014-2006)

污水管采用非满流设计的理由如下所述：

第一，污水流量时刻在变化，很难精确计算，而且雨水或地下水可能通过检查井盖或管道接口渗入污水管道。因此，有必要保留一部分管道断面，为未预见水量的增长留有余地，避免污水溢出妨碍环境卫生，同时使渗入的地下水顺利流泄。

第二，污水管道内沉积的污泥可能分解析出一些有害气体。此外，污水中如含有汽油、苯、石油等易燃液体时，可能形成爆炸性气体。故需留出适当的空间，以利管道通风，排除有害气体。

第三，管道部分充满时，管道内水流速度在一定条件下比满管流时大一些。

4. 排水管道的设计流速、设计坡度、最小管径的规定

设计流速、设计坡度、最小管径都是排水管道设计的重要内容。

1）设计流速

与设计流量、设计充满度相应的水流平均流速称为设计流速。污水在管内流动缓慢时，污水中所含杂质可能下沉，产生淤积；当污水流速增大时，可能产生冲刷现象，甚至损坏管道。为防止管道中产生淤积或冲刷，设计流速不宜过小或过大，应在最大和最小允许流速范围之内。

最小允许流速是保证管道内不致发生淤积的流速。这一最低的限值与污水中所含悬浮物的成分和粒度有关；与管道的水力半径、管壁的粗糙系数有关。从实际运行情况看，流速是防止管道中污水所含悬浮物沉淀的重要因素，但不是唯一的因素。引起污水中悬浮物沉淀的决定性因素是充满度。我国根据试验结果和运行经验确定，污水管道的最小允许流速为 0.6m/s，其最小允许流速适当加大，其值要根据试验或调查研究决定。

最大允许流速是保证管道不被冲刷损坏的流速。该值与管道材料有关。通常，金属管道的最大允许流速为 10m/s，非金属管道的最大允许流速为 5m/s。

2）设计坡度的规定

在均匀流情况下，水力坡度等于水面坡度，也等于管底坡度，从 $v=\dfrac{1}{n}R^{2/3}I^{1/2}$ 可以看出，流速和坡度间存在一定的关系。相应于最小允许流速的坡度，就是最小设计坡度，亦即最小设计坡度是保证管道不发生淤积时的坡度。

最小设计坡度也与水力半径有关，所以不同管径的污水管道，由于水力半径不同应有不同的最小设计坡度；相同直径的管道因充满度不同，其水力半径不同，也应有不同的最小设计坡度。但是，通常对同一直径的管道只规定一个最小坡度，以满流或半满流时的最小坡度作为最小设计坡度。小区排水管最小设计坡度见表3-1-3-5。

3）最小管径的规定

一般在污水管道系统的上游部分，设计污水流量很小。若根据流量计算，则管径会很小。根据养护经验证明，管径过小极易堵塞，比如支管管径150mm的堵塞次数，有时达到支管管径200mm堵塞次数的2倍。使养护管道的费用增加，而管径200mm与管径150mm的管道在同样埋深下，施工费用相差不多。此外，因采用较大的管径，可选用较小的坡度，使管道埋深减小。因此，为了养护工作的方便，常规定一个允许的最小管径。按计算所得管径，如果小于最小管径，则采用规定的最小管径，而不采用计算所得管径，小区排水管最小管径见表3-1-3-5。

5. 小区污水管道的埋设深度

小区污水管道的埋设深度有两个意义，其一为覆土厚度，它指管道外壁顶部到地面的距离；其二埋设深度，

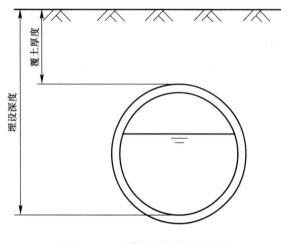

图 3-1-3-3　覆土厚度和埋设深度

它指管道内壁底到地面的距离,如图 3-1-3-3 所示。

污水管道的最小覆土厚度,应满足以下三个因素。

1)防止管道内的污水冰冻和因土壤冰冻膨胀而损坏管道

污水在管道中冰冻的可能性与土壤的冰冻深度、污水水温、流量及管道坡度等因素有关。

土壤的冰冻深度和当地的气温有关,同时它也受土壤性质的影响。设计时采用的土壤冰冻深度指多年平均值,而不是最大值。由于生活污水本身温度较高,即使在冬天,污水温度也不低于 4~10℃,此外,污水管道按一定的坡度敷设,管内污水具有一定的流速,经常保持一定的流量不断流动等,因此,污水管道的埋设深度不需埋至冰冻深度以下。

《室外排水设计规范》(GB50014-2006)规定:无保温措施的生活污水管道或水温和它接近的工业废水管道,管底可埋设在冰冻线以上 0.15m,并应保证管顶最小覆土深度;有保温措施或水温较高的管道,管底应在冰冻线以上的距离还可以加大,其数值应根据该地区或条件相似地区的经验确定,并应保证管顶的最小覆土厚度。

2)防止管壁因地面荷载而受到破坏

为了防止因地面荷载而使管道受到破坏,管顶需要有一定厚度的覆土,这一覆土厚度值取决于管材的强度、地面荷载的大小及荷载的传递方式(与路面种类及覆土情况有关)等因素。《室外排水设计规范》(GB50014-2006)规定:在车行道下,管顶最小覆土厚度一般不小于 0.7m。在管道保证不受外部荷载损坏时,最小覆土厚度可适当减小。

3)满足小区道路连接管在衔接上的要求

在气温暖和的平坦地区,管道的最小覆土厚度往往取决于连接管在衔接上的要求,因此,它受单体建筑污水排出管埋深的控制。小区污水管必须承接单体建筑污水排出管。从安装技术上讲,单体建筑污水排出管的最小埋深,通常采用 0.55~0.65m,所以小区污水管起端的最小埋深也应有 0.55~0.65m。小区排水管道起点埋深计算如图 3-1-3-4,且计算公式如下:

$$H=h+il+(Z_1-Z_2)+\Delta \qquad (3-1-3-11)$$

式中,H——小区污水管的最小管底埋深,m;

　　　h——小区污水支管起点管底埋深,m;

　　　i——支管的坡降;

　　　l——支管的长度,m;

Z_1,Z_2——小区内污水管与支管起端检查井地面标高,m;

　　　Δ——支管与小区内污水管的管底高差,m。

对每一个具体管道,从上述三个不同的因素出发,可以得到三个不同的管底埋深或管顶覆土厚度值。这三

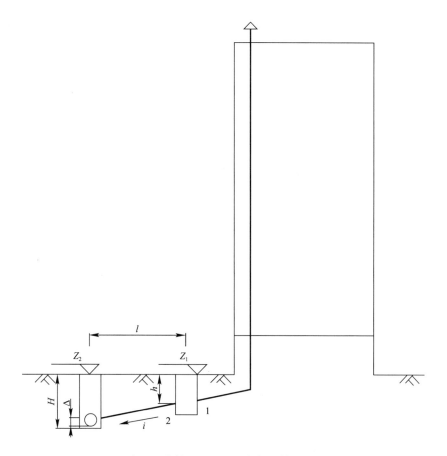

图 3-1-3-4　小区污水管最小埋深示意与建筑污水排出管的关系
1—建筑污水排出管；2—小区内污水支管

个数值中的最大一个值就是这一管道的允许最小覆土厚度或埋设深度。

　　除考虑管道起端的最小埋深外，还应考虑最大埋深问题。污水在管道中依靠重力从高处流向低处。当管道的坡度大于地面坡度时，管道的埋深就愈来愈大，尤其在地形平坦的地区更为突出。埋深愈大，则造价愈高，施工工期也愈长。管道埋深允许的最大值称为最大允许埋深。该值的确定应根据技术经济指标及施工方法而定。一般在干燥土壤中，最大埋深不超过 7~8m；在多水、流沙、石灰岩地层中，不超过 5m。当埋深必须超过最大埋深时，就得设置泵站抽升污水。

四、村镇住宅小区设计雨水流量与雨水管道水力计算

　　住宅小区雨水排水系统设计雨水流量的计算与城镇雨水（或屋面雨水）排水相同，但设计重现期、径流系数不同以及设计降雨历时等参数的取值范围不同。

　　设计重现期应根据汇水区域的重要程度、地形条件、地形特点和气象特征等因素确定，一般宜选用 1~3 年。

　　径流系数采用室外汇水面平均径流系数，经加权平均后确定。如资料不足，也可以根据建筑稠密程度按 0.5~0.8 选用。北方干旱地区的小区可取 0.3~0.6。建筑稠密区取上限，反之取下限。

　　村镇住宅小区排水系统采用合流制时，设计流量为设计生活排水量与设计雨水流量之和。设计生活排水量可取平均流量。计算设计雨水流量时，设计重现期宜高于同一情况下分流制小区雨水排水系统的设计重现期。

雨水和合流制排水管道按满管重力流设计，管内流速v，其值不宜小于0.75m/s，以免泥沙在管道内沉淀；水力坡度I管道敷设坡度，管道敷设坡度应大于最小坡度，并小于0.15。

对于位于雨水和合流制排水系统起端的计算管段，当汇水面积较小，计算的设计雨水流量偏小时，按设计流量确定排水管径不安全，也应按最小管径和最小坡度进行设计。住宅小区雨水和合流制排水管道最小管径和最小设计坡度见表3-1-3-5。

住宅小区雨水和合流制排水管道最小管径和最小设计坡度　　　表3-1-3-5

管　别	最小管径	最小设计坡度	
		铸铁管、钢管	塑料管
小区建筑物周围雨水接户管	DN200 (De225)	0.005	0.003
小区道路下干管、支管	DN300 (De315)	0.003	0.002
沟头的雨水口连接管	DN200 (De225)	0.01	0.01

注：表中铸铁管管径为公称直径，括号内数据为塑料管外径。
资料来源：《室外排水设计规范》(GB50014-2006)

第四节　村镇住宅小区供水管网检漏与修复

管网漏损量是管网无效供水量，也是供水量的一部分，漏损量越大制水成本就越高，对供水企业来说经济效益就越低，有时因为管网漏失而造成大面积的开挖道路，给社会和市民生活也带来了不必要的麻烦，因此，降低管网漏损率可以大大提高供水企业的经济效益和社会效益。

一、供水管网漏损

要减少漏损量，应从以下三方面着手：一是要准确的统计；二是要找出各种影响因素和原因；三是要根据具体问题制定出一条切实可行的控制漏损率的方案和措施。

1. 管网漏失的原因

虽然不准确的水量统计会影响到漏损量的准确性，但是它不会造成直接损失，只有管网上的漏失才是直接的损失，为此应重视调查管网漏失原因。管网漏失的主要原因有以下几个方面：

1）管道接口材料及技术原因

因为早期敷设的铸铁管和砼管限于当时工艺技术，接口大多采用麻油辫加水泥的施工工艺，管道安装完成，接口形成刚性后，当管道产生不均匀性沉降或由于温差引起伸缩时，刚性水泥接口因松动脱落而引起漏水。

2）管道及配件材质问题

第一，普通铸铁管腐蚀严重：早期铺设的管网以普通铸铁管为主，其运行时间较长，腐蚀严重。

第二，早期PVC塑料管老化易裂：PVC塑料管所占总漏水比例虽不大，但从单位长度漏损次数可以看出，PVC塑料管的损坏几率是最大的，这是因为PVC塑料管材质较差及技术上的原因，PVC容易老化使管道变脆易裂造成的。

第三，混凝土管运行时间较长：混凝土管运行的时间都比较长，大多分布在偏远地区，不便于管理维护。

3）管道敷设安装质量问题

根据当地的地质条件因地制宜地做好管沟基础，不能为了赶进度而忽视了基础施工，减少地基不均匀下沉导致的管道断裂损坏。

4）阀门漏水

管网在线的阀门有不同程度冒水、渗水，大部分是阀杆密封填料不实导致漏水，虽然这些冒、渗水程度都不是很大，但是一年下来漏损量也不容忽视。

5）外部原因

由于车轧、施工损坏等外部原因造成的管网损坏，这也是管网漏损的一个主要原因。

2．漏损量的统计

管网漏损量、供水量、有效供水量三者的关系为：

$$漏损量＝供水量－有效供水量$$

$$即，漏损量＝供水量－售水量－其他用水量$$

其他用水量为村镇消防、园林、绿化、管网末梢冲洗以及新管道试压、冲洗、消毒用水等。

就供水量而言，水量的计算和统计应准确，要如实反映实际供水量。这就要求水厂出水管上应安装流量仪，目前部分供水企业是通过水泵额定流量或是最大流量来计算，但是普通水泵（非变频泵）的实际送水量波动系数较大，当水泵工作扬程下降或提高时，水泵的送水量就相应增加或减少，所以这样计量肯定会产生误差。另外，供水管网的特性状况（如管道局部堵塞，大口径管道停水，夜间用水低峰时）也直接影响水泵的出水量，有时水泵虽在运转工作，但水却送不出去，如果按工作时间和平均流量进行统计，就不能如实反映水厂实际供水量。因此，在有条件的情况下，水厂出水管应安装流量计进行计量。通过流量计计量则可以较准确地记录水厂实际供水量。另外，装有流量计的水厂，要对流量计进行定期校核，减少仪表计量误差。

对售水量方面来说要比供水量复杂得多，因为售水量主要是靠各用水单位、用户安装的水表来统计计量的，而各供水企业不论大小，其范围内的水表总数都是很多的（少则几千，多则几万、几十万等）要在同一时间抄表统计出来是不现实的，但对于统计漏损量来说就要求有瞬时数据，才能准确统计。所以，这就要求有一个科学的抄表规律，如：同一块表要采取在每个月同一天同一时间来抄表，并且要求做到抄表准确、全面，特别是对DN50以上的大用户水表，更应如此。为此，要求抄表计量当月水量当月抄报统计。

对其他用水量方面（即村镇消防、园林、绿化、管网末梢冲洗以及新管道试压、冲洗、消毒用水）要分两个方面来对待。首先是要加强对村镇园林、绿化用水的管理，实行定点放水，有条件的要安装水表进行计量，对消火栓来说要特别注意查处消火栓私自放水，杜绝在消火栓上的不必要耗损，否则消火栓放水也是影响漏损率的一个重要因素。其次是要合理处理管网末梢冲洗以及新管道试压、冲洗、消毒用水，随着现代供水事业的不断发展，供水面积不断延伸，新建、扩建、改造管网的数量也在不断地增加，新管道的试压、冲洗、消毒用水量和管网末梢冲洗水量也就变得非常可观，它们也属于无计量有效用水。因此，应规范管网末梢冲洗以及新管道试压、冲洗、消毒用水量的统计，以明确反映实际漏损量。

二、小区供水管网检漏

村镇住宅小区供水管网的检漏方法包括：相关仪测定漏水点、漏水声自动记录监测法、分区检漏法、区域泄漏普查系统法等，这几种方法各有特点，可以帮助完成小区供水管网的检漏工作。

1. 相关仪测定漏水点位置

当把传感器放在管道或连接件的不同位置时，相关仪主机可测出由漏口产生的漏水声波传播到不同传感器的时间差 Td，只要给定两个传感器之间管道的实际长度 L 和声波在该管道的传播速度 V，漏水点的位置 Lx 就可计算出来。

$$Lx = (L - V \times Td)K2 \tag{3-1-4-1}$$

式中的 V 取决于管材、管径和管道中的介质，并全部存入相关仪主机中。

相关仪也经历了从低到高性能的发展过程，现代高性能的相关仪具有时间域和频率域（FFT）时实相关处理功能，同时具有高分辨率（0.1ms）、频谱分析及陷波、自动滤波、测管道声速和距离等功能，如德国 SEBA 的相关仪 SEBADYNA-CORR，新型相关仪 CORRELUXPL 都具备这些功能。

2. 漏水声自动记录监测法

以德国 SEBA 泄漏噪声自动记录仪为例，德国 SEBA 的 GPL99 是由多台数据记录仪和 1 台控制器组成的整体化声波接收系统。当装有专用软件的计算机对数据记录仪进行编程后，只要将记录仪放在管网的不同位置，如消火栓、阀门及其他管道暴露点等，按预设时间（如深夜 2:00~4:00），自动开关记录仪，可记录管道各处的漏水声信号，该信号经数字化后自动存入记录仪中，并通过专用软件在计算机上进行处理，从而快速探测装有记录仪的管网区域内是否存在漏水。人耳通常能听到 30dB 以上的漏水声，而泄漏噪声自动记录仪可探测到 10dB 以上的漏水声。

数据记录仪放置距离视管材、管径等情况而定，一般说来，金属管道可选 200~400m 的间距，非金属管道应在 100m 之内的间距。

判别漏水的依据是：每个漏水点会产生 1 个持续的漏水声，根据记录仪记录的噪声强度和频繁度来判断在记录仪附近是否有漏水的存在，计算机软件自动识别并作二维或三维图。

3. 分区检漏法

在管道听测漏水声时，一般说来，漏点大产生的漏水声比漏点小产生的漏水声要大一些，但漏点大到一定程度漏水声反而小了，因此，不能认为听到的漏水声大，其漏水量就大，有时实际情况正好相反。分区检漏法使漏水点按漏水量大小区分成为可能，并因此能做到：控制大的漏水点并首先将其排除掉。

每个管网中都存在着多处小的漏水点和几处大的漏水点，经验表明，漏水总量的 80% 是由 20% 大漏水点造成的。因此，尽快排除大的漏水点才能更好地控制漏耗，降低漏失率，同时，分区检漏可大大提高检漏速度。

所谓分区检漏法是：主要应用流量计测漏。首先关闭与该区相连的阀门，使该区与其他区分离，然后用一条消防水带一端接在被隔离区的消火栓上，另一端接到流量计的测试装置上；再将第二条消防水带一端接在其他区的消火栓上，另一端接流量计的测试装置上，最后开启消火栓，向被隔离区管网供水。借助于流量计，测量该区的流量，可得到某一压力下的漏水量。如果有漏水，可通过此开关打开该区的阀门，可发现哪一段管道漏水。德国 SEBA 的流量计 TDM10-60 正是为分区检漏而设计的。

采用分区检漏法检漏的优点：第一，能迅速排除大的漏水点；第二，系统地测试，可进行管网状况分析；第三，用所测流量与正常流量比较，可以发现漏水的早期迹象。其不足之处就是可能会影响部分居民用水。将它装载在车上操作起来方便。

4. 区域泄漏普查系统法

区域泄漏普查系统法是一种目前最新型的，经过实践证明实用有效的方法。它在方法和技术上主要是汇集了上述三种方法的优点，并应用了目前声学、电子、软件、通讯、信号处理、数字化处理等综合技术。

区域泄漏普查系统（以下简称多探头相关仪），由英国 BADCOM 公司研究生产，埃德尔集团自主开发中文操作界面，是目前世界上独一无二的集漏水预定位和精定位于一体，仅一次检测即可完成一定区域内的漏点预定位和漏点精定位的仪器，而且对管道属性要求不高，可以在不清楚管材管径的情况下进行漏水定位。从而实现了从发现漏水点到漏水点精确定位，从一段管线到大面积的检漏普查，仅用一套仪器就可完成。

多探头相关仪，顾名思义多探头，从 2 个探头开始，最多可配置到 192 个探头；以实现区域漏水声音的记录。普通相关仪则是已熟知的，其原理是根据漏水声沿管道传播到传感器的时间差来确定漏点位置的，而多探头相关仪有强大的软件支持，可反复利用在测试中收集到的大量相关测漏数据来验证检测结果，因此大大提高了检测的效率和准确度。

多探头相关仪的记录仪（简称探头）具有防水功能，不用无线发射，可排除无线干扰和盲区，区域泄漏普查系统可对 PVC 管和水泥管进行检漏。

测试时间不受限制（从 10s~3h），可在白天或夜间测试，避免了其他产品只能在夜间测试的局限性。

多探头相关仪既应用了世界的领先技术，也充分反映了实用性——可自动生成模拟管网图。

第五节　村镇住宅绿化与清洗节水

绿化供水与清洗用水也需要考虑节水的要求，其供水水源一般有：住宅小区自来水，包括村镇自来水管网直接进入小区内供水管网的水和小区加压管网的水；住宅小区中水管网的水，包括生活、生产排水和雨水经适当处理后再回用与小区的中水给水系统；来自天然水，天然水即指小区外河流、小溪、湖泊、池塘内的水。从节水的角度出发，最好使用中水管网的水和天然水，尽量少用自来水。

一、绿化供水

绿化能改善空气环境，减少灰尘飞扬，增加小区美感。较为节约的绿化用水方式有：漫灌，即向绿地某点供水，供水点产生漫流而逐渐地使该点周围的绿地土壤湿润，达到绿地供水的目的；滴灌，在绿地上架设或埋设供水多孔管，水流由孔中流出，架设的供水多孔管喷水浇灌称为滴灌，埋设于地下的供水多孔管喷水浇灌称为渗灌；喷灌，由喷头向绿化带进行供水浇灌。漫灌、滴灌、喷灌系统常由管道和阀门等组成。

1. 漫灌系统

由管道和阀门组成。管道可布置在绿化带边，也可布置在绿化带中间；可敷设在绿地上，也可敷设在绿地下。对于临时用漫灌系统，管道敷设在绿地上，对于经常用漫灌系统，管道敷设在绿地下。埋于绿地下的管道，埋设深度常为0.3~0.5m，管道低处应安装泄水阀门，以便放空防冻。

出水口处应安装阀门，用于调节关闭出水口。出水口的数量根据绿地用水点、绿地面积确定，在有坡度的绿地上，出水口应安装在用水绿地的高处，以便出水漫流。

2. 滴灌系统

由多孔管道和阀门组成。阀门安装在专用阀门井内，埋于地下的多孔管为防泥沙堵塞，应外包尼龙丝网或金属网，可直接埋于地下或敷设在地沟内，让出水渗流。敷设在绿地上的多孔管也应外包尼龙丝网或金属网，以免堵塞。多孔管布置应保证绿地滴灌均应且能使水滴灌到所需的绿地带上，用水量少。

3. 喷灌系统

主要由喷头、管道、阀门等组成。

二、清洗供水

清洗用水主要用于道路、汽车、建筑外墙等清洗工作。清洗用水水源有小区给水管网内水、小区中水管网内水、贮水池内水以及小区内天然地表水、地下水。

住宅小区道路清洗用水常用洒水车，取自水源内水存储在车上贮水箱内，由车上水泵加压送到洒水头部喷头冲洗道路。

汽车冲洗可用小区给水管网、中水管网内的压力水连接装有冲洗喷头的软性管冲洗汽车，也可建立专门的汽车清洗站，在清洗站内有地下水池，安装水泵和处理设备并与安装有喷头的冲洗管道连接，启动水泵后，水由地下水流经水泵、水处理设备、管道、喷头向汽车冲洗。

建筑外墙冲洗采用专用冲洗车，冲洗车上安装有高压冲洗水泵、贮水箱，连接高压冲洗水泵有消防专用的帆布管，帆布管上连接冲洗喷头，其工作过程是启动高压冲洗水泵，水泵抽取冲洗车上的贮水箱内水，水泵加压送到帆布软管和由人工控制的喷头，用喷头冲洗墙面。

第二章
村镇住宅供水和生活节水

村镇住宅的给水排水系统必须做到安全、卫生、可靠、节水，这是村镇住宅给水排水系统的基本要求。具体而言包括如下内容：

第一，凡是有人居住或使用的建筑物内都必须创造条件设置饮用给水。给水不得与非饮用水交叉连接，或有回流污染的可能。

第二，必须满足供水三要素，足够的水量和水压，符合国家饮用水卫生标准的水质。

第三，有条件的村镇，凡是有洗澡、洗脸、做饭、冲洗、洗衣等需要的建筑物都应该有热水供应。

第四，节水，在满足正常工作的条件下，给水系统应消耗尽可能少的水。供水压力必须符合有关规范要求，不能过高，以免造成水的浪费。

第五，设备必须安全可靠，加热器和储水箱应有防止爆炸和防止过热设施。

第六，尽量使用公共排水系统。化粪池和土壤渗透设施容易由于细菌作用的减弱、超负荷运行、过多的降水等原因而降低处理效果，可能会导致污染地下水。化粪池的处理效果达不到规定的排放标准，只能作为污水处理系统的预处理设施，或用于无公共排水设施的农村以及边远地区等地方。

第七，形成良好的排水系统，排水系统的设计、施工和日常维护应能保证无固体沉淀和堵塞。应合理设置清扫口，以方便清通。

第一节　室内给水系统设计与施工

住宅内部给水系统是将村镇给水管网或自备水源水引入住宅室内，经配水管送至生活和消防用水设备，并满足用水点对水量、水压和水质要求的冷水供应系统。

一、给水系统的组成

住宅内部给水系统由引入管、给水管道、给水附件、给水设备、配水设施和计量仪表等组成。

1. 引入管

从水源供水管道接管引至建筑物内的管段，一般又称进户管。引入管段上一般设有水表、阀门等附件。

2. 水表节点

水表节点是安装在引入管上的水表及其前后设置的阀门和泄水装置的总称。

在引入管段上应装设水表，在其前后装设阀门、旁通管和泄水阀门等管路附件，水表及其前后的附件一般设在水表井中。当建筑物只有一条引入管时，宜在水表井中设旁通管。温暖地区的水表井一般设在室外，寒冷地区为避免水表冻裂，可将水表井设在采暖房间内。

在建筑内部的给水系统中，除了在引入管段上安装水表外，在需计量的某些部位和设备的配水管上也要安装水表。为有利于节约用水，住宅建筑每户的进户管上均应安装分户水表。

3. 给水管道

给水管道包括干管、立管、支管和分支管，用于输送和分配用水。

干管（又称总干管）是将水从引入管输送至建筑物各区域的管段；立管（又称竖管）是将水从干管沿垂直方向输送至各楼层、各不同标高处的管段；支管（又称分配管）是将水从支管输送至各用水设备处的管段。

4. 给水附件

管道系统中调节水量、水压、控制水流方向、改善水质，以及关断水流，便于管道、仪表和设备检修的各类阀门和设备，诸如各种阀门、减压孔板、排气装置、水锤消除器、过滤器等管道附件。

1）给水系统采用的阀门

给水管道上使用的各类阀门的材质，应耐腐蚀和耐压。根据管径大小和所承受压力的等级及使用温度等要求确定，一般可采用全铜、全不锈钢、铁壳铜芯和全塑阀门。给水管道上使用的阀门，一般按下列原则选择：

第一，管径不大于50mm时，宜采用截止阀，管径大于50mm时宜采用闸阀、蝶阀。

第二，需调节流量、水压时宜采用调节阀、截止阀。

第三，水流需双向流动的管段上应采用闸阀、蝶阀，不得使用截止阀。

第四，要求水流阻力小的部位（如水泵吸水管上），宜采用闸板阀。

第五，安装空间小的部位宜采用蝶阀、球阀。

第六，在经常启闭的管道上，宜采用截止阀。

第七，管径较大的水泵出水管上宜采用多功能阀。

给水管道的下列部位应设阀门：居住小区给水管道从市政给水管道的引入管上；居住小区室外环状管网的节点处，应按分隔要求设置。环状管段过长时，宜设置分段阀门；从居住区给水管上接出的支管起端或接户管起端；入户管、水表前和各分支立管（立管底部、垂直环状管网立管的上、下端部）；环状管网的分干管、贯通枝状管网的连接管；室内给水管道向住户、公用卫生间等接出的配水管起端，配水支管上配水点在3个及3个以上时应设置；水泵的出水管，自灌式水泵的吸水管；水箱的进、出水管、泄水管；设备（如加热器、冷却塔等）的进水补水管；卫生器具（如大、小便器、洗脸盆、淋浴器等）的配水管；某些附件，如自动排气阀、泄压阀、水锤消除器、压力表、洒水栓等前、减压阀与倒流防止器的前后等；给水管网的最低处宜设置泄水阀。

给水管道上的阀门设置应满足使用要求，并应设置在易操作和方便检修的场所。暗设管道的阀门处应留有检修门，并保证检修方便和安全；墙槽内支管上的阀门一般不宜设在墙内。

室外给水管道上的阀门，宜设在阀门井或阀门套筒内。

2）止回阀

给水管道的下列管段上应设置止回阀：引入管上；密闭的水加热器或用水设备的进水管上；水泵出水管上；进、出水管合用一条管道的水箱、水塔、高地水池的出水管段上；管网有反压时，水表后面与阀门之间的管道上；双管淋浴器的冷热水干管或支管上。

止回阀的阀型选择，应根据止回阀的安装部位、阀前水压、关闭后的密闭性能要求和关闭时引发的水锤大小等因素选择。

第一，阀前水压小的部位，宜选用旋启式、球式和梭式止回阀；

第二，关闭后密闭性能要求严密的部位，宜选用有关闭弹簧的止回阀；

第三，要求削弱关闭水锤的部位，宜选用速闭消声止回阀或有阻尼装置的缓闭止回阀；

第四，止回阀的阀瓣或阀芯，应能在重力或弹簧力作用下自行关闭。

3）减压阀

给水管网的压力高于配水点允许的最高使用压力时，应设置减压阀，因减压阀样本中所示的P1、P2一般均为静压；当阀门启动后，其阀后动压应按式（3-2-1-1）计算：

$$P_2'=P_2-\Delta P \tag{3-2-1-1}$$

式中：P_2'——阀后出口的动水压力（MPa）；

$\quad\quad P_2$——阀后出口的静水压力（MPa）；

$\quad\quad \Delta P$——水流通过减压阀的水头损失（MPa），厂家提供。

减压阀的配置应符合下列要求：

第一，用水给水分区的减压阀应采用既减动压又减静压的减压阀；

第二，阀后压力允许波动时，宜采用比例式减压阀；阀后压力要求稳定时，宜采用可调式减压阀。生活给水系统宜采用可调式减压阀；

阀后配件处的最大压力应按减压阀失效情况下进行校核，其压力不应大于配件的产品标准规定的水压试验压力；

第三，减压阀前的水压宜保持稳定，阀前的管道不宜兼作配水管（即管道上不宜再接出支管供配水点用水）；

第四，选用减压阀时必须选取在汽蚀区以外，避免减压阀出现汽蚀现象。比例式减压阀的减压比不宜大于3:1；可调式减压阀的阀前与阀后的最大压差不应大于0.4MPa，要求环境安静的场所不应大于0.3MPa；

第五，减压阀应根据阀前压力阀后压力所需压力和管道所需输送的流量按照制造厂家提供的特性曲线选定阀门直径。比例式减压阀，应按设计秒流量在减压阀流量—压力特性曲线的有效段内选用。一般情况下，减压阀的公称直径应与管道相同。减压阀出口连接的管道其管径不应缩小，且管线长度不小于5倍公称直径；

第六，用于给水分区的减压阀组或供水保证率要求高，停水会引起重大经济损失的给水管道上设置减压阀时，宜采用两个减压阀，并联设置，一用一备工作，但不得设置旁通管。为在减压阀失效后能及时切换备用阀组和检修，阀组宜设置报警装置；

第七，减压阀失效时，阀后配水件处的最大压力不应大于配水件的产品标准规定的水压试验压力，否则应调整分区或采用加压阀串联使用（当减压阀串连使用时，按其中一个失效情况下，计算阀后最高压力；配水件的试验压力一般按其工作压力的 1.5 倍计）。

4）减压孔板

调压孔板可用于消除给水龙头和消火栓前的剩余水头，以保证给水系统均衡供水，达到节水、节能的目的。

调压孔板的计算：

水流通过孔板时的水头损失，可按式（3-2-1-2）计算：

$$H=10 \cdot \zeta \frac{V^2}{2g} \qquad (3\text{-}2\text{-}1\text{-}2)$$

式中：H——水流通过孔板后的水头损失值（kPa）；

10——单位换算值（kPa/10mH$_2$O）；

V——水流通过孔板后的流速（m/s）；

g——重力加速度（m/s^2）。

ζ 值可通过式（3-2-1-3）求得：

$$\zeta=[1.75(D^2/d^2)(1.1-d^2/D^2)/(1.175-d^2/D^2)-1]^2 \qquad (3\text{-}2\text{-}1\text{-}3)$$

式中：D——给水管直径（mm）；

d——孔板的孔径（mm）。

5）排气装置

排气装置可以用于以下地方：

第一，间歇性使用的给水管网，其管网末端和最高点应设置自动排气阀；

第二，给水管网有明显起伏积聚空气的管段，应在该管段的峰点设自动排气阀或手动阀门排气；

第三，气压给水装置，当采用自动补气式气压水罐时，其配水管网的最高点应设自动排气阀。

6）管道过滤器

给水管道的下列部位应设置管道过滤器：

第一，减压阀、自动水位控制阀，温度调节阀等阀件前应设置；

第二，水加热器的进水管上，换热装置的循环冷却水进水管上宜设置；

第三，水泵吸水管上宜设置管道过滤器；

第四，进水总表前应设置。

7）水锤消除器

给水加压系统，应根据水泵扬程、管道走向、环境噪音要求等因素，设置水锤消除装置。

8）配水设施

生活和消防给水系统管网的终端用水点上的装置即为配水设施。生活给水系统主要指卫生器具的给水配件或配水龙头。

9）增压和贮水设备

增压和贮水设备包括升压设备和贮水设备。如水泵、水泵-气压罐升压设备；水箱、贮水池和吸水井等贮水设备。

10）水表

建筑物的引入管，住宅的入户管及公用建筑物内需计量水量的水管上均应设置水表。住宅的分户水表宜相对集中读数，且宜设置于户外。水表口径的确定应符合以下规定：

第一，水表口径宜与给水管道接口管径一致；

第二，用水量均匀的生活给水系统的水表应以给水设计流量选定水表；

第三，用水量不均匀的生活给水系统的水表应以设计流量选定水表的过载流量；

第四，在消防时除生活用水外尚需通过消防流量的水表，应以生活用水的设计流量叠加消防流量进行校核，校核流量不应大于水表的过载流量。

水表应装设在观察方便、不冻结、不被任何液体及杂质所淹没和不易受损坏的地方。（注：各种有累计水量功能的流量计，均可替代水表）。

二、给水方式

给水方式即指建筑内部给水系统的供水方案。合理的供水方案，应综合工程涉及到的各项因素，如技术因素：供水可靠性，水质对城市给水系统的影响，节水节能效果，操作管理，自动化程度等；经济因素：基建投资，年经常费用，现值等；社会和环境因素：对建筑立面和城市观瞻的影响，对结构和基础的影响，占地面积，对环境的影响，建设难度和建设周期，抗寒防冻性能，分期建设的灵活性，对使用带来的影响等。

1．给水方式的基本形式

可采用综合评判法确定。在初步确定给水方式时，对层高不超过 3.5m 的民用建筑，给水系统所需的压力 H（自室外地面算起），可用以下经验法估算：1 层为 100kPa，2 层为 120kPa，3 层以上每增加 1 层，增加 40kPa。

1）直接给水方式

由室外给水管网直接供水，为最简单、经济的给水方式。适用于室外给水管网的水量、水压一天内均能满足用水要求的建筑。

2）设水箱的给水方式

设水箱的给水方式宜在室外给水管网供水压力周期性不足时采用。低峰用水时，可利用室外给水管网水压直接供水并向屋顶水箱进水，储备水量。高峰用水时，室外管网水压不足，则由水箱向给水系统供水。

3）设水泵、水箱联合的给水方式

设水泵和水箱的给水方式宜在室外给水管网压力低于或经常不满足建筑内给水管网所需的水压，且室内用水不均匀时采用。该给水方式的优点是水泵能及时向水箱供水，可缩小水箱的容积，又因有水箱的调节作用，水泵出水量稳定，能保持在高效区运行。生活用水水泵不可直接从村镇管网抽水，必须设置低位调节水池，水泵从调节水池吸水加压后送到屋顶水箱。

4）气压给水方式

气压给水方式即在给水系统中设置气压给水设备，利用该设备的气压水罐内气体的可压缩性，升压供水。

气压水罐的作用相当于高位水箱，但其位置可根据需要设置在高处或低处。该给水方式宜在室外给水管网压力低于或经常不能满足建筑内给水管网所需水压，室内用水不均匀，且不宜设置高位水箱时采用。

2. 给水方式选择原则

尽量利用外部给水管网的水压直接供水。在外部管网水压和流量不能满足住宅用水要求时，则下层应利用外网水压直接供水，上层可设置加压和流量调节装置供水。

三、给水管道的敷设

给水管道的敷设有明装、暗装两种形式。明装为管道外露，其优点是安装维修方便，造价低，但外露的管道影响美观，表面易结构、积灰尘，一般用于对卫生、美观没有特殊要求的建筑。暗装为管道隐蔽，如敷设在管道井、技术层、管沟、墙槽或夹壁墙中，直接埋地或埋在楼板的垫层里，其优点是管道不影响室内的美观、整洁，但施工复杂，维修困难，造价高，适用于对卫生、美观要求较高的建筑。村镇住宅一般都采用明装。

1. 管道敷设

给水横管穿承重墙或基础、立管穿楼板时均应预留孔洞，暗装管道在墙中敷设时，也应预留墙槽，以免临时打洞、刨槽影响住宅的结构。

给水管采用软质的交联聚乙烯管埋地敷设时，宜采用分水器配水，并将给水管道敷设在套管内。

引入管进入建筑内有两种情况，一种是从建筑物的浅基础下通过，另一种是穿越承重墙或基础。在地下水位高的地区，引入管穿地下室外墙或基础时，应采取防水措施，如设防水套管。室外埋地引入管要防止地面活荷载和冰冻的破坏，其管顶覆土厚度不宜小于 0.7m，并应敷设在冰冻线以下 0.2m 处。住宅内埋地管在无活荷载和冰冻影响时，其管顶离地面高度不宜小于 0.3m。

管道在空间敷设时，必须采用固定措施，以保证施工方便和安全供水。固定管道常用支、托架。给水钢立管一般每层安装 1 个管卡，当层高 >5m 时，则每层须安装 2 个，管卡安装高度，距地面应为 1.5~1.8m。

2. 管道防护

管道防护涉及防腐、防冻、防露、防漏、防振等一系列要求，对于延长管道使用寿命、减少漏水发生具有重要作用。

1) 防腐

明装和暗装的金属管道都要采取防腐措施，以延长管道的使用寿命。通常的防腐做法是管道除锈后，在外壁刷防腐涂料。

铸铁管及大口径钢管管内可采用水泥砂浆衬里防腐。

埋地铸铁管宜在管外壁刷冷底子油一道、石油沥青两道；埋地钢管（包括热镀锌钢管）宜在外壁刷冷底子油一道、石油沥青两道外加保护层（当土壤腐蚀性较强时可采用加强级或特加强防腐）；钢塑复合管就是钢管加强防腐性能的一种形式，钢塑复合管埋地敷设时，其外壁防腐同普通钢管；薄壁不锈钢管埋地敷设，宜采用管沟或外壁应有防腐措施；薄壁铜管埋地敷设时应在管外加防护套管。

明装的热镀锌钢管应刷银粉两道（卫生间）或调和漆两道；明装铜管应刷防护漆。

2）防冻、防露

敷设在有可能结冻的房间、地下室及管径、管沟等地方的生活给水管道，为保证冬季安全使用应有防冻保温措施。金属管保温层厚度根据计算确定但不能小于25mm。

在湿热的气候条件下，或在空气湿度较高的房间内敷设给水管道，由于管道内的水温较低，空气中的水分会凝结成水附着在管道表面，严重时还会产生滴水，这种管道结露现象，不但会加速管道的腐蚀，还会影响建筑的使用，如使墙面受潮、粉刷层脱落，影响墙体质量和建筑美观。

3）防漏

由于管道布置不当，或管材质量和施工质量低劣，均能导致管道漏水，不仅浪费水量，影响给水系统正常供水，还会损坏建筑，特别是湿陷性黄土地区，埋地管漏水将会造成土壤湿陷，严重影响建筑基础的稳固性。防漏的主要措施是避免将管道布置在易受外力损坏的位置，或采取必要的保护措施，避免其直接承受外力。并要健全管理制度，加强管材质量和施工质量的检查监督。在湿陷性黄土地区，可将埋地管道敷设在防水性能良好的检漏井内，便于及时发现和检修。管径较小的管道，也可敷设在检漏管内。

4）防振

当管道中水流速度过大时，启闭水龙头、阀门，易出现水击现象，引起管道、附件的振动，不但会损坏管道附件造成漏水，还会产生噪声。为防止管道的损坏和噪声的影响，设计给水系统时应控制管道的水流速度，在系统中尽量使用电磁阀或速闭型水栓。住宅建筑进户管的阀门后（沿水流方向），宜装设可曲挠橡胶接头进行隔振。

第二节　室内排水系统设计与施工

建筑排水系统通常由：卫生器具或受水器、排水管道（排水横支管、立管、排出管）、清通设备（检查口、清扫口、检查井）、通气管四部分组成。在地下室等不能靠重力排至室外的建筑中，排水系统还需要排水泵等局部提升设备。

一、排水管道的布置与敷设

室内排水管道的布置与敷设应在保证排水畅通、安全可靠的前提下，兼顾经济、施工、管理、美观等因素。

1. 注意做到排水畅通，水力条件好

为使排水管道系统能够将室内产生的污废水以最短的距离、最短的时间排出室外，应采用水力条件好的管件和连接方法。排水支管不宜太长，尽量少转弯，连接的卫生器具不宜太多；立管宜靠近外墙，靠近排水量大、水中杂质多的卫生器具；排出管以最短的距离排出室外，尽量避免在室内转弯。

2．保证排水管道不受损坏

必须保证排水管道不会受到腐蚀、外力、热烤等的破坏。如管道不得穿过沉降缝、烟道、风道；管道穿过承重墙和基础时应有预留孔洞；埋地管不得布置在可能受重物压坏处；湿陷性黄土地区横干管应设在地沟内；排水立管应采用柔性接口；塑料排水管道应远离温度高的设备和装置，在汇合配件处（如三通）设置伸缩节等。

3．保证室内环境卫生条件好

管道不得穿越卧室，并不宜靠近与卧室相邻的内墙；多层住宅的卫生间不应设置在厨房上部；多层住宅卫生间的卫生器具排水管不宜穿越楼板进入他户；六层及以下的住宅，最低层排水横支管接入处至立管底部排出管的最小垂直距离为0.45m。

4．保证施工安装、维护管理方便

为便于施工安装，管道距楼板和墙应有一定的距离。为便于日常维护管理，排水立管宜靠近外墙，以减少埋地横干管的长度。

应按规范规定设置检查口或清扫口。如铸铁排水立管上检查口之间的距离不宜大于10m，塑料排水立管宜每6层设置一个检查口。但在建筑物最低层和设有卫生器具的二层以上建筑物的最高层，应设置检查口；检查口应在地（楼）面以上1.0m，并应高于该层卫生器具上边缘0.15m。

在水流偏转角大于45°的排水横管上，应设检查口或清扫口。当排水立管底部或排出管上的清扫口至室外检查井中心的距离大于表3-2-2-1时，应在排出管上设清扫口。

排水立管或排出管上的清扫口至室外检查井的最大允许长度　　　　　　表3-2-2-1

管径（mm）	50	75	100	>100
最大长度（m）	10	12	15	20

资料来源：《建筑给水排水设计规范》（GB50015-2003）

二、通气系统布置与敷设

排水立管顶端应设伸顶通气管，其顶端应装设风帽或网罩，避免杂物落入排水立管。伸顶通气管的设置高度与周围环境、该地的气象条件、屋面使用情况有关，伸顶通气管高出屋面不小于0.3m，但应大于该地区最大积雪厚度；屋顶有人停留时，高度应大于2.0m；若在通气管口周围4m以内有门窗时，通气管口应高出窗顶0.6m或引向无门窗一侧；通气管口不宜设在建筑物挑出部分（如屋檐檐口、阳台和雨篷等）的下面。

若建筑物不允许或不可能每根通气管单独伸出屋面时，可设置汇合通气管。也就是将若干根通气立管在室内汇合，设一根伸顶通气管。

通气立管不得接纳污水、废水和雨水，不得与风道或烟道连接。

第三节　节水型卫生器具与设施选型

节水型卫生器具与设施的选型主要涉及：水龙头和便器系统，与人们的生活密切相关，与节水效果直接有关。

一、水龙头

水龙头又称水嘴，种类繁多，根据密封结构可分为旋塞式、螺旋升降式、陶瓷片式、空心球式、轴筒式、小孔先导式、电磁直提式、电机旋转式等。

螺旋升降式铸铁水龙头由于铁锈污染水质以及加工工艺落后，使用寿命短，国家已明令淘汰。

陶瓷片密封水龙头分为单柄单控和单柄双控两种，结构比螺旋升降式水龙头稍微复杂一些，按照使用要求不同，可以做成多种不同形式，但它的内部阀芯只有两种。

水龙头中最常见的是：普通水龙头、单柄水龙头、洗菜盆（旋转出水口）调温水龙头。

二、便器系统

便溺器具包括大便器、小便器和冲洗设备等。器具一般采用不透水、无气孔、表面光滑、耐腐蚀、耐磨损、耐冷热、便于清扫、有一定强度的材料制造，如陶瓷、搪瓷生铁、塑料、水磨石、复合材料等。今后，村镇住宅使用的便溺器具主要应该是冲水便器，冲水大便器有坐式大便器、蹲式大便器两种。小便器一般设于公共建筑男厕所内，住宅几乎不使用。冲洗设备是便溺器具的配套设备，有冲洗水箱（又分高位水箱和低位水箱）和冲洗阀两种，坐便器可用低水箱或冲洗阀，蹲式大便器可用高位水箱或冲洗阀。

1. 节水便器

由于大部分冲水坐便器均使用优质自来水，这是一种很大的水资源浪费。便器系统浪费水的现象主要表现在一次冲洗水量过大和水箱漏水。所以，首先应尽量创造条件使用中水（二次水、循环水、再生水、杂用水等），当不具备中水条件时，就应尽可能减少每次冲便的用水量，并防止渗漏水。

冲水便器系统包括以下几个部分：水箱及配件（含自动补水阀、排水阀）、便器（含防臭水）、排水管道、给水阀门、软管和弯管等。普通坐便器之中冲落式和虹吸式使用较多。经过研究和实验，冲落式坐便器因其冲洗方法，比较容易达到 6L 水的用水量要求；虹吸式坐便器则由于利用了虹吸的抽排作用，排污能力较强。

另外还有喷射虹吸式和漩涡虹吸式两种形式坐便器。喷射虹吸式便器除了具有虹吸式坐便器的优势之外，还更易于排污，提高了冲洗效率，但耗水量会稍大一些；漩涡虹吸式有助于减少排污噪声，但由于水量少、势能小，往往不能一次全部完成冲洗工作。

节水冲便器比普通便器设计先进，应优先考虑，同时建议优先选用二档的水箱配件。冲水便器产品应符合《节水型生活器具》（CJ164）的要求。

2. 普通冲水便器的节水

首先，应该尽量创造条件，使用中水（二次水、循环水、再生水、杂用水等）冲厕。

其次，尽可能减少每次的用水量，如优先选用 6L 新型节水便器。或在保持冲洗效率的前提下，调整进水浮球阀的方式，减少一次进水量，如图 3-2-3-1 和图 3-2-3-2。

同时，一定要克服排水阀漏水现象。

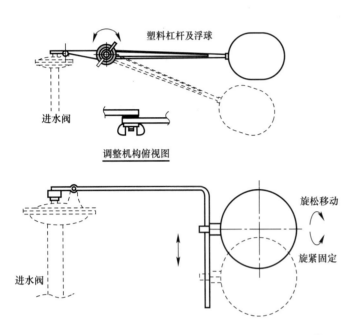

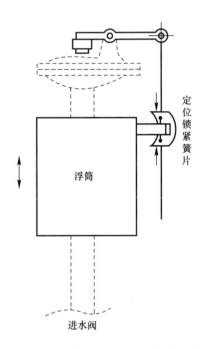

图 3-2-3-1　曲臂式水位调节机构和滑动球式水位调节机构

图 3-2-3-2　簧片锁紧式水位调节机构

第四节　给水和排水管道的管材选择

村镇住宅的给排水设计中，给水管道和排水管道的材料选择也很重要。良好的管材不但可以保证给水和排水，而且有助于减少管线的漏水，延长管道使用寿命，达到节水节材的目标。

一、给水系统的管材选择

给水系统采用的管材应符合现行产品标准要求。生活饮用水给水系统所涉及的材料必须达到饮用水卫生标准；管道的工作压力不得大于产品标准允许的工作压力。给水管道的管材应根据管内水质、压力、敷设场所的条件及敷设方式等因素综合考虑确定。

首先，埋地管道的管材应具有耐腐蚀性和能承受相应地面荷载的能力。当管径 >75mm 时可采用有内衬的给水铸铁管、球墨铸铁管、给水塑料管和复合管；当管径≤ 75mm 时，可采用给水塑料管、复合管或经可靠防腐处理的钢管、热镀锌钢管。

第二，室内管道应选用耐腐蚀和安装、连接方便可靠的管材。明敷或嵌墙敷设管，一般可采用薄壁不锈钢管、钢塑复合管、给水塑料管、薄壁铜管、热镀锌管。敷设在地面找平层内，宜采用 PEX 管、PP-R 管、PVC-U 管、铝塑复合管、耐腐蚀的金属管材，但不能留有活动接口在地面内以利检修，还应考虑管道膨胀的余量；当采用薄壁不锈钢管时应有防止管材与水泥直接接触的措施，如采用外壁覆塑薄壁不锈钢管或管外壁缠绕防腐胶带等。管道的直径均不得大于 25mm。

第三，室外明敷管道一般不宜采用给水塑料管、铝塑复合管。

第四，在环境温度大于 60℃ 或因热源辐射使管壁温度高于 60℃ 的环境中，不得采用 PVC-U 管。

第五，采用塑料管材时，其系统压力不应大于 0.6MPa，水温不超过该管材的规定。

第六，给水泵房内的管道宜采用法兰连接的衬塑钢管或涂塑钢管及配件。

第七，水池（箱）内管道、配件的选择应注意：水池（箱）内浸水部分的管道，宜采用耐腐蚀金属管材或内外镀塑焊接钢管及管件（包括法兰、水泵吸水管、溢流管、吸水喇叭、溢水漏斗等）；进水管、出水管、泄水管宜采用管内、外壁及管口端涂塑钢管或塑料管。当采用塑料进水管时，其安装杠杆式进水浮球阀端部的管段应采用耐腐蚀金属管及管件，并应有可靠的固定措施，浮球阀等进水设备的重量不得作用在管道上；管道的支撑件、紧固件及池内爬梯等均应经耐腐蚀处理。

二、排水系统的管材选择

选用塑料管材需考虑的因素如下：

第一，排水管道管材的选用应根据住宅的高度、使用性质、抗震与防火要求、施工安装、技术经济等方面综合考虑；同时还要参考当地的管材供应条件，因地制宜选用。

第二，住宅内排水管道应采用柔性接口机制排水铸铁管及相应管件和噪声小的建筑排水塑料管道及管件。

第三，柔性接口排水铸铁管，直管应离心浇注成型，不得采用砂型立模或横模浇注生产工艺。管件应为机压砂型浇注成型。

第四，当采用硬聚氯乙烯螺旋管时，排水立管用挤压成型的硬聚氯乙烯螺旋管，排水横管应采用挤出成型的建筑排水用硬聚氯乙烯光滑管，连接管件及配件应采用注塑成型的硬聚氯乙烯光滑管，连接管件及配件应采用注塑成型的硬聚氯乙烯螺旋管件。

第五，环境温度可能出现 0℃ 以下的场所、连续排水温度大于 40℃ 或瞬时排水温度大于 80℃ 的排水管道，应采用金属排水管。

第六，对防火要求较高的住宅、要求环境安静的场所，不宜采用普通塑料排水管道。

第七，当住宅内排水管道采用硬聚氯乙烯管时，宜采用胶黏剂连接。

第五节　居民日常生活与节水意识

村镇住宅节水不但涉及设计，而且与居民的节水意识密切相关。通过宣传，可以改变人们的不良用水习惯，大大节约住宅生活用水。

第一，鼓励使用固定器皿洗漱。提倡使用脸盆洗脸，自来水边放着边刷牙，这样不间断放水 30s，用水量约为 6L；如果让水龙头开着 5min，则要放掉 60L 水。用口杯刷牙节水，3 口杯足以应对一次刷牙，关了水龙头再刷牙，只需要 0.6L 水。水长流洗手用水量是 8L，如果用盆洗，用水量是 4L，可节省 4L。

第二，收集家庭废水冲马桶。若马桶的水箱过大，可在水箱里竖放一块砖头或一只装满水的大可乐瓶，以减少每次的冲水量。但要注意，砖头或可乐瓶不要妨碍水箱部件的运动。同时可收集家庭洗菜、淘米、淋浴或洗衣的废水来冲厕所，节约清水。厕所使用节水型卫生器具，每次可节约 4~5L 水。此外，垃圾不论大小、粗细不要在厕所用水冲。另外选择节水型马桶，按照 3 个人，每人每天冲水 5 次计算，6L 比 9L 马桶每月可节约 1350L。

第三，洗衣机水位不宜太高。衣物最好集中洗涤，减少洗衣次数。内衣裤袜、夏季衣物等小件最好手洗，可节约大量用水。洗衣机水位不宜定得太高，放入洗衣机的洗涤剂要适量，过量投放导致不宜漂洗干净，且容易浪费大量的水。其实，要真正省水，最好购买一台半自动洗衣机，只有洗涤和甩干的功能，而中间的漂洗的过程由手工来完成，虽然费了些力气，但却可达到省水的目的。如果将漂洗的水留下来做下一批衣服的洗涤用水，一次可以省下 30~40L 清水。洗衣机全自动用水量是 227L，半自动用水量是 102L，可节省水量 125L。另外，应尽量选择节水洗衣机。在相同容量下，节水洗衣机与普通洗衣机价差 500 元左右。按照 5kg 容量、平均每周洗 3 次计算，一年可节水 7m³。

第四，淋浴搓洗应及时关水。洗澡时不要将喷头始终开着，应间断放水，淋浴搓洗时应及时关水。头脚淋湿即关喷头，用肥皂或浴液搓洗，一次冲洗干净。淋浴时，水长流用水量是 95L，冲湿后抹肥皂，再打开水龙头清洗，用水量是 34L，可节省水量 61L。洗澡时不要"顺便"洗衣物。澡盆洗澡水不要放满，1/4~1/3 盆就足够了。盆浴洗澡，满盆用水量是 132L，如果 1/4 满时用水量是 38L，可节省水量 94L。用喷头淋浴比用浴缸洗澡节省水量达 80% 之多。

第五，鼓励用桶接水洗拖把。用桶接水来洗拖把，洗过的水还可以再冲马桶。

第六，碗筷集中一起洗。炊具、食具上的油污，先用纸擦除再洗涤可节水；洗涤蔬菜水果时应控制水龙头流量，改不间断冲洗为间断冲洗。要等全家人都吃完后，把所有用过的碗筷一次性来洗。因为在日常生活中，有的人喜欢把一个碗擦上洗洁精，然后对着水龙头冲洗干净后，再洗第二个、第三个……有的人甚至在擦洗洁精的时候已经打开了水龙头，任自来水一直在流。其实，家里一般用的洗菜盆都有塞子，把塞子堵上，放上水倒上洗洁精后一次性把所有的碗筷先洗一遍，然后再一起用水冲洗。洗碗时水龙头冲洗用水量是 114L，在盆中清洗，然后漂净，用水量是 19L，可节省用水量 95L。这样既避免了单个洗时的重复劳动，也可以节约用水。另外，洗碗机满周期使用用水量是 61L，不满周期使用，用水量是 26L，可节省水量 35L。

第七，一水多用节水效果明显。比如养鱼水可以浇花，因为这些水中有鱼的粪便，比其他浇花水更有营养；淘米、煮面及蒸锅的水，可以用来刷洗碗筷 残余茶水可以用来擦家具等。一水多用虽然说起来容易做起来麻烦，但节水效果明显。据计算，将洗衣、洗澡、洗漱等生活废水收集起来，用作冲厕，拖地等，一个三口之家每月可节水 1t 左右。

第八，防止卫生器具漏水。防止卫生器具漏水具有重要的节水效益，在家庭生活中，应该定期检查抽水马桶冲洗水箱、水塔、水池、水龙头或其他水管接头以及墙壁或地下管路有无漏水情形。简单易行的检查方法有：在水箱中滴入几滴食用色素，等 20min（这段时间内没人使用马桶），如果有颜色的水流入马桶，就表示该水箱漏水；将所有水龙头关紧并确定无人用水而水表仍在动，就表示屋内或地下水管在漏水。

此外，如果水龙头关紧后仍滴水，要更换橡皮垫；如果发现道路埋设水管有漏水现象，则应及时拨打抢修电话。

第三章
雨水和海水利用

　　雨水是一种宝贵的资源，但常常又被人们当作"废水"直接排放。通过合理的规划设计、采取相应的工程措施，采用尽可能延缓地表径流流出本地区的时间的方法，将雨水加以充分利用。雨水集蓄利用是缺水地区解决人畜饮用水困难、进行农作物补充灌溉、促进农业生产稳定、丰产的有效措施。它的实施也为农业结构调整和生态环境建设创造了有利条件。在雨水相对丰富地区，在村镇住宅集中的地方也可以通过屋面收集雨水用于园林浇灌、冲厕、洗衣、冷却循环用水等；修建水库、池塘、储水池等措施收集雨水，以缓解淡水资源紧张的状况。同时，在某些沿海地区，还能巧妙利用海水，以达到节约淡水的目标。

第一节　雨水收集与利用

　　农村雨水收集涉及农村雨水集蓄利用工程，即：在干旱、半干旱及其他缺水地区，将规划区内及周围的降水进行汇集、存储，以便作为该地区水源加以有效利用的一种微型水利工程。它具有投资小、见效快、适合家庭使用等特点。它包括：集雨系统、输水管渠、净化构筑物、贮存设施、生活给水系统、节水灌溉系统等内容。

　　集雨系统：主要指收集雨水的场地，分为自然集雨场和人工集雨场。自然集雨场主要利用天然或其他已形成的集流效率高、渗透系数小、适宜就地集流的自然集流面集流；人工集流常用的集流防渗材料有混凝土、瓦（水泥瓦、机瓦、青瓦）、塑料薄膜、衬砌片石、天然坡面夯实土等。

　　输水管渠：指将集雨场的雨水引入沉砂池的输水沟（渠）或管道。

　　净化构筑物：在所收集的雨水进入给水贮存系统之前，须经过一定的沉淀和过滤处理，以去除雨水中的泥沙等杂质。常用的净化设施有：拦污格栅、沉砂池、砂滤池等。

　　贮存设施：可分为蓄水池、水窖、旱井、涝池、塘坝等。

　　生活给水系统：包括提水设备、高位水池、输水管道、深度水处理设施等。

　　节水灌溉系统：包括提水设备、输水管道、田间灌水器等。与常用集水技术配套的田间节水灌溉形式有：注射灌和喷滴灌等。为有效提高水的利用效率。除灌溉系统外，还常配有田间农艺节水措施如地膜覆盖、化学抑制剂的施用、选用抗旱作物品种等。

一、农村雨水集蓄系统

农村地区的雨水集蓄系统主要包含布窖、集雨系统集流面、存储系统构造等三大部分。

1. 雨水收集与地形

农村雨水集蓄系统布局与地形紧密相关，不同的地形需要采取不同的雨水收集方案。

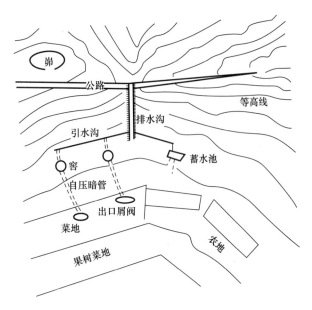

图 3-3-1-1　梁峁地形布窖示意图

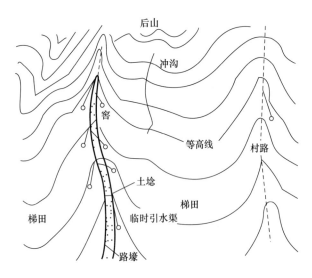

图 3-3-1-2　山前壕掌地布窖示意图

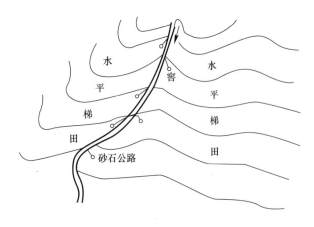

图 3-3-1-3　沿路地带及坡面集流示意图

1）梁峁地形

梁峁地区地形起伏,地处水土侵蚀源头,地面较平整,植被较好,鞍部地形处常是乡村道路交会点。梁峁多修成水平梯田或为天然草地,冲沟较少。

沿梁顶多为交通道路,路面是收集雨水的理想场地。窖点应根据地形和农田在道路两侧合理布局。例如宁夏海原县冯川村利用梁顶公路(沥青路面)鞍部处的集水沟收集路面径流,在半山坡打窖蓄水,自流灌溉坡脚下的农田(图 3-3-1-1)。

2）山前壕掌地带

这类地形往往后山为山丘地形,坡面冲沟较多,多为荒坡草地,坡面大,为扇形汇流;在沟口汇流后又随地形扩散,形成山前台地(或为壕掌地),汇流低洼处为田间路或牧羊道,路壕两侧均为农田。

该地形径流条件好,沟壕汇流量大,一般含沙量较大。窖群应沿路壕两侧布置,分段建引洪渠收集径流入窖(图 3-3-1-2),同时应建好引水入窖前的沉沙设施,水窖蓄满后及时封堵进水口。例如宁夏固原县七营乡倪壕村节水灌溉示范点就是利用山前沟壕集水,实行窖水节灌。

3）缓坡地带

多为山前坡脚台地、塬地、壕墒地,地势较平坦。黄土丘陵多被沟壑切割,下切侵蚀严重,沟道宽深。缓坡地为农业耕作区,农草间作。

这类地形多为蓄满产流(即降水雨强小于下垫面下渗强度,下垫面入渗土壤饱和后才产流)。田间路面为主要集水场地。窖群宜布置在田间路两侧的农田间,水窖数量要根据路面产流、田间蓄满产流的水量合理布局,避免过密布置。

4）沿路地带

各地农村均有省、市、县以及乡村各级道路经过,沿途有各种地形地貌,如梁、峁、坡、川等,要充分利用路面的集水条件结合地形情况,因地制宜布设窖群。水窖的位置应选在路界外的农田内,修建好引水渠、沉砂池等配套设施(图 3-3-1-3)。

5）庭院附近

山区农户多分散居住，房舍为平台地，旁边建有麦场，房前多有菜地、农地。此时，可充分利用庭院地面、麦场、屋顶作为集水场地，在院内打窖解决喝水问题的同时发展庭院经济，也可在庭院外打窖灌溉附近的农田。

2．集雨系统集流面

1）瓦屋集流面

瓦屋集流面的设计施工可按照当地农村住宅建设的要求进行，瓦与瓦间应搭接良好，屋檐处应设滴水。

2）混凝土集流面

混凝土集流面施工前，应对地基进行洒水，翻夯处理。翻夯厚度以 30cm 为宜，夯实后干密度不小于 1.5t/m³。

对于湿陷性黄土软基础宅院，宜采用洒水夯实法进行处理。其方法是：先将宅院内原状土全部挖虚后均匀洒水，使土体达到适当比例的含水量，当其抓起成块，落地开花时可进行夯实，其干密度不得小于 1.5t/m³。对于坚硬土质的宅院，可采用表面洒水处理法，其方法是：将原宅院表面进行均匀洒水，其湿透层达到 20mm 左右时，再用方头铁锹按设计纵坡进行铲平及夯实处理。

对宅院基础较虚软，离石源地较近的农户宅院，可采用压石洒水法进行处理。其做法是：按设计的纵坡要求，先将院内进行大体平整后，再铺压直径为 25~30mm 的卵石，然后均匀洒水并挂线分块浇筑。

混凝土集流面宜采用横向坡度 1/10~1/50，纵向坡度 1/50~1/100。混凝土集流面宜采用 C15 现浇，厚度 30~40mm，要求砂石料含泥量不大于 4% 并不得用矿化度大于 2g/L 的水拌和。混凝土分块尺寸以 1.5m×1.5m~2.0m×2.0m 为宜，块与块之间缝宽 10~15mm，缝间填塞浸油沥青砂浆牛皮纸、3毡2油沥青油毡、水泥砂浆或细石混凝土、红胶泥等。伸缩缝应做到全部混凝土深度。具体细部结构如图 3-3-1-4 所示。

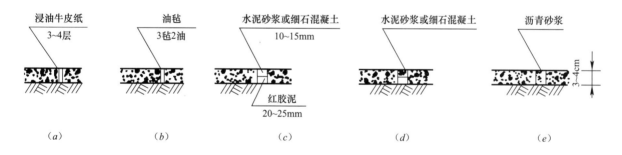

图 3-3-1-4　混凝土集流面及伸缩缝构造
（a）浸油牛皮纸；（b）油毡；（c）水泥砂浆或细石混凝土加红胶泥；（d）水泥砂浆或细石混凝土；（e）沥青砂浆

所有混凝土工程和砂浆工程要求在初凝后覆盖麦草、草袋等物洒水养护 7d 以上。夏季炎热时每天洒水不得少于 4 次。

3）土质集流面

利用农村土质道路作为集水场时，要进行整平并做出向路边排水的横向坡度。利用荒山、荒坡等建设原土翻夯集水场的，宜洒水深翻 300mm，夯实后干密度不小于 1.5t/m³。

4）片（块）石衬砌集流面

片（块）石衬砌集流面施工时应根据片（块）石的大小和形状，采用竖向砸入或水平铺垫的方法，厚度要求不小于50mm。水平铺垫时要求对地基进行翻夯处理，翻夯厚度以300mm为宜，夯实后干密度不小于1.5t/m³。

5）塑料薄膜防渗集流面

塑料薄膜防渗集流面可分为裸露式和埋藏式两种。裸露式直接将塑料薄膜铺设在修理完好的地面上；埋藏式可采用草泥、细砂等覆盖，厚度以40~50mm为宜。草泥施工时应抹匀压实拍光，细砂应摊铺均匀。塑料薄膜集流面的土基要求铲除杂草，整平耕地并进行适当拍实或夯实，拍实或夯实程度以人踩不落陷为准。裸露式塑料薄膜铺设后四周及表面适当部位宜用砖块、石块或木条等压实。接缝可搭接100mm，用恒温熨斗焊接，或搭接300mm后折叠止水。

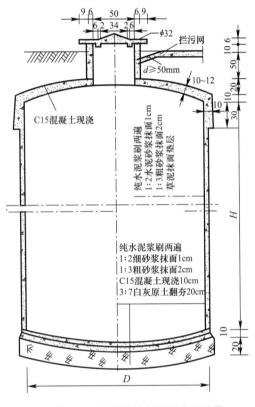

图3-3-1-5　混凝土拱底顶盖水泥砂浆
抹面窖剖面（单位：mm）

3. 存储系统构造

西北、华北地区的蓄水工程存储系统大致分为水窖、旱井、蓄水池、涝池、塘坝等；西南地区四川省及重庆市主要包括水池、水窖和水井三种；广西地区将集雨蓄水工程通称为水柜；贵州雨水集蓄利用"三小工程"包括小水窖、小水池、小山塘等形式。各地区存储系统虽名称各异，但构造大同小异，仅由于各地土质、降水形式不同而有所区别。以下就西北地区常见的水窖进行重点介绍。

水窖有水泥砂浆抹面窖、混凝土球形窖、混凝土蓄水池、水泥砂浆抹面窖等多种形式。

1）混凝土拱底顶盖水泥砂浆抹面窖

该窖型是最常见的一种形式。主要由混凝土现浇弧形顶盖、水泥砂浆抹面窖壁、三七灰土翻夯窖基、混凝土现浇拱形窖底、混凝土预制圆柱形窖颈、进水管等6部分组成，如图3-3-1-5所示。

水窖的直径可用下式确定：

$$D=(4V/\beta)^{1/3} \tag{3-3-1-1}$$

式中　D——水窖内径（m）；

V——水窖容积（m³）；

β——深径比，$\beta=H/D$。对于蓄存饮用水的水窖$\beta=1.5$~2.0；以灌溉为主的水窖最大直径不超过3.5m。

2）混凝土球形窖

球形窖主要包括现浇混凝土上半球壳、水泥砂浆抹面的下半球壳、两半球壳接合部包括圈梁、窖颈、进水管等几部分。球形窖下部土基应进行翻夯，翻夯深度不小于300mm，夯实后干密度不低于1.5t/m³。该窖型也是水窖常见的一种形式。

混凝土现浇球形窖的直径可用下式计算：

$$D=(6V/p)^{1/3} \tag{3-3-1-2}$$

式中 D——水窖内径（m）；

  V——水窖容积（m^3）。

二、农村住宅雨水利用系统

雨水利用是一种多用途的综合性技术。目前应用范围有分散住宅的雨水收集利用中水系统、建筑群或小区集中式雨水收集利用中水系统、分散式雨水渗透系统、集中式雨水渗透系统、绿色屋顶花园雨水利用系统、生态小区雨水综合利用系统（绿色屋顶、收集利用、渗透、水景）等多种应用方式，一般情况下可概括为雨水集蓄利用和雨水渗透两大类。

1. 雨水集蓄利用

村镇住宅雨水集蓄利用主要有：屋面雨水集蓄利用系统和绿色屋顶雨水利用系统。

1）屋面雨水集蓄利用系统

雨水集蓄利用系统生产的主要为用于家庭、公共和工业等方面的非饮用水，如用来浇灌、冲厕、洗衣、冷却、循环等的中水系统。利用屋顶作集雨面时，屋顶以瓦屋面和水泥混凝土预制块屋面为主。

雨水集蓄利用系统可以设置为单体建筑物的分散式系统，也可在建筑群或小区中设置集水系统。由雨水汇集区、输水管系、截污装置、储存装置（地下水池或水箱）、净化系统（如过滤、消毒等）和配水系统等几部分组成。有时也设渗透设施，与贮水池溢流管相连，当雨量较多或降雨频繁时，部分雨水溢流渗透。图 3-3-1-6 是家庭典型雨水集蓄利用系统示意。该系统可产生多种效益，如节约饮用水、减轻排水和处理系统的负荷、改

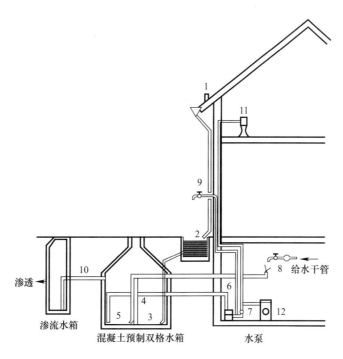

图 3-3-1-6　住户典型雨水集蓄利用系统示意

1—格栅；2—粗过滤；3—进水管；4—砖砌过滤墙；5—水泵吸水管；6—水泵；7—水表；

8—应急供水管；9—庭院浇洒水龙头；10—溢流；11—厕所；12—洗衣机

善生态环境等。

2）绿色屋顶雨水利用系统

绿色屋顶雨水利用系统是一种调节建筑物温度和美化环境的新技术，也可作为雨水集蓄利用的预处理措施。既可用于平屋顶，也可用于坡屋顶。

绿色屋顶的关键是植物和上层土壤的选择。植物种类应根据当地气候和自然条件来确定，还应与土壤类型、厚度相适应。上层土壤应选择孔隙率高、密度小、耐冲刷、可供植物生长的洁净天然或人工材料，可用火山石、沸石、浮石等，选种的植物多为色彩斑斓的各种矮小草本植物。集水管周围部分填充卵（碎）石，绿色屋顶系统可使屋面径流系数减小到 0.3，有效地削减雨水径流量，并改善居住区环境。

2．雨水渗透

雨水渗透设施的种类很多，渗透技术可分为分散渗透和集中回灌两大类。

分散式渗透可应用于各种场地，规模大小因地制宜，设施简单，可减轻对雨水收集、输送系统的压力，补充地下水，还可以充分利用表层植被和土壤的净化功能减少径流带入水体的污染物。但分散式渗透和一般渗透速率较慢，在地下水位高、土壤渗透能力差或雨水水质污染严重等条件下应用受到限制。

集中式深井回灌容量大，可直接向地下深层回灌雨水，但对其所处位置的地下水位、进入的雨水水质有更高的要求，尤其当地下水作为饮用水水源时，地下水回灌需要十分慎重。

以下概括各种渗透设施的优缺点及适用条件，供设计时参考：

1）渗透地面

渗透地面可分为天然渗透地面和人工渗透地面两大类，前者以绿地为主。

绿地是一种天然的渗透设施。主要优点是透水性好；有大量的绿地可以利用，节省投资；一般村镇住宅小区及建筑物周围均有绿地分布，便于雨水的引入利用；绿地对雨水中的一些污染物具有较强的截纳和净化作用。它的缺点是其渗透量受土壤性质的限制，雨水中如含有较多的杂质和悬浮物，会影响绿地的质量和渗透性能。

如果将绿地设计成下凹式，则可以容纳较多的雨水下渗。但此时要设计好绿地的溢流，避免过度积水对植被的破坏。

人造透水地面是指各种人工铺设的透水性地面，如多孔的嵌草砖、碎石地面、透水性混凝土或沥青路面等。主要优点是能利用表层土壤对雨水的净化能力，对预处理要求相对较低；技术简单，便于管理。缺点是渗透能力受土质限制，需要较大的透水面积，对雨水径流量无调蓄能力。在条件允许的情况下，应尽可能多地采用透水性地面。

2）渗透管沟

雨水通过埋设于地下的多孔管材向四周土壤层渗透，因此，其主要优点是占地面积少，管材四周填充粒径 20~30mm 的碎石或其他多孔材料，有较好的调蓄能力。缺点是一旦发生堵塞或渗透能力下降，很难清洗恢复，而且由于不能利用表层土壤的净化功能，雨水水质要有保证，否则必须经过适当预处理，使雨水不含悬浮固体。主要适用于用地紧张的城区，适用条件有表层土渗透性很差而下层土透水性良好、旧排水管系统的改造利用、水质较好的屋面雨水收集、道路两侧狭窄等。一般要求土壤的渗透系数K明显大于10^{-6}m/s，距地下水位要有一定厚度的保护土层。

渗透沟可以敞开的形式设于地面，也可以设置带盖板的渗透暗渠，在一定程度上避免了地下渗透管不便管理的缺点，也减少挖深和土方量。可以采用多孔材料制作的U形沟渠，也可做成自然的植物浅沟，底部铺设透水性较好的碎石层。特别适用于公路和道路两边、广场或建筑物四周。

3）渗透井

渗透井包括深井和浅井两类，前者适用水量大而集中、水质好的情况，其形式类似于普通的检查井，但井壁做成透水的，在井底和四周铺设ϕ10~30mm的碎石，雨水通过井壁、井底向四周渗透。

渗透井的主要优点是占地面积和所需地下空间小，便于集中控制管理。缺点是净化能力低、水质要求高，不能含过多的悬浮固体，需要考虑预处理。适用于地面、地下可利用空间小的场合，也适用于表层土壤渗透性能差，下层土壤透水性好的情况。

4）渗透池（塘）

渗透池的最大优点是渗透面积大，能提供较大的渗水和储水容量；另外还有净化能力强；对水质和预处理要求低；管理方便；具有渗透、调节、净化、改善景观等多重功能的优点。缺点是占地面积大，设计管理不当会造成水质恶化、蚊蝇孳生和池底部的堵塞渗透能力下降；在干燥缺水地区，蒸发损失大，需要兼顾各种功能做好水量平衡。适用于汇水面积较大（10000m²），有足够的可利用地面的情况。特别适合在新建生态住区内使用。结合小区的总体规划，可达到改善小区生态环境、提供水景观、开源节流、降低雨水管系负荷与造价等多项目标。

5）综合渗透设施

应用中可根据具体条件将各种渗透装置进行组合。例如可将渗透地面、绿地、渗透池、渗透井和渗透管等组合成一个渗透系统。其优点是可以根据现场条件的多变选用适宜的渗透装置，取长补短，效果显著。如渗透地面和绿地可截留净化部分杂质；超出其渗透能力的雨水进入渗透池（塘），起到渗透、调节和一定净化作用；渗透池的溢流雨水再通过渗井和滤管下渗，可以提高系统效率并保证安全运行。缺点是装置间可能相互影响，如水力计算和高程要求严格、占地面积较大。

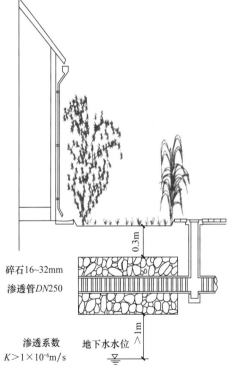

碎石16~32mm
渗透管DN250
渗透系数
$K>1\times10^{-6}$m/s
0.3m
1m
地下水水位

图3-3-1-7　典型的小区雨水渗透系统

图3-3-1-7是一种典型小区雨水渗透系统。来自屋顶和小区路面的径流雨水首先进入绿地，雨水经绿地去除部分杂质和其他污染物后再进入渗井和渗透管。

3．雨水综合利用系统

生态小区雨水利用系统是新兴的一项综合性雨水利用技术，该技术利用生态学、工程学、经济学原理，通过人工净化和自然净化，将雨水利用与景观设计相结合，从而实现环境效益、经济效益、社会效益的和谐统一。具体做法和规模因地制宜，一般包括绿色屋顶、水景、渗透、雨水回用等。有些社区还建造出集太阳能、风能和雨水利用于一体的花园式生态建筑。

例如某小区雨水收集利用工程，将160栋建筑物的屋顶雨水通过收集系统进入9个容积为650m³的贮水池中，主要用于浇灌。溢流雨水和绿地、步行道汇集的雨水进入一个仿自然水道，水道用砂和碎石铺设，并种有多种植物，形成植物鱼类等生物共存的生态系统。同时利用太阳能和风能使雨水在水道和水塘间循环，连续净化，保持水塘内水清见底。遇暴雨时，多余的水通过渗透系统回灌地下，整个住区基本实现雨水零排放。

三、典型的农村水窖

水窖是一种地下埋藏式蓄水工程，其功能是拦蓄雨水和地表径流，提供人畜饮水和旱地灌溉的水源，减轻水土流失。

在雨水集蓄利用工程中，水窖是经常使用的蓄水工程形式之一，在土质地区和岩石地区都有应用。在土质地区的水窖多为圆形断面，可分为圆柱形、瓶形、烧杯形、坛形等，其防渗材料可采用水泥砂浆抹面、黏土或现浇混凝土；岩石地区水窖一般为矩形宽浅式，多采用浆砌石砌筑。

1. 水窖的类型

水窖的形式很多，根据形状和防渗材料，可分为：黏土水窖、水泥砂浆薄壁水窖、混凝土盖碗水窖、砌砖拱顶薄壁水泥砂浆水窖等。主要根据当地土质、建筑材料、用途等条件来选择。

1）窑窖

一般的窑窖如图3-3-1-8所示。

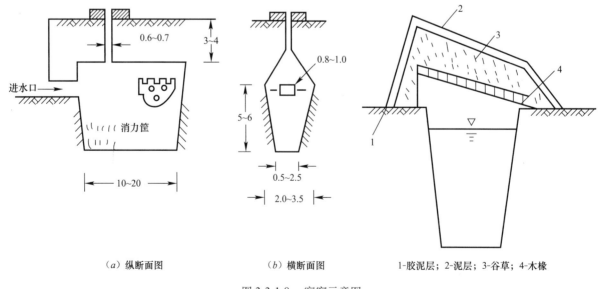

（a）纵断面图　　　　　（b）横断面图　　　　1-胶泥层；2-泥层；3-谷草；4-木椽

图3-3-1-8　窑窖示意图

2）竖井式圆弧形混凝土水窖

常见的竖井式圆弧形混凝土水窖详见图3-3-1-9，图中除标明者外，尺寸以毫米计。

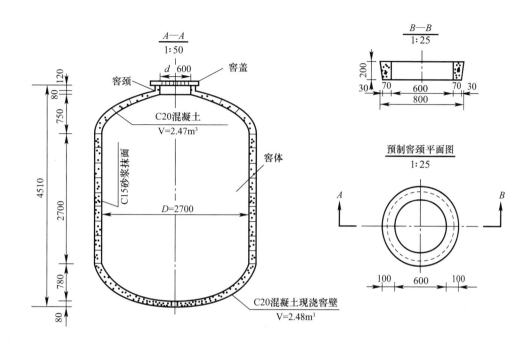

图 3-3-1-9　竖井式圆弧形混凝土水窖示意图

2．水窖的设计依据

修建水窖要根据年降水量、地形、集雨坪（径流场）面积等条件因地制宜，合理布局。规划要根据现有的水利设施，建设高效能的人畜饮水、旱地灌溉或者两者兼顾的综合利用工程。

水源高于供水区的，采取蓄饮工程措施；水源低于供水区的，采取提蓄工程措施；无水源的采取建库、池窖、分散解决的工程措施。

在有水源保证的地方，根据地形及用水地点，可修建多个水窖，用输水管（渠）串联或并联供水；在无水源保证的地方，可修建容积较大的水窖，其蓄水调节能力，一般应满足当地 3~4 个月的供水。

3．水窖的设计原则

水窖设计应该因地制宜、就地取材、技术可靠、保证水质水量、节省投资；应该充分开发、发挥利用各种水资源（包括现有水利设施），使灌溉与人畜饮水相结合；应该防止冲刷，确保工程安全；为了调节水源，可将水窖串联运行。

4．水窖布置原则

以饮用水为主的窖池，应远离污染源；水源地（调水池）应置于高位点，以便自压供水；应避开不良地质地段。

水窖的选择应确保有足够的水源；有深厚而坚硬的土层，一般应设在质地均匀的土层上，以黏性土壤为主，黄土次之；在石质山区，多利用现有地形条件，设置在无泥石流危害的沟道两侧的不透水基岩上；窖址应便于人畜用水和农田灌溉。

第二节 雨水处理工艺和设施

雨水处理的工艺流程和设施应根据收集雨水的水量、水质以及雨水回用的水质要求等因素，经技术经济比较后确定。

影响雨水回用处理工艺和设施的主要因素有：雨水能回收的水量，雨水原水水质，雨水回用部位的水质要求，三者相互联系，影响雨水回用水处理成本和运行费用。在工艺流程选择中还应充分考虑其他因素，如降雨的随意性很大，雨水回收水源不稳定，雨水储存和处理设备时常闲置等，目前一般雨水利用尽可能简化处理工艺，以便满足雨水利用的季节性，节省投资和运行费用。

一、雨水处理工艺

雨水处理是将雨水收集到蓄水池中，再集中进行物理、化学处理，去除雨水中的污染物。目前给水和污水处理中的许多工艺可以应用于雨水处理中。采用化学法时，应注意到雨水来水量的不确定性，药剂的投加系统不应设在原水池内。

1. 雨水处理工艺的流程

确定雨水处理工艺的原则是力求简单，主要原因是：第一，雨水井初期径流弃流后水质比较洁净；第二，降雨随意性较大，回收水源不稳定，处理设施经常闲置。雨水处理工艺的流程主要有：

1）雨水→初期径流弃流→景观水体

此工艺的出水当达不到景观水体的水质要求时，考虑利用景观水体的自然净化能力和水体的处理设施对混有雨水的水体进行净化。当所设的景观水体有确切的水质指标要求时，一般设有水体净化设施。

2）雨水→初期径流弃流→雨水蓄水池沉淀→消毒→雨水清水池

此处理工艺可用于原水较清洁的村镇，比如环境质量较好或雨水较频繁的村镇。

3）雨水→初期径流弃流→雨水蓄水池沉淀→过滤→消毒→雨水清水池

根据某实际工程运行经验，当原水的 COD_{Cr} 在 100mg/L 左右时，此工艺对于原水的 COD_{Cr} 去除率一般可达到 50% 左右。

2. 水质要求较高时的处理措施

在用户对水质有较高要求时，应增加相应的深度处理措施，其用水水质应满足国家有关标准规定的要求，比如空调循环冷却水注水、生活用水等，其水处理工艺应根据用水水质进行深度处理，如混凝、沉淀、过滤后加活性炭过滤或膜过滤等处理单元等。

随着国家经济的发展，人民群众对健康卫生的要求也日益提高。例如为使回用水在管道系统或卫生器具等用户端停留一段时间而不易变质，对原水中氮、磷等营养性指标应采取限制措施，对水中的微生物更应严格控制。在条件许可的情况下，推荐工程应用中对水质提出更高的要求，通过采取先进的技术手段，增加回用水与人民生活的亲和力，同时减少环境污染。

3. 回用雨水的消毒

回用雨水宜消毒，采用氯消毒时，宜满足下列要求：

第一，雨水处理规模不大于100m³/h，可采用氯片作为消毒剂；

第二，雨水处理规模大于100m³/h，可采用次氯酸钠或者其他氯消毒剂消毒；

第三，一般雨水回用水的加氯量可参考给水处理厂的加氯量。依据国内外运行经验，加氯量在2~4mg/L左右，出水即可满足村镇杂用水水质要求。

二、雨水处理设施

雨水过滤及深度处理设施的处理能力应符合下列规定：

当设有雨水清水池时，按下式计算：

$$Q_y = \frac{W_y}{T}$$

式中　Q_y——设施处理能力（m³/h）；

　　　W_y——经过水量平衡计算后的日用雨水量（m³）；

　　　T——雨水处理设施的日运行时间（h）。

当无清水池和高位水箱时，按回用雨水的设计秒流量计算。

雨水处理设备的运行时间建议取每日16~20h。

1. 雨水蓄水池的设计

雨水蓄水池可兼作沉淀池，其设计应符合现行国家标准《室外排水设计规范》（GB50014）的有关规定。雨水在蓄水池中的停留时间较长，一般为1~3d或更长，具有较好的沉淀去除率，蓄水池的设置应充分发挥其沉淀功能。另外雨水在进入蓄水池之前，应考虑拦截固体杂物。此外，将雨水蓄水池作为沉淀池时，应考虑污泥的处置方法。

2. 雨水过滤处理

雨水过滤处理宜采用石英砂、无烟煤、重质矿石等滤料或其他新型滤料和新工艺。石英砂、无烟煤、重质矿石等滤料构成的快速过滤装置，都是建筑给水处理中一些较成熟的处理设备和技术，在雨水处理中可借鉴使用。雨水过滤设备采用新型滤料和新工艺时，设计参数应按实验数据确定。当雨水回用于循环冷却水时，应进行深度处理。深度处理设备可以采用膜过滤和反渗透装置等。

在选择水处理工艺时，应特别考虑雨水净化设备间歇工作和降雨不确定性的特点。雨季净水设备通常间歇工作，非雨季则极少工作；即便在雨季，不同场次的降雨量、污染物浓度等往往具有很大差别，所选择的深度处理措施应兼顾以上特点，在选择如混凝、沉淀、过滤、活性炭吸附等工艺时，更需特别注意。

近年来在节水领域膜处理技术发展很快，得到了广泛应用。膜处理技术的关键部位是过滤膜，过滤膜按孔径通常分为微滤（MF）、超滤（UF）、纳滤（NF）和反渗透（RO）等，纳滤和反渗透通常用于制备饮用水或纯净水，微滤和超滤则广泛用于污水回用，给水处理等，四种膜材均已实现国产化。目前膜技术的应用还受到工程建设初投资高、运行管理技术要求较高、运行维护费用较高、报废膜材处理手段不够成熟等因素影响，正在积极地探索和推广中。由于通常水处理使用的膜材料为工业化生产的高分子材料，随着生产量的增加，净化设备制造成本降低的趋势明显，近年的推广应用，膜处理技术的工程造价和处理费用已经显著下降，技术也不断成熟完善，在雨水处理领域，微滤和超滤技术已经具备在工程中使用的条件。

第三节　雨水入渗、回灌补给

我国黄河以北地区年降雨量一般小于 600mm，月降雨极度不均，每年雨季集中在 6~9 月份，鉴于以上特点，对大部分住宅及小区而言，雨水收集利用的成本较高、效率较低，投资回报周期长。因此，采用雨水就地入渗是较好的雨水利用方式。北方地区连年缺水，地下水位下降较明显，大部分地区地下水位较深，有利于雨水渗透。

一、雨水入渗设施

雨水入渗可采用绿地入渗、透水铺装地面入渗、浅沟与洼地入渗、浅沟渗渠组合入渗、渗透管沟、入渗井、入渗池、渗透管 - 排放系统等方式。

绿地（包括非铺砌地面）和铺砌的透水地面的适用范围广，宜优先采用；当地面入渗所需要的面积不足时采用浅沟入渗；浅沟渗渠组合入渗适用于土壤渗透系数不小于 5×10^{-6} m/s 时；当采用浅沟入渗所需要的面积不能满足要求时，一般可采用渗透管入渗。

1. 透水铺装地面入渗设施

透水铺装地面应设透水面层、找平层和透水垫层。透水面层可采用透水混凝土、透水面砖、草坪砖等。透水地面面层的渗透系数均应大于 1×10^{-4} m/s，找平层和垫层的渗透系数必须大于面层。透水地面设施的蓄水能力不宜低于重现期为 2 年的 60min 降雨量。面层厚度宜根据不同材料、使用场地确定，孔隙率不宜小于 20%；找平层厚度为 20~50mm；透水垫层厚度不小于 150mm，孔隙率不应小于 30%。铺装地面应满足相应的承载力要求，北方寒冷地区还应满足抗冻要求。透水铺装地面结构如图 3-3-3-1 所示。

根据垫层材料的不同，透水地面的结构分为 3 层（见表 3-3-3-1），应根据地面的功能、地基基础、投资规模等因素综合考虑进行选择。

透水路面砖厚度为 60mm，孔隙率为 20%，垫层厚度按

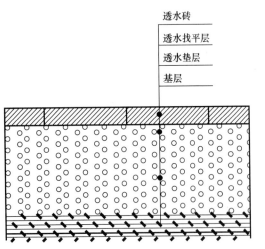

图 3-3-3-1　透水铺装地面结构示意图

透水砖
透水找平层
透水垫层
基层

200mm 计，孔隙率按 30% 计，则垫层与透水砖可以容纳 72mm 的降雨量，即使垫层以下的基础为黏土，雨水渗入地下速度忽略不计，透水地面结构也可以满足大雨的降雨量要求，而实际工程应用效果和现场试验也证

透水铺装地面的结构形式　　　　　　表 3-3-3-1

编号	垫层结构	找平层	面层	适用范围
1	100~300mm 透水混凝土	1）细石透水混凝土 2）干硬性砂砾 3）粗砂、细石厚度 20~50mm	透水性水泥混凝土 透水性沥青混凝土 透水性混凝土路面砖 透水性陶瓷路面砖	人行道、轻交通流量道路、停车场
2	150~300mm 砂砾料			
3	100~200mm 砂砾料 +50~100 透水混凝土			

资料来源：建筑与小区雨水利用工程技术规范编制组编，建筑与小区雨水利用工程技术规范实施指南，北京：中国建筑工业出版社，2008

明了这一点。

水质试验结果表明，污染雨水通过透水路面砖渗透后，主要检测指标如 NH_3-N、COD_{Cr}、SS 都有不同程度的降低，其中 NH_3-N 降低 4.3%~34.4%，COD_{Cr} 降低 35.4%~53.9%，SS 降低 44.9%~87.9%，使水质得到不同程度改善。

另外，根据试验观测，透水路面砖的近地表温度比普通混凝土路面稍低，平均低 0.3℃ 左右，透水路面砖的近地表湿度比普通混凝土路面的近地表湿度稍高 1.12%。

透水面层、透水垫层应有足够的空隙率，用于暂存雨水，因为降雨较为集中，历时较短，雨水入渗主要决定于土壤的渗透能力，同样历时内土壤的渗透量远小于降雨量，多余的雨水暂存在渗透层的空隙内，由土壤层缓慢渗透。不设透水垫层或透水垫层不规范均严重影响渗透效果。我国大部分地区，尤其是北方地区空气质量较差，降尘量较大，随着时间的推移，细小的尘将会缓慢渗入到透水面层、透水垫层内，渗透层内的空隙将会逐步减小，因此，设计阶段应尽量加大渗透层的空隙率。

2．浅沟与洼地入渗设施

浅沟与洼地入渗应符合以下要求：地面绿化在满足地面景观要求的前提下，宜设置浅沟或洼地；积水深度不宜超过 300mm；积水区的进水宜沿沟长多点分散布置，宜采用明沟布水；浅沟宜采用平沟。

浅沟与洼地入渗设施是利用天然或人工洼地蓄水入渗。通常在绿地入渗面积不足，或雨水入渗性太小时采用洼地入渗措施。洼地的积水时间应尽可能短，因为长时间的积水会增加土壤表面的阻塞与淤积。一般最大积水深度不宜超过 300mm。进水应沿积水区多点进入，对于较长及具有坡度的积水区应将地面做成梯田形，将积水区分割成多个独立的区域。积水区的进水应尽量采用明渠，多点均匀分散进水。洼地入渗系统如图 3-3-3-2 所示。

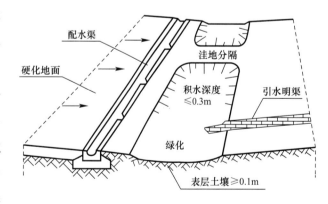

图 3-3-3-2　洼地入渗系统

3．浅沟渗渠组合入渗设施

浅沟渗渠组合入渗设施的构造形式见图 3-3-3-3。应符合下列要求：沟底表面的土壤厚度不应小于

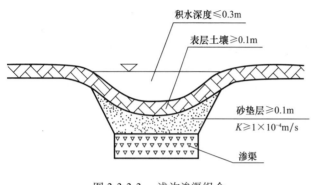

图 3-3-3-3　浅沟渗渠组合

（图中标注：积水深度≤0.3m，表层土壤≥0.1m，砂垫层≥0.1m，$K \geqslant 1 \times 10^{-4}$m/s，渗渠）

100mm，渗透系数不应小于 1×10^{-5}m/s；渗渠中的砂垫层厚度不应小于 100mm，渗透系数不应小于 1×10^{-4}m/s；渗渠中的砾石层厚度不应小于 100mm。

一般在土壤渗透系数 $K \leqslant 5 \times 10^{-6}$m/s 时采用这种浅沟渗渠组合。浅沟渗渠单元由洼地及下部的渗渠组成，这种设施具有两部分独立的蓄水容积，即洼地蓄水容积与渗渠蓄水容积。其渗水速率受洼地及底部渗渠的双重影响。由于地面洼地及底部渗渠双重蓄水容积的叠加，增大了实际蓄水的容积，因而这种设施也可用在土壤渗透系数 $K \geqslant 1 \times 10^{-6}$m/s 的土壤。与其他渗透设施相比，应避免直接将水注入渗渠，以防止洼地中的植物受到伤害。洼地中的积水深度不应超过 300mm。洼地表层至少 100mm 的土壤的透水性应保持在 $K \geqslant 1 \times 10^{-5}$m/s，以便使雨水尽可能快地渗透到下部的渗渠中去。

当底部渗渠的渗透排空时间较长，不能满足浅沟积水渗透排空要求时，应在浅沟及渗渠之间增设泄流措施。

4．渗透管沟入渗设施

渗透管沟宜采用穿孔塑料管、无砂混凝土管或排水管等透水材料。塑料管的开孔率应不小于 15%，无砂混凝土管的孔隙率不应小于 20%。渗透管的管径不应小于 150mm，检查井之间的管道敷设坡度宜采用 0.01~0.02。渗透层宜采用砾石，砾石外层应采用土工布包覆。渗透检查井的间距不应大于渗透管管径的 150 倍；渗透检查井的出水管标高宜高于入水管口标高，但不应高于上游相邻井的出水管口标高；渗透检查井应设 0.3m 的沉砂室。渗透管沟不宜设在行车路面下，设在行车路面下时覆土深度不应小于 0.7m。地面雨水进入渗透管前宜设渗透检查井或集水渗透检查井。地面雨水集水宜采用渗透雨水口。在适当的位置设置测试段，长度宜为 2~3m，两端设置止水壁，测试段应设注水口和水位观察孔。

建筑区中的绿地入渗面积不足以承担硬化面上的雨水时，可采用渗水管沟入渗或渗水井入渗。图 3-3-3-4 中，a 是渗透管纵断面示意图，b 是渗透管横断面示意图，c 是渗透沟横断面示意图。

汇集的雨水通过渗透管进入四周的砾石层，砾石层具有一定的储水调节作用，然后再进一步向四周土壤渗透。相对渗透池而言，渗透管沟占地较少，便于在城区及生活小区设置。它可以与雨水管道、入渗池、入渗井等综合使用，也可以单独使用。

渗透管外用砾石填充，具有较大的蓄水空间。在管沟内雨水被储存并向周围土壤渗透。这种系统的蓄水能力取决于渗沟及渗管的断面大小及长度，以及填充物孔隙的大小。对于进入渗沟及渗管的雨水宜在入口处的检查井内进行沉淀处理。

渗透管的敷设坡度宜采用 0.01~0.02，是指渗透管检查井之间的渗透管敷设坡度。这种做法主要是借鉴日本雨水利用的做法，可提高渗透管内的流速，避免沉积物在管道内聚集。

渗透检查井应设 0.3m 沉砂室，目的是将雨水中悬浮物在检查井内暂存，并通过自然沉淀将悬浮物沉积在检查井内，便于清掏。

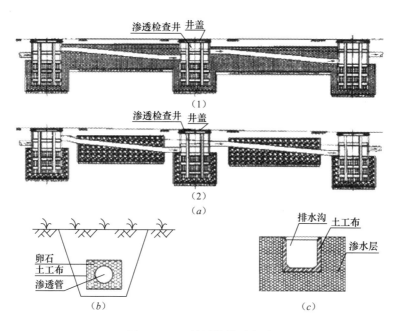

图 3-3-3-4　渗透管沟示意图

砂砾石外层应采用土工布包覆，主要是防止泥土进入砾石层。

渗透管不宜设在行车路面下，原因有二：一是渗透管设有渗透层，在施工期间由于工期紧和砾石层的撑托作用，周边、上层土壤难以夯实，当雨水进入渗透管后由于水的渗透和自沉作用，形成"水夯"现象，路面下沉较为明显，对道路路基、路面造成较为明显的负面影响；二是路面重型车辆通行时，容易对渗透管及渗透层造成破坏。因此，渗透管不应设在车行道路下，当横穿道路时，道路下和道路外延1.5m处不应采用渗透管，可采用一般排水管。

为提高雨水渗透的效率，雨水口、检查井均应具有渗透功能，为减少检查井的数量，提高建筑小区室外环境质量，检查井可采用带雨水箅子的检查井盖，兼具集水功能。

渗透管设置测试段便于实测、观察渗透管的渗透性能，观察渗透管的沉积情况，以便判断渗透管的运行状态。

5. 渗透管-排放系统

渗透管-排放系统的末端必须设置检查井和排水管，排水管连接到雨水排水管网；渗透管的管径和敷设坡度应满足地面雨水排放流量的要求，且管径不小于200mm；检查井出水管口的标高应能确保上游管沟的有效蓄水，当设置有困难时，则无效管沟容积不计入储水容积。

渗透管-排放系统兼有两种功能，一是渗透管的渗透功能；二是排水功能，排除超设计重现期的雨水，对雨水利用设施可避免重复设置排水设施，减小工程的技术难度和工程投资，便于雨水利用技术的推广。对建筑小区而言，一般占地面积较大，雨水利用设施一般是局部或部分设置，设置雨水利用设施的区域应设雨水溢流设施，对整个建筑小区而言应有传统的雨水排水管道，确保安全顺利排除超设计重现期的雨水。

6. 入渗池（塘）

入渗池（塘）的边坡坡度不宜大于 1∶3，表面宽度和深度的比例应大于 6∶1；植物应在接纳径流之前成型，并且所种植物应既能抗涝又能抗旱，适应洼地内水位变化；应设有确保人身安全的措施。

当不透水面的面积与有效渗水面积的比值大于 15 时可采用渗水池（塘）。这就要求池底部的渗透性能良好，一般要求其渗透系数 $K \geqslant 1 \times 10^{-5}$m/s，当渗透系数太小时会延长其渗水时间与存水时间。设计时应该估计到在使用过程中渗水池（塘）的沉积问题，形成池（塘）沉积的主要原因为雨水中携带的可沉物质，这种沉积效应会影响到池子的渗透性。在池子的首端产生的沉积尤其严重。因而在池的进水段设置沉淀区是很有必要的，同时还应通过设置挡板的方法拦截水中的漂浮物。对于不设沉淀区的池（塘）在设计时应考虑 1.2 的安全系数，以应对由于沉积造成的池底透水性降低，但池壁不受影响。

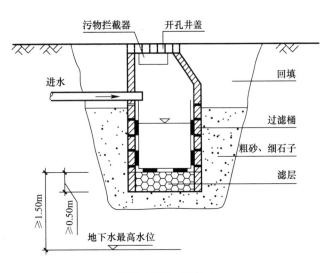

图 3-3-3-5　渗井 A

保护人身安全的措施包括护栏、警示牌等。平时无水、降雨时才蓄水入渗的池（塘），尤其需要采取比常有水体更为严格的安全防护措施，防止人员按平时活动习惯误入蓄水时的池（塘）。

7. 入渗井

入渗井应符合下列要求：底部及周边的土壤渗透系数应大于 5×10^{-6}m/s；渗透面应设过滤层，井底滤层表面距地下水位的距离不应小于 1.5m。

入渗井一般用成品或混凝土建造，其直径小于 1m，井深由地质条件决定。井底距地下水位的距离不能小于 1.5m。渗井一般有两种形式。形式 A 见图 3-3-3-5，渗井由砂过滤层包裹，井壁周边开孔。雨水经砂层过滤后渗入地下，雨水中的杂质大部分被砂滤层截留。

渗井 B 见图 3-3-3-6，这种渗井在井内设过滤层，在过滤层以下的井壁上开孔，雨水只能通过井内过滤层后才能渗入地下，雨水中的杂质大部分被井内滤层截留。过滤层的滤料可采用 0.25~4mm 的石英砂，其透水性应满足 $\leqslant 1 \times 10^{-3}$m/s。与渗井 A 相比，渗井 B 中的滤料容易更换，更易长期保持良好的渗透性。

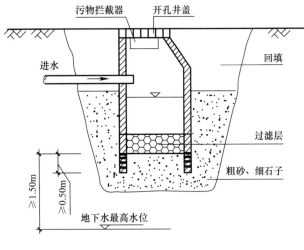

图 3-3-3-6　渗井 B

二、雨水入渗设施计算

雨水入渗设施的计算涉及雨水渗透量、土壤渗透系数、有效渗透面积、产流历时内蓄积雨水量等相关数据的计算。

1．雨水渗透量

入渗设施的渗透量应按下式计算：

$$W_s = \alpha KJA_s t_s \qquad (3\text{-}3\text{-}3\text{-}1)$$

式中　W_s——渗透量（m^3）；

　　　α——综合安全系数，一般可取 0.5~0.8；

　　　K——土壤渗透系数（m/s）；

　　　J——水力坡降，一般可取 J=1.0；

　　　A_s——有效渗透面积（m^2）；

　　　t_s——渗透时间（s）。

2．土壤渗透系数

土壤渗透系数应以实测资料为准，在无实测资料时，可参照表 3-3-3-2 选用。

土壤渗透系数　　　　　　　　　　　　　　　　　表 3-3-3-2

地　层	地层粒径		渗透系数 K（m/s）
	粒径（mm）	所占重量（%）	
黏土			$<5.7 \times 10^{-8}$
粉质黏土			$5.7 \times 10^{-8} \sim 1.16 \times 10^{-6}$
粉土			$1.16 \times 10^{-6} \sim 5.79 \times 10^{-6}$
粉砂	>0.075	>50	$5.79 \times 10^{-6} \sim 1.16 \times 10^{-5}$
细砂	>0.075	>85	$1.16 \times 10^{-5} \sim 5.79 \times 10^{-5}$
中砂	>0.25	>50	$5.79 \times 10^{-5} \sim 2.31 \times 10^{-4}$
均质中砂			$4.05 \times 10^{-4} \sim 5.79 \times 10^{-4}$
粗砂	>0.50	>50	$2.31 \times 10^{-4} \sim 5.79 \times 10^{-4}$
圆砾	>2.00	>50	$5.79 \times 10^{-4} \sim 1.16 \times 10^{-3}$
卵石	>20.0	>50	$1.16 \times 10^{-3} \sim 5.79 \times 10^{-3}$
稍有裂隙的岩石			$2.31 \times 10^{-4} \sim 6.94 \times 10^{-4}$
裂隙较多的岩石			$>6.94 \times 10^{-4}$

资料来源：建筑与小区雨水利用工程技术规范编制组编，建筑与小区雨水利用工程技术规范实施指南，北京：中国建筑工业出版社，2008

3．有效渗透面积

入渗设施的有效渗透面积应按下列要求确定：

第一，水平渗透面按投影面积计算；

第二，竖直渗透面按有效水位高度的 1/2 计算；

第三，斜渗透面按有效水位高度的 1/2 所对应的斜面实际面积计算；

第四，地下渗透设施的顶面积不计。

4．产流历时内蓄积雨水量

入渗设施产流历时内蓄积雨水量按下式计算：

$$W_s = \max(W_c - W_p) \qquad (3\text{-}3\text{-}3\text{-}2)$$

式中　W_p——产流历时内的蓄积水量（m³），产流历时经计算确定，并宜小于120min；

W_c——渗透设施进水量（m³）。

本条公式中最大值 $\max(W_c - W_p)$ 可如下计算：

步骤1：对 $W_c - W_p$ 求时间（降雨历时）导数；

步骤2：令导数等于0，求解时间 t，t 若大于120min则取120；

步骤3：把 t 值代入 $W_c - W_p$ 中计算即得最大值。

降雨历时 t 高限值取120min是因为降雨强度公式的推导资料采用120min以内的降雨。

如上计算出的最大值如果大于雨水设计径流总量，则取小者。根据降雨强度计算的降雨量与日降雨量数据并不完全吻合，所以需作比较。

计算日雨水设计径流总量时注意，汇水面积按下式中的 $F_y + F_0$ 计算。

求解 $\max(W_c - W_p)$ 还可按如下列表法计算：

步骤1：以10min为间隔，列表计算30、40…120min 的 $W_c - W_p$ 值；

步骤2：判断最大值发生的时间区间；

步骤3：在最大值发生区间细分时间间隔计算 $W_c - W_p$，即可求出 $\max(W_c - W_p)$。

5．渗透设施进水量

渗透设施进水量按下式计算，并不宜大于日雨水设计径流总量：

$$W_c = 1.25\left[60 \times \frac{q_c}{1000}(F_y + F_0)\right]t_c \qquad (3\text{-}3\text{-}3\text{-}3)$$

式中　F_y——渗透设施受纳的集水面积（hm²）；

F_0——渗透设施的直接受水面积（hm²），埋地渗透设施为0；

t_c——渗透设施产流历时（min）；

q_c——渗透设施产流历时对应的暴雨强度 [L/(s·hm²)]。

第四节　海水直接利用

地球表面积的70%为海洋覆盖，海水资源十分丰富。因此，综合开发利用海水资源，是解决村镇淡水资源紧缺问题的一条重要途径。沿海村镇有条件的地方，可用海水代替淡水直接使用，以节约淡水资源。

海水一般只需要简单预处理后，即可用于冲厕，其处理费用一般低于自来水的处理费用。推广海水冲厕后不仅可节约沿海村镇淡水资源，而且可取得较好的经济效益。

消防用水主要起灭火作用，用海水作为消防给水不仅是可能而且是完全可靠的。但是，如果建立常用的海水消防供水系统，应对消防设备采取防腐措施。以海水作为消防给水具有水量可靠的优势。如日本阪神地震发生后，由于供水系统被完全破坏，其灭火的水源采用的几乎全部是海水。

在海产品养殖中，海水被广泛用于对海带、鱼、虾和贝类等海产品的清洗。只需对海水进行必要的预处理，使之澄清并去除菌类物质，即可代替淡水进行加工。这种方法在沿海村镇的海产品加工行业已被广泛应用，节约了大量淡水资源。

第四章
村镇住宅污水再生利用技术

随着村镇建设的进一步发展，许多村镇原有的明渠或简单的排水渠道已远远不能满足环境保护和卫生的需要。同时，大量未经有效处理的污水直接排入附近水体，造成了对水体的污染，加重了水资源的短缺。而且，由于村镇分散性的特点和经济发展水平、自然条件的限制，未采取有效分流体制，生活污水、工业废水、雨水等混流，扩大了水体污染范围，给农村的生活、生产及灌溉用水带来影响。村镇污水的排放应达到国家标准的限值，达不到限定要求时应进行污水的综合处理。

2008 年 8 月 1 日开始实施的中华人民共和国国家标准《村庄整治技术规范》(GB50445-2008)，对村庄的排水设施、粪便处理、垃圾收集与处理、坑塘河道和公共环境等做了具体的规定。但目前还没有直接针对村镇污水的排放标准。村镇污水排放可参照的相关标准主要有：各地区的污水综合排放标准、《城镇污水处理厂污染物排放标准》(GB18918-2002)、《畜禽养殖业污染物排放标准》(GB18596-2001)、《畜禽养殖业污染防治技术规范》(HJ/T81-2001)、《农田灌溉水质标准》(GB5084-2005)、《渔业水质标准》(GB11607-89)、《地表水环境质量标准》(GB3838-2002)、《地下水质量标准》(GB/T14848-93)。

村镇污水处理站出水可参考现行国家标准《城镇污水处理厂污染物排放标准》(GB18918-2002) 中的相关规定；污水处理站出水用于农田灌溉或渔业的，应符合现行国家标准《农田灌溉水质标准》(GB5084-2005) 和《渔业水质标准》(GB11607-89) 中的相关规定；污水处理站出水回用为观赏性景观环境用水（河道类）的，应符合现行国家标准《渔业水质标准》(GB11607-89) 中的相关规定。

第一节　村镇污水排放与处理

村镇污水排放工程是村镇基础设施的重要组成部分，村镇排水问题应首先解决卫生问题，其次是与城乡发展相关的环境问题，这两个问题需要协同考虑。有关机构曾经对全国农村的污染负荷进行调查，结果显示，农村的污染负荷占全国的 20%~60%，平均为 40% 左右。从关系农村卫生的生活污水这一单独环节来看，如果卫生系统采用旱厕，污染负荷不会超过 2%~3%。但从目前农村卫生厕所的普及率和发展速度看，改善卫生系统之后增加的污染也成为下一步的工作重点。村镇排水工程有如下特点：

第一，村镇排水系统应按照当地的实际情况，因地制宜；

第二，由于农村居住点分散，村镇企业的布置分散，所以村镇污水排放规模小且分散，排水系统要与处理方式（集中或分散）相适应；

第三，在同一居住点上，大多数居民都从事同一生产活动，生活规律也较一致，所以排水时间相对集中，污水变化量较大。

村镇污水排放工程建设应以批准的村镇规划为主要依据，从全局出发，根据规划年限、工程规模、经济效益和环境效益，正确处理近期与远期、集中与分散、排放与利用的关系，充分利用现有条件和设施，因地制宜地选择投资较少、管理简单、运行费用较低的排水技术，做到保护环境，节约土地，经济合理，安全可靠。

一、村镇排水体制的确定

村镇排水体制可分为分流制和合流制两种。村镇排水体制原则上宜选分流制；经济发展一般地区和欠发达地区村镇近期或远期可采用不完全分流制，有条件的宜过渡到完全分流制；其中条件适宜或特殊地区农村宜采用截留式合流制，并应在污水排入系统前采用化粪池、生活污水沼气池等方法进行预处理。

分流制用管道分别收集雨水和污水，各自单独成一个系统。污水管道系统专门收集和输送生活污水和生产污水（禽畜污水），雨水管渠系统专门收集和输送不经处理的雨水，如图 3-4-1-1 所示。

合流制只埋设单一的管道系统来收集和输送生活污水、生产污水和雨水，如图 3-4-1-2 所示。

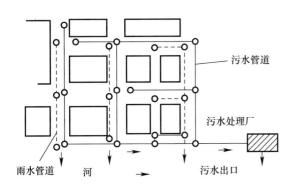

图 3-4-1-1　分流制排水系统示意图

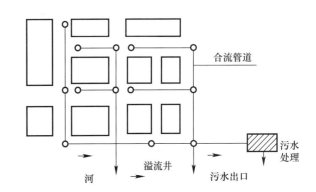

图 3-4-1-2　合流制排水系统示意图

一般村镇，宜采用分流制，用管道排除污水，用明渠排除雨水。这样可分别处理，分期建设，又比较经济适用。

二、村镇污水排放形式

村镇排水管渠的布置应根据村镇的格局、地形情况等因素，采用贯穿式、低边式或截流式。雨水应充分利用地面径流和沟渠排除，污水通过管道或暗渠排放；尽可能考虑自流排放。

1．村镇排水管渠设计

村镇排水管渠设计应考虑如下情况：

第一，有条件的村镇可采用管道收集、排放生活污水；

第二，排污管道管材可根据地方实际情况选择混凝土管、陶土管、塑料管等多种材料；

第三，污水管道依据地形坡度敷设，坡度不应小于 0.3%，以满足污水重力自流的要求。污水管道应埋设在冻土层以下，并与建筑外墙、树木中心间距 1.5m 以上；

第四，污水管道敷设应尽量避免穿越场地，避免与沟渠铁路等障碍物交叉，并应设置检查井；

第五，污水量以村镇生活总用水量的 70% 计算，根据人口数和污水总量，估算所需管径，最小管径不小于 150mm。

村镇排水管渠最大允许充满度应满足表 3-4-1-1 的要求。

排水管渠最大允许设计充满度 表 3-4-1-1

管径或渠高（mm）	最大设计充满度	管径或渠高（mm）	最大设计充满度
200~300	0.55	500~900	0.70
350~450	0.65	≥1000	0.75

资料来源：《室外排水设计规范》(GB50014-2006)

2. 村镇管渠设计流速

污水管道最小设计流速：当管径不大于 DN500 时，为 0.9m/s；当管径大于 DN500 时，为 0.8m/s；明渠为 0.4m/s。

污水管道最大允许流速：当采用金属管道时，最大允许流速为 10m/s；非金属管为 5m/s；明渠最大允许流速可按表 3-4-1-2 选用。

当水流深度在 0.4~1.0m 范围以外时，表中最大设计流速宜乘以以下系数：水深 $h<0.4m$ 时，取 0.85；$1.0<h<2.0m$ 时，取 1.25；$h≥2.0m$ 时，取 1.40。

明渠最大允许流速 表 3-4-1-2

明渠类别	最大设计流速（m/s）	明渠类别	最大设计流速（m/s）
粗砂或低塑性粉质黏土	0.8	干砌石块	2.0
粉质黏土	1.0	浆砌石块	3.0
黏土	1.2	石灰岩和中砂岩	4.0
草皮护面	1.6	混凝土	4.0

资料来源：《室外排水设计规范》(GB50014-2006)

3. 村镇排水管渠的最小尺寸

建筑物出户管直径为 125mm，街坊内和单位大院内为 150mm，街道下为 200mm。排水渠道水量小时底宽不得小于 0.3m。

村镇排水管渠的最小坡度：当充满度为 0.5 时，排水管道应满足表 3-4-1-3 规定的最小坡度。

不同管径的最小坡度 表 3-4-1-3

DN	最小坡度	DN	最小坡度
125	0.010	400	0.0025
150	0.005	500	0.002
200	0.004	600	0.0016
250	0.0035	700	0.0015
300	0.003	800	0.0012

资料来源：《室外排水设计规范》(GB50014-2006)

4．村镇排水受纳水体

村镇排水受纳水体应包括江、河、湖、海和水库、运河等以及荒废地、劣质地、山地、农业灌溉用水的农田等受纳土地。

污水受纳水体应满足其水域功能的环境保护要求，有足够的环境容量；受纳土地应具有足够的环境容量，符合环境保护和农业生产的要求。

三、村镇污水处理

村镇污水处理是节水和环境保护工程中非常重要的内容。

1．村镇污水处理方式

首先，分散式与合流制中的污水，宜采用净化沼气池、双层沉淀池或化粪池等进行处理；集中式生活污水宜采用活性污泥法、生物膜法等技术处理。

其次，污水采用集中处理时，污水处理厂的位置应选在村镇的下游和盛行风向的下风向处，并靠近受纳水体或农田灌溉区，但与住宅区应有一定的卫生防护地带；卫生防护地带宽度一般为300m，处理后污水用于农田灌溉时宜采用500~1000m。

此外，污水处理厂不宜设置在不良地质地段和洪水淹没、内涝低洼地区；否则应采取可靠的防护措施，其设防标准不应低于所在村镇的设防等级。

同时，污水处理厂的位置选择应按表3-4-1-4给定的范围、结合当地实际情况加以选取，并尽可能少占或不占农田。

污水处理厂位置选择要求　　　　　　　　　　　　　　　　　　表3-4-1-4

因素	要　求
排放	(1) 宜在村镇水体的下游，与村镇工业区、居住区保持300m以上的距离 (2) 宜选在水体和公路附近，便于处理后污水能就近排入水体，减少排放渠道长度，以便于运输污泥
气象	在村镇夏季最小风频的上风向
地形	(1) 宜选在村镇低处，以使主干管沿途可少设提升泵站，但不宜设在雨季时容易被污水淹没的低洼之处 (2) 靠近水体的污水处理厂，厂址标高应在20年一遇洪水位以上，不受洪水威胁 (3) 用地地形最好有适当坡度，以满足污水在处理流程上的自流要求，用地形状宜长条形，以利于按污水处理流程布置构筑物
用地	尽可能少占或不占农田
分期	考虑到远、近期结合，使厂址离村镇不太远，远期又有扩建的可能
地质	有良好的工程地质条件。厂址宜选在无滑坡、无塌方、地下水位低、土壤承载力较好（一般要求在1.5kg/cm² 以上）的地方

资料来源：北京土木建筑学会等，新农村建设给水排水工程及节水，北京：中国电力出版社，2008

2．村镇小型污水处理厂的特点

由于负担的排水面积小，污水量较小，一天内水量水质变化较大，频率较高。一天中水质和水量有两个高峰和一个低谷：第一个高峰发生在中午12点左右，此时污水流量和污泥量都是最高的；第二个高峰发生在下午6时左右，低谷则发生在午夜。高峰值和低谷值的大小与出现时间直接与服务人口和生活习惯有关。各类住区的污水流量变化系数见表3-4-1-5。

变化时段	独立居民区		小商业区		小社区	
	范围	典型者	范围	典型者	范围	典型者
最大时 /h	4~8	6	6~10	8	3~6	4.7
最大天 /d	2~6	4	4~8	6	2~5	3.6
最大周 /W	1.25~4	2	2~6	3	1.5~3	1.75
最大月 /M	1.20~3	1.75	1.5~4	2	1.2~2	1.50

资料来源：北京土木建筑学会等，新农村建设给水排水工程及节水，北京：中国电力出版社，2008

由于水质和水量变化很大，因而小型污水处理厂必须设置调节池。

小型污水处理厂一般在村镇住宅小区或企业内修建，由于所在地区一般不大，且厂外污水输送管道也不会太长，所以，其占地往往受到限制，处理单元应尽可能布置紧凑。污水处理厂一般要求自动化程度较高，以减少工作人员配置，降低经营成本。

由于规模较小，一般不设污泥消化，应采用低负荷、延时曝气工艺，尽量减少污泥量，同时使污泥部分好氧稳定。

第二节　农村小型污水处理技术

村镇污水处理有其特点，选择村镇污水处理技术的原则主要涉及：

第一，村镇污水治理按规模可分为单户、多户和村镇污水治理，在进行技术选择时宜根据污水处理规模选择适宜的技术；

第二，村镇污水治理技术组合需兼顾进水水质特点和出水水质要求，筛选适宜的技术进行优化组合；

第三，缺水地区的雨水和生活污水宜采取回收利用措施；

第四，针对农村的经济和管理水平，宜选用生物与生态组合技术；

第五，污水处理工程控制措施不仅要满足村民对水质改善的需求，而且还要注重景观美化的需求；

第六，生活污水量可按生活用水量的 75%~90% 进行估算；

第七，雨水量与当地自然条件、气候特征有关，可参考临近村镇的相应计算标准。其中初期雨水量通常取降雨量的前 10~20mm；

第八，工业废水和养殖业污水排入污水站前应满足相关的要求。

一、污废水局部处理技术

村镇住宅的污废水局部处理技术主要涉及化粪池、隔油池、小型沉淀池三种。

1. 化粪池

化粪池是一种利用沉淀和厌氧发酵原理，去除生活污水中悬浮性有机物的处理设施，属于过渡型生活污水处理构筑物。生活污水中含有大量粪便、纸屑、病原虫，其中悬浮物固体浓度为 100~350mg/L。有机物浓度

BOD$_5$在100~400mg/L之间，悬浮性的有机物浓度BOD$_5$为50~200mg/L。污水进入化粪池经过12~24h的沉淀，可去除50%~60%的悬浮物。沉淀下来的污泥经过3个月以上的厌氧消化，使污泥中的有机物分解成稳定的无机物，易腐败的生污泥转化为稳定的熟污泥，改变了污泥的结构，降低了污泥的含水率。定期将污泥清掏外运，填埋或用作肥料。

污水在化粪池中的停留时间是影响化粪池出水的重要因素。在一般平流式沉淀池中，污水中悬浮性固体的沉淀效率在2h内最显著。但是，因为化粪池服务人数较少，排水量少，进入化粪池的污水不连续、不均匀；矩形化粪池的长宽比和宽深比很难达到平流式沉淀池的水力条件；化粪池的配水不均匀，容易形成短流；同时，池底污泥厌氧消化产生的大量气体上升，破坏了水流的层流状态，干扰颗粒的沉降。所以，化粪池的停留时间取12~24h，污水量大时取下限；生活污水单独排入时取上限。

污泥清掏周期是指污泥在化粪池内平均停留时间。污泥清掏周期与新鲜污泥发酵时间有关。而新鲜污泥发酵时间又受污水温度的控制，其关系见表3-4-2-1，也可用下式计算。

$$T_h = 482 \times 0.87^t \qquad (3-4-2-1)$$

式中 T_h——新鲜污泥发酵时间（d）；

t——污水温度，℃，可按冬季平均给水温度再加上2~3℃计算。

为安全起见，污泥清掏周期应稍长于污泥发酵时间，一般为3~12个月。清掏污泥后应要保留20%的污泥量，以便为新鲜污泥提供厌氧菌种，保证污泥腐化分解效果。

污水温度与污泥发酵时间的关系 表3-4-2-1

污水温度（℃）	6	7	8.5	10	12	15
污泥发酵时间（d）	210	180	150	120	90	60

资料来源：王增长，建筑给水排水工程（第五版），北京：中国建筑工业出版社，2005

化粪池多设于建筑物背向大街一侧靠近卫生间的地方。应尽量隐蔽，不宜设在人们经常活动之处。化粪池距建筑物的净距不小于5m，因化粪池出水处理不彻底，含有大量细菌，为防止污染水源，化粪池距地下取水构筑物不得小于30m。

化粪池的设计主要是计算化粪池容积，按《给水排水国家标准图集》选用化粪池标准图。化粪池总容积由有效容积V和保护层容积V_0组成，保护层高度一般为250~450mm。有效容积由污水所占容积V_1和污泥所占容积V_2组成。

$$V = V_1 + V_2 = \frac{\alpha N \cdot q \cdot t}{24 \times 1000} + \frac{\alpha N \cdot a \cdot T \cdot (1-b) \cdot K \cdot m}{(1-c) \times 1000} \qquad (3-4-2-2)$$

式中 V——化粪池有效容积，m³；

V_1——污水部分容积，m³；

V_2——污泥部分容积，m³；

N——设计总人数（或床位数、座位数）；

α——使用卫生器具人数占总人数的百分比，与人们在建筑内停留时间有关，医院、疗养院和有住宿的幼儿园取 100%；住宅、集体宿舍、旅馆取 70%；办公室、教学楼、实验楼、工业企业生活间取 40%；职工食堂、餐饮业、影剧院、体育场、商场和其他类似公共场所（按座位计）取 10%；

q——每人每日污水量，生活污水与生活废水合流排出时，与用水量相同，生活污水单独排放时，生活污水量取 20~30L/(人·d)；

a——每人每日污泥量，生活污水与生活废水合流排放时取 0.71L/(人·d)，生活污水单独排放时，生活污水量取 0.4L/(人·d)；

t——污水在化粪池内停留时间，h，一般取 12~24h，当化粪池作为医院污水消毒前的预处理时，停留时间不小于 36h；

T——污泥清掏周期，d；宜采用 90~360d，当化粪池作为医院污水消毒前的预处理时，污泥清掏周期宜为一年；

b——新鲜污泥含水率，取 95%；

c——污泥发酵浓缩后的含水率，取 90%；

K——污泥发酵后体积缩减系数，取 0.8；

m——清掏污泥后遗留的熟污泥量容积系数，取 1.2。

将 b、c、K、m 值代入上式中，化粪池有效容积计算公式简化为

$$V = \frac{\alpha N}{1000}\left(\frac{q \cdot t}{24} + 0.48a \cdot T\right)(m^3) \tag{3-4-2-3}$$

化粪池有 13 种规格，容积从 2~100m³，设计时根据设计人数选用化粪池。

化粪池有矩形和圆形两种，对于矩形化粪池，当日处理污水量小于或等于 10m³ 时，采用双格化粪池，其中第一格占总容积的 75%；当日处理水量大于 10m³ 时，采用三格化粪池，第一格容积占总容积的 60%，其余两格各占 20%。化粪池的长度与深度、宽度的比例应按污水中悬浮物的沉降条件和积存数量，按水力计算确定，但深度（水面至池底）不得小于 1.3m，宽度不得小于 0.75m，长度不得小于 1.0m；圆形化粪池直径不得小于 1.0m。

化粪池具有结构简单、便于管理、不消耗动力和造价低的优点，在我国已推广使用多年。但是，实践中发现化粪池有许多致命的缺点，如有机物去除率低，仅为 20% 左右；沉淀和厌氧消化在一个池内进行，污水与污泥接触，使化粪池出水呈酸性，有恶臭。另外，化粪池距建筑物较近，清掏污泥时臭气扩散，影响环境卫生。

对于没有污水处理厂的村镇，村镇内的生活污水是否采用化粪池作为分散或过渡型处理设施，应按当地有关规定执行；而新建居住小区若远离村镇，或由于其他原因污水无法排入村镇污水管道，污水应处理达标后才能向水体排放。是否选用化粪池作为生活污水处理设施应根据各地区具体情况慎重进行技术经济比较后确定。

为克服化粪池存在的缺点，出现了一些新型的生活污水局部处理设施，图 3-4-2-1 是一种小型的无动力污水局部处理构筑物。

这种处理工艺经过沉淀池去除大部分的悬浮物后，污水进入厌氧消化池，经水解和酸化作用，将复杂的大

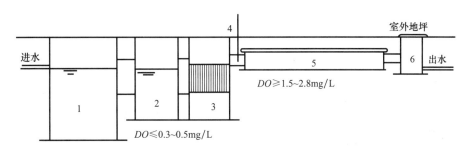

图 3-4-2-1　小型无动力污水处理装置
1—沉淀池；2—厌氧消化池；3—厌氧生物滤池；4—拔风管；5—氧化沟；6—进气出水管

分子有机物水解成小分子溶解性有机物，提高污水的可生化性。然后污水进入兼性厌氧生物滤池，溶解氧保持在 0.3~0.5mg/L，阻止了污水中甲烷细菌的产生。生成气体主要是 CO_2 和 H_2。出水经氧化沟进一步的好氧生物处理，由单独设立或与建筑物内雨水管连接的拔风管供氧，溶解氧浓度在 1.5~2.8mg/L 之间。实际运行结果表明，这种局部生活污水处理构筑物具有不耗能，水头损失小（0.5m），处理效果好（去除率可达90%），产泥量少，造价低，无噪声，不占地表面积，不需常规操作的特点。

图 3-4-2-2 为小型一体化埋地式污水处理装置示意图，这类装置由水解调节池、接触氧化池、二沉池、消毒池和好氧消化池组成，其优点是占地少、噪声低、剩余污泥量小、处理效率高和运行费用低。处理后出水水质可达到污水排放标准，可用于无污水处理厂的风景区、保护区，或对排放水质要求较高的新建住宅区。

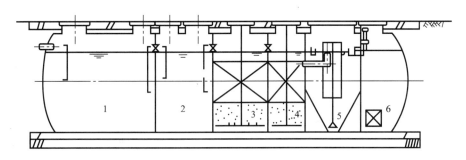

图 3-4-2-2　小型一体化埋地式污水处理装置示意图
1、2、5—沉淀室；3、4—接触氧化室；6—消毒室

2．隔油池

公共食堂和饮食业排放的污水中含有植物和动物油脂。污水中含油量的多少与地区、生活习惯有关，一般在 50~150mg/L 之间。厨房洗涤水中含油约 750mg/L。据调查，含油量超过 400mg/L 的污水进入排水管道后，随着水温的下降，污水中夹带的油脂颗粒开始凝固，并粘附在管壁上，使管道过水断面减小，最后完全堵塞管道。所以，公共食堂和饮食业的污水在排入村镇排水管网前，应去除污水中的可浮油（占总含油量的 65%~70%），目前一般采用隔油池。设置隔油池还可以回收废油脂，制造工业油，变废为宝。

汽车洗车台、汽车库及其他类似场所排放的污水中含有汽油、煤油、柴油等矿物油。汽油等轻油进入管道后挥发并聚集于检查井，达到一定浓度后会发生爆炸引起火灾，破坏管道，所以也应设隔油池进行处理。

图 3-4-2-3 为隔油池构造图，含油污水进入隔油池后，过水断面增大，水平流速减小，污水中密度小的可浮油自然上浮至水面，收集后去除。

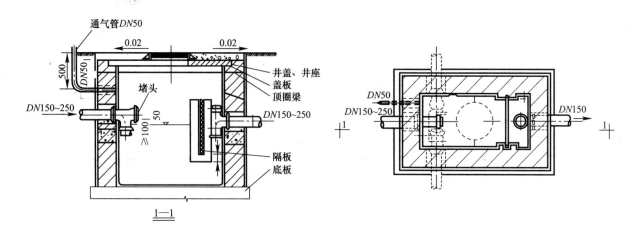

图 3-4-2-3　隔油池构造图

隔油池设计的控制条件是污水在隔油池内停留时间 t 和污水在隔油池内水平流速 v，隔油池的设计可按下列公式进行计算：

$$V=60Q_{max}t \qquad (3\text{-}4\text{-}2\text{-}4)$$

$$A=\frac{Q_{max}}{v} \qquad (3\text{-}4\text{-}2\text{-}5)$$

$$L=\frac{V}{A} \qquad (3\text{-}4\text{-}2\text{-}6)$$

$$b=\frac{A}{h} \qquad (3\text{-}4\text{-}2\text{-}7)$$

$$V_1 \geqslant 0.25V$$

式中　　V——隔油池有效容积，m^3；

　　　Q_{max}——含油污水设计流量，按设计秒流量设计，m^3/s；

　　　　t——污水在隔油池中停留时间，min，含食用油污水的停留时间为 2~10min；含矿物油污水的停留时间为 10min；

　　　　v——污水在隔油池中水平流速，m/s，一般不小于 0.005m/s；

　　　　A——隔油池中过水断面面积，m^2；

　　　　b——隔油池宽，m；

　　　　h——隔油池有效水深，即隔油池出水管底至池底的高度，m，取大于 0.6m；

　　　　V_1——贮油部分容积，是指出水挡板的下端至水面油水分离室的容积，m^3。

对夹带杂质的含油污水，应在隔油井内设有沉淀部分，生活污水和其他污水不得排入隔油池内，以保障隔油池正常工作。

3．小型沉淀池

汽车库冲洗废水中含有大量的泥沙，为防止堵塞和淤积管道，在污废水排入村镇排水管网之前应进行沉淀处理，一般宜设小型沉淀池。

小型沉淀池的有效容积，包括污水和污泥两部分容积，应根据车库存车数、冲洗水量和设计参数确定。沉淀池有效容积按下式计算：

$$V=V_1+V_2 \tag{3-4-2-8}$$

式中　V——沉淀池有效容积，m^3；

V_1——污水部分容积，m^3；

V_2——污泥部分容积，m^3。

污水停留容积 V_1，按下式计算：

$$V_1=\frac{qn_1t_2}{1000t_1}\,(m^3) \tag{3-4-2-9}$$

式中　q——汽车每辆每次冲洗水量，L，小型车取 250~400L，大型车按 400~600L；

n_1——同时冲洗车数，当存车数小于 25 辆时，n_1 取 1；当存车数在 25~50 辆时，设两个洗车台，n_1 取 2；

t_1——冲洗一台汽车所用时间，一般取 10min；

t_2——沉淀池中污水停留时间，取 10min。

污泥停留容积 V_2，按下式计算：

$$V_2=qn_2t_3k/1000\,(m^3) \tag{3-4-2-10}$$

式中　n_2——每天冲洗汽车数量；

t_3——污泥清除周期，d，一般取 10~15d；

k——污泥容积系数，指污泥体积占冲洗水量的百分数，按车辆的大小取 2%~4%。

二、土地处理技术

土地处理技术是村镇住宅及住宅小区小型污水处理技术中常用的方法。

1. 人工湿地处理技术

人工湿地是一种通过人工设计、改造而成的半生态污水处理系统。人工湿地具有投资运行费用低、能耗小、处理效果好、维护管理方便等优点。此外，人工湿地对改善环境和提高环境质量有明显的作用，它增加了植被覆盖率，保持了生物多样性，减少了水土流失，改善了生态环境。同时也能够让人们认识到污水处理的重要性和人工干预下环境恢复的可能性及人为保护下自然界自我平衡能力。

1）使用地区

由于其特色和优势鲜明，国内外人工湿地的应用范围越来越广泛，很快被世界各地所接受。尤其是对于资金短缺、土地面积相对丰富的农村地区，人工湿地具有更加广阔的应用前景，这不仅可以治理农村水污染、保护水环境，而且可以美化环境，节约水资源。

2）技术特点与使用情况

人工湿地按其内部的水位状态又可分为表流湿地和潜流湿地，见图 3-4-2-4 和图 3-4-2-5。而潜流湿地又可分为水平潜流湿地和垂直潜流湿地。

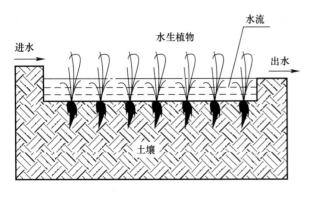

图 3-4-2-4　表流湿地示意图

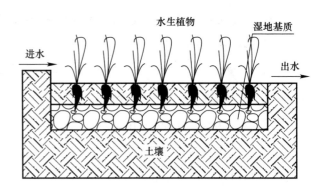

图 3-4-2-5　潜流湿地示意图

人工湿地净化污水主要由土壤基质、水生植物和微生物三部分完成。已有应用经验表明，人工湿地对污水中的有机物和氮、磷都具有较好的去除效果。在处理生活污水等污染物浓度不高的情况下，人工湿地对 COD 的去除率达 80% 以上，对氮的去除率可达 60%，对磷的去除率可达 90% 以上，出水水质基本能够达到村镇污水排放标准的一级标准。

目前，人工湿地主要应用于处理生活污水、工业废水、矿山及石油开采废水一级水体富营养化控制等方面，应该加强对管理水平不高、资金短缺、土地资源相对丰富的农村地区进行处理的人工湿地的工程应用。

3）技术局限性

表流型湿地处理系统的优点是投资及运行费用低，建造、运行和维护简单。缺点是在达到同等处理效果的条件下，其占地面积大于潜流型湿地，冬季表面易结冰，夏季易繁殖蚊虫，并有臭味。

潜流型湿地的优点在于其充分利用了湿地的空间，发挥了系统间的协同作用，且卫生条件好，但建设费用较高。

4）标准与做法

由于各地区的气候条件、污水类型和负荷、湿地规模和构造的区域差异性比较大，使得人工湿地工程在建设和运行维护的过程中没有统一的设计和运行参数。应当根据实际情况因地制宜进行设计和运行。

在实际应用过程中，不同类型的湿地可通过串联或并联的方式进行组合应用，以达到逐级消减水中污染物负荷的目的。多级湿地组合不仅可以充分发挥各种类型湿地的优点，而且具有较稳定的去除率，抗干扰能力强，受季节影响不大。常见的组合方式有表流与水平潜流湿地的串联、并联组合；水平潜流与垂直湿地的串联组合等。

在设计建设人工湿地系统时，首先确定污水的水量和水质，并根据当地的地质、地貌、气候等自然条件选择合适的人工湿地类型，然后根据相应的湿地类型进行设计。设计时需要考虑人工湿地系统内水力状况、植被搭配、湿地床结构、湿地面积、污染负荷、进水和排水周期等诸多因素。

① 水文因素设计

为保证人工湿地的长期净化效果，在设计时应考虑水文因素和湿地生态特点之间的关系。污水的水质、流速、水量等水文条件都影响着湿地基质材料的物理、化学特性，从而影响到污染物的沉淀、氧化、生物转化和土地吸附等过程。因此，人工湿地在设计时必须重点考虑水的流速、湿地内最高水位和最低水位、水流的均匀分布等水文因素，同时也需要注意季节和天气的影响、地面水的状况和土壤的透水性等对水文产生间接影响的因素。

表流人工湿地水位一般在 200~800mm，潜流人工湿地水位则一般保持在土表面下方 100~300mm，并根据处理的污水水量等情况进行调节。

在进行人工湿地设计时，需重点考虑造成湿地堵塞的各种影响因素。湿地堵塞多发生在系统床体前端25%左右的部分，造成堵塞的物质大部分为无机物，这表明污水中的颗粒物在湿地床中的沉淀是造成湿地堵塞的主要原因。此外，植物根系及其附着物等也是湿地堵塞的一大诱因。在湿地的设计中，尽可能在湿地前段设计沉淀池或塘，减少湿地中颗粒物的输入。

此外，有应用研究表明，部分湿地堵塞在第一年的运行中很快形成，随后没有明显的扩散，悬浮物或植物碎屑的积累与堵塞或溢流的形成没有相关性。造成此类堵塞的原因是建设活动而不是持续的生化反应。在湿地建设工程中可能在运输过程中许多无机物（土、延时碎屑等）带入系统。因此，在人工湿地建设工程中应尽量避免建设对湿地系统的影响，并且在湿地入口处设置大颗粒的基质，以防止在湿地系统前段就发生堵塞。

② 水力因素设计

人工湿地系统的水力因素主要包括水力负荷、水力梯度、水力停留时间、污染负荷、坡度等因素。在实际应用过程中人工湿地一般与其他技术组合使用，以提高系统的稳定性。最常见的组合方式就是在污水进入人工湿地之前设置前处理系统以减轻污水对人工湿地系统水力负荷和污染负荷的影响。最常见的前处理系统一般为化粪池、沉淀池、沉砂池等，既可沉淀污水中的大部分 SS，防止人工湿地的堵塞；又可去除部分 COD 和 BOD_5，提高整个系统净化效果；还能初步混合不同污染程度的污水，缓冲水力负荷和污染负荷。

人工湿地一般采用小到中等砾石（<4mm）作为基质材料，在建设过程中要保证建设质量，尽量把水流死角区减到最小。在最小的水力梯度条件下，潜流人工湿地系统的设计流量（Q）可以采用以下公式进行估算：

$$Q=(Q_{进水}+Q_{出水})/2$$

湿地床的构型对湿地系统的水力状况有着重要影响，构型参数包括长宽比、坡度、深度等。据工程经验，人工湿地系统的坡度宜为 0.5%~1%，长宽比大于 2，深度的波动范围为 0.2~0.8m。

人工湿地设计时应尽量采用重力流的布水方式，以保证排水顺畅，节省能源。另外，湿地的出水口应设计为可调的，以便使整个湿地床体的水位可以认为可调。

人工湿地的水力负荷根据污水量和湿地类型的不同差异比较大，一般来说潜流型湿地的水力负荷大于表面流湿地的水力负荷。国内外，最常见的水力负荷为 100~200mm/d，水力停留时间为 0.5~7d。

③ 湿地面积设计

人工湿地的设计面积根据需处理的水量确定，包括常规的污水的水量和回流区域内的暴雨径流量。湿地的最大占地面积 S 为总处理水量 Q 与设计水力负荷 A 之比，可按下面的公式近似估算：

$$S=(Q_{污水量}+Q_{径流量})/A$$

④ 水生植物选择

湿地水生植物主要包括挺水植物、沉水植物和浮水植物。不同的区域，不同的生长环境，适宜生长的湿地植物类型是不同的。人工湿地一般选取处理性能好、成活率高、抗污能力强且具有一定美学和经济价值的水生植物。这些水生植物通常应具有下列特性：

第一，能忍受较大变化范围的水位、含盐量、温度和 pH 值；

第二，在本地适应性好，最好是本土植物。植物种类一般 3~7 种，其中至少 3 种为优势物种；

第三，对污染物具有较好的去除效果；

第四，成活率高，种苗易得，繁殖能力强；

第五，有广泛用途或经济价值高。

人工湿地中使用的水生植物为香蒲、芦苇和灯芯草，这些植物都广泛存在并能忍受冰冻。不同种类的水生植物适宜生长的水深不同，香蒲在水深 0.15m 的环境中生存占优势；灯芯草为 0.05~0.25m；芦苇适宜生长在岸边和浅水区中，最深可生长于 1.5m 的深水区域。香蒲和灯芯草的根系主要在 0.3m 以内的区域，芦苇的根系达 0.6m，宽叶香蒲则达到 0.8m。

在潜流型湿地中，一般选用芦苇和香蒲，它们较深的根系可扩大污水的处理空间。而对于处理暴雨径流污染为主的人工湿地，要求湿地植物有很强的适应能力，既能抗干旱又能耐湿，而且还应具有抗冰灾和昆虫的能力。

⑤ 基质材料选择

人工湿地系统多采用碎石、沙子、矿渣等基质材料作为填料。对于缺乏养分供给的基质或者空隙过大不利于植物固定生长的基质，需在基质上方覆盖 150~250mm 厚的土。

不同类型的基质对湿地的影响不同。中性基质对生物处理影响不大，但矿渣等偏碱性的基质则在一定程度上会影响微生物和植物的生长活动，因此，应用时需采取一定的预处理，如充分浸泡等措施。

2. 土地渗滤处理技术

土地渗滤技术根据污水的投配方式及处理过程的不同，可以分为慢速渗滤、快速渗滤和地下渗滤三种类型。土地渗滤对污水的缓冲也较强，但不能用于过高浓度的污水处理，否则会引起臭味和蚊虫滋生。

1）使用情况

污水土地处理是在污水农田灌溉的基础上发展而成。随着污染加剧和水资源综合利用需求的提升，土地处理系统得到了系统的发展和总结。目前已广泛用于污水的三级处理，甚至在二级处理中，也取得了明显的经济效益和环境效益。

2）技术特点

土地渗滤处理技术包括三类：慢速渗滤、快速渗滤、地下渗滤。

① 慢速渗滤

是将污水投配到种有作物的土表面，污水在流经地表土壤—植物系统时得到净化的一种处理工艺。投放的污水量一般较少，通过蒸发、作物吸收、入渗过程后，流出慢速渗滤场的水量通常为零，即污水完全被系统所净化吸纳。

慢速渗滤系统可设计为处理型与利用型两类。如以污水处理为主要目的，就需投资省、维护便捷，此时可选择处理型慢速渗滤。设计时应尽可能少占地，选用的作物要有较高耐水性、对氮磷吸附降解能力强。在水资源短缺的地区，希望在尽可能大的土地面积上充分利用污水进行生产活动，以便获取更大的经济效益，此时可选择利用慢速渗滤，它对作物就没有特别的要求。慢速渗滤系统的具体场地设计参数包括：土壤渗透系数为

0.036~0.36m/d，地面坡度小于30%，土层深大于0.6m，地下水位大于0.6m。

② 快速渗滤

在具有良好渗滤性能的土表面，如沙土、砾石性沙土等，可以采用快速渗滤系统。污水分布在土表面后，很快下渗到地下，并最终进入地下水层，所以它能处理较大水量的污水。快速渗滤可用于两类目的：地下水补给和污水再生利用，用于前者不需要设计集水系统，而用于后者则需要设地下集水措施以利用污水，在地下水敏感区域还必须设计防渗层，防止地下水受到污染。

地下暗管和竖井都是快速渗滤系统常用的出水方式，如果地形调剂合适，让再生水从地下自流进入地表水体时最优先设计0.45~0.6m/d，地面坡度小于15%以防止污水过快流失下渗不足，土层厚度大于1.5m，地下水位大于1.0m。

③ 地下渗滤

地下渗滤系统（图3-4-2-6）将污水投配到距地表一定距离，有良好渗透性的土层中，利用土毛细管浸润和渗透作用，使污水向四周扩散中经过沉淀、过滤、吸附和生物降解达到处理要求。地下渗滤的处理水量较少，停留时间变长，水质净化效果比较好，且出水的水量和水质都比较稳定，适于污水的深度处理。

设计地下渗滤系统时，地下布水管最大埋深不能超过1.5m，投配的土壤介质要有良好的渗透性，通常需要对原土进行再改良提供渗透率为0.15~5.0cm/h。土层厚大于0.6m，地面坡度小于15%，地下水埋深大于1.0m。地下渗滤的土壤表面可种植景观性的花草，适于村镇和乡村场院。

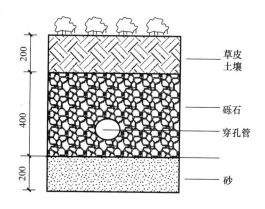

图3-4-2-6 标准地下渗滤结构示意图

土地渗滤技术的工艺类型选择，主要根据处理水量、出水要求、土壤性质、地形条件等确定。常用的工艺参数为水力负荷和有机负荷。

3）技术的局限性

慢速渗滤系统投配水量较少，处理时间长，净化效果比较明显；种植作物的收割可创造一定经济收益；受地表坡度的限制小。它的主要缺点在于：处理效果易受作物生长限制，寒冷气候易结冰，季节变化对其影响较大；处理出水量较少，不利于回收利用；水力负荷低，需要的土地面积较大。

快速渗滤系统处理水量较大，需要的土地面积少；对颗粒物、有机物的去除效果好；出水可补给地下水或满足灌溉需要。主要缺点是对土壤的渗透率要求较高，场地条件较严格；对氨氮的去除明显，但脱氮作用不强，出水中硝酸盐含量较高，可能引起地下水污染。

地下渗滤系统的优势和劣势都较明显，它的布水管网埋于地下，地面不安装喷淋设备或开挖沟渠，对地表景观影响小，同时还可以与绿化结合，在人口密集地区也可使用；污水经过了填料的强化过滤，对氮磷的去除率高，出水可进行再利用，经济效果较突出。但它也有明显的缺点：受土壤条件的影响大，土壤质地不佳时要进行改良，增加了建造成本；水力负荷要求严格，土壤处于淹没状态时毛细管作用将丧失；布水、集水及处理区都位于地下，工程量较大，成本较其他工艺高；对植物的要求高，有些农作物种植受到限制。

4）标准与做法

慢速渗滤并不需要特殊的收集系统，施工较简便。但为了达到最佳处理效果，要求布水尽量均匀一致，可以采取面灌、畦灌、沟灌等方式，喷灌和滴灌的布水效果更好一些，但需要安装布水管网，成本略有上升。

快速渗滤的布水措施和慢速渗滤类似，如果出水不需要回用的话，也不需要铺设集水系统。但在水资源比较紧张的地区，尽量将出水收集回用。在地势落差较大的地方，上游的地下水可自流出地表时，可采用地下穿孔管或碎石层集水。而在地势较平坦的地方，宜采用管井集水。

地下渗滤系统需要铺设地下布水管网，系统构筑相对较复杂。普通地下渗滤系统施工时先开挖明渠，渠底填入碎石或砂，碎石或砂以上布设穿孔管，再以沙砾将穿孔管掩埋，最后覆盖表土。穿孔管宜埋于地表下50mm，也可采用地下渗滤沟进行布水。强化型地下渗滤系统在普通型的基础上利用无纺布增加了毛管垫层，它高出进水管向两侧铺展外垂，穿孔管下为透水沟，污水在沟中的毛管浸润作用面积要明显高于普通型，布水也更均匀，因而净化效果更好。

3. 污水稳定塘的设计和建设

按照生物反应主要类型，可把稳定塘分为兼性塘、好氧塘和厌氧塘。按照稳定塘出水的连续性和出水量，可把塘分为连续出水塘、控制出水塘和完全贮存塘。此外，用作污水深度处理的稳定塘，名为深度处理塘。

1）各类污水稳定塘的特点

兼性塘，在其整个水深中，上层为好氧区，中层为兼性区，下层为厌氧区。兼性塘底部为厌氧污泥层。兼性塘上层水中的氧主要来自藻类光合作用，其次是塘水面的大气供氧。

好氧塘，它的全部水中都保持有溶解氧。高负荷好氧塘需要混合，以防止沉淀发生，避免厌氧状态的发生。塘中好氧细菌所需的氧主要来自藻类光合作用。

曝气塘，它的水中溶解氧，由表面叶轮曝气或鼓风曝气供给；但也有曝气塘，由藻类光合作用和机械曝气共同起到供氧作用。这种塘在出水处安装笼式曝气机，以便在高负荷季节消除局部厌氧状态；而在塘的其余面积，由藻类光合作用和表面大气作用提供氧。曝气塘分为好氧曝气塘和兼性曝气塘两种。

厌氧塘，它的有机负荷大，塘内处于厌氧状态，不存在好氧区。

控制出水塘，它的水力停留时间很长，可以控制在很长一段历时（0.5~1.0a）内使塘无水流出。当稳定塘水质与接纳水体水质相接近时，或者需要利用塘水灌溉、养殖时，按预定计划在一段较短的历时内将塘水排出。

其他类型的塘，除上述5种污水稳定塘以外，还有用于二级处理工艺（或相当于二级处理工艺）出水的深度处理塘，繁殖各种水生生物（包括菌藻）的综合生物塘，以及用于有显著湿度亏缺地区的只有进水而没有出水流至地面水体的完全贮存塘。

2）污水稳定塘设计和建设要点

① 兼性塘

是污水稳定塘中最为常见的一种。兼性塘接近水面处为好氧区，氧的含量随着水深的增加而逐渐递减，至接近塘底处为厌氧状态。

在兼性塘中起降解作用的微生物是好氧细菌、兼性细菌和厌氧细菌，分解产物氨基酸和氨为藻类所摄取。

藻的主要作用是产氧，并可去除氮磷等营养物质。

以兼性塘为塘系统之前的预处理一般只设格栅，因此在兼性塘串联系统中第一级塘（首塘）的悬浮固体负荷很重。兼性塘系统一般是3~5个塘或多至7个塘串联运行。塘系统的首端可以是兼性塘、厌氧塘——曝气塘或好氧塘，末端可续以深度处理塘。

② 好氧塘

它的全部水中都应保持有溶解氧。好氧塘的溶解氧大都来自藻类的光合作用。好氧塘通常划分为高负荷好氧塘和普通好氧塘。由于普通好氧塘没有人为的混合，故此种塘的底部仍然有厌氧层存在。

好氧塘净化原理是：菌藻共生的污水好氧生物处理塘，好氧细菌对进入塘中的复杂有机物进行分解，使之成为无机物，并合成新的细菌细胞。藻类则利用好氧细菌所提供的CO_2、无机营养物以及水，借助于光能合成有机物，形成新的藻类细胞，释放出氧，从而又为好氧细菌提供代谢过程中所需的氧。在好氧塘中，藻是生产者，好氧细菌是分解者。此外，好氧塘中存在的浮游动物以细菌、藻类和有机碎屑为食料，是初级消费者。生产者、分解者和消费者，与塘水共同组成一个水生态系统，完成系统中物质与能量的循环和传递，从而使进塘的污水得到净化。

高负荷好氧塘和普通好氧塘的典型设计参数见表3-4-2-2。

好氧塘的典型设计参数　　　　　　　　　　　　　　　表 3-4-2-2

项　目	高负荷好氧塘	普通好氧塘	项　目	高负荷好氧塘	普通好氧塘
BOD_5 表面负荷 kg/（万 m^2·d）	80~160	40~120	pH 值	6.5~10.5	6.5~10.5
水力停留时间（d）	4~6	10~40	BOD_5 去除率（%）	80~95	80~95
水深（m）	0.3~0.45	1~1.5			
温度范围（℃）	5~30	0~30	藻类浓度 (mg/L)	100~200	40~100
最佳温度（℃）	20	20	出水悬浮固体 (mg/L)	150~300	80~140

资料来源：北京土木建筑学会等，新农村建设给水排水工程及节水，北京：中国电力出版社，2008

好氧塘的建设要点如下：

第一，气候温和、日照良好的地区可以建好氧塘；

第二，原污水进入好氧塘之前应先经过沉淀。好氧塘底泥应及时排除；

第三，高负荷好氧塘水深不超过0.5~0.9m，以便阳光射入，使接近塘底处仍有溶解氧；

第四，高负荷好氧塘需要人为混合，使藻周期性地转移至光照好的位置，并避免塘底形成污泥层；

第五，高负荷好氧塘因水深很小，塘的土底容易生长挺水植物，最好在塘底铺砌人工衬里；

第六，高负荷好氧塘出水含藻量高，易于回收利用。此塘不宜作常规污水处理工艺。

③ 曝气塘

水中的溶解氧来源主要依靠表面叶轮曝气或鼓风曝气。在曝气条件下，由于水混合紊动、水浑浊和光透射等原因，藻类生长受到抑制，藻类向水中提供的溶解氧很少，因而只考虑人工曝气所产生的溶解氧。

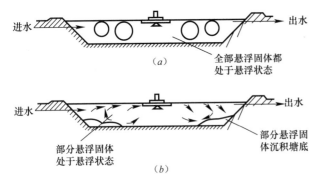

图 3-4-2-7　好氧曝气塘和兼性曝气塘
(a) 好氧曝气塘；(b) 兼性曝气塘

曝气塘对营养的需求量较小，对进水水质变化有较大的耐受能力。曝气塘一般采用叶轮曝气，但北方严寒地区则宜采用鼓风曝气。表面曝气机应不少于2台，每台表面曝气机至少应设3个锚固点，表面曝气机下方的塘底应铺混凝土面层。曝气塘占地面积虽然很大，也只适用于小型污水处理厂。

曝气塘一般分为好氧曝气塘和兼性曝气塘两种，如图 3-4-2-7 所示。

好氧曝气塘，它要求有足够的曝气混合程度，能使塘中的全部悬浮固体都保持悬浮状态，并且能够使塘中全部混合液都保持 1mg/L 以上的溶解氧。该塘所需的曝气功率为 5~15W/m³。好氧曝气塘内为完全混合流态，出水悬浮固体不回流。好氧曝气塘实际上是不回流活性污泥的长时间曝气的生物处理法。好氧曝气塘的 MLSS 比活性污泥法低得多，所以它对水温变化的敏感性比活性污泥法大。

生活污水好氧曝气塘设计指标约为：HRT 为 3~6d，塘水深度为 2.5~5m，MLSS 为 250~300mg/L，BOD_5 去除率为 80%~95%。

兼性曝气塘，它只要求水中部分含有溶解氧，所要求的混合程度比好氧曝气塘低，允许一部分悬浮固体沉淀，沉淀下来的悬浮固体在塘底进行厌氧消化。

在兼性曝气塘中，有一部分悬浮固体和生物体沉淀下来，沉淀作用发生在离曝气器较远的静水区。在运行之初，塘中固体沉积量一直在增加。直到悬浮固体沉积量等于重新悬浮的和厌氧降解液化的悬浮固体量之和时塘内的固体才达到稳定状态。兼性曝气塘达到悬浮固体稳定的状态，大约需要几年的时间。

兼性曝气塘水深一般为 3~6m，HRT 一般在 6d 以上，串联兼性曝气塘最后一级塘之后的沉淀塘 HRT 为 0.5~1d，串联塘数为 3~5 个或者更多。兼性曝气塘出水的 BOD_5 为 20~40mg/L；SS 为 20~60mg/L。

④ 厌氧塘

它相对缺乏溶解氧，处于厌氧状态。该塘的有机负荷高于其他类型的稳定塘。厌氧塘的生化反应速率是塘水温度的函数。水温 3~5℃ 时有产酸菌存在，且有活性，但较滞钝；塘底水温为 5~6℃ 时，虽有甲烷菌存在，但基本失活；最佳水温 30~35℃。水温低于 15℃ 时，生化反应速度急剧下降。

厌氧塘通常用于处理有机物含量高的工业或农业污水，如肉类加工污水、屠宰厂污水、牲畜粪便污水、食品工业污水，以及一些石油化工污水或合成工业污水等。厌氧塘建塘应符合下列要求：

第一，塘体：厌氧塘进口应位于接近塘底的深度处，高出塘底 0.6~1m。这样的进口布置（图 3-4-2-8）可以使进水与塘底厌氧污泥混合，从而提高 BOD_5 去除率，并且可以避免泥沙堵塞进口。宽度大于 10m 的厌氧塘均应采用多点进水和多点

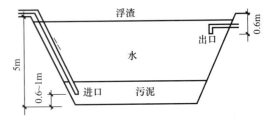

图 3-4-2-8　厌氧塘进口、出口布置

出水。在这些塘中，单一进口、出口除造成严重短流以外，还使塘底污泥沿主流线向两边呈渐减分布。进水含有高浓度油脂时，为了便于清除管内油污，进水管直径不应小于300mm。厌氧塘的出口为淹没式，淹没深度不应小于0.6m，并不得小于冰覆盖层或浮渣层厚度。

厌氧塘的单塘面积一般不大于0.8万m²。厌氧塘一般为一级，应并联运行，以便轮换排除底泥；厌氧塘长宽比可为2：1；第一级塘水深可为3~6m，深塘有利于储存污泥、减少氧的溶入以及热量的损失；厌氧塘设计储泥深度不小于0.5m。

第二，环境要求：厌氧塘内污水的污染度高，塘的深度大，容易污染地下水，对该塘必须作防渗设计；厌氧塘一般都有臭气散发出来，塘应离住宅500m以上；肉类加工污水等的厌氧塘水面上有浮渣层，浮渣层虽然对于污水处理很有好处，但有碍观瞻，故应对该塘实行隐蔽；浮渣层表面上有时孳生小虫，运行中应有除虫措施。

⑤ 控制出水塘

前述兼性塘、好氧塘、曝气塘和厌氧塘都是连续出水的过水方式运行，即塘的出水量随进水量的变化而变化，一般不再另外对出水流量作人为控制。在一年之中，有几个月甚至十一个多月，控制出水塘只有水流进，而没有水流出。在此期间，塘只是起蓄水作用。待到非冰封季节，或者当接纳水体具备接纳塘水条件时，或者当需要利用塘水灌溉、养殖时，再按计划水量将塘水排出。水体在接纳塘水以后，水体的水质应当符合当地主管部门规定的地表水环境质量标准。

控制出水塘可以按厌氧塘、兼性塘或好氧塘的净化原理和工况处理污水。由于控制出水塘水力停留时间长，可不曝气。

控制出水塘可以使用于我国北方寒冷地区。因为该地区结冰期较长，结冰期内塘水净化效率很低；此外，这些地区大部分干旱缺水，有可能季节性地利用塘水。控制出水塘也适用于季节性的水体稀释自净能力较差的地区，在这些地区河流在枯水季节往往不能接纳塘水，只有在丰水季节才能承受塘的出水负荷。

控制出水塘的运行要注意：第一，冬季到来之前，将塘水排放；第二，冬储期间，控制出水塘只进水不出水，冰层形成后，进水漫流至结冰的冰层上；第三，翌年冰融化以后，进入夏季运行。此时，控制出水以兼性塘或好氧塘的工况运行。有些地方，在春天或秋天塘水翻转期，或在藻华期，也要求储存塘水暂不排放；第四，在大型控制出水塘的排水之前以及排水过程中，应当监测塘水和接纳水体的水质。根据水质监测结果，安排排水量。

控制出水塘的净化效率。冬季冰封期间，控制出水塘冰层以下的水温仍可维持在2~5℃；在耐低温微生物作用下，部分有机物可被降解，冰融后平均BOD_5去除率约为40%~60%。

塘体设计，串联塘的各级塘底标高应逐级降低或者塘底平接，以利各塘冬季来临前将塘水排放。塘的总深度包括泥深、水深、冰层厚度和超高。泥深一般为0.3~0.6m，冰层下的水深不小于1m。控制出水塘的塘数不少于3个，应既能串联运行，也能并联运行。

3）污水稳定塘的选址

污水稳定塘塘址的选择，应符合下列要求：

第一，不占用有用的土地或水域，应利用附近无其他使用价值的土地，如废旧河床、沼泽、湿地、盐碱地、滩涂等闲置土地；

第二，位于流动水体的下游；

第三，稳定塘有臭气散发出来，特别是在春初秋末以及北方稳定塘春季解冻时臭气更加明显。所以稳定塘应选在村镇最小频率风向的上风侧；

第四，稳定塘与居民区边缘的距离应不小于400m，其间应植树绿化；

第五，塘的排洪设施应符合当地防洪标准的规定，或要求在百年一遇的洪水情况下不受水淹，并且有防止塘堤不被潮汐、风浪、山洪等侵袭破坏的措施；

第六，塘底与地下水最高水位的高差不小于1.2m，塘址的土层透水性差；

第七，地质条件好，不易受岩溶影响；

第八，供电、供水方便；

第九，便于塘出水、塘底污泥的排放和综合利用。

第三节　中水和景观用水循环利用技术

中水指污、废和雨水经适当处理后，达到一定的水质指标，满足某种使用要求，可以进行有益使用的水。村镇住宅的中水是指把住宅或住宅区内的生活污水或生产活动中属于生活排放的污水和雨水等杂用水收集起来，经过处理达到一定的水质标准后，回用于住宅或住宅区内，用于小区绿化、景观用水、洗车、清洗建筑物和道路以及室内冲洗便器等的供水系统。

村镇建筑中水工程属于小规模的污水处理回用工程，具有分散、灵活、无需长距离输水和运行管理方便等特点。

一、中水水质

在村镇，特别是缺水地区，中水回用具有显著的环境效益、经济效益和社会效益。

首先，中水回用可减少自来水的消耗量，缓解村镇用水的供需矛盾；

其次，中水回用可减少村镇生活污水排放量，减轻村镇排污系统和污水处理系统的负担，并可在一定程度上控制水体的污染，保护生态环境；

此外，中水回用的水处理工艺简单，运行操作简便，供水成本低，基建投资也小。

应该指出，由于目前大部分地区的水资源费和自来水价格偏低，考虑到水资源短缺的大趋势及引水排水工程的投资越来越大等因素，各村镇的水资源增容费用和自来水价格必将逐步提高，同时随着建筑中水技术的日益成熟和设计、管理水平的不断提高，中水的成本将会呈下降趋势，因此可以预计，中水回用的经济效益将会越来越显著。

1. 中水供水水质

中水原水经过处理后，可回用作为小区绿化、景观、洗车、冷却设备补充、清洗建筑物和道路以及室内冲洗厕所等用水。但无论何种用途，都必须保证回用水水质满足该用途的水质要求，中水供水水质必须达到下列基本要求：

第一，卫生上安全可靠，无有害物质，主要衡量指标有大肠杆菌群数、细菌总数、余氯量、悬浮物量、化学需氧量和生化需氧量等；

第二，感官上无不快感，其主要衡量指标有浑浊度、色度、嗅味、油脂和表面活性剂等；

第三，不会引起管道和设备的腐蚀和结垢，不会给管理和维修造成困难，主要衡量指标有硬度、pH 值、蒸发残量和溶解性物质等。

2. 中水水质标准

在国内，一些村镇和地区结合地方特点颁发了各自的中水水质标准，但目前尚无统一的标准。国外的中水水质标准，由于各个国家的经济和技术条件不一样，所以目前世界上还没有一个公认的统一标准。表 3-4-3-1 为《城市污水再生利用城市杂用水水质》（GB/T 18920-2002），可供参考。

城市杂用水水质标准
表 3-4-3-1

序号	项　目		冲厕	道路清扫、消防	城市绿化	车辆冲洗	建筑施工
1	pH		6.0~9.0				
2	色（度）	≤	30				
3	嗅		无不快感				
4	浊度（NTU）	≤	5	10	10	5	20
5	溶解性总固体（mg/L）	≤	1500	1500	1000	1000	—
6	五日生化需氧量（BOD_5）（mg/L）	≤	10	15	20	10	15
7	氨氮（mg/L）	≤	10	10	20	10	20
8	阴离子表面活性剂（mg/L）	≤	1.0	1.0	1.0	0.5	1.0
9	铁（mg/L）	≤	0.3	—	—	0.3	—
10	锰（mg/L）	≤	0.1	—	—	0.1	—
11	溶解氧（mg/L）	≥	1.0				
12	总余氯（mg/L）		接触 30min 后 ≥ 1.0，管网末端 ≥ 0.2				
13	总大肠菌群（个/L）	≤	3				

资料来源：《城市污水再生利用城市杂用水水质》（GB/T 18920-2002）

二、村镇建筑中水的水源系统

中水水源系统涉及：中水原水、中水原水系统。

1. 中水原水

村镇建筑中水原水是指用作中水水源而未经处理的水，主要是来自建筑物内部的生活污水。生活污水是由居民的生活活动而产生的，其水质、水量和污染物浓度与建筑物的类型、居民的人数、居民生活习惯、建筑物内部卫生设备的完善程度以及当地的气候条件等因素有关。

中水原水的种类按水质划分为优质杂排水、杂排水和生活污水。其中，优质杂排水包括冷却排水、沐浴排水、盥洗排水和洗衣排水，特点是有机物和悬浮物浓度较低，水质好，容易处理且处理费用较低；杂排水包括厨房排水，特点是有机物和悬浮物浓度较高，水质较好，处理费用比优质杂排水高；生活污水包括杂排水和厕所排水，特点是有机物和悬浮物浓度均很高，水质差，处理工艺复杂，处理费用高。

中水原水按用途可划分为：

第一，冷却排水。主要是空调机房冷却循环水中排放的部分废水，其水温较高，污染程度较低；

第二，沐浴排水。主要指淋浴和盆浴排放的污水，其有机物和悬浮物含量均较低，但皂液含量高；

第三，盥洗排水。主要指洗脸盆、洗手盆和盥洗槽排放的废水，其水质与沐浴排水相近，但悬浮物浓度较高；

第四，洗衣排水。主要指宾馆洗衣房的排水，其水质与盥洗排水相近，但洗涤剂含量高；

第五，厨房排水。包括厨房、食堂和餐厅在炊事活动中排放的污水，其有机物浓度、浑浊度和油脂含量高；

第六，厕所排水。大便器和小便器排放的污水，其有机物浓度、悬浮物浓度和细菌含量高。

2．中水原水系统

根据中水原水的水质不同，中水原水系统分为分流制和合流制两类。分流制系统以优质杂排水或杂排水为中水水源，合流制则以综合生活污水为中水水源。

合流制：具有水量稳定的特点，较分流制充足，不需专门设置分流管道。但也存在一些缺点，如：原水水质差，含粪便和油污，所需水处理工艺复杂，必须经过可靠的一级、二级、三级处理程序；中水水质保障性差，用户接受程度低；中水处理过程对周围环境危害大。

分流制：具有以下优点：原水水质好，有机污染物含量低；水处理工艺流程简单，投资省，占地小；中水水质保障性好，易被用户接受；中水处理过程对周围环境危害小。缺点是原水水量受限制，且不是很稳定；需专门设置一套分流管道。

3．分流制原水系统的组成

涉及住宅室内污水分流（原水集流）管道和设备、住宅小区污水集流管道、污水泵站及压力管道。

住宅室内污水分流（原水集流）管道和设备的作用是收集洗澡、盥洗和洗涤污水。集流的污水排到室外集流管道，经过建筑物或住宅小区中水处理站净化后回送到住宅小区内各户，作为杂用水使用。室内集流的污水排到室外集流管道时，集流排水的出户管处应设置排水检查井，与室外集流管道相接。

小区污水集流管道可布置在庭院道路或绿地以下，应根据实际情况尽可能依靠重力把污水输送到中水处理站。住区集流污水管分为干管和支管，根据地形和管道走向情况，可在管网中适当的位置设置检查井、跌水井和溢流井等，以保证集流污水管网的正常运行以及集流污水水量的恒定。图 3-4-3-1 为某建筑小区集流污水管

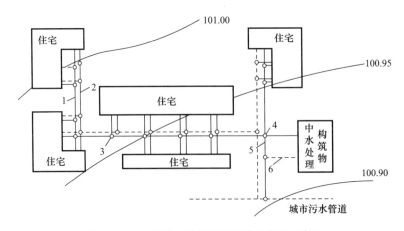

图 3-4-3-1　建筑小区集流污水管网布置示意图

1—集流管道；2—粪便排水管道；3—排水检查井；4—溢流井；5—溢流管段；6—事故排放管道

网布置示意图。

污水泵站及压力管道用于集流污水不能依靠重力自流输送到中水处理站时的情况。在这种情况下，泵站到中水处理站间的集流污水管道，应设计为压力管道。

三、村镇建筑中水处理系统

村镇建筑中水处理系统涉及多方面的内容，需要在设计中仔细思考。

1. 村镇建筑中水处理工艺流程

中水处理的工艺流程按水处理主体工艺不同，可分为生物处理、物理化学处理和膜处理三大类。

生物处理是指通过微生物的代谢作用，使污水中呈溶解状态、胶体状态以及某些不溶解的有机物和无机污染物质转化为稳定的、无害的物质，从而达到水质净化的目的。这种方法根据所用的微生物种类不同，又可分为好氧生物处理和厌氧生物处理两大类。其中每一类又分为许多形式。

物理处理是通过物理作用分离、回收污水中呈悬浮状态的污染物质，在处理过程中不改变污染物的化学性质。根据物理作用的不同，物理法大致可分为筛滤截留法（如格栅、格网、滤池等）、重力分离法（如沉淀池、气浮池等）和离心分离法（如旋流分离器、离心机等）。

化学处理是通过化学反应和传质作用来分离、回收污水中呈溶解、胶体状态的污染物质或将其转化为无害物质。

膜处理又叫膜分离，是利用特殊膜的选择透过性对水中溶解的污染物质或微粒进行分离或浓缩，并最终去除污染物，以达到净化水质的目的。

1）中水处理流程的选择

中水处理流程应根据中水原水的水质、水量及中水回用对象对水质、水量的要求，经过水量平衡，提出若干个处理流程方案，再从投资、处理场地、环境要求、运行管理和设备供应情况等方面进行技术经济比较后择优确定。在选择中水处理流程时应注意以下几个问题：

第一，根据实际情况确定流程。确定流程时必须掌握中水原水的水量、水质和中水的使用要求，由于中水原水收取范围不同而使水质不同，中水用途不同而对水质要求不同，各地各种排放的污废水水质不同，其处理流程也不尽相同。选择处理工艺流程时切忌不顾条件的照搬照套。

第二，因为建筑物排水的污染物主要为有机物，所以绝大部分处理流程是以物化和生化处理为主的。生化处理中又以接触氧化的生物膜法最为常用。

第三，当以优质杂排水或杂排水为原水时，一般采用以物化为主的工艺流程或采用一段生化处理辅以物化处理的工艺流程。当以生活污水为中水原水时，一般采用二段生化处理或生化物化相结合的处理流程。为了扩大中水的使用范围，改善处理后的水质，增加水质稳定性，通常结合活性炭吸附、臭氧氧化等工艺。

第四，无论何种方法，消毒灭菌的步骤及保障性是必不可少的。

第五，应尽可能地选择高效的处理技术和设备，并应注意采用新的处理技术和方法。

第六，应重视提高管理要求和管理水平以及处理设备的自动化。不允许也不能将常规的污水处理厂缩小后搬入建筑或建筑群内。

第七，应注意避免和消除中水处理过程给环境带来的噪声和臭味影响。

第八，选用成套的设备，尤其是一体化设备时，应注意其功能和技术指标，确保出水水质。

2）国内典型中水处理工艺流程及应用情况

国内典型中水处理工艺流程及应用情况见下表3-4-3-2。

国内典型中水处理工艺流程及应用情况表　　　　　　　　　表3-4-3-2

直接过滤	工艺流程	格栅→调节池→砂滤→炭滤→消毒→出水
	应用情况	应用较少，若原水水质较好且管理得当，出水水质也可达标，有的工程已通过验收
	优点	处理工艺简单、占地少、设备化程度高、设备密闭性好
	缺点	活性炭易吸附饱和，需更换，原水水质不好时出水水质保障性差
混凝过滤	工艺流程	格栅→调节池→混凝沉淀/接触反应→过滤→臭氧/炭滤→消毒→出水
	应用情况	有应用，有的工程已通过验收
	优点	过滤效果好，水质有保障，具有物理化学法的优点
	缺点	臭氧发生器耗电且保障性差
混凝气浮	工艺流程	格栅→调节池→混凝气浮→化学氧化→过滤→消毒→出水
	应用情况	应用较少，有的工程已通过验收，用户反应较好
	优点	处理效率高，过滤工序污染物负荷低，出水水质有保障
	缺点	气浮过程难以控制
膜滤	工艺流程	格栅→调节池→混凝沉淀/接触氧化→膜滤→消毒→出水
	应用情况	国内应用很少，日本应用较多
	特点	是有发展前途的工艺，但必须解决膜的质量和清洗问题
接触氧化	工艺流程	格栅→调节池→接触氧化→（沉淀）过滤→（炭滤）→消毒→出水
	应用情况	应用较多，部分工程已通过验收
	特点	去除有机污染物效果好，如管理得当则处理效果较稳定，但必须解决曝气的噪声问题
生物转盘	工艺流程	格栅→调节池→生物转盘→沉淀过滤→（炭滤）→消毒→出水
	应用情况	应用不少，但坚持运行且处理效果好的少
	特点	在北方密闭环境下应用应解决臭味、挂膜及进口设备维修和配件更换问题
A/O 或 A²/O	工艺流程	格栅→缺氧水解→好氧曝气→沉淀→过滤→消毒→出水
	应用情况	用于含有粪便污水的处理，适用于小区中水处理
	特点	工艺条件、参数控制合理，管理得当则处理效果好，出水水质有保障，但有污泥处理的麻烦

资料来源：北京节约用水管理中心，建筑中水设施运行与管理，北京：中国建筑工业出版社，2008

2．建筑中水处理单元

无论何种中水处理流程都是由若干个水处理单元组合而成的。每个水处理单元有不同的功能，不同的水处理单元相互搭配可获得不同的处理效果。所以水处理单元的合理选择和搭配是整个中水处理流程能否按设计要求运行，出水水质能否达到设计要求的关键。

1）格栅和格网

格栅和格网是中水前处理的重要环节，其作用是截留中水原水中漂浮和悬浮的机械杂质，如毛发、纸屑、塑料等固体废物，以免污水中的这类物质堵塞管道，并保证其他中水处理构筑物性能的发挥，从而提高中水处理效率。

格栅由一组相平行的金属栅条与框架组成，倾斜安装于进水渠或进水泵站集水井的进口处，以拦截水中粗大的悬浮物及杂质。在中水处理系统中，格栅主要是用来去除可能堵塞水泵机组及管道阀门的较大悬浮物，以保证后续处理设施的正常运行。以优质杂排水为原水的中水处理系统一般只设一道细格栅，栅条空隙宽度小于10mm；当以杂排水或生活污水作为原水时可设两道格栅：第一道为粗格栅，栅条空隙宽度为10~20mm，第二道为细格栅，栅条宽度为2.5mm。目前，格栅一般都有成套产品可供选用，如无法选择到合适的成套设备，也可自行设计。

仅设置格栅往往还会有一些细小的杂质进入到后续的处理设备中，给处理带来麻烦。在格栅后再设置格网，可进一步截留这些杂质。格网的网眼直径一般采用0.25~2.5mm。另外，当中水原水中含有厨房排水时，应加设隔油池（器）；当以生活污水作为原水时，一般应设化粪池进行预处理；当原水中含有沐浴排水时，应设置毛发清除设备。隔油池、化粪池和毛发清除设备均应设置于格栅或格网之前。

2）调节池

调节池用于水量和水质的调节，是一座变水位的储水池，一般进水采用重力流，出水用泵送出。池中最高水位不高于进水管的设计水位，水深一般2.0m左右，最低水位为死水位。

如果污水水质有很大变化，调节池兼起浓度和组分的均和调节作用，则调节池在结构上还应考虑增加水质调节的设施以达到完全混合的要求。

污水在调节池内的混合，有水泵搅拌、机械搅拌、空气搅拌等方式。水泵搅拌简单易行，混合也较完全，但动力消耗较多。空气和机械搅拌的混合效果良好，兼有预曝气的作用，但其空气管和设备常年浸于水中易遭腐蚀，且有可能造成挥发性污染物逸散到空气中的不良后果。在使用后两种方法时须采取必要的防护措施。

调节池的有效容积，一般采用8~16h的设计小时处理流量，当地气温较高且集流较均衡时可取低限，否则应取高限。在中、小型水处理工程中，设置调节池后可不再设置初沉池。

3）生化处理

在建筑中水处理工艺中，生化处理的应用较多，应用比较广且技术相对成熟的工艺主要有接触氧化工艺、SBR工艺和A^2/O工艺。这三种工艺在中水处理实际应用中的比较见表3-4-3-3。

部分不同处理工艺的比较　　　　　　　　　　　　　　　　表3-4-3-3

项　目		常见生物处理工艺类型		
		接触氧化工艺	SBR工艺	A^2/O工艺
投资费用	土建工程	无需二沉池、预处理配斜管沉淀池，效率很高，土建最小	无需二沉池，池体一般较深，土建量较大	土建量最大
	机电设备及仪表	设备量稍大，自控仪表稍多	设备闲置浪费大，自控仪表稍多	设备投资一般
	征地费	占地最小，是传统工艺的1/5~1/10	占地稍大，征地费较多	占地最大，征地费最多
	总投资	最小	较大	最大

项 目		常见生物处理工艺类型		
		接触氧化工艺	SBR 工艺	A²/O 工艺
运行费用	水头损失（m）	约 3~3.5	约 3~4	约 1~1.5
	污泥回流	不需污泥回流	不需污泥回流	100%~150%
	曝气量	比活性污泥法低 30%~40%	与 A²/O 工艺基本相同	大
	药剂量	用于预处理，稍大	较低	较低
	处理后出水消毒	由于出水水质好，一般不需过滤，消毒剂消耗量最少	一般需要过滤、消毒，消毒剂消耗量较大	一般需要过滤、消毒，消毒剂用量大
	电耗	很小	较高	最高
	总运行成本	较低	较高	最高
工艺效果	产泥量	产泥量相对活性污泥法稍大，污泥稳定性稍差	产泥量与 A²/O 工艺相当，污泥相对稳定	产泥量一般，污泥相对稳定
	有无污泥膨胀	无	容易产生，需加生物选择性物质防止	容易产生，需加生物选择性物质防止
	流量变化的影响	受过滤速度的限制，有一定的影响	受每个处理单元的可接纳容积限制，有一定影响	受沉淀速度限制，有一定影响
	冲击负荷的影响	可承受日常的冲击负荷	受冲击负荷能力较强	受冲击负荷能力较强
	温度变化的影响	接触氧化池从底部进水，上部可封闭，水温波动小，低温运行较稳定	处理效果受低温影响较大	露天面积大，处理效果受低温影响较大
	出水水质（mg/L）	SS ≤ 15 BOD ≤ 10 COD ≤ 40 TNK ≤ 15	SS ≤ 30 BOD ≤ 15 COD ≤ 100 TNK ≤ 15	SS ≤ 30 BOD ≤ 15 COD ≤ 100 TNK ≤ 15

资料来源：北京节约用水管理中心，建筑中水设施运行与管理，北京：中国建筑工业出版社，2008

4）混合反应

生活污水中含有许多胶体颗粒（粒径 0.1~1μm），其成分复杂多变，因而污水往往是浑浊的且会产生臭味。对此，比较有效的办法是向水中投加可产生混凝作用的化学药剂，使之与水中的这些杂质发生混合反应，把水中形形色色的胶体颗粒凝聚、絮凝，然后再经沉淀、过滤，使水变清。

在中水处理量较小时，一般不设置专门的混合反应设备，可依靠药剂槽与管道混合器或水泵前后的药剂投加系统，使药剂与水中杂质的混合反应在管道内或泵体内完成。在中水处理量较大时，应设置专门的混合反应器及搅拌设备。

5）沉淀池

用沉淀池进行水处理，主要是依靠重力作用使水中比重较大的杂质或污染物质沉降到池底，以达到与水分离，使水得到净化的目的。沉淀池作为主要处理构筑物时，必须投加混凝剂。如果沉淀池作为生物处理后的二沉池，则混凝剂的投加与否，应视具体情况来确定。目前常用的沉淀池及其性能比较见表 3-4-3-4。

6）气浮池

对于富含表面活性剂的洗浴废水，气浮池在混合反应后脱除絮体的效果比沉淀池效果好，但气浮池具有设备安装管理复杂、动力消耗大的缺点。

各种沉淀池的比较   表 3-4-3-4

池 型	优 点	缺 点	适用条件
平流式	(1) 沉淀效果好 (2) 对冲击负荷和温度变化的适应能力强 (3) 施工简易，造价低	(1) 池子配水不均匀 (2) 排泥管不易设置，刮泥机浸在水中易腐蚀	(1) 适用于地下水位高及地质较差的地区 (2) 适用于大中小型污水处理厂
竖流式	(1) 排泥方便，管理简单 (2) 占地面积小	(1) 池子深度大，施工困难，造价高 (2) 对冲击负荷适应能力差 (3) 若池径大则造价高	适用于处理水量不大的小型污水处理厂
辐流式	排泥设备已趋定型，管理简单	机械设备复杂，对施工质量要求高	(1) 适用于地下水位较高的地区 (2) 适用于大、中型污水处理厂
斜板斜管式	(1) 水力负荷高，为其他沉淀池的 1 倍以上 (2) 占地少，节省土建投资	斜板和斜管容易堵塞	(1) 适用于室内或池顶加盖 (2) 适用于小型污水处理厂

资料来源：北京节约用水管理中心，建筑中水设施运行与管理，北京：中国建筑工业出版社，2008

7）过滤

水处理中的过滤是利用过滤料层截留、分离污水中呈分散悬浊状的无机和有机杂质粒子的一种技术。污水深度处理技术中普遍采用过滤技术。根据材料不同，过滤可分为孔材料过滤和颗粒材料过滤两类。过滤过程是一个包含多种作用的复杂过程。完成过滤工艺的处理构筑物称为滤池。目前市场上已有成套过滤设备和定型产品，可参照产品样本给定的性能进行选用。

8）膜处理

膜处理法处理流程简单，运行管理容易，处理设备自动化程度高。但采用膜分离技术，首先必须做好水的预处理，以满足设备对进水水质的要求。其次还要根据分离对象选择分离性能最适合的膜和相关的组件。另外，在运行中应注意膜的清洗和更换。膜处理法在中水处理中已有应用实例。

9）活性炭吸附

活性炭吸附主要用于去除常规方法难以降解和难以氧化的污染物质，使用这种方法可达到除臭、除色，去除有机物、合成洗涤剂和有毒物质等的作用。

10）消毒

通过消毒剂或其他手段，杀灭水中致病微生物的处理过程称为消毒。水中的致病微生物包括病毒、细菌、真菌、原生动物、肠道寄生虫及其卵等。生活污水经生物处理、混凝、沉淀、过滤等方法处理后，虽可去除水中相当数量的病菌和病毒，但尚达不到中水水质标准，需进一步消毒后才能保证使用安全。消毒的方法包括物理方法和化学方法两大类，物理方法在废水处理中很少应用，化学方法中以氯消毒和臭氧消毒应用最多。常用的消毒剂有液氯、二氧化氯、次氯酸钠、漂白粉和臭氧等，其中前三种应用较多。

11）污泥处理

中水处理过程中产生的沉淀污泥、化学污泥和活性污泥，可根据污泥量的大小采用脱水干化处理或排至化粪池进行厌氧处理，也可根据实际情况采取其他的方法进行恰当的处置。

需要说明的是，建筑中水回用的范围通常只是单栋建筑物或建筑小区，工程规模一般较小，不宜选择复杂的工艺流程，应尽量选用定型成套的综合处理设备。这样就可简化设计工作，节省占地面积，方便管理，减少投资，且运行可靠，出水水质稳定。

3．中水处理站的设置

建筑物和住宅小区中水处理站的位置确定应遵循以下原则：

第一，单幢建筑物中水工程的处理站应设置在其地下室或邻近建筑物处，村镇住宅小区中水工程的处理站应接近中水水源和主要用户及主要中水用水点，以便尽量减少外线长度；

第二，规模大小应根据处理工艺的需要确定，应适当留有发展余地；

第三，高程应满足原水的顺利接入和重力流的排放要求，尽量避免和减少提升，建成地下式或地上地下混合式是合适的；

第四，应设有便捷的通道以及便于设备运输、安装和检修的场地；

第五，应具备污泥、废渣等的处理、存放和外运措施；

第六，应具备相应的减振、降噪和防臭措施；

第七，要有利于村镇住宅小区环境建设，避免不利影响，应与建筑物、景观和花草绿地工程相结合。

第四节　污水直接利用和灌溉技术

污水也可直接用于灌溉（绿化或者农作物灌溉），或者与天然水一起用于灌溉。常用的灌溉技术有喷灌技术和微灌技术两类。

一、喷灌技术

喷灌几乎适用于灌溉所有的旱作物，例如谷物、蔬菜、果树、食用菌、药材等；既适用于平原也适用于山区，既适用于透水性强的土壤也适用于透水性弱的土壤；不仅可以用于灌溉，还可用于喷洒肥料、农药、防冻霜、防暑降温和防尘等。喷灌具有节水、灌溉均匀、增产、节省劳力、对地形和土质适应性强等优点。

喷灌系统一般包括水源、加压设备（动力和水泵）、管道系统、喷头和控制设备等。

喷灌系统的种类很多，根据其设备组成可分为管道式喷灌系统和机组式喷灌系统两大类。管道式喷灌系统又可细分为固定式管道喷灌、半固定式管道喷灌和移动式管道喷灌系统。机组式喷灌系统可分为轻小型机组式、滚移式、时针式、大型平移式、绞盘式等形式。各类型喷灌系统各有自己的优缺点，见表3-4-4-1。其适用范围不同，所需投资差异很大。我国目前适用较多的有固定管道式喷灌系统、半固定管道式喷灌系统和轻小型机组式喷灌系统三种形式。

不同类型喷灌系统的优缺点　　　　　　　　　　　　　　　　　　　　　　表 3-4-4-1

类　型		优　点	缺　点
管道式	固定式	使用方便，劳动生产率高，节省劳力，运行成本低（高压除外），占地少，喷灌质量好	需要管材多，一次投资大
	移动式	投资最少，移动方便，动力便于综合利用，设备利用率高	沟渠占地多，移管劳动强度大，一般喷灌质量差
	半固定式	投资和用管量介于固定式和移动式之间，占地较少，喷灌质量好，运行成本低	操作不变，移动管道易损坏作物
机组式		形式简单，使用灵活，单位面积设备投资最低，我国目前发展最多	沟渠占地多，喷灌质量差

资料来源：北京节约用水管理中心，建筑中水设施运行与管理，北京：中国建筑工业出版社，2008

二、微灌技术

微灌将水和肥料浇在作物的根部，它比喷灌更省水、省肥。当前在我国推广的主要形式有微喷灌、滴灌、膜下滴灌和渗灌等。其中，滴灌是目前世界上最先进的节水灌溉技术之一。它是将水进行加压、过滤后，必要时连同可溶性化肥（农药）一起，通过低压管道系统输送至滴头，然后将水一滴一滴均匀而缓慢地滴入作物根区土壤中的灌溉方法，具有节水、增产、适应性强等优点。

滴灌系统采用管道输水和完备的压力及水量调节系统，可以有效调节流量，因此，适用于山区、丘陵和平原各种地面坡度条件下不同土壤的灌溉。加之滴灌省水，最适宜在干旱缺水地区大力发展。如西北和华北地区。

由于滴灌投资大、技术含量高，应当优先用于经济、林果作物，如北方和西北地区的苹果、葡萄和其他瓜果类作物灌溉，采用滴灌最为理想。

滴灌系统由水源工程、首部枢纽（包括水泵、动力机、过滤器、肥液注入装置、滴灌管、控制仪表等）、各级输配水管道和滴头四部分组成。

第五章
热水的太阳能利用

我国近 20 年来在太阳能供热水、太阳能采暖方面发展迅速，各级政府已经普遍意识到太阳能应用的巨大效益和适用性，纷纷开展各种举措以推进太阳能利用技术在各地村镇住宅中的集成应用及示范。

第一节 太阳能供热系统

太阳能供热系统是指由冷水进口到热水出口的一整套利用太阳能加热水的装置。一般由集热器、冷热水循环管道、贮水箱（有的还有补水箱）、冷水输入管、热水输出管、支架等组成，复杂的还包括循环泵、换热器、辅助热源装置以及自动控制设备。其效率高低、收集太阳能的多少不仅与太阳能集热器的效率有直接关系，还与系统的结构形式、管道的管径和走向、水箱的位势和保温措施等诸多因素有关。

一、太阳能集热器

目前使用的太阳能集热器一般分为闷晒式集热器、平板型太阳能集热器、全玻璃真空管集热器、热管真空管集热器等几类产品。

1. 闷晒式集热器

在太阳能集热器中，闷晒式的比较简单，造价也低，分"有胆"和"无胆"两类。有胆是指太阳能闷晒盒内装有黑色塑料或金属的盛水胆，当太阳能闷晒到闷晒盒时，盒内温度升高，水胆的水被加热，当水温达到一定要求时，把热水放出来使用。无胆闷晒式热水器也称"浅池热水器"，一般只能季节性使用，在气温不太低的情况下，经过 4h 的闷晒，池内水温可升至 50℃ 左右。

2. 平板型太阳能集热器

平板型太阳能集热器是最初的产品，其构造见图 3-5-1-1，主要由透明盖板、吸热体、保温层、客体四部分组成。阳光透过透光盖板照射在表面涂有高太阳能吸收率涂层的吸热板上，吸热板吸收太阳辐射能量后温度升高，一方面将热量传递给集热器内的工质，使工质温度升高，另一方面也向四周散热，是一种广泛应用于热水、采暖、空调、干燥等领域的太阳能集热部件。但它存在着集热快、散热也快、效率受环境温度影响大等问题。为了确保平板集热器获得较高的热效率，要求透明盖板材料有尽可能高的透光率，并且密封良好，以减小吸热体表面对大气的对流热损失，同时也通过在吸热板上覆盖吸收率高、发射率低的深色涂层使吸热板最大限度地吸收太阳辐射

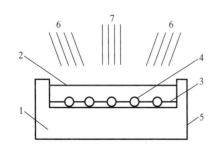

图 3-5-1-1 平板型太阳能集热器
1- 透明盖板；2- 隔热材料；3- 吸热板；4- 排管；
5- 外壳；6- 散射太阳辐射；7- 直射太阳辐射

能，此外，还要从实用方面考虑材料的耐久性等因素，以使太阳能集热器有良好的技术经济性能。

3．全玻璃真空管集热器

全玻璃真空管集热器的核心元件是全玻璃真空管太阳集热管，由内外两层玻璃管构成，内管外表面具有高吸收率和低发射率的选择性吸收膜，夹层之间抽成高真空，形成一个类似的细长暖水瓶胆，水注满在内胆内被加热，如图 3-5-1-2 所示。全玻璃真空集热管玻璃材料易得、工艺可靠、结构简单、成本较低、应用前景广阔。用该种产品制得的热水器已占我国太阳能热水器生产总量的 70%。白天在太阳照射下，太阳光透过集热管罩管后，被内管表面吸收涂层吸收转化为热能，加热内玻璃管内的传热流体，最终将贮水箱中的水加热。由于真空集热管采用了真空技术，降低了对流损失，选择性涂层技术降低了热辐射，全玻璃材料技术降低了传导损失，从而大大降低了集热管的热损失，使其具有良好的热性能。但它存在着不承压、易破损的缺点，如果一根损坏，由于从该处漏水则会导致整个集热系统无法运行。

4．热管真空管集热器

热管真空管集热器构造如图 3-5-1-3 所示，主要由保温堵盖、热管吸热板、全玻璃真空管三部分组成，当太阳光透过玻璃照射到吸热板上时，吸热板吸收热量使热管内的工质汽化，被汽化的工质升到热管冷凝端，放出汽化潜热后冷凝成液体，同时加热水箱内的水，工质又在重力作用下流回热管的下端，如此重复工作，不断地将吸收的辐射能传递给需要加热的介质。

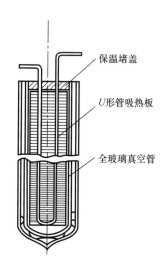
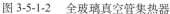

保温堵盖

U 形管吸热板

全玻璃真空管

图 3-5-1-2　全玻璃真空管集热器

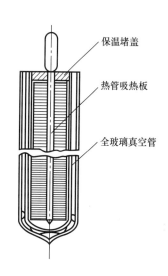

保温堵盖

热管吸热板

全玻璃真空管

图 3-5-1-3　热管真空管集热器

热管真空管集热器由于采用了金属材料，且真空管之间也都用金属部件连接，所以除具有全玻璃真空集热管较高的热性能之外，还具有以下优点：

1）热启动快：热管外径上牢固结合一个带选择性吸收涂层的吸热片，大多数为铝板，热管一般用铜管，内装少量的沸点工质制成。因此，在吸热板吸收太阳能后，能迅速将热量传导给热管蒸发端，进而通过热管冷凝端释放热量。

2）抗冻性能好：这种形式集热管由于不直接容水，热管内的工质不仅冰点极低，又充装很少，只要贮水箱管道保温良好，不存在冬季冻损问题。即使用户偶然误操作，对空晒的集热器系统立即注入冷水，真空管也不会因此而炸裂。

3）承压能力大：真空管及其系统都可承受自来水或循环泵的压力，而且大多数还可用于产生 0.6MPa 以上压力的热水或高压蒸汽。

另外，热管性能决定了这种集热器的特点是单方向传热，为了确保热管的正常工作，热管真空管与地面倾角应大于 10°。

二、传热类型

集热系统传热类型分直接式和间接式，直接式集热系统集热器内被加热的水直接流到储热水箱中供用户使用；间接式系统又称双循环式，其最大特点为系统中用户使用的热水不与集热器直接接触，而是通过一个盘管热交换器加热水箱中的水，在热交换器管内流动、与集热器直接换热的是防冻液（适用于北方高寒地区）或软化水（适用于水质较硬地区）。这样既可保证生活热水的清洁，又能彻底解决管路冻裂和集热器结垢问题，同时，由于采用热交换器和强制循环，热水水箱的布置非常灵活。但是，由于增加了换热装置，热效率下降，使用时需要较大的集热器面积才能达到相同的效果。另外虽然系统便于和建筑结合，但由于增加了换热器等设备，成本增加，系统造价比较高。其简易图示如图 3-5-1-4 所示。

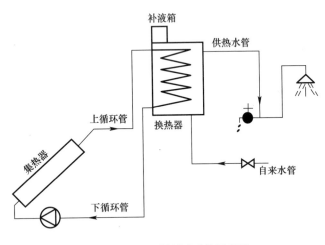

图 3-5-1-4 双循环式系统示意图

三、系统循环方式

太阳能供热系统主要由集热器、蓄水箱和连接管等部件组成，按照系统运行方式分主要有自然循环式、直流式和强制循环式。

1. 自然循环式

自然循环热水系统如图 3-5-1-5 所示，其蓄水箱必须高于集热器的上方，水在集热器中被太阳辐射加热后，温度升高。由于集热器与水箱中水的温度不同，产生密度差，形成热虹吸压头，使热水由上循环管进入水箱的上部，同时水箱底部的冷水由下循环管流入集热器，在无需任何外力的作用下，周而复始地循环，直至因水的温差造成的重力压头推不动这种循环为止。在运行过程中，系统的水温逐渐升高，经过一段时间后，水箱上部的热水即可供使用。

自然循环系统具有结构简单，运行可靠，易于维修，不消耗其他能源等优点，因而被广泛采用。但它需要一定的热虹吸压头才能正常工作，所以必须保证循环水箱与集热器间有一定的正高差 h，且对 h 的取值有严格的要求，因为自然循环系统的虹吸作用压力取决于 h 的大小，而系统循环流速的快慢又取决于热虹吸作用压力和系统阻力，所以，稍高一些不但可以保证一定的水压头，还可以解决系统中的气阻问题；但水箱过高，不仅会相应增加管道长度和散热面积，导致水箱支架复杂化，增加成本，而且会产生安全、稳定性等方面的问题，见图 3-5-1-6。

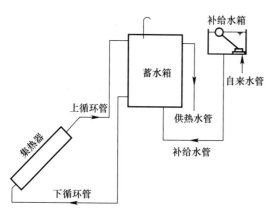

图 3-5-1-5　自然循环系统示意图

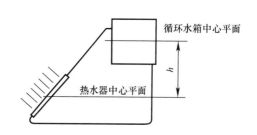

图 3-5-1-6　自然循环系统水箱位置

2．直流式

直流式系统可以分为热虹吸型和定温放水型两种形式。

在热虹吸系统中，利用浮球阀来控制补给水箱的水位，使之与集热器出口热水管的最高位置处于同一水平面上，如图 3-5-1-7 所示。当无阳光照射时，集热器、上升管和下降管内均充满水但不流动；阳光一旦开始照射，集热器即吸收热量，内部水温上升，系统中形成热虹吸压头，从而使上升管中的热水流入蓄水箱，而补给水箱中的冷水则由下降管进入集热器。日照越强，所得热水温度越高，量也越多。

定温放水型直流式系统是在集热器出口处装一温度传感元件，通过控制器操作。组装在集热器进水管上的电动阀，根据出口水温的变化，改变其开启程度以调节流量，使出口水温始终恒定，以便获得符合使用要求的热水，其系统图示见图 3-5-1-8。

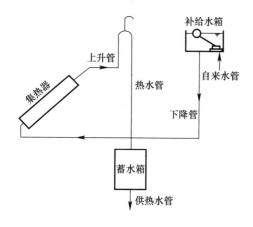

图 3-5-1-7　热虹吸型直流系统示意图

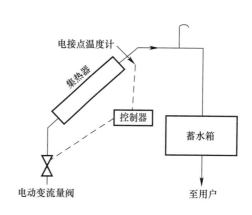

图 3-5-1-8　定温放水型直流系统示意图

3. 强制循环式

强制循环系统图示如图 3-5-1-9，系统借助水泵将集热器中已被加热的水与贮水箱中的水进行循环，使贮水箱中的水温逐渐升高，系统中装有控制装置，当集热器顶部的水温比蓄水箱底部的水温高过某一限定值时，控制装置便启动水泵；反之，若两者的温差小于某一限定值时，水泵便停止运行。

与自然循环系统相比，强迫循环系统中蓄水箱的位置不必高于集热器，系统布置比较灵活。自然循环系统中贮水箱与集热器的高差越大，热虹吸压头就越大，但水的温差和集热器与贮水箱的高差不可能无限大，所以依靠水的比重差作为动力终究是有限的，故自然循环系统的单体装置一般不超过100m^2，而强制循环以水泵为动力，系统面积可以很大。

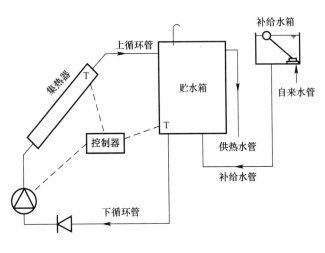

图 3-5-1-9　强制循环型系统示意图

第二节　太阳能热水系统设计

太阳能热水系统是将太阳能转换成热能并将水加热的装置，与其他热水系统相比，具有节约能源、无污染、结构简单、维护使用方便安全且经济效益明显等优点，但是太阳能系统也存在着一次性投资费用高，能量密度低，受天气、昼夜、季节、地理位置等影响而不能连续运行的缺点。

一、设计前技术资料的准备

设计前的技术资料准备主要涉及：工程投资预算、日用水量的确定、太阳能热水系统集热面积的确定、勘察现场等内容。

1. 工程投资预算

对于太阳能热水系统工程而言，不同集热器的工程造价相差很大，具体见表 3-5-2-1。

不同集热器的工程造价（元／m^2）　　　　　　　　　　表 3-5-2-1

普通平板	普通真空管	普通真空管（带导流管）	U型真空管	热管式真空管
850~1300	1500~1650	1650~1800	1700~2000	2200~2600

资料来源：中国建筑设计研究院，建筑给水排水设计手册，北京：中国建筑工业出版社，2008

2. 日用水量的确定

根据洗浴热水用量，参照《建筑给水排水设计手册》中热水用水量标准进行选择并确定热水用水人数，从而确定总热水用量：

$$Q_R = N \cdot q_r \tag{3-5-2-1}$$

式中　Q_R——热水用量，L/d；

　　　N——用水计算单位数、人数或床位数；

　　　q_r——热水用水量标准，L/d

3．太阳能热水系统集热面积的确定

太阳能热水装置集热面积是根据热水负荷（即热水用量和水温）、集热器自身效率、系统热效率以及使用地区的气象条件（日照、环境温度、风速等）来确定。一般来讲，都以保证春、秋季节用水量作为设计依据，这样既可保证春、夏、秋三季有充足的热水供应，又可节省投资，保证较长的使用时间；若以冬季产水量为设计标准，则使春、夏、秋三季生产的热水富余造成浪费，且系统采光面积增大，投资加大；若以夏季产水量为设计标准，则使春、秋、冬三季生产的热水都不够用，使用效果不理想。

太阳能热水装置集热面积：

$$F = Q_R / q_{rt} \tag{3-5-2-2}$$

式中　F——集热器集热面积，m^2；

　　　q_{rt}——集热器产热水量，$L/(m^2 \cdot d)$；q_{rt}一般取 40℃的热水量为 60~80L/($m^2 \cdot d$)，由于我国南北气象差异较大，其取值应适当调整。

4．勘察现场

首先，需要了解集热器放置现场的地理位置（纬度）、屋面情况（屋面荷载、平顶或斜顶）、承重墙（梁）分布、周围有无高大建筑物以及集热器放置所需正南方向的日照情况等；其次，需要根据集热器的面积来拟定集热器的摆放阵列与热水箱的位置；此外，需要了解水源的供水流量和水压、电源、辅助加热源等情况。

二、系统设计

系统设计一般涉及集热器的布局、热水箱等内容。

1．集热器的布局

集热器的布局有多种形式，主要根据现场位置和集热器数量来确定。常见的方式有单排串联、多排并联等。

在集热器布置设计中一定要注意：第一，遵循多排设置"水路"同程原则；第二，由于冷水通过集热器之后受热，在管路设计中还要考虑到水的汽化、热水的密度等性能，故沿水流方向有不小于1%的坡度；第三，多排排列时排与排之间的间距不得小于支架的高度。集热器倾角等于当地纬度，允许偏差为 ±15°。集热器方位为正南方向，允许偏差为 ±15°。

2．热水箱

水箱一般设置在建筑物承重墙、承重梁上或专做水箱基础，水箱的有效容积一般依据每天的热水用量来确

定。水箱保温材料常采用岩棉或聚氨酯发泡，厚度 >5cm，也可通过计算得出。

1）管材及保温材料

循环管道宜采用铝塑复合管（热水）或镀锌钢管，管道沿水流方向应有不小于 1% 的坡度，管道保温材料品种繁多，常采用的材料有岩棉管壳、聚氯乙烯毡、聚氨酯现场发泡等，保护层则可用铝箔、镀锌铁皮、聚氯乙烯复合板、薄铝板等。管道支架的设置一般不以承重为目的，而是以固定为主，主要是为了防止因管道弯曲而造成"反坡"影响系统循环。管道支托架的安装距离见表 3-5-2-2。

管道支托架的安装距离　　　　　　　　　　　　　　　　表 3-5-2-2

管道公称直径（mm）	15	20	25	32	40	50
最大距离（m）	1.5	2	2	2.5	3	3

资料来源：王增长，建筑给水排水工程（第五版），北京：中国建筑工业出版社，2005

2）水泵流量的确定

水泵流量（不带导流管真空管系统除外）一般按照每天水箱中水循环的次数及日照时间来确定，即：

$$Q=N_1 \cdot V_{有效}/T \qquad (3-5-2-3)$$

式中　$V_{有效}$——水箱有效容积，以热水用量确定；

　　　　N_1——每天水循环次数，一般取 4~5 次；

　　　　T——每天日照时间，一般取 7h 左右。

3）管径及水头损失计算

管径一般按经济流速法计算：

$$D=4Q/(\pi v) \qquad (3-5-2-4)$$

式中　D——管径，mm；

　　　　Q——水泵流量，m^3/h；

　　　　v——经济流速，一般取 0.8~1.5m/s。

管道水头损失按热水水力损失计算，包括沿程水头损失和局部水头损失。在实际计算中一般取沿程水头损失的 20% 作为局部水头损失。

4）水泵扬程的确定

水泵扬程按下式确定：

$$H=Hw+\Delta Z+\Delta H \qquad (3-5-2-5)$$

式中　H——水泵的总扬程；

　　　　Hw——管道水头损失；

　　　　ΔZ——最不利点至水箱水位的高差；

　　　　ΔH——富余水头，根据 Hw 和 ΔZ 的大小，可按 Hw 与 ΔZ 之和的 10%~20% 选取。

根据计算的流量及扬程选择合适的水泵和控制设备。太阳能系统设计对太阳能产品的使用效果、前期投资都至关重要。为了解决阴雨天或冬季的使用，可配合燃油（煤）锅炉、电加热等辅助热源以实现全天候热水供应。

插图来源

图 3-1-3-1 至图 3-1-3-4　姜湘山，李亚峰. 建筑小区给水排水工艺. 北京：化学工业出版社，2003.7

图 3-2-3-1 和图 3-2-3-2　北京土木建筑学会，北京科智成市政设计咨询有限公司. 新农村建设给水排水工程及节水. 北京：中国电力出版社，2008

图 3-3-1-1 至图 3-3-1-9　北京土木建筑学会，北京科智成市政设计咨询有限公司. 新农村建设给水排水工程及节水. 北京：中国电力出版社，2008

图 3-3-3-1 至图 3-3-3-6　建筑与小区雨水利用工程技术规范编制组. 建筑与小区雨水利用工程技术规范实施指南. 北京：中国建筑工业出版社，2008

图 3-4-1-1 至图 3-4-1-2　北京土木建筑学会，北京科智成市政设计咨询有限公司. 新农村建设给水排水工程及节水. 北京：中国电力出版社，2008

图 3-4-2-1 至图 3-4-2-3　王增长. 建筑给水排水工程（第五版）. 北京：中国建筑工业出版社，2005.8

图 3-4-2-4 至图 3-4-2-8　北京土木建筑学会，北京科智成市政设计咨询有限公司. 新农村建设给水排水工程及节水. 北京：中国电力出版社，2008

图 3-4-3-1　胡晓东，周鸿等. 小城镇给水排水工程规划. 北京：中国建筑工业出版社，2008

图 3-5-1-1 至图 3-5-1-9　中国建筑设计研究院. 建筑给水排水设计手册. 北京：中国建筑工业出版社，2008

主要参考文献

（1）北京节约用水管理中心. 建筑中水设施运行与管理 [M]. 北京：中国建筑工业出版社，2008

（2）北京土木建筑学会，北京科智成市政设计咨询有限公司. 新农村建设给水排水工程及节水 [M]. 北京：中国电力出版社，2008

（3）胡晓东，周鸿等. 小城镇给水排水工程规划 [M]. 北京：中国建筑工业出版社，2008

（4）建筑与小区雨水利用工程技术规范编制组. 建筑与小区雨水利用工程技术规范实施指南 [M]. 北京：中国建筑工业出版社，2008

（5）姜湘山，李亚峰. 建筑小区给水排水工艺 [M]. 北京：化学工业出版社，2003

（6）李振东. 城镇节约用水管理基础 [M]. 北京：中国建筑工业出版社，2009

（7）（美）森顿（Thornton, JN.）著；周律，周玉文，邢丽贞译. 供水漏损控制手册 [M]. 北京：清华大学出版社，2009

（8）王汉祯. 节水型社会建设概论 [M]. 北京：中国：水利水电出版社，2007

（9）王增长. 建筑给水排水工程（第五版）[M]. 北京：中国建筑工业出版社，2005

（10）魏群. 城市节水工程 [M]. 北京：中国建材工业出版社，2006

（11）吴高峰. 给水排水安全节能、节水——应用技术及实施方案 [M]. 北京：机械工业出版社，2009

第四篇　村镇住宅节材设计

■ 村镇住宅建筑材料使用现状

　　○ 结构材料

　　○ 屋面材料

　　○ 门窗材料

　　○ 装饰装修材料

■ 村镇住宅建筑节材途径

　　○ 建筑材料应用

　　○ 建筑设计

　　○ 建筑施工

■ 村镇住宅建材产品与可持续发展

　　○ 建材生产与生态环境

　　○ 建材产品的耐久性与经济性

　　○ 建材产品的可回收性能及应用

　　○ 村镇特色建材的性能与应用

■ 村镇住宅绿色建材的选用

　　○ 绿色建材简介

　　○ 墙体材料的选用

　　○ 门窗材料的选用

　　○ 屋面材料的选用

　　○ 装饰装修材料的选用

第一章
村镇住宅建筑材料使用现状

我国国土面积辽阔，各地村镇住宅使用的建筑材料都不完全相同，总体而言，我国农村地区的经济条件、交通运输条件落后于城市，中西部农村地区又远落后于东部沿海地区，因此，村镇住宅的建筑用材落后于城市住宅，居民们基本以经济（价格较低）、实用（施工简便）、可靠（性能稳定）、采购方便（运输半径不大）和供应充分作为选用建筑材料的原则。在一些经济落后地区，一些淘汰产品、劣质产品和国家明令禁止使用的产品仍在使用，造成很大的质量隐患和资源能源浪费。

第一节 结 构 材 料

村镇住宅目前主要采用砌体结构或砖混结构，传统建筑以木结构为主。承重墙用砖或砌块作为主要的结构材料。目前农村住宅中结构材料使用最多的还是烧结普通砖和烧结多孔砖。最近几年随着国家禁限粘土砖的政策实施，在农村使用混凝土空心砌块、蒸养粉煤灰砖、灰砂砖等所谓的"新型墙体材料"也越来越多，但是这些非烧结墙体材料存在收缩率大、墙体开裂严重、不抗冻、耐候性差、粉刷装修困难等弊病，造成新建住宅质量低劣。对这类墙体材料还需要进一步研究与改进，不断提高质量。

一、主要结构材料的类型和使用现状

目前村镇住宅的主要结构材料是烧结砖、木材和钢筋混凝土等。

1. 烧结砖

烧结砖分为烧结普通砖和烧结多孔砖，在农村地区每年的老建筑翻新建设中，烧结砖仍然是墙体材料的主要选用材料。

烧结普通砖是指无孔洞或孔洞率小于25%的砖，根据主要原料的不同分为粘土砖（N）、页岩砖（Y）、煤矸石砖（M）和粉煤灰砖（F）；强度等级从MU10、MU15、MU20、MU25到MU30，根据尺寸偏差、外观质量、泛霜和石灰爆裂分为优等品（A）、一等品（B）、合格品（C）三个质量等级。

烧结多孔砖是指孔洞率大于等于25%，孔的尺寸小而数量多的砖，常用于承重部位。按所用主要原料分为粘土多孔砖（N）、页岩多孔砖（Y）、煤矸石多孔砖（M）和粉煤灰多孔砖（F）。多孔砖的外形为直角六面体。

2. 木材

木结构用木材由于受到资源的限制，在非木材产区的农村中很少采用，在老房子中还经常可见用于梁柱结

构以及木屋架。一些老建筑拆除后的木材还可在新建筑中继续使用。目前采用速生林深加工的建筑构件（复合木结构）由于施工方便，生态环保，价格比钢结构便宜等优点，开始在农村地区推广使用。

3. 钢筋混凝土

钢筋混凝土用于结构材料是最近农村住宅建设的新趋势，尤其在沿海东部发达地区的农村，大量采用现浇混凝土结构，房屋的抗震性好，牢固耐用，但是单栋房屋的建设周期很长，混凝土需要现场养护较长时间才可以进入下道工序，一栋普通三层小楼采用钢筋混凝土结构的建设期一般需要 3~6 个月，与传统砌体结构的房屋仅需 5~10 天相比相差很远，而且施工组织方式也发生了很大的改变。钢筋混凝土结构的农民住宅一般均委托专门的工程队施工，人数较少。而传统农民住宅一般组织亲朋好友一起帮忙集中施工，人数众多。

二、主要结构材料的生产、能耗与排放物

烧结砖和钢筋混凝土在制作过程中均需要消耗大量能源，具体情况如下：

1. 烧结砖

烧结砖主要原料为粘土、页岩、煤矸石或粉煤灰，通过高温烧结而成。目前的原料来源已经拓展到利用工农业废弃物、污水处理沉淀物、河道淤泥等替代粘土，利用垃圾填埋产生的沼气烧砖等节能环保的技术。目前在农村地区大量使用的烧结砖还是采用粘土为主要原料，粘土是地球上泥岩、页岩、玄武岩和片麻岩风化而来的物质，经大气环境中的风能、水能、冰川或沙尘暴搬运沉积的堆积物，通称土壤。由于我国耕地资源有限，而部分地区采用毁坏耕地来烧制粘土砖，所以国家限制在城市使用粘土砖。但是在大部分的农村地区，可以利用一些非耕地的粘土资源来生产烧结砖，因为烧结砖是目前农村使用最为广泛的建材产品，而且其性价比高，可回收利用，与环境的协调性好，在很长一段时间内还难以替代。烧结砖的生产能耗根据所采用的燃料不同从 910~2500MJ/m³。主要的排放物也根据燃料不同而不同，一般国内采用煤作为燃料，排放物主要为 CO_2、SO_2 以及氮氧化物等。

2. 木材

木材是自然生长的植物，依靠光合作用，本身不消耗任何天然资源，只是天然木材生长周期长，大量消耗木材会造成森林消失并影响生物多样性。所以要严格控制天然木材的使用，鼓励使用人工木材。另外，天然木材在生长过程中大量吸收 CO_2，是调节温室气体效应的重要物质，对保持水土也非常重要。我国由于住宅建设量大，现有的木材资源远远不够使用，所以在村镇住宅中已经很少使用木结构作为房屋主体结构了，只在屋面结构中还比较多地采用。木材加工过程中会消耗部分电能，另外，在防腐木的生产中会用到蒸汽等。

3. 钢筋混凝土

混凝土生产过程主要是其原材料的能耗较大，作为主要胶凝材料的水泥的生产要消耗大量原料资源，第一

类主要包括石灰质原料（石灰石、大理石等）、硅质原料（粘土、页岩等）、铁质资源（赤铁矿、硫铁矿、铁矿渣等）和调凝剂石膏；第二类为混合材，包括天然资源的火山灰、凝灰岩、硅藻土等，当然主要的混合材还是工业废渣，如矿渣、粉煤灰等；第三类为包装材料，水泥包装材料主要有覆膜塑料编织袋和复合袋，间接消耗了大量木材和塑料工业的天然资源。由于在农村推广散装水泥还比较困难，消耗了大量的水泥包装袋，且易造成水泥渗漏，浪费材料。

水泥的生产需要两磨一烧，原料需要磨细，烧成的熟料也需要磨细，烧的过程需要消耗大量煤炭资源，在现有的几大建材产品生产中，水泥是最耗能的一种建材产品。水泥生产主要依靠燃煤，主要的排放物除了大量温室气体外，还会产生大量的粉尘污染。混凝土组成中，另外两种主要材料为砂和石，砂主要取自河道，大量挖砂会破坏河岸的护坡，造成崩岸。石子需要开采岩石，需要爆破以及破碎，破碎机需要消耗大量电能。

钢材属于冶金行业，是比水泥更加耗能的产品，在农村住宅中主要使用建筑钢筋，以及部分的钢板。钢筋分为光圆钢筋和螺纹钢筋。钢材生产中的主要排放物也有大量温室气体。

第二节 屋面材料

屋面使用的材料与屋面形式密切相关，村镇住宅的屋面形式各不相同，大致可分为坡屋面和平屋面两种主要形式。调研发现，村镇住宅屋面有平顶挑檐、坡顶、平坡结合、平顶女儿墙等形式，主要受地域气候条件和建造年代的影响，在雨水充沛的地区多为坡顶或平坡结合，而雨水较少的地区则多采用平顶。受气候限制少的地方越来越多的新建住宅采用平顶女儿墙或平顶挑檐，加强屋面的使用功能。

一、屋面材料的类型和使用现状

目前村镇住宅所采用的屋面材料主要有烧结瓦、水泥瓦、预制水泥板等，另外辅以防水卷材、防水涂料、保温材料（聚苯板、保温砂浆）等材料。一般情况下平顶屋面多用预制水泥板，外加防水卷材（SBS、APP）、混凝土等；坡面屋顶多采用椽子、烧结瓦、水泥瓦等。由于平屋顶比坡屋顶的比例大，而且还有相当一部分平坡结合的屋顶，故预制水泥条板和抹面砂浆的使用率要大于烧结瓦和水泥瓦的使用率。

目前村镇住宅的屋面防水材料主要是防水卷材，主要原因是施工简单、价格适中，其占到了村镇屋面防水材料市场份额的 90% 以上。并且由于防水卷材优异的防水性能和简便的施工，防水卷材将继续占据村镇住宅防水的绝大部分市场。目前村镇住宅使用较多的防水卷材有 SBS/APP 改性沥青防水卷材、自粘橡胶沥青防水卷材、沥青复合胎柔性防水卷材和改性沥青聚乙烯胎防水卷材。

防水涂料是村镇住宅防水市场的主力军之一，应用在屋面、墙壁及卫生间等，其用量仅次于防水卷材。防水涂料施工方便、不受防水部位形状限制，维护简单，是村镇住宅防水的重要材料，并将随着涂料技术的提高占据更多的市场份额。目前使用比较成熟的涂料包括聚氨酯防水涂料、丙烯酸酯类防水涂料、聚合物水泥防水涂料和水乳型改性沥青防水涂料。

瓦是村镇住宅中坡屋面的主体材料，传统建筑多采用烧结瓦。烧结瓦是现在村镇建筑屋面的主要材料，

80% 以上的坡屋面均采用烧结瓦。目前混凝土瓦在我国村镇住宅中已有少量使用，但不及烧结瓦用量的 1/6，仍处于起步阶段。但我国人口众多，资源相对匮乏，为了保护耕地和其他国土资源、建设节约型社会，混凝土瓦应逐步替代烧结瓦。

二、屋面材料的生产、能耗和资源消耗情况

烧结瓦根据不同的生产方式可分为挤出瓦、挤出压制成型瓦、半干压瓦、还原气氛烧成的青瓦等，当然还有琉璃瓦等比较高档的、在村镇住宅中较少用到的其他类型的瓦。国内一般根据瓦的形状分为平瓦、脊瓦、三曲瓦、双筒瓦、鱼鳞瓦、牛舌瓦、板瓦、筒瓦、滴水瓦、沟头瓦、J 形瓦、S 形瓦、波形瓦和其他异形瓦等。烧结瓦一般也会消耗大量的粘土资源，采用燃煤或植物燃料等，排放温室气体。

防水材料以改性沥青卷材为主，主要通过燃油、燃气或燃煤锅炉加入沥青原料，在生产线上加各种不同的胎体冷却凝固而成，主要消耗大量沥青等化学资源。排放物根据燃料的不同而不同，主要也是温室气体的排放。

村镇住宅的屋面保温材料很多采用天然植物，比如稻草、秸秆、芦苇、茅草等，在经济发达地区也采用聚苯板、膨胀珍珠岩、泡沫混凝土、轻骨料混凝土等作为屋面保温材料。天然植物保温材料由于受到虫蛀、腐蚀等影响，已经逐渐退出主流市场。随着国家提倡可持续发展的理念，一些经过处理的天然植物保温材料正在研发并推广使用，其自然环保，消耗能源与资源有限，是未来村镇住宅屋面保温材料的发展方向。其他的聚苯板需要使用石油资源，消耗蒸汽，膨胀珍珠岩需要消耗珍珠岩资源，并在高温炉中膨胀成型，也需要消耗能源。

第三节 门窗材料

门是人们进出住宅的主要通道，窗是住宅采光通风的主要洞口。以往村镇住宅的外门窗一般为木门窗，现在也有较多的铁窗、铝合金窗、塑钢窗等，另外还有防盗门，铁门，不锈钢门等。

一、门窗材料的种类及使用现状

门窗的种类、形式很多，其分类方法也比较多，可以按不同材质、不同功能和不同结构形式进行分类，这里暂分为：

按不同的材质，可分为木门窗、铝合金门窗、钢门窗、PVC 门窗、全玻璃门窗、复合门窗、特殊门窗等。

按不同功能，可分为普通门窗、保温门窗、隔声门窗、防火门窗、防盗门窗、防爆门窗、装饰门窗、安全门窗、自动门窗等。

按不同结构，可分为推拉门窗、平开门窗、弹簧门窗、旋转门窗、折叠门窗、卷帘门窗、自动门窗等。

以往村镇住宅中使用的门窗大多不具有保温隔热功能，采用单层玻璃，热工性能较差；门窗的密封性能也较差，空气渗漏严重；防火性能与隔音性能也不高。在北方采暖地区，可能会采用双层窗户，进户设置门斗，提高住宅的保温性能。总体而言，受制于经济条件，大量廉价的门窗在农村得到应用。

二、门窗材料的生产及能耗情况

一般而言，门窗由专业工厂制造，在住宅施工现场安装即可，但是在村镇住宅施工时也有很多木门窗是现场由木工制造而成。木窗是一种传统窗户，具有自重很轻、制作简单、维修方便、密封性能好等优点。但是木材会因气候变化而胀缩，有时开关不便；木材易受虫蛀、易腐朽，不如铝合金窗和钢窗经久耐用；为保持其使用功能和提高耐久性，需要定期进行涂漆和维修。

钢窗与钢门相同，按结构分为空腹和实腹两种，钢窗坚固耐用、防火耐潮、断面较小、透光率大，但钢窗存在关闭不严、重量较大、形式单一、隔声性差、容易锈蚀、保温性差、需要涂漆等缺点。

铝合金窗除具有钢窗的优点外，还具有密封性好、耐蚀性强、表面美观、不易生锈、不需涂漆、装饰性好、易于安装等优点，但其造价高，对农村地区推广使用有一定的困难。

PVC窗是一种新型材料窗，具有与铝合金窗一样的优点，还具有保温性好、隔声性强、防火绝缘等特点，但其不适用于高原紫外线强烈的地区使用。

门窗生产主要消耗电能，工厂使用切割机、钻孔机等机器，原料中铝合金、钢等消耗金属材料，能耗较大；木门窗消耗森林资源，但能耗较低。

第四节　装饰装修材料

相对城市住宅而言，村镇住宅装饰装修材料的使用较为粗放，大量使用比较价廉物美的、保障建筑基本使用功能的产品，比较高端的产品使用不多。

一、典型地区村镇住宅装饰装修材料使用现状

目前使用较多的内墙涂料包括合成树脂乳液内墙涂料、水溶性内墙涂料、溶剂型内墙涂料、抗菌涂料等。目前占据市场的仍然是溶剂型内墙涂料和合成树脂乳液内墙涂料，但受人们环保意识增强的影响，水溶性内墙涂料和抗菌涂料越来越受到欢迎。

村镇住宅用内墙腻子有耐水型和一般型两大类，在气候潮湿的地区和其他地区的卫生间、厨房等比较潮湿的部位适宜采用耐水型腻子，而一般情况采用一般型腻子即可。

外墙涂料有合成树脂乳液外墙涂料、溶剂型外墙涂料、弹性建筑涂料、复层建筑涂料和合成树脂乳液砂壁状建筑涂料等，但目前村镇建筑市场主要使用的是前三者，后面两种使用得较少，但随着经济的发展、人们对居住环境要求的提高，后二类也将受到越来越多高端消费者的青睐。

对于建筑领域里相对低端市场的村镇住宅市场来讲，外墙腻子基本作为装饰面使用，大约占外墙总面积的35%。按照腻子的柔性和动态抗开裂性能分为普通腻子、柔性腻子和弹性腻子，在村镇住宅中采用的是普通腻子。

外墙腻子是村镇住宅常用的建筑材料，然而长期以来粗放的村镇建材市场里，人们对外墙腻子的了解并不深入，对于不同类型腻子的性能也不甚清楚，因此村镇建筑外墙腻子开裂是比较普遍的现象。随着人们对外墙腻子的了解和经济发展，柔性腻子和弹性腻子将会得到更好的利用。

村镇建筑的内外墙多直接刷腻子，基本没有采用内外墙底漆，但内外墙底漆在增强内外墙腻子功能性、增加内外墙腻子涂装效果等方面的作用非常重要。

目前，村镇新建住宅90%以上的地面采用陶瓷地砖装饰，30%的外墙面采用陶瓷墙砖装饰，还有5%左右的内墙采用陶瓷墙砖装饰。可见，陶瓷墙地砖在村镇建筑中占据了非常重要的位置，而且随着经济的发展，越来越多的居民乐意选用装饰效果好、易于清洗的陶瓷墙地砖。

二、主要装饰装修材料的分类以及生产、能耗情况

村镇住宅装饰装修材料主要分涂料、陶瓷砖、石材、木材等。

涂料产品包括外墙涂料、内墙涂料、地面涂料，外墙涂料产品主要有水性丙烯酸金属漆、硅基金属墙面漆、建筑外墙氟碳漆、水性氟碳外墙涂料、丙烯酸外墙涂料、硅离子活性自洁外墙漆、水性丙烯酸弹性丝光漆、硅丙外墙弹性涂料、超耐候硅树脂外墙漆、水性反应硬化型高性能涂料、外墙乳胶漆、双组分聚氨酯外墙漆、多功能核壳型弹性涂料、外墙高弹防水涂料、饰面砂浆、砂壁状质感涂料、真石漆、厚层石灰砂浆、水硬性石灰外墙饰面。

内墙涂料主要有防霉内墙漆、内墙乳胶漆、珍珠荷叶内墙乳胶漆、弹性内墙乳胶漆、丙烯酸内墙涂料、内墙艺术涂料、负离子全效墙面漆、硅藻土调湿内墙涂料。

地面涂料主要有环氧聚酰胺类地坪漆、环氧地坪漆、聚氨酯地坪涂料、环氧自流平地坪漆、无溶剂聚氨酯自流平弹性涂料、导电地板漆、水泥基自流平砂浆、石膏基自流平砂浆。

陶瓷砖主要包括室内外墙地砖和板，主要产品有陶板、陶土板、瓷板、陶瓷薄板、釉面外墙砖、劈开砖、劈离砖、抛光砖、内墙砖、釉面砖、玻化砖、瓷质砖等。

石材主要包括大理石、花岗石、洞石、砂岩、薄型石材蜂窝板、石材复合板、人造石材等。

木材主要有胶合板、刨花板、密度纤维板、贴面板、细木工板、防腐浸渍木、防腐木、木塑材料、实木地板、实木复合地板、强化木地板、竹木复合地板等。

涂料生产主要采用搅拌混合设备，使用电能。陶瓷砖需要高温窑烧制，能耗比较大，另外还需要消耗大量陶瓷粘土资源。石材主要是切割与打磨，产生比较多的粉尘污染。

第二章
村镇住宅建筑节材途径

村镇住宅建筑节材途径主要从建筑工程材料的应用、建筑设计以及新的建筑施工技术三个方面来考虑。这三方面的有机结合，可以有助于大大减少村镇住宅的材料消耗，达到节材的目标。

第一节　建筑材料应用

大量采用现代建筑工程材料应用技术，如用新型墙体材料以及围护结构材料来替代传统的粘土砖和石材等材料；采用住宅部（配）件等工厂预制件，减少材料浪费与损耗；采用商品混凝土与商品砂浆，节省砂石料以及水泥用量；采用轻质高强的构件材料，减少住宅的自重；提高结构材料的耐久性，增加住宅的使用寿命；采用固体废弃物以及可再生材料的利用技术，实现循环经济，上述这些方法都有助于减少材料的消耗。

一、新型墙体材料以及围护结构材料的应用

中国农村住宅传统的墙体材料以实心粘土砖为主，其他的天然石材、稻草秸秆以及生土等也在不同的地方有所应用。由于实心粘土砖大量消耗土地资源，国家已禁止在主要的城市建筑中使用实心粘土砖，限制使用空心粘土砖。在农村，虽然目前还可以使用，但是新型墙体材料取代传统粘土砖的趋势不可阻挡。事实上，原来以粘土砖为承重结构的砖混结构正在逐步向钢筋混凝土框架结构转变，在一些发达地区的农村自建住宅已普遍采用混凝土框架结构。墙体则为填充墙，以空心粘土砖、混凝土加气砌块、混凝土空心砌块、粉煤灰砌块为主，这些新型的墙体材料具有自重轻，保温隔热性能好等优点，对提高农村住宅的热工性能有很大的帮助。

目前已经出现了大量新型墙体材料，也逐渐在村镇住宅市场得到应用，甚至在某些农村地区成为了市场的主流产品，但是很多新型墙体材料没有经过工程的长期检验，出现了很多收缩开裂、渗水等工程质量问题，这些问题除与材料本身的性能相关外，也与其施工工艺与配套材料相关。传统的砌筑与抹灰砂浆与粘土砖相匹配，经过了近两千年的优化与考验，已经非常成熟，作为传统泥瓦匠的技能代代相传，根深蒂固。但是新型墙体材料的性能与粘土砖有很大的区别，很多加气砌块或板材需要用专用的粘结砂浆进行砌筑与抹灰，采用薄层施工法，这对传统的泥瓦匠来说是一个新的挑战，所以实际工程中会出现很多问题，迫切需要加强培训与宣传。

1. 块体材料

新型墙体材料分为块体材料与板材，在《墙体材料应用统一技术规范》（GB50574-2010）中明确规定墙体不应采用非蒸压硅酸盐砖（砌块）及非蒸压加气混凝土制品。这两类墙体材料在城市建设中已经受到限制，但由于价格便宜，在农民自建房中还大量应用，造成目前的农村住宅建筑寿命比传统住宅要短，其拆除后没法再利用，导致大量的材料与资源浪费，需要在农村大力宣传其危害，并通过相关管理措施加以限制。

另外一类墙体材料氯氧镁墙材制品应用时应进行吸潮返卤、翘曲变形及耐水性试验，并应在其试验指标满足使用要求后用于工程。

对于块体材料应用于承重墙，选用烧结普通砖、烧结多孔砖的最低强度等级为 MU10，用于外墙及潮湿环境的内墙时，强度应提高一个等级；选用蒸压普通砖、混凝土砖时，最低强度等级为 MU15，同样用于外墙及潮湿环境的内墙时，强度应提高一个等级；选用普通、轻骨料混凝土小型空心砌块的最低强度等级为 MU7.5，以粉煤灰做掺合料时，粉煤灰的品质、取代水泥最大限量和掺量应符合国家现行标准《用于水泥和混凝土中的粉煤灰》(GB/T1596)、《粉煤灰混凝土应用技术规范》(GBJ146) 和《粉煤灰在混凝土和砂浆中应用技术规程》(JGJ28) 的有关规定；选用蒸压加气混凝土砌块的最低强度为 A5.0。用于自承重墙的轻骨料混凝土小型空心砌块最低强度为 MU3.5，用于外墙及潮湿环境的内墙时，强度等级不应低于 MU5.0。全烧结陶粒保温砌块用于内墙，其强度等级不应大于 800kg/m³；选用蒸压加气混凝土砌块，最低强度等级为 A2.5，用于外墙时，强度等级不应低于 A3.5；选用烧结空心砖和空心砌块、石膏砌块时最低强度等级为 MU3.5，用于外墙及潮湿环境的内墙时，强度等级不应低于 MU5.0。另外，防潮层以下应采用实心砖或预先将孔灌实的多孔砖（空心砌块），水平孔块体材料不得用于承重砌体。

2. 板材

对于板材的选用，有以下要求：

第一，各类骨架隔墙覆面平板的表面平整度不应大于 1.0mm；

第二，预制隔墙板的表面平整度不应大于 2.0mm，厚度偏差不应超过 ±1.0mm；

第三，安装各类预制隔墙板的金属拉结件应进行防锈蚀处理；

第四，骨架隔墙覆面平板的断裂荷载（抗折强度）应在国家现行有关标准规定的基础上提高 20%；

第五，预制隔墙板力学性能应符合下列规定：首先，墙板弯曲产生的横向最大挠度应小于允许挠度，且板表面不应开裂；允许挠度应为受弯试件支座间距离的 1/250；其次，墙板抗冲击次数不应少于 5 次；同时，墙板单点吊挂力不应小于 1000N；

第六，预制隔墙板材物理性能应符合下列规定：首先，墙板应满足相应的建筑热工、隔声及防火要求；其次，安装时板的质量含水率不应大于 10%；

第七，预制外墙板的构造设计应进行单块板抗风、墙板与主结构的连接构造及部件耐久性设计。

3. 无机保温砂浆

在北方寒冷地区以及长江流域的夏热冬冷地区，为减少建筑使用能耗，提倡建筑节能，在所有新建建筑以及改扩建建筑中，对围护结构的节能措施提出了新的要求，所以也诞生了新的围护结构材料系统。

目前在中国，主流的围护结构保温体系有模塑聚苯板薄抹灰外墙外保温系统、挤塑聚苯板薄抹灰外墙外保温系统、硬泡聚氨酯外墙外保温系统、膨胀聚苯颗粒保温砂浆系统、无机保温砂浆系统、岩棉保温系统和装饰保温一体化系统等。由于村镇住宅有不少是独立式的住宅，且采用自建的方式，因此考虑到施工工艺的简便性，最近几年刚开始发展的无机保温砂浆系统比较适合在农村住宅中推广应用。由同济大学材料科学与工程学院参与研究的国家十一五科技支撑项目"新型乡村经济建筑材料研究与开发"中研制出的新型无机保温砂浆，具有导热系数低、强度高、施工性能好和防火等级高等特点，具体表现为：

在夏热冬冷地区和夏热冬暖地区，对于粉煤灰砖和空心砌块等墙体，导热系数可以达到 0.07W/(m·K) 的无机保温砂浆，一般可以满足冬季保温的要求；而对于 200mm 厚的墙体，蓄热能力一般已经够大，再加外保温层，夏季隔热也能满足要求，完全可以达到 50% 节能的效果。

施工时，无机保温砂浆可以直接批抹到基层墙体，工法简单，与普通抹灰差异不大，在外墙窗户、梁柱及空调板等细节部位施工方便的优势则更加明显。无机保温砂浆与胶粉聚苯颗粒保温砂浆相比较，无机保温砂浆具有施工工期短，和易性好，与墙体基层的粘结力强，施工难度小，容易抹平等优点。

无机保温砂浆作为一种不燃保温材料，可以达到防火 A 级不燃材料的要求。随着温度升高，无机保温砂浆也不会失去保温隔热的效果，且不易脱落，安全性好。

从经济效益方面来分析，表 4-2-1-1 中可以看出，达到相当于 30mm 的 XPS 板或喷涂硬泡聚氨酯的节能效果，就需要 59~64mm 的胶粉聚苯颗粒保温砂浆或 75~96mm 的无机保温砂浆。也就是说，与其他保温材料相比，无机保温砂浆的保温效果并不占优势，而且从材料本身价格来讲，无机保温砂浆价格并不便宜。

不同保温系统的基本信息　　　　　　　　　　　　　　　　　　　　　　　表 4-2-1-1

保温系统材料	导热系数（W/m·K）	售价（元/m³）
XPS 板	0.028~0.03	1200~1300
喷涂硬泡聚氨酯	0.025~0.028	1500~1600
EPS 板	0.038~0.041	220~300
胶粉聚苯颗粒保温砂浆	0.055~0.06	220~300
无机保温砂浆	0.07~0.09	400~500

资料来源：作者整理

但是，对于夏热冬冷地区和夏热冬暖地区使用的粉煤灰砖和空心砌块等墙体，要达到 50% 节能的效果所需要保温层的厚度并不大，如果使用 XPS 或 EPS 等保温系统，虽然板材的费用并不高，但粘结/抹面胶浆、界面剂、锚栓等配件以及人工的费用并不节省，系统总造价仍然很高。而无机保温砂浆系统配件少、不需要涂抹界面剂和批涂粘结剂，且人工费用低廉，其性价比高的优势便能体现出来。无机保温砂浆系统成本计算如表 4-2-1-2 所示，其系统造价仅为 EPS 系统的 2/3 左右，市场应用前景十分广阔，尤其适合在农村地区没有技术熟练工人的情况下使用。

无机保温砂浆系统成本　　　　　　　　　　　　　　　　　　　　　　　表 4-2-1-2

材料名称	单　价	用　量	小计（元/m²）
无机保温砂浆	500 元/m³	30mm/m²	15.0
聚合物罩面砂浆	1200 元/吨	3mm/m²	4.3
网格布	2.0 元/m²	1.3m²	2.6
人工费	20 元/m²		20.0
合计			41.9

资料来源：作者整理

从社会效益方面来分析，无机保温砂浆中采用的主要胶凝材料和集料均为无机材料，不消耗石化资源，而且还可以综合利用我国丰富的矿产资源；在生产过程中也不会出现像有机保温砂浆那样对空气和水的污染；且在使用过程中无毒、无放射性污染，即使是在高温环境下也不会排出有害气体；建筑垃圾也易于填埋处理，对环境负荷小。

无机保温砂浆可以达到 A 级不燃材料的要求，从根本上解决了外墙外保温施工现场和施工过程中的火灾隐患，在建筑节能 65% 标准条件下，也可以解决我国建筑的防火安全性问题，具有巨大的社会效益。

二、散装水泥以及住宅部品

散装水泥和住宅部品是节约材料的有效手段。

1. 散装水泥

传统的水泥采用袋包装，消耗大量包装纸，我国又是世界水泥生产大国，水泥产量占世界产量的 50%，消耗的包装袋更加惊人。从 20 世纪 90 年代我国大力推广散装水泥，以节约资源，保护环境。据测算，与袋装水泥相比，每万吨散装水泥可节约包装纸 60t，折合优质木材 330m³。

目前在农村，还在大量使用袋装水泥。袋装水泥的运输过程中会造成大量破损与泄漏，造成粉尘污染，在农村住宅现场搅拌混凝土与砂浆也造成环境脏乱差、材料损耗增加。但是由于农村建房以分散自建为主，水泥的需求量少而分散，不利于集中供应；农村运输条件差，缺乏必要的物流设施与筒仓；传统水泥制品行业的萎缩以及缺乏商品混凝土搅拌站等都影响了散装水泥在农村的推广使用。但是最近几年，随着联建和统建住宅模式的推广，随着中心村建设的推进，村镇集中建房的模式得到推广，走出了一条推动农村散装水泥跨越式发展的新路，为农村住宅采用散装水泥开辟了新的途径。

主要的措施有，注重因地制宜，充分发挥当地水泥产业的作用，依靠水泥企业大多分散在农村，与农村使用点近的优势，实施就近配送供应；降低销售价格，让利于农民，增加农民使用散装水泥的积极性；发展小型商品混凝土搅拌站，推广混凝土与砂浆的商品化供应；提高储存的便利性，减少袋装水泥的防潮结块；加大专项资金投入力度，扶持企业设立水泥中转仓库等。

2. 住宅部品

住宅部品是按照一定的边界条件和配套技术，有两个或两个以上的住宅单一产品或复合产品在现场组装而成，构成住宅某一部位一项或者几项功能要求的产品。"住宅部品"术语来源于日本，其本意就是工业化住宅的部品部件。在日本，为加快住宅建设，推动住宅建设的工业化，将建筑施工现场的作业最大限度地转移到工厂中去，所以发展了"住宅部品"。

住宅部品是构成住宅建筑某一部位的产品，由建筑材料或单个产品和零配件等，通过设计并按照标准和规程在现场或工厂装配而成，且能满足住宅建筑中该部位规定的功能要求，如：整体屋面、复合墙体、组合门窗等。由于住宅部品是根据住宅设计要求，按需生产，最大程度地减少了原材料的使用与损耗，在装配现场也减少了二次加工的过程，施工效率高，工程质量有保证。在农村住宅的发展中，引入住宅部品概念，·发展住宅部品产业，对实现节材有很大的帮助。

三、商品混凝土以及商品砂浆的推广应用

商品混凝土和商品砂浆又是村镇住宅建设中节约材料的有效手段。

1. 商品混凝土

商品混凝土是在混凝土搅拌站按照一定的配合比，将水泥、砂、石、水、矿物掺合料和外加剂等原材料通过机械搅拌程序加工后，利用商品混凝土运输车送到工地，再利用混凝土泵车或人工浇注的混凝土产品。由于其具有质量高、污染小、节约水泥、利用粉煤灰、矿粉等固体废弃物多、施工方便等特点，从 20 世纪 90 年代起在我国推广使用，至今发展迅速，在主要城市的商品混凝土使用率已超过 90%。在经济发达地区的农村新建住宅中，也大量使用商品混凝土。但是在广大的农村地区，还普遍采用现场搅拌混凝土。与商品混凝土相比，现场搅拌混凝土普遍只采用水泥、砂、石与水，没有添加外加剂，造成水泥用量增加 20%~30%。而水泥是高耗能、高污染、高排放产品，生产 1t 水泥要排放 1t CO_2。另外，由于现场搅拌混凝土时很少添加固体废弃物如粉煤灰、矿渣粉等，导致消耗大量砂石资源。而商品混凝土现在已普遍掺加尾矿砂、机制砂等，从而减少了天然河砂的使用，因此可以保护河道自然环境。所以从节材、节能的角度出发，在农村住宅中推广商品混凝土有很大的意义。

在农村鼓励并扶持小型商品混凝土搅拌站，不仅可以大量推广使用散装水泥，还可以为大量的尾矿处理找到出路，减少尾矿堆放占用的土地资源，而且还可以减少对天然河砂的使用，保护当地的生态。从提高混凝土的质量来说，在农村设置小型搅拌站也非常有必要，混凝土质量提高的同时，也提高了住宅的使用寿命，减少了住宅频繁改建造成的资源与材料的大量浪费。

2. 商品砂浆

"商品砂浆"或者叫"预拌砂浆"是继商品混凝土后国家为贯彻节能减排方针，促进散装水泥发展推出的又一个有利于提高住宅质量，减少环境污染的产品。2007 年 6 月 6 日，商务部、公安部、建设部、交通部、质检总局、环保总局等六部门联合颁布了《关于在部分城市限期禁止现场搅拌砂浆工作的通知》，推动了商品砂浆在城市的应用。商品砂浆具有一多、二快、三好、四省的特点。

一多是品种多，在西方发达国家，商品砂浆从 20 世纪 50 年代初发展到现在，已有 50 多个品种，其中包括所有的砌筑砂浆、抹灰砂浆、修补砂浆和粘结砂浆等几大类，每一大类又包括很多品种。这些砂浆除满足一般的牢固耐久外，还根据工程需要具有不同的功能，如保温、透气、防潮、防水、防霉、耐磨等。

二快是备料快、施工快。现场配制设计由于胶凝材料、骨料和外加剂需分别购买、存放、计算用量，需要大量的人力、物力和空间，效率低，进度慢。若采用商品砂浆仅需一次就可以买到符合要求的砂浆，预拌湿砂浆可随到随用，若是干混砂浆也只要加水搅拌就可使用，可大幅度地提高工作效率；且加入保水增稠材料及外加剂后使和易性变好，更能大幅度提高施工效率。

三好是保水性好、和易性好、耐久性好。这是配料合理、混合均匀的结果，是保证施工质量的最关键的一

步，也是商品砂浆最主要的优点。现场配制的砂浆由于受设备、技术和管理条件的限制，很难甚至不可能达到这样的品质。而商品砂浆在专业技术人员的设计和管理下，用专用设备进行配料和混合，其用料合理，配料准确，混拌均匀，从而使产品品质均一，达到设计要求。

四省是省工、省料、省钱、省心。由于备料快、施工快，所以采用商品砂浆可大幅度降低工时；现场拌制的砂浆因配料难以按配料方案执行，所以会造成原材料的不合理使用。商品砂浆则因配料合理而避免了这种现象，同时施工用料省，且能减少砂浆损失，材料消耗降低50%以上；建立一个商品砂浆工厂需要一定的投资，投产后还需要机器运作和维修的费用，并要支付经营、管理及人员费用，但这些可与分散的搅拌机相应的费用和原材料浪费造成的损失相补偿，且工地现场拌制的砂浆质量不符合要求而导致重新返工或短期内就得维修需花费更多的费用。据预测，服役50年后，用干混砂浆施工的抹面工程其初建和在这期间维修的总费用仅是用传统抹灰砂浆的1/2；由于备料简便、施工品质易于得到保证，省心也就成为必然的结果。

除了以上特点，商品砂浆还可以大量应用工业固体废弃物。商品砂浆的性能取决于其组成，迄今为止，商品砂浆的组成由3种到20多种，其中各种工业固体废弃物在商品砂浆中的作用也已得到了较多研究，常用于商品砂浆的工业废弃物包括矿渣、粉煤灰、废橡胶粉、脱硫石膏、煤矸石以及尾矿砂等。

在村镇住宅推广使用商品砂浆，除可以显著提高工程质量、增加住宅使用寿命外，还可以提高住宅的使用功能，另外采用商品砂浆，还可以使用薄层使用技术，从数量上减少砂浆的使用量，增加室内的使用空间。另一个方面，农村住宅的施工者比城市建筑工人更加缺乏管理，采用商品砂浆可减少现场搅拌砂浆需要掌握的专业技能，减少发生差错的可能，也方便农民自建房屋采购材料。

四、轻质高强材料的选用

采用轻质高强的建材，能节约大量的砖、石灰、砂和石等材料，并能减少水泥、钢材的用量。据估算，我国用于运输传统建筑材料的比重，约占全国长途货运量的1/5左右，短途运输量的2/5左右；采用轻质高强建材，能够减少结构截面和减薄墙身，并可使房屋有效使用面积提高5%~10%，并且还能提高隔热隔音效果；可使基础设计更趋于经济、合理；有利于抗震；有利用于向大型构件组合化过渡，以提高施工效率。

轻质高强材料主要有高强钢材、高强混凝土、钢管混凝土、轻骨料混凝土、加气混凝土、石膏板、高强空心砖、加气混凝土外墙板、GRC复合墙板、彩钢聚苯乙烯泡沫塑料复合板等。

五、结构材料的高耐久性设计

村镇住宅目前最主要的结构材料除了钢材，就是混凝土了。如果能提高混凝土的耐久性，采用高性能混凝土技术，可以大大提高建筑物的使用寿命，减少混凝土使用量。

高耐久性混凝土或高性能混凝土，区别于以前的高强混凝土，主要评价不仅仅从强度出发，更加关注混凝土的长期耐久性能，如抗碳化性能、抗冻融性能、抗渗性能、抗氯离子渗透性能、抗开裂性能等。通过长期对混凝土结构破损的研究，发现很少有混凝土受力破坏，大部分的混凝土因受到侵蚀物质的破坏，造成混凝土开裂、碳化层破坏、钢筋锈蚀、混凝土剥落等。通过优化混凝土配合比，添加矿物掺合料、混凝土外加剂、纤维增强材料等可以明显提高混凝土耐久性，从而提高工程质量。

在农村地区提高混凝土耐久性的关键措施在于推广小型商品混凝土搅拌站，集中供应混凝土，通过商品混凝土搅拌站，可以控制混凝土配合比，添加各种外加剂以及矿物掺合料，增加混凝土的密实性能，也可以控制混凝土的施工和易性，减少现场工人随意添加水的做法，保证混凝土的长期性能符合相关要求。另外，在边远地区，交通不便的农村，应该推广混凝土外加剂的使用，为农村地区复配一些单独包装的外加剂，只需每拌料中添加 1 包，不需要精确计量，这样方便农民自拌混凝土时使用，在产品说明中还需要根据当地砂石料的情况，推荐一些简单的配合比，以最大限度地为农民服务，提高自拌混凝土的质量。外加剂应以粉状材料为主，混合添加粉煤灰、矿渣粉等其他掺合料。一些功能性的外加剂如防水剂等，可在特殊场合选择使用。

针对各地污染腐蚀物质的不同，对混凝土的耐久性评价可以有所侧重。对沿海地区的农房，应考虑混凝土的抗氯离子渗透性，对西部地区则更加关注抗碳化性能，所有这些都需要考虑提高混凝土的密实性能，因为农村地区考虑就地取材，骨料的粒径分布与形貌尺寸可能无法满足高性能混凝土的要求，这就需要科技人员在当地材料条件下，尽可能采用简单的办法进行优化。

六、固体废弃物以及可再利用材料的利用

工业固体废弃物是指在工业交通等生产活动中产生的固体废物，其对人体健康或环境危害性较小，如钢渣、锅炉渣、粉煤灰、煤矸石、工业粉尘以及各种尾矿等。可再利用材料是指在不改变所回收物质形态的前提下进行材料的直接再利用，或经过再组合、再修复后再利用的材料。农村地区的工业固体废弃物相比城市比较少，但是各种矿山开采的尾矿比较多，很多尾矿略加处理可以作为混凝土和砂浆的粗细骨料，从而减少天然河砂的开采。

农村有不少在原来的宅基地上改建新房，所以原来的墙体材料，如砖、砌块等在清除了粘结材料后可以再次使用；原来的木梁、混凝土梁在确保安全的状况下可以有选择地使用；对于原来的门窗材料等不符合现有住宅热工性能的建筑产品可以进行改造后再利用；而其他的建筑垃圾，则可以作为基础垫层材料使用。

应该鼓励新建建筑使用掺加固体废弃物的混凝土、砂浆产品，尤其是地坪材料可大量应用尾矿砂。对于结构材料，除使用钢筋混凝土外，也鼓励采用速生木制作的木结构，有条件的地方采用钢竹结构、轻钢结构，这些材料可以在未来房屋拆迁后很方便地继续使用。另外，农村房屋的围护结构采用烧结砖也有其优点，因为相比其他的免烧砖，烧结砖尺寸稳定性好，耐久性也好，便于反复利用。

第二节　建　筑　设　计

在设计过程中，可以采取多种措施减少材料的消耗，如：尽量采用可循环、可再生的材料；尽可能采用标准化规格的预制件，减少现场的切割与调整；遵循模数协调原则，减少施工废料；对结构优化设计，减少钢材的消耗；实现土建装修一体化设计，减少二次装修造成的材料损耗；采用有利于提高材料循环再利用效率的结构体系。

一、采用可循环、可再利用的材料

建筑中可再循环材料包括两部分内容，一是用于建筑的材料本身就是可再循环材料；二是建筑拆除时能够被再循环的材料，如金属材料（钢材、铜材等）、玻璃、铝合金型材、石膏制品、木材等。而不可降解的建筑材料如聚氯乙烯（PVC）等材料不属于可再循环材料范围。充分使用可再循环材料可以减少生产加工新材料带来的对资源、能源的消耗和对环境的污染，对于建筑的可持续发展具有非常重要的意义。

烧结砖或砌块在清除表面砂浆后可作为砌体材料直接利用，木梁、木柱等材料在检查无明显损伤的前提下可直接再次在建筑物中使用。对于村镇住宅中使用最多的主要结构材料、墙体材料、屋面或楼面材料等，传统的木结构、"秦砖汉瓦"都是可循环再利用材料，现代的钢结构、轻钢结构也是可循环再利用材料，但是混凝土、水泥砂浆、预制楼板、硅酸盐砖等几乎无法再次利用，当住宅拆除时，这些材料只能作为骨料或填充料再次使用，降低了使用价值。另外，目前普遍采用的水泥砂浆也造成很多砌块材料无法再次利用，推荐采用石灰基或石膏基的砌筑抹灰砂浆，将有利于墙体材料的再次利用。

二、多采用标准规格的预制件

在村镇住宅施工时，由于预制构件尺寸的偏差，会造成很多材料的浪费，包括辅助配件的大量使用以及需要现场切割构件，增加现场施工的困难，很多非标尺寸以及异形构件的使用也会造成拼接困难，需要大量密封材料。因此，设计中采用标准规格预制构件有利于工厂规模化生产，提高产品质量，降低生产成本，减少工地现场切割，做到物尽其用。

三、遵循模数协调原则、减少施工废料

模数协调是指一组有规律的数列相互之间配合协调的学问。生产和施工活动应用模数协调的原理和方法，制定符合相互协调配合的技术要求和技术规程，规范村镇住宅建设各个环节的行为，形成一定的生产秩序，互相配合、互相协调，最大程度地减少因为尺寸规格不一而造成的材料浪费。模数协调也是住宅产业标准化的基础，通过模数协调可以推动住宅部品件的生产，有利于住宅工业化。根据李晓明等在《住宅产业》发表的"模数协调与工业化住宅建筑"一文中的论述，通过模数协调可以实现：

第一，便于住宅建筑的设计、部品制造、施工承包、维护管理、经销等各个环节人员按照同一个规则去行动，实现各个环节人员之间的合作与配合，生产活动互相协调。

第二，便于对建筑物按照各个部位进行分割，产生不同部位的部品，使部品的模数化能够在实际中达到最大化。其结果是所设计的房屋尺寸能包容各种相关部品，而且相关部品系列不限制房屋设计的自由度，给予设计人员最大的灵活性。

第三，使部品就位的放线、定位和安装规则化、合理化，并使住宅生产各个方面实现利益最大化，彼此尽量不受约束，从而达到简化施工现场作业，实现成本、效率和效益的综合目标。

第四，优化相关部品系列的标准尺寸数量，原则上就是要利用数量尽量少的标准件，实现最大程度的多样性的要求。

第五，促进各种相关部品间的互换性。互换性是指部品在不同的地方可以进行互换，不同材料之间可以

互换，跟它的材料、外形、生产厂家的生产方式均没有关系，实现资源的节约。例如：结构的使用年限可以是100年，但是部品的使用年限可能只有20~30年。因此，设施及管线等部品的互换性是一个重要原则。

第六，保证各种装置的尺寸协调，如各种设施管线与设备、电气的连接与固定，家具的就位等。

四、结构优化设计，减少钢材消耗

相同的房屋设计，选择不同的结构设计，会影响主要结构材料的用量。如同一栋框剪结构的住宅，当采用一般的框架梁结构形式时，用料最省，但梁高较高，影响以后的使用。但采用宽扁梁结构时，可以获取比较大的净空，但是需要更多的钢筋。对于混凝土设计强度，在建筑条件允许的情况下，尽可能降低混凝土设计强度，根据混凝土结构设计规范，构件的最小配筋率是同混凝土设计强度相关的，由于住宅建筑的开间较小，楼板的配筋都是按最小配筋率来控制的，使用C30混凝土与使用C40混凝土相比，前者可节省19.5%的HRB335钢筋。同时由于混凝土设计强度的降低，可以有效降低墙及楼板的裂缝。

五、土建装修一体化设计，减少二次装修

在一些集中建设的村镇住宅中，由于设计无法满足住户的实际使用需求，经常发生在住宅交付使用后，住户装修时损坏原有住宅，重新调整布局，造成大量隔墙，粉刷敲掉重做，不仅造成大量建筑垃圾，有些还影响房屋的结构安全。如果在房屋设计时就考虑后续的装修问题，预留一定的空间，可以灵活布局，减少装修的拆墙行为。对于室内精装修，也要在土建设计时一并考虑，争取全装修房交付使用，减少二次装修带来的材料浪费。

六、采用有利于提高材料循环再利用效率的结构体系

目前大量的村镇住宅以砖混结构为主，在拆除后，这些构件大多无法再次利用，而钢结构、轻钢结构、木结构由于可以反复利用，作为生态环保的建筑形式，在国外发展迅速，有必要在国内推广使用。

1. 钢结构住宅

钢结构住宅具有很多优点。首先，强度高、自重轻、抗震性能好。钢材的强度比混凝土、砌体和木材要高出很多倍。荷载相同时，所需构件截面积小。钢结构住宅以工厂生产的钢梁、钢柱为骨架，并采用轻质墙板，所以自重较轻，一般是普通住宅的70%。钢结构具有良好的延性。抗震性能好且震后受损轻，灾后也容易修复。

其次，工业化程度高、施工周期短。钢结构除基础外，所有构件及其配套部件均有专业工厂标准化生产，然后运至工地安装。产品质量稳定可靠，施工机械化，施工速度快，施工周期比传统建筑可缩短一半，施工作业受天气及季节影响较少，并且可以工厂制作与现场安装平行进行，大大缩短建筑周期。

同时，钢结构住宅布局灵活，净使用面积大。钢材强度高，可以采用大开间柱网布置，利用非承重墙体灵活分割室内空间，形成丰富多样的户型，能更好地满足不同用户的需求。由于钢材强度高，梁柱构件截面小，结构在建筑面积中所占的部分少，使用面积较钢筋混凝土住宅提高4%~8%。

此外，钢结构住宅节能环保、综合经济效益高。施工现场湿作业少，节约用水，噪声、粉尘和建筑垃圾也少；可大量减少混凝土和粘土砖的使用，并且与钢结构体系配套的轻质墙板、复合楼板等采用新型材料，具有良好的保温、隔热、隔音性能，符合节能建筑的要求；构件易于拆卸搬迁，一旦业主对所建场地不满意或外界环境发生意外，整个建筑可在短时间内拆迁，并且大部分构件可以重新利用，损失极小。钢结构住宅使用寿命期满后，结构拆除产生的固体垃圾很少，且钢材还可以回收循环使用；施工周期短，可缩短资金占用时间，结构轻，可减少运输和吊装费用，基础承受的荷载也相应减少，可降低地基处理的费用，适用于地质条件较差的地区。对于一些地质状况复杂的农村地区非常适用。

目前钢结构住宅面临的问题主要是一次性投资还比较大，防火、防腐问题还需要进一步研究改进。但是由于我国钢产量连续多年位居世界第一，国家鼓励推广发展钢结构住宅建设，所以在村镇住宅中推广钢结构住宅也是非常好的时机。

轻钢结构通常指由以下钢材所构成的结构：冷弯薄壁型钢结构、热轧轻型钢结构、焊接或高频焊接轻型钢结构、轻型钢管结构、板壁较薄的焊接组合梁及焊接组合柱而成的结构。对轻钢结构住宅一般是用轻钢龙骨作为承重体系在低层住宅中应用，屋盖系统或楼面系统用压型彩钢板作面层，上面可浇捣混凝土。轻钢结构住宅具有与钢结构住宅一样的各种特点，并且轻钢住宅彻底抛弃传统的"秦砖汉瓦"，墙体全部采用可回收再利用的材料，有着极高的环保意义。

2. 木结构住宅

现代木结构住宅与传统木结构住宅有很大的差别，传统木结构选用天然优质木材做梁柱以及屋架，配以砖瓦做墙体与屋面，这些木材来自原始森林，生产年限很长，不容易得到迅速补充，从而破解了生态平衡。而现代木结构住宅采用人工种植林或经过木材协会认证的可砍伐木材以及木质人造板材，在工厂预制各种构件，现场装配而成，既不破坏生态环境，又绿色环保，墙体采用人造板以及石膏板，节能环保，是国家鼓励发展的住宅形式。

木结构住宅的主要优势如下：首先，木结构住宅的原料是可再生的资源，可以持续开发和供应。木材的种植过程不但不会污染环境，还有很好的生态作用。而生产金属、水泥等需要消耗大量不可再生资源，同时还要消耗大量能源，产生污染。同时，木结构住宅在拆除后，可以马上被再次利用，不会造成建筑垃圾。

其次，木结构住宅结构安全。木结构对于瞬间冲击和周期性疲劳破坏，具有良好的抵抗能力。

木结构住宅在节能保温方面也有优势。木材与钢、铝、塑料相比，其生产能耗最小，而且木结构建筑还具有良好的隔热保温效果。研究表明，达到同样保温效果，木材需要的厚度是混凝土的1/15，是钢材的1/400，在使用同样保温材料时，木结构比钢结构的保温性能要好15%~70%，可使建筑物的使用能耗大大降低。

此外，木结构住宅施工周期短，维修方便。一般木结构建筑的施工周期只是同类砖混结构的1/2~1/3，具有布局与造型灵活、维修和翻新方便等特点，木结构住宅进行维修或改造时所需的设备和材料也相当简单，省时省工。

开发和推广木结构住宅，将改变村镇住宅以砖混结构为主的市场格局，大大减少粘土砖的使用量，从而可以大幅减少对土地和煤炭资源的占用，减少环境污染。同时也可以减少水泥的生产和使用。推广木结构住宅，将有利于我国开拓人工速生林木材的应用市场。发达国家人造板用于建筑的比例已经占到40%~60%，而我国还不到10%，因此，市场前景广阔，同时也有利于促进林业的可持续发展。

第三节 建筑施工

在建筑施工方面，也可以采取一些措施，如：优化材料预算方案，降低材料剩余率；采用科学先进的施工组织和施工管理技术，降低建筑垃圾产生量；加强工程物资与仓库管理，避免优材劣用、长材短用、大材小用；尽量就地取材，减少建筑材料的运输环节等等。

一、优化材料预算方案、降低材料剩余率

不论是集中建设，还是农民自建房，村镇住宅的材料管理都需要讲究科学性，节材省钱，避免浪费。首先是按照图纸确定合理的施工方案，科学合理地进行材料预算，对各种材料的用量以及配件的数量要精心计算，减少损耗，对于一些运输环节容易破损或者在施工现场不易保存的材料要根据施工进度，合理安排进场时间。要严格控制设计变更，建筑工地最大的材料浪费是频繁的设计变更，造成原有材料的浪费，甚至产生很多建筑垃圾。根据设计图纸计算材料用量，必须考虑适当的损耗，但是也不能完全根据施工工人的经验采购各种物资，否则会造成有些材料短缺，有些材料过剩，既影响工期，又浪费材料。

二、采用科学管理、降低建筑垃圾产生量

村镇住宅一般由农民自己组织亲朋好友一起施工，缺乏科学管理，同时施工水平也相对不高，造成施工过程中的材料损耗较多，产生很多建筑垃圾。以传统的砌体工程为例，不熟练的建筑工人会过量使用砌筑砂浆，抹灰时由于经验不足也会造成大量落地灰，这些都无法再次使用，只能作为建筑垃圾。另外在处理各种材料裁剪时，不注意边角料的使用，会加大对主材的损耗。对于一些易碎的瓷砖、瓦片等，在工地的运输环节，如果缺乏管理，会造成大量的损坏，影响使用。

所以在村镇建设中，要推广经过资质认可的专业施工队伍，减少农民自发的建设行为，以保证施工组织以及管理符合现代建设要求。可以根据设计图纸规定相关材料的用量，减少施工环节建筑垃圾的产生，控制建造成本，节约材料。

三、加强物资管理，合理利用材料

对于专业的施工队伍，要加强工程物资与仓库的管理，以降低建造成本。项目开工前，要进行物资管理的前期规划，对材料用量进行统计准备。主要是工程合同中已经明确需要使用的工程用料、施工用料、辅助材料、劳防用品、周转材料等，对各种规格、各种型号的用量要分类进行统计。要提前做好材料价格的市场调查，做好对交通运输价格的调查，由于建材运输在材料价格中占有很大的比重，不仅关系到采购物资的成本，同时也关系到工程施工进度是否能按照预先计划完成。另外还需要与业主和设计单位针对每项材料进行沟通，确保正确理解业主与设计方的要求，减少盲目的采购而造成的物资积压。另外对设计的正确理解，有助于施工方对各

种主要材料用量的精确计算统计，避免优材劣用，长材短用，大材小用。

四、尽量就地取材，减少材料的运输

建筑材料由于份量重、体积大，运输成本相当高。不仅造成大量运输能耗的产生，还有对公路资源的侵占。我国是世界最大的发展中国家，现在正在高速城镇化建设中，对房屋住宅的需求非常大，每年有超过 5 亿 m^2 的住宅需要建设。在一些边远的农村，很多建筑材料需要从很远的地方运输，所以在住宅设计中尽量采用当地建材，以减少材料的运输，有利于节能减排。

在村镇建设中，多利用农村特有的材料资源，就可以减少其他材料的使用量。农村特色的材料主要有农作物秸秆等，秸秆可以做秸秆砖、秸秆板材等。稻壳灰可以作为添加剂在水泥混凝土中使用。另外当地的河道淤泥也可以制砖使用，既节省土地资源，又可以清洁河道，一举多得。其他的可根据当地的资源特色，充分加以利用，如林区山地可多采用木材，黄土高原多采用粘土，山区多利用岩石，沿海地区可用贝壳类材料等。

五、绿色施工中的节材管理措施

绿色施工中的节材管理主要涉及：

第一，优化施工方案，选用绿色材料，积极推广新材料、新工艺，促进材料的合理使用，节省实际施工材料消耗量。

第二，根据施工进度、材料周转时间、库存情况等制定采购计划，并合理确定采购数量，避免采购过多，造成积压或浪费。

第三，对周转材料进行保养维护，维护其质量状态，延长其使用寿命。按照材料存放要求进行材料装卸和临时保管，避免因现场存放条件不合理而导致浪费。

第四，依据施工预算，实行限额领料，严格控制材料的消耗。统计分析实际施工材料消耗量与预算材料消耗量，有针对性地制定并实施关键点控制措施，提高节材率；建筑钢筋损耗率不宜高于预算量的 2.5%，混凝土实际使用量不宜高于图纸预算量。

第五，施工现场应建立可回收再利用物资清单，制定并实施可回收废料的回收管理办法，提高废料利用率。

第六，根据场地建设现状调查，对现有的建筑、设施再利用的可能性和经济性进行分析，合理安排工期。利用拟建道路和建筑物，提高资源再利用率。

第七，建设工程施工所需临时设施（办公及生活用房、给排水、照明、消防管道及消防设备）应采用可拆卸、可循环使用材料，并在相关专项方案中列出回收再利用措施。

第三章
村镇住宅建材产品与可持续发展

人类的衣食住行与住宅建设息息相关，构成住宅最重要的因素之一就是建筑材料。建筑材料是经济建设、人民生活等方面应用最广、用量最多的材料。长期以来，人们生产与使用建筑材料，只考虑其使用性能，而忽视其对生态环境与社会发展的影响。随着环境问题的日益严峻，人们开始思考建材产品与可持续发展的关系。

第一节　建材生产与生态环境

开发生产具有环境协调性的生态建材，对建材工业的可持续发展和环境保护具有重要意义。建筑材料生产造成的环境问题主要体现在以下五个方面：

第一，大气污染：建材工业是仅次于电力工业的全国第二位耗能大户。大量燃烧煤、油、燃气，排放出 CO_2，SO_2，NOx 等气体。在水泥、矿棉等建筑材料生产和运输过程中产生大量粉尘。化学建材中各种添加剂、助剂的挥发，涂料中溶剂的挥发，粘结剂中有毒有害物质的挥发，都会给大气带来各种污染。

第二，建筑垃圾：建筑过程中产生的砂、碎石，拆卸老旧建筑物的碎砖、碎瓦等都成为建筑垃圾的一部分。根据相关统计，施工中产生的剩余混凝土为总混凝土量的 0.8%。由于混凝土总量惊人，所以浪费的量也非常巨大。还有大量的废建筑玻璃纤维，陶瓷废渣、石棉、石膏废料等。

第三，废水污染：在建材的选矿、冶炼、轧钢过程中会产生很多污水，其中含有大量的污迹悬浮材料，如砂、炉渣、铁屑等。在冶炼、涂料行业会产生有毒污染物汞、镉、铅、砷等废液；在建筑工地由于搅拌水泥、混凝土产生的污水中含有偏碱性的溶液，流出的泥浆水也会堵塞下水道，影响正常的排水功能。

第四，放射性污染：建材生产中用到很多矿石原料，有些带有放射性，如果原材料控制不严，可能在最终产品中放射性指标超标，对环境造成危害。

第五，不可再生资源消耗：水泥、玻璃、陶瓷等主要建材的生产需要大量不可再生资源的消耗。石灰石、粘土、石英砂、高龄土等资源都具有一定的开采年限，大量消耗这些资源，不仅严重影响当地的生态环境，而且也不可持续。我国著名的陶瓷生产地佛山，就已经面临当地没有原材料的困境。我国传统建材粘土砖由于大量消耗粘土资源，毁坏大量可耕土地，已经被国家禁止在城市中使用。

根据顾真安的《中国绿色建材发展战略研究》中的资料显示，建材工业能源消耗 2006 年占全国总能耗的 8%（表 4-3-1-1）。矿产资源消耗统计：据国土资源部《全国矿山企业矿产资源开发利用情况统计年报》，2000 年全国共有各类矿山企业 15.31 万个，开采 181 种矿产，开采矿产总量 50 亿 t，其中建材工业开采矿产 50 多种，采矿量约 15 亿 t，占全部矿产开采量的 30%。建材矿产中，水泥原料占 30%，烧砖用粘土资源占 55%，其他占 15%。

年份	1995	2000	2001	2002	2003	2004	2005	2006
全国消耗量	13.12	13.86	14.32	15.18	17.50	20.32	22.25	24.60
建材消耗量	1.31	1.18	1.15	1.27	1.45	1.75	1.92	1.94
占全国能耗（%）	9.95	8.49	8.03	8.37	8.28	8.60	8.63	8.00

资料来源：顾真安，中国绿色建材发展战略研究，北京：中国建筑工业出版社，2008

从以上分析可以看出，建筑材料的生产对于环境具有很大的负面影响，应该尽可能在建设活动中减少材料的消耗，实现可持续发展的目标。

第二节　建材产品的耐久性与经济性

对于村镇住宅的节材，一个非常重要的途径是增加建材产品的耐久性，减少住宅的维护修理，提高使用寿命，这样就可以减少建材产品的使用量，减少整个社会对资源和能源的需求。当然建材产品在追求经久耐用的同时，也要兼顾产品的经济性，追求比较好的性价比，这样才能在农村地区得到推广应用。

我国传统民居的住宅以土木建筑为主，应用大量木结构作为主要框架，以土或土制品作为围护结构，如大量的生土建筑，土坯墙，更多的是秦砖汉瓦。而现代村镇住宅逐渐向砖混结构发展，大量应用水泥混凝土产品。墙体材料也采用混凝土空心砌块、粉煤灰砖等新型材料。但是很多新型墙体材料由于配套技术不到位或者本身产品质量不过关，造成最近十多年来新建或翻建的村镇住宅出现墙体开裂、粉刷层剥落、渗水等问题，这在很大程度上与施工人员缺乏对新型材料的了解有关。因此，在村镇住宅推广新型材料，必须充分考虑村镇住宅的施工现状，在配套技术措施没有跟上时，不宜将不太成熟的新技术在农村推广。

1. 结构材料的耐久性

要提高村镇住宅的寿命，关键是提高结构材料的耐久性能。目前村镇住宅的结构发展以砖混结构为主，所以提高混凝土耐久性的意义就比较大。由于混凝土的耐久性涉及的因素非常多，从原材料的选择到配方技术，浇捣工艺和养护条件，对于一个缺乏专业知识的农民来说，显然要求太高。在城市中，可以通过推广商品混凝土搅拌站，由专业的生产厂商来控制混凝土质量，大幅提高了城市住宅的质量；而在农村，由于住宅分布不集中，乡村交通不便，短期内几乎无法推广商品混凝土集中供应模式。因此，提高农民自拌混凝土的质量，对提高村镇住宅建筑物寿命具有非常关键的作用。

根据对我国混凝土研究的现状，在农村地区推广"傻瓜型混凝土添加料"技术是一个可行的尝试。所谓的"傻瓜型混凝土添加料"就是由专业人员根据农村当地的砂石料资源以及水泥品种，研究的针对当地的混凝土外加剂与掺合料的混合品，它是根据村镇住宅设计要求的强度等级，考虑到农村自拌混凝土缺乏计量的特点，有较大适应范围的一种添加料。农民只要按照一般的水泥、砂石料比例添加这种添加料，加水拌合，就可以获取比原来质量好很多的混凝土拌合料，这样得到的混凝土的耐久性可以得到很大的保证，以此就可以延长村镇住宅的使用寿命。在这些产品的使用说明中可以提供当地住宅建设需要的简单的混凝土配比，通过使用添加料，减少水泥的使用。如果结合设计，通过适当提供设计强度等级，还可以减少混凝土的用量，减少砂、石等资源的消耗。

2. 功能材料的耐久性

对于很多功能材料同样要关注其耐久性。以防水材料为例，村镇住宅常常会选择价格比较低的产品，而很多低价的防水材料其使用寿命非常短，很多还起不到防水作用，造成不少村镇住宅屋顶漏水，需要经常维修。这些反复维修的经费甚至超过了一次性选用较好材料的费用，再加上投入的人力物力以及对生活的影响，选择好的材料无疑具有优势。所以，如果建材供应商能提供一些灵活的付款方式，相信可以找到性能与价格之间的平衡。从整个社会角度出发，提高村镇住宅的功能材料的耐久性，减少住宅的维修次数，就可以减少维修材料的使用量，减少建筑废料的产生。

第三节　建材产品的可回收性能及应用

传统民居的土木材料在住宅翻新或者拆除重建中大都可以充分利用，如砖，只要清除表面的砂浆层，外形比较完整的砖一般可以在新建筑中再次利用，甚至有些年代久远遭受风雨侵蚀的砖被故意用于外墙装饰，以凸显历史。而一些破碎的砖可以用来做地面的垫料。一般的瓦也是可以反复使用，只要外形完整即可。作为梁柱结构的木料，更是反复使用的经典。在农村住宅中到处可见老建筑留下的木梁结构，老建筑的木门窗经过加工也可以在新建筑中使用。

如今，村镇建筑已经普遍采用一些新型的建筑材料，这些材料在拆除后反而没有像老建筑一样具有马上可以再次利用的性能。如现在普遍采用的混凝土结构材料，如果拆除房屋，则混凝土只能作为一些破碎的骨料，做普通的地面垫层，而无法像木梁一样马上可以再次作为木梁使用。钢筋混凝土中的废旧钢筋也无法再次用于建筑，必须经过钢厂回炉再利用。一些新型的混凝土砌块、灰砂砖等制品拆除后也无法像粘土砖一样可再次利用，但是可以作为其他材料的原料，再加工后使用。

从节材角度，多采用一些可再利用的材料比可再循环材料要更加有效果一些。所谓的可再利用材料是指在不改变所回收物质形态的前提下进行材料的直接再利用，或经过再组合、再修复后再利用的材料。可再循环材料指对无法进行再利用的材料通过改变物质形态，生成另一种材料，实现多次循环利用的材料。从建材产品的全生命周期考虑，即从产品的原材料采集到生产、使用过程到最后的废弃处理，从摇篮到坟墓，是比较全面的评价方式。从这个角度出发，在村镇住宅中推广木结构、钢结构房屋比砖混结构要好一些，砌块比板材要好一些。

当然，对于可再利用材料主要是针对结构材料或者一些围护结构材料来说的，一些装饰材料或者功能材料一般以可再循环材料为主，如有机的涂料、防水材料在失去作用后几乎没有回收价值，而一些无机的涂料回收后还可以作为填料使用。在农村推荐采用一些工厂预制的建材产品或部品件，现场通过连接件安装，减少现场成型粘结的湿作业，尤其是减少使用通过水泥、石灰、石膏等胶凝材料现场施工产生强度的产品，这样预制构件或部品件在建筑物拆除时还可以根据其性能继续发挥作用，现场拆除作业也比较方便，也有利于调整住宅使用功能。

第四节　村镇特色建材的性能与应用

村镇住宅还可以使用一些具有当地农村特色的材料，以显示明确的地域特色，秸秆、竹材和木材就是常用的地方特色材料。

一、秸秆建材

秸秆即农作物的茎秆，在农业生产过程中，收获了小麦、玉米、稻谷等农作物以后，残留不能食用的根、茎、叶等废弃物统称为秸秆，秸秆是一种具有多用途的可再生生物资源，农作物光合作用的产物有一半以上存在于秸秆中。

我国是一个农业大国，每年产生大量秸秆。秸秆的传统用途是作为农村畜牧业的重要饲料和农村生活的炊事燃料。但是随着农村经济的发展，农村居民的用能结构发生了明显变化，煤、电、气等商品能源普遍应用，商品饲料亦得到大力发展，限制了秸秆的用途，造成大量秸秆废弃农田，燃烧处理，形成大气污染，甚至影响飞机的起降。

秸秆是一种可每年再生的建筑材料，是一种常见资源，可以自然回收，处置起来不会产生任何问题，房屋发生毁损后，还可轻易地从其他建筑材料中剥离以作他用，例如，作为花园中的覆盖层，或者用于农业松土。与其他建筑材料相比，秸秆砖的制作和运输都要更为简便。可以说，秸秆建造的建筑对环境几乎没有任何负面的影响。秸秆砖所耗的能量大约为 14MJ/m^3，而矿棉所耗能量为 1077MJ/m^3，是秸秆的 77 倍，秸秆在光合作用过程中所吸收的 CO_2 甚至要高于制作及运输过程中所释放的 CO_2。因此，将秸秆作为隔热材料，将有助于持续性地减少建筑工业的 CO_2 释放量。可以说，秸秆符合"可持续性"建筑材料所需要的一切条件。

秸秆建筑产品主要有秸秆砖与秸秆墙板。秸秆砖采用捆扎机，将挑选过的秸秆用聚丙烯皮带捆扎，也可采用加压制作，外涂灰浆制成规整的砌块。秸秆墙板可采用合适的粘结剂，做成类似刨花板的板材，用于护墙板的应用。

秸秆砌块可以用于承重结构，也可用于填充墙，在国外有很多案例，在我国东北地区也有示范案例。用于承重墙的秸秆砖体系在美国有很好的应用，但是在我国还缺乏相关设计标准和规范，需要谨慎使用，但是作为填充墙，充分发挥秸秆砖的隔热保温效果，在既有墙体表面增加秸秆砖，并用砂浆层覆盖，可以达到保温隔热，又减小火灾隐患的目的。

秸秆砖也可以用于屋面和楼地面的保温隔热。秸秆砖的导热系数由秸秆砖的密实度、麦秆的位置及秸秆的含水量来决定，一般的取值范围在 0.0337~0.086W/(m·k)，与目前的聚苯板和保温砂浆相当，但是在农村取材方便，价格便宜，对于提高村镇住宅的室内舒适度有很大的帮助。

对于秸秆砖的外墙抹灰材料，需要能阻挡水汽进入秸秆砖，另一方面又能让蒸汽透过，这样冷凝水才能扩散到室外，所以包括饰面层的室外抹灰材料的蒸汽扩散系数应该小于包括饰面层的室内抹灰。水泥砂浆抹灰的蒸汽扩散抵抗性相对较高，厚度达 40mm 的水泥砂浆涂层实际上作蒸汽隔层。

二、竹材

竹子具有生长快、强度高、韧性好等特点，在我国分布广泛，且也有利用竹子的悠久历史。传统竹材应用于建筑主要利用原竹，基本未加处理，在我国南方的竹屋建筑中常见。原竹直接应用于建筑，存在结构不均匀，不同部位、不同含水率都导致较大的力学性能差异；原竹各向异性明显，竹材纵横两个方向的强度比约为30：1，顺纹抗劈性很小；原竹比一般木材含有更多的有机物质，因此易虫蛀、腐朽、霉变和干裂；原竹壁薄中空，车辆实际装载量少，运输成本高，并且由于容易虫蛀等难以长期保存。由于以上的缺陷，原竹需要加工处理后才能成为现代竹建筑材料。

1. 现代竹材的优点

现代竹材是以原竹为原料，经过一系列的机械和化学加工，在一定的温度和压力下，借助胶粘剂和竹材自身结合力作用而制造的各种板材和型材，以及经过结构设计，将这些板材和型材组装而成的各种建筑部品件。与传统原竹相比，具有以下优点：幅面大，变形小，尺寸稳定；强度高，刚性好，耐磨损；可以根据使用要求调整产品结构、尺寸以及性能；具有一定的防虫和防腐性能；大幅改善了原竹的各向异性；也可以进行覆面和涂饰作业，可进行表面装饰，以满足不同的需要。

竹建筑材料在生产中会产生噪声、粉尘和废气等污染，还会产生少量的废水。但是竹建筑材料的生产污染相对于水泥、钢材等行业而言要小得多。此外，竹建筑材料使用过程中，由于引入胶粘剂的缘故，会产生一些游离的醛或游离的酚污染环境。作为一种生物质材料，竹材在生长阶段中已经发挥了良好的生态效益。其次，竹林能迅速恢复森林植被，迅速固结表土减少水土流失，吸收废气和粉尘，净化空气。所以，相对于传统建材来说，竹建筑材料对环境产生的负面影响很小。

2. 现代竹材的种类

竹建筑材料从产品用途和产品组成结构可以有不同分类方式。

1）按产品用途分

第一，竹建筑结构材料：用于建筑结构的各类竹质板材、型材以及构件，如竹层结板、竹材集成材、竹胶合梁、竹柱体、竹墙体、竹工字梁、竹天花板、竹屋顶板等；

第二，竹建筑装饰材料：包括各类竹装饰板和地板，如饰面竹胶合板、竹饰面集成地板、竹木复合地板等；

第三，竹建筑施工材料：包括脚手板和混凝土模板，如竹木复合脚手板、竹板胶合板模板、覆膜竹材胶合板清水模板等；

2）按产品组成结构分

第一，竹胶合板：竹篾胶合板和竹材胶合板；

第二，竹层结材：竹篾层结材；

第三，竹碎料板材：竹碎料板、竹刨花板和竹中密度板；

第四，竹复合材：竹木复合板、竹塑复合板、竹水泥板、竹石膏板和浸渍纸饰面竹材板；

第五，竹集成材：竹地板和竹集成材；

第六，竹构件：竹胶合梁、竹墙体、竹柱体、竹工字梁、竹屋顶板和竹天花板。

三、木质生态材料

木质生态材料包括结构胶合板、单板层积材、集成材、定向刨花板、平行单板条层积板、大片刨花层积板以及农作物秸秆复合墙体材料等。

结构胶合板的特点：增大了板材的幅面；继承了天然木材的特点，弥补了缺点；提高了木材利用率。主要应用于地板衬板，墙板，屋顶板。

单板层积材的特点：单板层积材可利用小径木、弯曲木、短原木等低质木材生产，原木利用率达60~70%；从原木旋成单板再层结，可去掉材质比较差的部分，而节头及接头等缺陷又可充分分散、错开，降低其对强度的影响；进行防腐、防虫、防火处理方便。主要用于窗框、门框、楼梯的踏步板等。

集成材的特点：易于用商业木材制成大的结构用构件，开辟了用小径木制得的大板材最经济用途；能获得最佳的建筑艺术效果和独特的装饰风格；可使木材生产缺陷降到最小，而得到的集成材变异系数较小；依强度要求可设计成变截面的建筑构件。主要用于梁、托梁、搁梁以及一些装饰。

定向刨花板，又称定向结构刨花板，由于采用特殊的工艺和专用设备，基本保留了木材的天然物质，具有抗弯强度高、尺寸稳定性好、材质均匀、握钉力强等优点。主要应用于墙板、地板、屋面板等。

平行单板条层结材：密度与强度均匀，外观一致，在构造上优于实木锯材。适合用作横梁、柱、挑梁以及轻质框架中的过梁。

大片刨花层结材：是又一种结构类似于定向刨花板的工程木质复合材料，平直、尺寸稳定、不易变形、不开裂、强度和刚度均匀、外观一致。主要用于梁、柱、框架、地板及其他各种预制结构产品。

第四章
村镇住宅绿色建材的选用

对于绿色建材，还没有一个全面和确定的定义，根据顾真安主编的《中国绿色建材发展战略研究》一书中的定义：绿色建材是指在原料采取、生产制造、使用与再生循环及废料处理等环节中对地球环境负荷最小和有利于人体健康的建筑材料。绿色建材的含义要求在原材料的采取、产品生产制备和使用及废弃回收利用等建筑材料全生命周期的各个阶段都与环境协调一致。绿色建材除要具备生命周期各阶段的先进性（如技术的可靠性、材料功能和使用性能的先进性、回收处理及再利用技术的先进性）外，应还具备环境协调性，包括建筑材料寿命周期的能源属性、资源属性和环境属性指标等。广义而言，绿色建材不仅是一种单独的建材产品，更是对建材"健康、环保、安全"等属性的全面要求，对原料加工、生产、施工、使用及废弃物处理等环节贯穿节约原则、环境意识并实施环保技术，保证社会经济的可持续发展。

第一节　绿色建材简介

绿色建材的定义与传统建材、新型建材等名称在内涵方面既有交叉也存在区别。绿色建材与新型建材的区别在于：新型建材的提出是相对于传统建材在能源、资源消耗、环境污染和材料性能、功能等方面的发展而提出的。而绿色建材是基于绿色的理念，它包含了新型建材在生产过程节能、利于废弃物利用、环保的要求和实用功能上的创新与提高，同时上升到材料生命周期和可持续发展的更高科学境界。

按照绿色建材的理念，传统建材也应重新认识，通常传统建材指具有长期生产和使用历史的建材产品，例如钢材、水泥等，一般认为不是绿色建材，但传统建材经过改造后（如采用低能耗制造工艺和无污染环境的生产技术、在生产过程中未使用和包含对人体和环境有害的污染物质、生产所用的原料尽可能少用天然资源等）具有满意的使用性能和优良的环境协调性，也可视为绿色建材。

一、绿色建材的分类

绿色建材根据其特点，一般分为五类，即：节省能源与资源型；环保利废型；特色环境型；安全舒适型；保健功能型。其中，所谓的安全舒适型是指具有轻质、高强、防火、防水、保温、隔热、隔声、调湿、调光、无毒、无害等性能的建筑材料产品；保健功能型是指具有保护和促进人类健康功能的建筑材料产品，如具有消毒、防臭、灭菌、防霉、抗静电、防辐射、吸附 CO_2 等对人体有害的气体等功能。

二、绿色建材的特点与类型

绿色建筑材料与传统建筑材料相比，应具有如下五个基本特征：

第一，其生产所用原料少用天然资源，大量使用废渣、垃圾及废液等废弃物；

第二，采用低能耗制造工艺和无污染环境的生产技术；

第三，生产品的配制或生产过程中，不使用甲醛、卤化物溶剂或芳香族碳氧化合物；

第四，产品的设计以改善生态环境，提高生活质量为宗旨，即产品不损害人体健康；

第五，产品可循环或回收再利用，废弃物对环境无污染。

三、绿色建材的主要评定技术条件

德国于 1978 年率先发布了世界上第一种环境标志——蓝天使标志。主要评价材料的污染物散发、废料产生、再次循环使用、噪声和有害物质等。丹麦于 1992 年建立建筑材料室内气候标志（DICL）系统。材料的评价依据是最常见的与建筑并发病症有关的厌恶气味和粘液膜刺激这两个项目。绿色建材的评价方法是国际绿色建材领域研究和关注的热点。目前国际上对绿色建材的评价大多还在建模阶段。关于衡量环境影响的定量指标，已提出的表达方法有单因子评价法、环境负荷单位法（ELU）、生态指数法（EI）、环境商值法（EQ）、生态因子法（ECOI）和生命周期评价法（LCA）等。

2004 年我国编制了《奥运绿色建筑评估体系》，首次对建筑材料的绿色化指标进行了定量评价，确定了资源、能源消耗和环境污染指标，本地化指标和再利用（再循环）指标。2006 年 6 月，国家标准《绿色建筑评价标准》（GB50378-2006）对建材的绿色评价指标继续细化，对建筑物有害物质含量、可再利用建筑材料的使用率、可再循环材料的使用率以及以废弃物为原料生产的建筑材料的应用比例等都予以明确规定，并引导使用高性能混凝土、高强度钢、预拌砂浆等高性能建筑材料。

国家"十五"科技攻关项目对建筑材料的绿色评价提出了四级指标体系，分为基本指标体系与环境评价体系，基本指标体系主要为质量指标，含国家行业质量标准以及一票否决条件。环境评价体系包括原料采集过程指标、生产制造过程指标、使用过程指标、废弃过程指标四个方面，具体细化指标见表 4-4-1-1。

针对材料的环境评价体系　　　　　　　　　　　　　　　　　　表 4-4-1-1

环境评价体系	原料采集过程指标	原料获得方式、资源消耗指标、环境污染指标、原料本地化指标等
	生产制造过程指标	能源消耗指标、清洁生产指标、废弃物利用情况、环境污染指标、生产工艺装备等
	使用过程指标	对使用环境影响、本地化指标、安全性指标、清洁施工指标、功能性指标等
	废弃过程指标	废弃过程对环境影响、再生利用指标等

资料来源：顾真安，中国绿色建材发展战略研究，北京：中国建筑工业出版社，2008

四、绿色建材发展目标

我国绿色建材的发展目标是：以制约建材和建筑业绿色发展的关键技术和产品为重点，努力掌握国际先进的绿色生产技术和产品，不断增强自主创新能力，逐步建设具有我国特色的绿色建材工业体系。

1. 绿色水泥与混凝土

从绿色水泥产业的源头——石灰石矿产资源现代开采及低品位矿产的有效利用着手，矿山回采率由目前的 60% 逐步提高到 90%，最终实现不可再生矿产的 100% 利用；绿色水泥的关键是发展带余热发电系统的大型新型干法熟料生产技术，节能、减排 20%~30%；推广水泥绿色生产技术，可大幅度淘汰落后的立窑水泥生产技术。绿色水泥产品重点推广高性能水泥和耐久混凝土，"十五"期间研究开发的高性能水泥 C_3S 含量 65%~70%，强度大于 70MPa，配制同样强度的混凝土，水泥熟料用量可减少 30%，耐久性延长一倍，工业废渣混合材掺量达 40%，推广高性能水泥，生产能耗降低 20%，环境负荷将降低 30%。

2. 绿色墙体材料

发展绿色墙体材料，限制、淘汰实心粘土砖，解决"毁田烧砖"及"建筑能耗"这制约我国农业和建筑业发展的两大瓶颈，发展非粘土类墙体材料，大力开发利用煤矸石、粉煤灰、钢渣、建筑垃圾、河道污泥及农作物秸秆生产绿色墙体材料，保护耕地和生态环境。发展孔结构优良的轻质、高强、装饰、多功能复合墙体材料，导热系数降至小于 0.1W/(m·k)，满足建筑节能 50%~65% 对墙体的要求。

3. 节能窗用玻璃

目前我国大多数建筑采用传热系数 K 值为 $6W/(m^2·K)$ 的单片玻璃窗，占建筑围护结构能耗的 40%~50%，成为制约绿色建筑发展的关键建筑材料。发展双层、三层中空和真空低辐射玻璃窗，将 K 值降低到低于 $2.4W/(m^2·K)$ 和 $1.0W/(m^2·K)$，配套 K 值较低的塑钢或玻璃钢窗框以及夏季遮阳措施，确保建筑节能 50%~65% 目标的实现。节能窗用玻璃的发展，有利于扩大建筑窗墙比和玻璃幕墙的发展，对改善室内采光、节约照明用电、改善建筑通风、提高室内舒适度以及建筑节材（10~15mm 厚玻璃替代 370mm 的墙体）等绿色建筑发展将是有力的支撑。

4. 耐久防水材料

开发新型沥青基树脂复合防水材料，寿命长达 35 年，有利于推动绿色屋顶的发展，将使建筑顶层室内温度在夏季降低 3℃以上，并能增加绿化面积，改善城市热岛效应，对于提高人居质量起积极作用。

第二节　墙体材料的选用

墙体材料在房屋建筑材料中占有 70% 以上的比例，不仅起承重和围护结构的功能，同时也是建筑装饰装修的重要组成部分。通过外墙散失的能量占到整个围护结构总能耗的 25%~28%，因此，其材料的选取和性能对整个空间热环境有重大的影响。选取材料要依据当地既有的建材资源，合理选择承重材料，利用当地易获得的保温材料（如炉渣、木屑、稻壳等）来获得良好的保温效果。在村镇住宅中，墙体按材料以砌体墙与框架填充墙为主。用于这两类的墙体材料主要有砖类、砌块类、板材类墙体材料。

一、砖

我国传统的砌体材料为实心粘土砖，目前在村镇住宅中还在大量使用。实心粘土砖浪费了大量能源，并造成环境污染，因此，在农村推荐使用新型墙体材料成为必然的选择。村镇住宅可以选择的砖有页岩砖、烧结页岩砖、煤矸石砖、烧结装饰砖、粉煤灰砖、蒸压粉煤灰砖、渣土多孔砖、蒸压泡沫混凝土砖等。应该尽量引导农民选择对环境负荷小、大量应用固体废弃物资源的砖，如粉煤灰砖、煤矸石砖等。同时为保证砖的长期耐久性以及墙体工程质量，经过烧结的砖尺寸稳定性比较好，不易造成墙体开裂。

1. 烧结多孔砖

烧结多孔砖是以粘土、页岩、煤矸石、粉煤灰等为主要原料，经焙烧而成，孔多小而密、孔洞率不小于23%，可用于承重墙体，具有节约土地资源和能源的功效。它主要有 KP1（P型）多孔砖和模数（DM型、M型）多孔砖两大类。P型多孔砖在使用上接近普通砖，模数多孔砖在推进建筑产品规范化、提高效益、节约材料等方面有一定的优势。

多孔砖保温隔热、隔声性能好，能减轻墙体自重，有利于抗震，施工中不用砍砖调缝，有利于提高劳动效率，减少砌筑砂浆6%~8%。

2. 硅酸盐砖

硅酸盐砖是以砂子或工业废料（如粉煤灰、煤渣、砂渣）等含硅原料，配以石灰、石膏等胶凝材料与适量的骨料及水拌合，经过成型和蒸汽养护而成的蒸压产品，不含水泥或含少量水泥。一般以所采用的硅质材料的种类命名，如蒸压灰砂砖、蒸压粉煤灰砖、煤渣砖等。由于乡村小厂技术力量比较薄弱，应选用大厂质量可靠的产品，非蒸压养护的硅酸盐砖不得使用。另外根据建材315网站墙体材料使用指南，选用蒸压硅酸盐砖还应采取如下措施以尽可能避免墙体开裂。

首先，选用干燥收缩值远小于0.04%的砖。根据大量的研究证明，如果用浸湿的砖砌筑很长的墙体，尤其是使用了高强度砂浆的时候，当砖干燥时墙体会开裂。初期不可逆的干燥收缩值和随后可逆的水分变化引起的收缩值相同，从0.001%~0.05%线性分布。

其次，在施工前和施工过程中一直到施工结束，使砖尽可能保持干燥。在非常炎热的天气下必须进行浇水湿润时，则尽可能少浇水。

同时，使用只含有普通硅酸盐水泥的砂浆，而不能使用一些其他类型水泥配制的特种砂浆产品。强度相当低的砂浆能够承受砖块的水分变化，使发状裂缝在单个砖块的周围形成，而不易形成贯穿砖块和灰缝的裂缝。

此外，施加尽可能少的约束，在像叠合窗的顶梁和底梁之间、厚度或高度的变化处这样的敏感部位设置变形缝，在较长墙体中每间隔不到8m设置一道变形缝。在变形缝中距外表面13mm范围内填充弹性材料，然后用硅胶密封或保持开口直到施工过程中产生的水分从砖墙中蒸发出来后再填充砂浆。不允许在这些施工缝处进行刚性固定或粉刷。

质量符合要求的硅酸盐砖在至少50年的时间内具有令人满意的耐久性。如果暴露于恶劣的环境，推荐采用强度更高的砖。硅酸盐砖的吸水性通常比大多数粘土砖要大，但这并不能表示墙体透水性和耐久性的好坏。砖墙的耐久性是通过尺寸、结构、空隙分布、砂浆以及砖与砂浆粘结的有效性来确定的。

3. 新型节能稻草砖

东北农业大学推荐的新型节能稻草砖，用稻草为主要制作原料，主要包含纤维素、半纤维素、木质素、粗蛋白质和无机盐等。用稻草砖制造的房屋保温节能效果好，同时还解决了现有黄土砖存在的破坏资源、污染环境、浪费能源、质量大和运输费用高等问题，特别适用于东北寒冷地区。

二、砌块

砌块产品主要有混凝土砌块、混凝土空心砌块、加气混凝土砌块、轻质砂加气砌块、蒸压加气混凝土砌块、粉煤灰蒸压加气混凝土砌块、陶粒空心砌块、劈裂砌块、生态石膏砌块、脱硫石膏砌块、石膏空心砌块、保温复合砌块等。

对于新型保温复合砌块的设计要点，应符合当地建筑节能标准，厚度一般选用：南方 190~240mm，寒冷地区 240~290mm，严寒地区 B 区 290~340mm，严寒地区 A 区 340~390mm。强度要求：MU3.5，要求上下设较薄圈梁即可，独立式住宅 MU5.0，每层设圈梁，角墙和丁字墙设芯柱。采暖方式采用楼板供热会更好。

1. 混凝土空心砌块

混凝土空心砌块是以水泥、砂、石加水搅拌后，在模具内振动加压成型，或以水泥和陶粒、煤渣、浮石等轻骨料，加水以及一定的掺合料、外加剂、普通砂等经搅拌、轮碾、振动、成型、养护而成的砌块。混凝土空心砌块分为普通混凝土空心砌块和轻骨料混凝土空心砌块。根据主规格的高度，砌块分为小型空心砌块（390×190×190）mm、中型空心砌块以及大型空心砌块。

混凝土小型空心砌块房屋具有如下优势：

第一，节土、节能，符合国家基本政策；

第二，承载力高，相同强度等级块材和砂浆的砌体抗压强度是砖墙的 1.5~1.8 倍；

第三，孔洞率约为 50%，较砖墙轻，可减轻基础结构荷载，因而也可以减少基础材料用量；

第四，施工快，一块砖块相当于 9.6 块标准砖，可提高施工速度，也可减轻运输量；

第五，因墙厚较标准砖薄，可节省结构面积。

普通混凝土小型空心砌块具有保护耕地、节约能源、充分利用、建筑综合功能和效益好等优点，具备可持续发展的许多有利条件，发展前景广阔。普通砌块可用于各种墙体（承重墙、隔断墙、填充墙、装饰墙、花园围墙以及挡土墙等）、独立柱、壁柱、保温隔热墙体、各种建筑构造等。

轻骨料混凝土小型空心砌块具有质轻、高强、热工性能好、利废等特点，被广泛应用于建筑结构的内外墙体，尤其是在热工性能要求较高的围护结构上。

2. 蒸压加气混凝土空心砌块

蒸压加气混凝土制品是以硅、钙为原材料，以铝粉（膏）为发气剂，经蒸压养护而制成的砌块、板材等制品。蒸压加气混凝土制成的砌块，可用作承重和非承重墙体或保温隔热材料等。在村镇住宅的围护结构中适宜用加气混凝土墙板、砌块、屋面板和保温材料，具有体轻和保温效果好的特点。

蒸压加气混凝土空心砌块具有如下特点：

第一，轻质。加气混凝土的孔洞率一般在 60%~70% 之间，其中由铝粉发气形成的气孔在 40%~50%，大部分气孔孔径在 0.5~2mm，平均孔径在 1mm 左右。由于这些气孔的存在，其体积密度通常在 300~800kg/m³ 之间，比普通混凝土轻很多；

第二，具有结构材料必要的强度。以密度为 500~700kg/m³ 的砌块来说，强度一般为 2.5~6.0MPa，具备了作为结构材料的必要强度条件；

第三，弹性模量和徐变系数比普通混凝土要小；

第四，耐火性好。加气混凝土是不燃材料，在受热至 80~100℃ 时，会出现收缩和裂缝，但在 700℃ 以前不会损失强度，并且不散发有害气体，耐火性能卓越；

第五，保温隔热性能好。加气混凝土的导热系数在 0.09~0.22W/(m·K) 之间，具有优良的隔热保温性能；

第六，吸声性能好。吸声系数为 0.2~0.3，优于普通混凝土；

第七，耐久性好。加气混凝土砌块长期强度稳定；

第八，易加工，可锯、可钉、可钻；

第九，施工效率高。

蒸压加气混凝土砌块砌筑或安装时的含水率宜小于 30%，并采用专用砂浆砌筑。使用蒸压加气混凝土砌块做外墙，其外表应做保护面层。在外墙的突出部位，应做好排水、滴水，避免墙面干湿交替或局部冻融破坏。在下列情况下不得采用加气混凝土制品：建筑物防潮层以下的外墙；长期处于浸水和化学侵蚀环境；承重制品表面温度经常处于 80℃ 以上的部位。

3. 植物纤维空心砌块

北华大学的刘学艳等研究的以玉米秸秆、稻草等农业剩余物为主要原料，水泥作胶结材料制成的植物纤维空心砌块具有生产工艺简单，成本低廉，使用方便，房屋经久耐用等特点，可代替实心粘土砖，用于高层建筑的非承重墙和农村住宅建设。植物纤维砌块具有保护耕地、森林等资源，减少环境污染的作用，且有优良的节能隔热、阻燃、防蛀、防水、无毒无味、轻质高强和抗真菌侵蚀等性能，满足建设部规定的节能 50% 的要求。砌块体导热系数 λ=0.81 W/(m·K)，推得热阻 R_{37}=0.457，以 290mm 厚的水泥非木材植物纤维空心砌块代替粘土砖热阻可增倍，是一种优良的保温节能材料。

该水泥非木材植物纤维空心砌块的技术指标如下：密度 500~1000kg/m³，抗压强度 ≥ 10Mpa，抗冻性 ≤ 15%，握螺钉力 ≥ 1100N，防火等级 B1 (GB8624-1997)，吸水厚度膨胀率 ≤ 2.0%，导热系数 0.13~0.17W/(m·K)，隔音二级。

该砌块单体块材大，干砌后立面水平，垂直缝少，平整度相对较高，施工方便，工时减少，建造成本降低。用于墙体材料具有以下优点：减轻建筑物自重约 30%，节约砌筑砂浆及抹面砂浆用量约 40%，节约用工约 40%，低造价 10% 以上，加快工程施工进度 30%，增加房屋使用面积 3% 以上，可就地取材。

三、板材

板材的主要产品种类有：纤维增强硅酸钙板、无石棉纤维增强硅酸钙板、纤维强化水泥板、纤维水泥平板、压蒸无石棉纤维素纤维水泥平板、纤维水泥加压平板、低收缩性纤维水泥加压板、石膏隔墙系统、纸面石膏板、蒸压加气混凝土板、加气混凝土板、轻质隔墙板、钢丝增强隔墙板、轻质复合隔墙板、轻质复合夹芯条板、GRC 轻质隔墙条板、石膏空心条板、灌注式石膏空心条板、木纤维增强石膏板、石膏珍珠岩空心条板、水泥植物纤维板、木丝板、金属夹芯板、彩涂建筑钢板复合板、彩钢板等。

村镇住宅选用板材首先考虑就近采购，另外根据当地的气候特点，选择符合节能要求的性价比高的板材。具体的产品特点与选用应根据生产厂商的说明进行。

四、墙体配套材料

墙体配套材料主要有室内外墙角护角、找平腻子、聚合物加固砂浆、砂浆增稠材料、防水透气膜、聚合物修补砂浆、改性聚丙烯单丝纤维、轻钢龙骨、隔墙吊顶轻钢龙骨、隔墙龙骨及配件等。

五、EPS 薄抹灰外墙外保温系统

EPS 薄抹灰外墙外保温包括 EPS 板、胶粘剂、抹面胶浆、耐碱玻璃纤维网格布、锚栓、饰面材料、配套护角、预压密封带、滴水线条等，在北方寒冷地区以及长江流域夏热冬冷地区做外墙外保温，是目前比较主流的外墙外保温系统，但是该系统对施工技术的要求比较高，对于门窗洞口等一些节点部位的细节处理非常重要，不然会留下比较多的冷热桥，造成局部的冷凝结露，危害室内环境。建议选择有施工经验的队伍进行相关作业。

设计 EPS 薄抹灰外墙外保温系统应注意解决以下问题：

第一，外保温复合墙体的保温、隔热和防潮性能应符合国家相关标准的要求，热桥部位内表面不得发生结露现象；

第二，外保温系统应包覆门窗框外侧洞口、女儿墙、封闭阳台以及出挑构件等热桥部位；

第三，外保温工程应能适应基层墙体的正常变形而不产生裂缝或空鼓；

第四，外保温工程应能长期承受自重而不产生有害的变形；

第五，外保温工程应能耐受室外气候的长期作用而不产生破坏；

第六，外保温工程应与基层墙体有可靠连接，避免在地震时脱落；

第七，外保温工程应具有防止水渗透性能，应做好密封和防水构造设计，确保水不会渗入保温层及基层；

第八，外保温工程应采取防火构造措施；

第九，外保温工程各组成材料应彼此相容，具有物理－化学稳定性和防腐性，还应具有防生物侵害功能；

第十，外保温工程在正确使用和正常维护的条件下，使用年限不应少于 25 年。

六、无机保温砂浆外墙保温系统

无机保温砂浆是由无机轻质骨料、胶凝材料、矿物掺合料、保水增稠材料、憎水剂、纤维增强材料以及其他功能添加剂组成的，按一定比例在专业工厂混合的干混材料，在施工现场直接加水搅拌即可施工，施工工艺与传统抹灰砂浆一致，比较适合农村地区使用。由于无机保温砂浆有多种型号，不同的型号导热系数与强度不同，需要根据当地的气候条件以及节能要求，配合墙体自保温措施一起使用比较好，建议外墙需要导热系数稍高，但是抗压强度高的型号，比较适用于农村施工。

第三节 门窗材料的选用

门窗产品在建筑围护结构中热工性能最差，是实现建筑节能比较薄弱的环节，但是又承担了采光、通风、获取太阳能量或者反射太阳能量等多种功能，在村镇住宅中如何选用适合当地气候特征以及建筑特色的门窗产品，需要从各种方面权衡考虑。

从技术角度，选择门窗的性能主要有三个指标，即：门窗的传热系数、空气渗透系数以及遮阳系数，如果这三项指标符合要求，这些门窗产品就是节能门窗。

一、节能门窗选用

门窗产品种类非常多，根据不同的分类有很多不同的叫法，一般按材质分为五类：木材、钢材、铝合金、塑料和玻璃钢。每类门窗根据其型材与五金配件的档次、物理性能的等级、型材表面的处理等分为高、中、低三档。

对于节能门窗的选用要求主要有：

第一，安全性：结构是否牢固，要求稳定性好；抗风压高；采用安全玻璃；采用内平开窗；五金件强度高，多点锁紧结构；窗分格不可过大。对于门还要考察其撞击性能、垂直荷载强度、启闭力、反复启闭性能等。

第二，使用性能（三性）：结构先进，框材、玻璃、配件的种类、结构及其组合合理；采用旋转式（平开窗）；配件质量好。

第三，节能环保（传热、隔声）：保温门窗采用断热型材及中空 Low-E 玻璃，也可用双层、三层窗；隔热门窗应采用热反射镀膜的窗，隔声窗最好采用双层、三层玻璃窗。

第四，装饰性：型材表面的装饰，窗外形设计是否美观，加工是否精细，配件（尤其是扶手）是否精美。

第五，耐久性：型材表面装饰采用耐久性高的涂层，中空玻璃必须双道密封，金属配件采用不锈钢制作等。

二、节能门窗的安装

门窗的安装是门窗能否正常发挥作用的关键，也是对门窗制作质量的检验，一般要求门窗所有构件要确保在一个平面内安装，而且同一立面上的门窗也必须在同一个平面内，特别是外立面，如果不在同一个平面内，形成规格不一，颜色不一致，立面将失去美观的效果。要确保门窗框与洞口墙体之间的连接必须牢固且门窗框不得产生变形，这也是密封的保证。门窗框与门窗扇之间的连接必须保证开启灵活、密封，搭接量不小于设计的 80%。对于门窗的防水处理应先加强缝隙的密封，然后再打防水胶防水，阻断渗水的通道，同时做好排水通道，以防止在长期静水压力下破坏密封防水材料。门窗框与墙体是两种不同材料的连接，必须做好缓冲防变形的处理，以免产生裂缝而渗水，在外围护采用外保温工程时，应留出窗侧保温层的厚度，并且在窗台位置设置防水密封带（如遇空气膨胀的预压密封带）。

第四节 屋面材料的选用

屋面主要有坡屋面与平屋面，村镇住宅中屋面主要起防水、隔热、保温的作用，主要的选用材料就是防水材料、屋面保温材料以及覆层材料（如瓦）等。

一、屋面材料的要求

村镇住宅对屋面材料的要求，综合起来有以下几个方面：

第一，力学性能。屋面材料首先要有一定的强度、能承受风雪荷载、施工人员荷载以及意外下落物体的冲击荷载。

第二，隔热性能。屋面在住宅的最上部，在炎热地区，要防止太阳能量的传入；在寒冷地区，要防止室内能量向外散失。因此，屋面与外墙一样，要有足够的隔热能力，而且屋面的隔热能力比外墙要高。

第三，防水性能。防水是屋面的重要功能之一，特别是多雨地区，防水问题更显突出。屋面材料要经得起雨水的冲刷，并在暴雨或雨水暂时积存时，不会产生渗透和滴漏。在寒冷地区，要经得起冰冻，不致因冰冻而开裂渗水。

第四，隔音性能。屋面一般很少和声源直接接触，故隔音性能比外墙的要求低。但是在有飞机噪声的地区，屋面受到垂直声源的干扰，这时，屋面要和天花板结合起来考虑隔音问题。

第五，防火性能。屋面材料亦应考虑防火要求，应根据房屋耐火等级选择相应的材料。

二、屋面防水材料

村镇住宅推荐采用最多的防水材料为 SBS/APP 改性沥青防水卷材。SBS/APP 改性沥青防水卷材均源于欧洲，在过去的二十多年里，在法国、意大利、挪威、英国等主要欧洲国家是主导产品。1980 年代以后，我国在 SBS/APP 改性沥青防水卷材的研发方面进行了卓有成效的工作，2007 年全国 SBS/APP 改性沥青防水卷材产量达 16100 万 m^2。SBS/APP 改性沥青防水卷材无论从材料性能、应用效果以及从经济性、适用性方面都是业界公认的并被广泛推广应用的先进的防水材料之一。

1. SBS 改性沥青防水卷材

该卷材的耐低温性能较好，适宜用于寒冷地区。其中，I 型卷材有一定的拉力，低温柔度较好。适用于一般和较寒冷地区的一般建筑作屋面防水层；II 型聚酯毡胎 SBS 改性沥青防水卷材具有拉力高，延伸率大，低温柔度好，耐腐蚀、耐霉变和耐候性能优良以及对基层伸缩或开裂变形的适应性较强等特点，更适用于寒冷地区的屋面防水；II 型的玻纤毡胎 SBS 改性沥青防水卷材，具有拉力较高，尺寸稳定性和低温柔度好，耐腐蚀、耐霉变和耐候性能优良等特点，但延伸率差，仅适用于一般或寒冷地区且结构稳定的屋面防水。

2. APP 改性沥青防水卷材

该卷材具有更好的耐高温性能，适宜用于炎热地区。其中，I 型卷材具有耐热度较高和耐腐蚀、耐霉变等性能，但低温柔度较差，适用于非寒冷地区作一般建筑工程的屋面防水层；II 型聚酯毡胎 APP 改性沥青防水卷材具有拉力高，延伸率大，耐热度好，耐腐蚀、耐霉变和耐候性能优良，低温柔度较好，以及对基层伸缩或开裂变形的适应性较强等特点，适用于炎热或四季温差较大地区的屋面防水；II 型玻纤毡胎 APP 改性沥青防水卷材具有拉力较高、尺寸稳定性和耐热度好，耐腐蚀，耐霉变，低温柔度较好和耐候性优良等特点，但延伸率较差，适用于一般和较寒冷地区且结构稳定的屋面。

外露使用应采用上表面隔离材料为矿物粒料的防水卷材，若采用聚乙烯膜或细砂等覆面的卷材作外露屋面防水层时，必须铺设块材、抹水泥砂浆、浇筑细石混凝土等作保护层。

三、屋面覆面材料

村镇住宅以往常常采用瓦作为坡屋面的覆面材料，但由于粘土瓦破坏土地资源，所以推荐采用混凝土瓦作为新型屋面材料使用。

混凝土屋面瓦是由混凝土制成的，铺设于坡屋面，与配件瓦等共同完成瓦屋面功能的建筑制品（简称屋面瓦）。

混凝土配件瓦是由混凝土制成的，铺设于坡屋面特定部位、满足瓦屋面特殊功能的、配合屋面瓦完成瓦屋面功能的建筑制品（简称配件瓦）。混凝土配件瓦包括：四向脊顶瓦、三向脊顶瓦、脊瓦、花脊瓦、单向脊瓦、斜脊封头瓦、平脊封头瓦、檐口瓦、檐口封瓦、檐口顶瓦、排水沟瓦、通风瓦、通风管瓦等，统称混凝土配件瓦。

混凝土本色瓦是未添加任何着色剂制成的混凝土瓦（简称素瓦）。混凝土彩色瓦是由混凝土材料并添加着色剂等生产的整体着色、或由水泥及着色剂等材料制成的彩色料浆喷涂在瓦胚体表面，以及将涂料喷涂在瓦体表面等工艺生产的混凝土瓦（简称彩瓦）。

对于混凝土瓦的施工，应注意：

第一，混凝土瓦坡屋面严禁在雨天、雪天、三级风及其以上施工；

第二，混凝土瓦坡屋面应在铺材允许环境气温下施工；

第三，铺设防水垫层前，基层必须干净、干燥、平整；

第四，防水垫层可以空铺、满粘或机械固定；

第五，铺设防水垫层时，应自下而上平行屋脊铺贴，顺流水方向搭接。垂直于屋脊的搭接，应逆年最大频率风向铺设；上下相邻的垫层搭接宜交错排列；

第六，防水垫层应铺设平整。机械固定或空铺的防水垫层搭接宽度不小于 100mm，满粘施工的防水垫层搭接宽度不小于 80mm；

第七，当为一级屋面时，固定钉穿透防水垫层，钉孔不得透水；

第八，当为一级屋面时，固定钉穿透非自粘防水垫层时，钉孔应密封。

第五节　装饰装修材料的选用

村镇住宅装饰装修材料主要分为涂料系统、陶瓷砖系统、石材、木材、石膏类装饰材料等。主要依据实用美观，就地取材，不污染室内环境等要点选择使用。

一、涂料系统

涂料产品包括外墙涂料、内墙涂料、地面涂料。

1．外墙涂料

外墙涂料产品主要有水性丙烯酸金属漆、硅基金属墙面漆、建筑外墙氟碳漆、水性氟碳外墙涂料、丙烯酸外墙涂料、硅离子活性自洁外墙漆、水性丙烯酸弹性丝光漆、硅丙外墙弹性涂料、超耐候硅树脂外墙漆、水性反应硬化型高性能涂料、外墙乳胶漆、双组分聚氨酯外墙漆、多功能核壳型弹性涂料、外墙高弹防水涂料、饰面砂浆、砂壁状质感涂料、真石漆、厚层石灰砂浆、水硬性石灰外墙饰面。

在村镇住宅外墙饰面材料选择中，主要根据当地的气候特点以及资源情况合理选择各种材料，推荐采用石灰基抹灰砂浆，既能保持中国传统民居的白墙风格，又有利于节能减排。石灰的生产能耗比水泥要低，而且在使用过程中吸收 CO_2，石灰基材料的长期耐久性优于水泥基材料。

2．内墙涂料

内墙涂料主要有防霉内墙漆、内墙乳胶漆、珍珠荷叶内墙乳胶漆、弹性内墙乳胶漆、丙烯酸内墙涂料、内墙艺术涂料、负离子全效墙面漆、硅藻土调湿内墙涂料、粉刷石膏等。

在室内装修材料中推荐采用粉刷石膏产品。粉刷石膏是一种建筑内墙及顶板表面的抹面材料，是传统水泥砂浆或混合砂浆的换代产品，由石膏胶凝材料作基料配制而成。

石膏胶凝材料凝结硬化快，适用于粉刷石膏的机械化喷涂。粉刷石膏与基层粘结牢固，可以避免传统水泥砂浆抹面层出现开裂、空鼓、脱落现象，特别适用于加气混凝土墙面的抹灰。在国外，粉刷石膏使用十分普遍，如德国 70% 以上的室内抹灰采用粉刷石膏，英国粉刷石膏是石膏总量的 50%。

3．地面涂料

地面涂料主要有环氧聚酰胺类地坪漆、环氧地坪漆、聚氨酯地坪涂料、环氧自流平地坪漆、无溶剂聚氨酯自流平弹性涂料、导电地板漆、水泥基自流平砂浆、石膏基自流平砂浆。

二、陶瓷砖

陶瓷砖主要包括室内外墙地砖和板，主要产品有陶板、陶土板、瓷板、陶瓷薄板、釉面外墙砖、劈开砖、劈离砖、抛光砖、内墙砖、釉面砖、玻化砖、瓷质砖等。村镇住宅中非常喜欢用外墙陶瓷砖贴面，使整个建筑的档次显得比较好，另外，外墙瓷砖的耐久性好，不沾污，容易清洗等特点也是老百姓比较喜爱的重要原因。一般室内厨房与卫生间大多也选择用陶瓷砖，主要也是为了方便清洗，并且经久耐用。我国也是瓷砖生产大国，产量巨大，价格合适，吸引了一般居民选择使用。

1．陶瓷砖

陶瓷砖是由粘土和其他无机非金属原料制造的用于覆盖墙面和地面的薄板制品。在室温下通过挤压、干压或其他方法成型，干燥后，在满足性能要求的温度下烧制而成。砖有釉（GL）或无釉（UGL）的两类，而且是不可燃、不怕光的。

按成型方法，可以分为：挤压砖、干压砖、其他方法成型的砖三种。挤压砖是将可塑性坯料经过挤压机挤出成型，再将所成型的泥条按砖的预定尺寸进行切割；干压砖是将混合好的粉料置于模具中于一定压力下压制成型；其他方法成型的砖是用挤或压以外方法成型的陶瓷砖。

根据不同的吸水率，陶瓷砖可以分为5类产品：瓷质砖，吸水率不超过0.5%的陶瓷砖；炻瓷砖，吸水率大于0.5%，不超过3%的陶瓷砖；细炻砖，吸水率大于3%，不超过6%的陶瓷砖；炻质砖，吸水率大于6%，不超过10%的陶瓷砖；陶质砖，吸水率大于10%的陶瓷砖。

2. 建筑陶瓷薄板

建筑陶瓷薄板是指由粘土和其他无机非金属材料经成形、高温烧结等生产工艺制成的厚度不大于6mm、釉面面积不小于1.62m^{2}的板状陶瓷制品。

我国村镇地区对瓷砖产品的需求非常大，造成对矿产资源的消耗也非常大，很多地方的瓷土资源已经面临枯竭，因此，薄型瓷砖成为新的发展趋势。国家"十五"科技攻关项目建筑陶瓷薄板具有吸水率低、尺寸大、厚度小以及节能降耗、清洁环保、轻质高强等特点，它的出现使传统的建筑陶瓷观念发生了革命性的变化。在农村地区住宅建设推广使用建筑陶瓷薄板对建筑节材非常重要。

陶瓷薄板具有陶瓷砖的优点，而且尺寸大、容易粘贴、重量轻、使用薄层粘贴，可以节省胶粘剂的用量，一举多得。

三、石材

装饰用石材主要包括大理石、花岗石、洞石、砂岩、薄型石材蜂窝板、石材复合板、人造石材等。从材料构成来说分为天然石材以及人造石材，作为装饰用石材，主要利用石材的表面特性，如光泽度，天然岩石纹理等。

四、木材

装饰用木材主要有胶合板、刨花板、密度纤维板、贴面板、细木工板、防腐浸渍木、防腐木、木塑材料、实木地板、实木复合地板、强化木地板、竹木复合地板等。

对于木材的使用，需要防止木材受潮，木材受潮，除引起尺寸变化，变形弯曲外，还会引起腐朽，严重影响使用。一般可以从三个方面着手解决这个问题：首先，对木材进行防腐处理，采用如树脂等进行处理；其次，表面进行覆盖，阻止水分或水蒸气过快进出木材，如对木材进行涂刷木器漆或其他油漆等；此外，进行干燥处理，将木材水分降低到适合使用的水平。

五、石膏类装饰材料

石膏类装饰材料主要有纸面石膏板、石膏吊顶、石膏砌块、石膏线条、石膏空心条板、粉刷石膏、石膏自流平地面等。一般采用天然石膏或工业副产石膏做原料，经过各种特殊配方与工艺在工厂生产制得。目前由于电厂脱硫工艺产生的脱硫石膏数量越来越多，各科研机构和生产企业研究利用脱硫石膏生产各种石膏制品，一方面可以降低生产成本，另一方面利用工业废弃物，减少污染，符合国家的产业发展方向，可以获得一些财政的支持。但是脱硫石膏由于原料煤的产地不同，含有大量杂质，对生产石膏制品的添加剂有很大的影响，因此，需要较高的技术。在农村地区推广采用脱硫石膏制品，不仅经济上有一定的优势，而且石膏本身的一些特点，可以提高住宅的舒适度和质量。

1. 纸面石膏板

纸面石膏板是以建筑石膏为主要原料，掺入纤维增强材料和外加剂等辅助材料，经搅拌、成型并粘结护面纸而制成的板材，是目前使用量最大的石膏制品，也是采用脱硫石膏为原料代替天然石膏最成功的石膏装饰材料。纸面石膏板具有质轻、防火、干作业、施工快等优点，初期主要应用于楼堂馆所等较高档的公共建筑，但是随着国家大力推广轻型建筑体系，制定了与纸面石膏板相关的一些标准、规范与施工图集后，纸面石膏板产业发展迅速，目前年生产能力超过 3 亿 m²，生产企业遍布全国各地，也已具备了向农村地区推广的技术条件。

纸面石膏板的主要特点：

第一，耐火性：纸面石膏板为难燃材料，不同构造的纸面石膏板隔墙，其耐火极限可达 1~4h。同时，纸面石膏板在受热时所释放的是水蒸气，绝无有毒有害的气体，这样就避免了火灾时因有毒气体而使人窒息死亡的危险；

第二，质轻：纸面石膏板制成的隔墙，其重量大大低于砖墙，可以大幅减小建筑物的自重，这样就可以降低结构承载，减少结构材料用量，利于节材；

第三，易施工：纸面石膏板隔墙、吊顶的施工灵活方便，安装效率高，特别适合目前一些建筑大开间的使用。在农村住宅中，可以方便农民根据自己的要求对房间进行分割改变；

第四，保温性：与混凝土相比，纸面石膏板的密度小，导热系数只有普通混凝土的9.5%。具有良好的保温性能，有助于节能保温；

第五，隔声性能：纸面石膏板本身不是吸声材料，但经过板面开孔，背覆吸声材料并辅以空腔，可构成吸声结构，用于吊顶及需要的墙面上，在起吸声作用同时又起到装饰作用；

第六，膨胀收缩性：纸面石膏板受潮后有一定的伸缩率，但数值很小。在板宽方向，根据相关资料，在最不利条件下的伸长为 0.018mm，通过对建筑结构和板材接缝的合理设计和精心施工，完全可以避免由于板材微小伸缩而造成的板缝开裂问题；

第七，"呼吸"功能：纸面石膏板是一种存在大量微孔结构的板材，在自然环境中，多孔体可以吸收或释放出水分，形式了所谓的"呼吸"作用。这种吸湿与放湿的循环变化起到调节室内相对湿度的作用，给室内环境创造了一个舒适的小气候；

第八，制造能耗低：石膏石质地较软，在矿石开采、破碎、粉碎等加工过程中所需能耗都较石灰石等硬质材料低，由于在生产石膏时，只需除去一个半结晶水，因此，煅烧温度低，比其他胶凝材料的生产要省能。水泥、石灰和石膏是传统的三大胶凝材料，前两种在生产过程中都要排放产生大量的具有温室效应的 CO_2 气体，而从二水石膏煅烧成半水石膏，只排放水分，对大气无污染；

第九，经济性：目前从材料单价来看，纸面石膏板隔墙每平方米的造价要高于传统材料内墙，但是综合上述纸面石膏板的优点，综合成本较低，另外，随着脱硫石膏工艺的完善，纸面石膏板的单价也在下降，在村镇住宅中有推广前景。

2．石膏砌块

在村镇住宅中还可以推荐使用的一种石膏材料是石膏砌块。石膏砌块是以建筑石膏为主要原料，经加水搅拌、浇注成型和干燥而制成的块状轻质建筑石膏制品。在生产中根据性能要求可加入轻集料、纤维增强材料、发泡剂等辅助材料。有时也可用部分高强石膏代替建筑石膏。

石膏砌块的外形为一平面长方体，一般在纵横四边分别设有榫与槽。此外，石膏砌块有空心与实心两大类。主要用于框架结构和其他结构建筑的非承重墙，一般作为内隔墙使用。石膏砌块一般采用自动生产线，生产效率高，一般一条生产线就可以满足方圆300km周边的住宅需求，可以大大减少现有乡村砖瓦厂的数量，提高墙体材料的质量，减少粘土砖生产对土地资源的消耗。

六、装饰装修辅助材料

装饰装修辅助材料中最重要的一类材料为建筑胶粘剂产品，如瓷砖胶粘剂、木材粘合剂、墙纸粘合剂等，很多村镇住宅粘合剂采用含大量甲醛的有机聚合物产品，不仅产品质量差、寿命短，而且造成室内环境的污染。因此，需要推荐新型的绿色装饰装修辅助材料。

1．新型陶瓷墙地砖胶粘剂

对于村镇住宅中比较受欢迎的瓷砖产品，传统的粘贴方法为在瓷砖的背面采用纯水泥浆加107胶水的办法来涂抹，一般的厚度有10~20mm厚的水泥浆层，在墙面上依靠施工工人的经验找平。而现在在城市已经普遍推广使用新型的瓷砖胶粘剂产品，采用镘刀法薄层施工，瓷砖背面的胶粘剂层只有3~6mm厚，不仅大大节约材料用量，而且施工速度大大提高，对工人的施工经验要求也比较低，通常略加培训，一般的农民工就可以自己来粘贴瓷砖，完全符合农村缺乏熟练建筑工人的现状。

新型陶瓷墙地砖胶粘剂是由专业工厂根据精细配方，将水泥、细骨料、外加剂等干粉材料在工厂中混合而成，在施工现场仅需加水搅拌即可施工。根据粘贴瓷砖的不同可以选择不同性能的瓷砖胶粘剂。瓷砖胶粘剂产品的种类根据JC/T547-2005标准有以下几种，表4-4-5-1。

瓷砖胶粘剂产品的分类与代号　　　　　　　　　　　　　　　　表4-4-5-1

标　记		说　明
分类	代号	
C	1	普通型－水泥基胶粘剂
C	1F	快速硬化－普通型－水泥基胶粘剂
C	1T	抗滑移－普通型－水泥基胶粘剂
C	1FT	抗滑移－快速硬化－普通型－水泥基胶粘剂

标 记		说 明
分类	代号	
C	2	增强型－水泥基胶粘剂
C	2E	加长晾置时间－增强型－水泥基胶粘剂
C	2F	增强型－快速硬化－水泥基胶粘剂
C	2T	抗滑移－增强型－水泥基胶粘剂
C	2TE	加长晾置时间－抗滑移－增强型－水泥基胶粘剂
C	2FT	抗滑移－增强型－快速硬化－水泥基胶粘剂
D	1	普通型－膏状乳液胶粘剂
D	1T	抗滑移－普通型－膏状乳液胶粘剂
D	2	增强型－膏状乳液陶胶粘剂
D	2T	抗滑移－增强型－膏状乳液胶粘剂
D	2TE	加长晾置时间－抗滑移－增强型－膏状乳液胶粘剂
R	1	普通－反应型树脂胶粘剂
R	1T	抗滑移－普通－反应型树脂胶粘剂
R	2	增强型－反应型树脂胶粘剂
R	2T	抗滑移－增强型－反应型树脂胶粘剂
注：根据与其他不同性能符号的结合可以插入另外的标记符号		

资料来源：《陶瓷墙地砖胶粘剂》(JC/T 547-2005)

现场粘贴瓷砖时推荐采用不同规格的齿形镘刀（具体规格可根据生产厂家的推荐），在已经找平的墙体或地面上，用镘刀涂抹胶粘剂，并用齿形部分梳理，在墙面或地面上刮出齿形条状的胶粘剂层，将瓷砖按照设想好的位置安排一块一块直接粘贴上去即可，这种施工方法可以方便施工人员从任意位置粘贴瓷砖，而且对瓷砖不需事先浸水处理，大大节约时间，而且粘贴质量牢固，尤其对于外墙的瓷砖粘贴，过去由于粘贴不牢固而造成瓷砖脱落导致人员伤害的案例很多，特别需要对外墙瓷砖的粘贴质量重点关注。由于瓷砖具有耐沾污，抗老化，体现高档的外观色泽，深受我国老百姓的喜爱，在村镇住宅中也经常可以看到，所以对于粘贴瓷砖的辅助产品胶粘剂，推荐采用节材、质量好的新型瓷砖胶粘剂产品。

2. 新型瓷砖填缝剂

作为粘贴瓷砖的另一类辅助产品瓷砖填缝剂，也推荐采用新型的填缝剂产品，代替过去普遍采用的白水泥甚至是水泥砂浆填缝。填缝剂可以密封瓷砖的留缝，避免水分的侵入，又可以调节瓷砖的热胀冷缩，释放基层的水汽，是整个瓷砖粘贴工程中比较关键的辅助产品。大量的瓷砖粘贴破坏，都是从水进入瓷砖胶粘剂层而造成瓷砖胶粘失败从而脱落的。表4-4-5-2是由专业工厂生产的瓷砖填缝剂产品种类，可以根据需要选择使用。

新型瓷砖填缝剂采用批刮法施工，将现场搅拌好的填缝剂产品用橡皮刮刀刮到瓷砖的缝中，等待一定时间后清理瓷砖表面，这种方法的施工效率比采用嵌缝法逐条填缝要快得多，也非常适合农民自建房普通施工人员采用。

分　类	代　号	说　明
CG	1	普通型－水泥基填缝剂
CG	1F	快硬性－水泥基填缝剂
CG	2A	高耐磨－改进型－水泥基填缝剂
CG	2W	低吸水－改进型－水泥基填缝剂
CG	2WA	低吸水－高耐磨－改进型－水泥基填缝剂
CG	2AF	高耐磨－改进型－快硬性－水泥基填缝剂
CG	2WF	低吸水－改进型－快硬性－水泥基填缝剂
CG	2WAF	高耐磨－低吸水－改进型－快硬性－水泥基填缝剂
RG	1	反应型树脂填缝剂
注：改进型水泥基填缝剂是指至少具有低吸水性和高耐磨性两项性能中的一项的水泥基填缝剂			

资料来源：《陶瓷墙地砖填缝剂》(JC/T 1004-2006)

3. 水泥基或石膏基自流平砂浆

作为村镇住宅地面找平材料，水泥基或石膏基自流平砂浆也是一种需要推荐的装饰装修辅助材料，同样是因为它能非常显著地节约材料并且施工周期短、质量高，除了目前价格还偏高外，自流平砂浆是非常值得重点推荐的室内地面找平材料。

水泥地面自流平材料是国外先进国家 20 世纪 70 年代发展起来的一种以水泥为胶凝材料，加以其他材料改进的，用于地面找平的新型材料。使用时按规定比例加水（或乳液）搅拌成流动性很大且稳定的浆体，倾倒于地面，即可自流找平，硬化后即制得光洁平整的地面层。该施工方法是对传统地面做法的一次改革，可有效地取代传统的地面做法，极大地提高了地面平整度，并可简便地修复传统地面易出现的起砂、损坏等现象。自流平砂浆适用于建筑物地面，尤其是适用于作为工业厂房地坪与家居装修室内地面的垫平物，具有流平性高、施工速度快、早期强度高、工期短、硬度适中等特点，是具有承载与装饰功能的绿色环保建材产品。该材料在欧洲、日本等国已有相当长的生产、应用历史，并制定了相应的标准用以规范其生产、应用。我国近几年来自流平产品应用越来越广泛，尤其是作为一些公共建筑如机场、商场、办公楼等地面铺设高档地板的辅助找平使用，在住宅的地面找平施工中也在逐步应用。由于其最薄可以做到 1mm 厚而不产生裂缝，是理论上最节约材料的一种地面找平材料。

所谓的地面找平材料是因为地面不平整，而需要一种材料将其做出一个平面，理论上这层材料只要做到地面的最高点就可获取一层比较平整的表面，当时传统的地面砂浆或细石混凝土自身材料要求最薄不低于 10~20mm 厚，否则材料自身失水太快，无法产生强度，所以考虑到地面的不平整性，一般的细石混凝土要做 50~100mm 厚，一般的地面砂浆也要做 50mm 厚，材料用量非常大。水泥基自流平砂浆由于其特殊配方，最薄 1mm 厚也可以产生强度而不开裂，其强大的流动性能可以像水一样流动，依靠其自助流动性，可以很方便地获取像水平面一样平整的表面，而且材料用量最少。自流平砂浆 1d 的强度就可以承受荷载，所以马上可以进入下一道工序，节省大量时间，传统砂浆或混凝土至少需要 14d 的养护时间。

主要参考文献

[1] 白化奎. 发展轻型木结构住宅的几点建议 [J]. 林业科技. 2009 (1).

[2] 陈燕，岳文海，董若兰. 石膏建筑材料 [M]. 北京：中国建材工业出版社，2003.

[3] 顾真安. 中国绿色建材发展战略研究 [M]. 北京：中国建筑工业出版社，2008.

[4] 寒军，黄宇. 工程造价与建筑结构优化设计的关系 [J]. 低温建筑技术，2010 (6).

[5] 何茂农. 装饰门窗工程 [M]. 北京：化学工业出版社，2008.

[6] 蒋庆华，杨永利. 环境与建筑功能材料 [M]. 北京：化学工业出版社，2006.

[7] 江山市散装水泥办公室. 创新发展模式，发挥产业优势，加大资金投入，推动农村散装水泥实现跨越式发展 [J]. 散装水泥，2010 (2).

[8] 李湘洲，李壬林. 轻质高强材料在高层建筑中的应用 [J]. 南方建筑，1997 (2).

[9] 李晓明，赵丰东，李禄荣等. 模数协调与工业化住宅建筑 [J]. 住宅产业，2009 (12).

[10] 梁小青. 关于国家标准《住宅部品术语》发布后的几点感想 [J]. 住宅产业，2009 (8).

[11] 刘学艳，刘彦龙，唐朝发等. 水泥非木材植物纤维空心砌块 [N]. 东北林业大学学报，2002 (6).

[12] 陆琦编. 广东民居 [M]. 北京：中国建筑工业出版社，2008.

[13] 马保国. 商品砂浆的研究及其应用 [M]. 北京：化学工业出版社，2010.

[14] 单德启. 安徽民居 [M]. 北京：中国建筑工业出版社，2010.

[15] (英) 史蒂夫·柯韦尔，鲍勃·福克斯. 丁济新译. 建筑材料安全性——环保建材选用指南 [M]. 北京：化学工业出版社，2005.

[16] 孙丽萍. 大力推广应用轻钢结构住宅建筑 [J]. 陕西建筑，2008 (10).

[17] 谭勇，刘小群. 建筑工程项目物资管理前期策划研究 [J]. 商业时代，2007 (31).

[18] 田宜水，孟海波. 农作物秸秆开发利用技术 [M]. 北京：化学工业出版社，2007.

[19] 王家远，康香萍，申立银，谭颖恩. 建筑废料减量化管理措施研究 [J]. 建筑技术，2004 (10).

[20] 王军. 西北民居 [M]. 北京：中国建筑工业出版社，2009.

[21] 王培铭. 商品砂浆 [M]. 北京：化学工业出版社，2009.

[22] 王燕. 浅谈钢结构住宅的现状和发展 [N]. 湖北水利水电职业技术学院学报，2009 (12).

[23] 杨立新，翟国勋. 新型节能稻草砖房热工性能初探 [J]. 农机化研究，2009 (2).

[24] 叶明. 我国住宅部品体系的建立与发展 [J]. 住宅产业，2009 (Z1).

[25] 湛轩业，傅善忠，傅力澜，万军. 现代砖瓦——烧结砖瓦产品与可持续发展建筑的对话 [M]. 北京：中国建筑工业出版社，2009.

[26] 郑兰凌，李永红，杨旭东. 北京市农村住宅研究 [J]. 建筑科学，2008 (4).

[27] 周立军，陈伯超，张成龙，孙清军，金虹. 东北民居 [M]. 北京：中国建筑工业出版社，2009.

[28] 朱吉顶，范国辉. 华中地区低成本低碳型农村住宅节能技术优化设计 [J]. 小城镇建设，2010 (7).

[29] 邹宁宇. 墙体屋面绝热材料 [M]. 北京：化学工业出版社，2008.

[30] 左静. 建设社会主义新农村与发展散装水泥之有效途径 [J]. 散装水泥，2010 (2).

第五篇　村镇住宅环境质量设计

■ 村镇住宅的内部物理环境设计
　　○ 村镇住宅的光环境设计
　　○ 村镇住宅的声环境设计
　　○ 村镇住宅的热环境设计
　　○ 村镇住宅的嗅觉环境设计

■ 村镇住宅的健康化设计
　　○ 室内空气质量与室内环境
　　○ 材料与室内环境质量

■ 村镇住宅的室外环境设计
　　○ 村镇住宅的室外景观设计
　　○ 村镇住宅固体废弃物处理

第一章
村镇住宅的内部物理环境设计

住宅，包括村镇住宅，是人类为了抵御自然气候的严酷、改善生存条件而建的遮蔽所，其内部空间必须提供舒适、安全的物理环境，满足人们生活、工作和学习的需要。村镇住宅的内部物理环境主要包括光环境、声环境、热环境和嗅觉环境。

第一节　村镇住宅的光环境设计

光环境设计是一专门的学科，与其他类型建筑相比，村镇住宅光环境设计涉及的内容不多，主要有：照度、光色等内容，这些对于天然采光和人工照明都有重要作用。照度是指入射到受照表面单位面积上的光通量（光通量可以简单地理解为发光量），单位是勒克斯（lx）；光色是指"光源的颜色"，常用色温表示，光色决定总的色调倾向和空间的气氛感受。

一、天然采光

住宅（包括村镇住宅）的天然采光设计较为简单，一般只要满足窗地面积比就可以基本达到天然采光的要求。窗地面积比是指窗洞口面积与房间地面面积之比，一般情况下，住宅各房间的窗地面积比要求如下：卧室、起居室和厨房的窗地面积比不应低于 1/7，楼梯间设置采光窗时的窗地比面积比不应低于 1/12。[1]

住宅中，一般都采用侧窗，很少出现高侧窗或者天窗。对于侧窗，天然光进入房间的深度与窗高有关，而且离开窗越远，进入的光线越少，空间就越暗。由于窗高受到层高的限制，所以只能在层高和结构可能的情况下，尽量增加窗的高度。同时，可以通过减少窗框的面积、设置导光设施等方法增加进入房间的光线量。具体内容可以详见第二篇第一章第三节中关于天然采光的内容。

此外，建筑材料和室内装饰材料对于室内光环境也有较大的影响，为了提高房间的亮度，可以尽量采用透射率较高的玻璃和反射率较高的室内装饰材料，见表 5-1-1-1。

常用材料的反射系数　　　　　　　　　　　　　　　表 5-1-1-1

材料名称	反射系数	材料名称	反射系数	材料名称	反射系数
白水泥、白粉刷	0.75	土黄无釉地砖	0.53	白间绿色水磨石	0.66
水泥砂浆抹面	0.32	朱砂无釉地砖	0.19	浅黄塑料贴面板	0.36
白色乳胶漆	0.84	白色马赛克	0.59	棕色塑料贴面板	0.12
白色调和漆	0.70	浅蓝色地砖	0.42	黄白色塑料墙纸	0.72
中黄色调和漆	0.57	绿色地砖	0.25	蓝白色塑料墙纸	0.61
红砖	0.33	深咖啡色地砖	0.20	胶合板	0.58
灰砖	0.23	石膏板	0.91	混凝土地面	0.20

材料名称	反射系数	材料名称	反射系数	材料名称	反射系数
白色釉面砖	0.80	白色大理石	0.62	铸铁、钢板地面	0.15
黄绿色釉面砖	0.62	红色大理石	0.32		
天蓝色釉面砖	0.55	白色水磨石	0.70		

资料来源：《建筑设计资料集》编委会，建筑设计资料集（第二版）第2集，北京：中国建筑工业出版社，1994

二、人工照明

住宅（包括村镇住宅）的人工照明设计主要涉及照度、光色、控制眩光等内容，同时在灯具选择时需要综合考虑功能、美观和节能的要求。

1. 照度和色温

对于人工照明，需要首先满足照度的要求，按照国家规范，住宅内各空间照度标准如表5-1-1-2所示。常用光源主要有白炽灯和荧光灯。白炽灯显色性好，但不利节能；荧光灯使用较多，但显色性相对白炽灯略差，不适合用在显色要求较高的场合。当然选择光源时，还应考虑其功率、光效、使用寿命、色温等要求。表5-1-1-3为光源的光色与室内气氛的关系。

住宅内主要空间或者作业类别的照度标准　　　　　　　　　表 5-1-1-2

	场所或者作业类别	照度标准值 lx	备 注
1	缝纫等精细工作	200-300-500	规定照度的平面未经注明者，有工作面时为桌面或者具体的工作面，无工作面时为地面
2	书、写、阅读	150-200-300	
3	床头阅读	75-100-150	
4	起居室、卧室、厨房	30-50-75	
5	餐厅、方厅	20-30-50	
6	卫生间	10-15-20	
7	楼梯间	5-10-15	

资料来源：《建筑设计资料集》编委会，建筑设计资料集（第二版）第2集，北京：中国建筑工业出版社，1994

光源的光色与气氛　　　　　　　　　表 5-1-1-3

色 温	光 色	气氛效果	主光源
> 5000K	清凉（带蓝的白色）	冷的气氛	白昼光色荧光灯
3300-5000K	中间（白）	爽快的气氛	白色荧光灯
< 3300K	温暖（带红的白色）	稳重的气氛	白炽灯

资料来源：《建筑设计资料集》编委会，建筑设计资料集（第二版）第2集，北京：中国建筑工业出版社，1994

2. 灯具

灯具是住宅内部空间中必不可少的元素。灯具的布置首先需要考虑满足照明的要求，但同时要兼顾灯具形态，以创造适宜、优美的内部光环境，此外，还要尽量运用新型光源，注意节能。

灯具的照明方式有五种，即：直接照明、半直接照明、漫射照明、半间接照明、间接照明。直接照明是指90% 以上的光线直接向下照射的照明方式；半直接照明是指光源大部分直接向下照射、小部分向上照射的照明方式；漫射照明是指向上和向下的光线接近的照明方式；半间接照明是大部分光线向上照射、小部分光线直接向下照射的照明方式；间接照明是指90%以上的光线向上照射，然后反射下来的照明方式。图5-1-1-1为灯具特征和用途。从节能来看，直接照明最好，但从空间的光影效果而言，则其他几种照明方式也有优点。

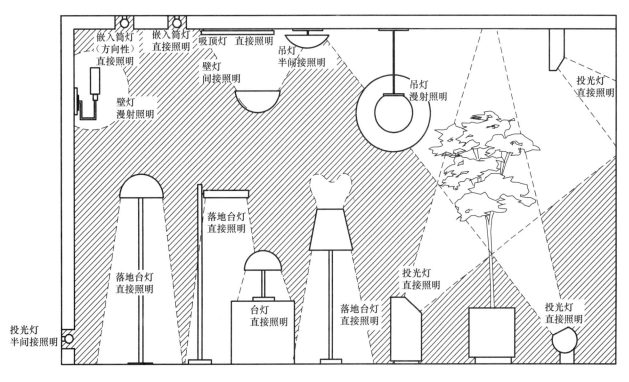

图 5-1-1-1　灯具特征和用途

根据安装位置，在顶界面的灯具主要有：吊灯、吸顶灯、筒灯、射灯。其中吊灯形式多样，具有较强的装饰性，筒灯则往往需要与吊顶结合，射灯可以用于局部照明；在侧界面的灯具主要有壁灯，壁灯有助于形成较好的光影效果；放置在地面或者工作面上的灯具主要有落地台灯和台灯，台灯使用灵活方便。

第二节　村镇住宅的声环境设计

住宅声环境是指住宅（包括村镇住宅）内外各种噪声源在住户室内形成的、对居住者在生理上和心理上产生影响的声音环境。建设村镇住宅，必须保证住宅的声环境质量，为居民提供安静的居住环境。40dB以下的室内环境通常是安静的；50dB就开始感到不够安静，55dB以上普遍感到吵闹。环境噪声标准夜间要比白天严格（限值要低）10dB；大量调查表明：在开窗的情况下，室外环境噪声传入室内，室内噪声级大约比室外噪声级低10dB。

一、住宅噪声来源和声环境标准

按照心理学的解释，令人感到不愉快的声音就可以作为噪声。村镇住宅的噪声主要来自于住宅内部和外部两个方面。

1. 村镇住宅噪声来源

噪声的来源多种多样，不同类型的噪声，其防治方法也不同。

1）来自住宅外部的噪声

首先是交通噪声。我国交通道路本身噪声水平高，随着机动车辆的激增，情况更趋严重。交通噪声还包括铁路噪声、航空噪声、港口城市和内河航运的船舶噪声。

其次是施工噪声。土建施工和装修施工的噪声对居民的影响很大，常常是一处盖房，周围不安；一户装修，四邻遭殃。

第三是工业噪声。有些村镇住宅与工厂，尤其是小型工厂相邻，此时工业噪声往往成为主要的噪声来源。此外，居住社区内的公用设施如锅炉房、水泵房、变电站等，以及邻近住宅的公共建筑中的冷却塔、通风机、空调机等的噪声干扰也相当普遍。

第四是社会生活噪声。集贸市场、流动商贩、卡拉 OK 厅、迪斯科舞厅、街头秧歌队等产生的噪声对居民的干扰也很普遍。

2）来自住宅内部的噪声

独立式住宅来自住宅内部的噪声干扰较少，但随着越来越多的村镇住宅采用公寓式多层住宅的模式，住户间的噪声干扰问题在村镇住宅中也日趋严重。造成住宅内部噪声干扰的主要原因有：

第一，电视机、音响设备、家用电器的普及，导致住宅室内声级比以往提高，而且难以隔绝的低频成分增加较多；

第二，卫生间上下水设备的噪声；

第三，轻质隔墙板的推广，导致墙体隔声性能降低（与传统的粘土砖墙相比）；

第四，楼板撞击声隔绝问题更具普遍性，住宅中钢筋混凝土预制或现浇楼板的撞击声隔声问题尚难以解决。

2. 声环境标准

关于住宅室内的允许噪声级标准，见表 5-1-2-1。对于住宅内部生活噪声，我国没有制定限制噪声水平的法规，但对住宅分户墙空气声隔声和楼板撞击声隔声性能的要求制定了隔声标准，见表 5-1-2-2 和表 5-1-2-3。表 5-1-2-4 和表 5-1-2-5 则表示了人的一些主观感受。

住宅室内允许噪声级 dB（A） 表 5-1-2-1

房间名称		一级 （较高标准）	二级 （一般标准）	三级 （最低限）
卧室、书房 （或卧室兼起居室）	白天	≤ 40	≤ 45	≤ 50
	夜晚	≤ 30	≤ 35	≤ 40
起居室	白天	≤ 45	≤ 50	≤ 50
	夜晚	≤ 35	≤ 40	≤ 40

资料来源：（国家标准 GBJ118-88）

住宅空气声隔声标准 dB（A）

表 5-1-2-2

隔声等级	一级	二级	三级
计权隔声量 Rw	≥ 50	≥ 45	≥ 40

资料来源：（国家标准 GBJ118-88）

住宅楼板隔撞击声标准 dB（A）

表 5-1-2-3

撞击声隔声等级	一级	二级
计权标准撞击声压级 Lnt，w	≤ 65	≤ 75

资料来源：（国家标准 GBJ118-88）

对空气隔声的反应

表 5-1-2-4

计权隔声量 Rw（dB）	听闻感觉 室内背景噪声为 30-35dB（A）	住户反应（%）		
		满意	可以	不满意
≤ 35	邻室正常讲话声能听清楚，且容易了解讲话内容			> 90
30-40	大声讲话、播放音乐，听得很清楚。正常讲话能听到，能听出个别字句		30-40	60-70
40-45	大声讲话、播放音乐能听到，个别字句能听出。正常讲话有感觉，但听不出内容	< 10	60	25-30
45-50	大声讲话听不到，播放音乐音响大时能听到，但声音较弱	15-20	70	15-20
> 50	音乐声、大声喊叫都听不到	60	30-40	

资料来源：《健康住宅建设技术规程》（CECS179-2005）

楼板撞击声指数与主观评价的关系

表 5-1-2-5

撞击声指数 Ii(dB)	楼下房间的听闻感受 室内背景噪声为 30-50dB（A）	住户反应（%）		
		满意	可以	不满意
> 85	脚步声、扫地、蹬缝纫机等都能引起较大反应，拖动桌椅、孩子跑跳则难以忍受	—	—	≥ 90
75-85	脚步声能听到，但影响不大；拖桌椅、孩子跑跳感觉强烈，敲打则难以忍受	—	50	50
65-75	脚步声白天感觉不到，晚上能听到，但较弱。拖桌椅，孩子跑跳能听到，但除睡眠外一般无影响	10	80	10
< 65	除敲打外，一般声音听不到；椅子跌倒、孩子跑跳能听到，但声音弱	65	35	—

资料来源：《健康住宅建设技术规程》（CECS179-2005）

二、村镇住宅声环境改善的措施

降低村镇环境噪声是改善村镇住宅声环境的治本之路。在村镇住宅小区的规划设计中，还可以采取以下措施，减少噪声的干扰。

1. 合理选址

村镇住宅的建设用地应该远离工厂，尽量远离交通干道，减少工业噪声和交通噪声的干扰。

利用绿化带降低噪声，绿化降低噪声的效果取决于树种、种植宽度以及季节变化等。树木高大，种植较密，枝叶茂密则效果较好。从声学观点考虑，将叶茂的乔木与灌木组织起来效果最好。在种植方面，最好选择四季常青的植物，否则在落叶后将降低减噪效果。

在村镇住宅总体布局中，在不影响节地原则的前提下，可以适当拉大住宅间距，有利于满足楼与楼、户与户之间的私密性要求。国外有资料显示，对于面对面布置的两排房间，只有开启的窗户间距达 7~12m 时，才能使一间房间的谈话声不致传到另一间。同一墙面的相邻房间，当窗间距达 2m 左右，才可避免在开窗情况下一般谈话声互传。

在村镇住宅布局中，可以合理利用隔声屏障、地形等降低噪声，如通过土丘、隔声屏障、沿街建筑、东西向住宅等降低噪声对住宅的影响。图 5-1-2-1 即为利用地形减少噪声对住宅的影响。

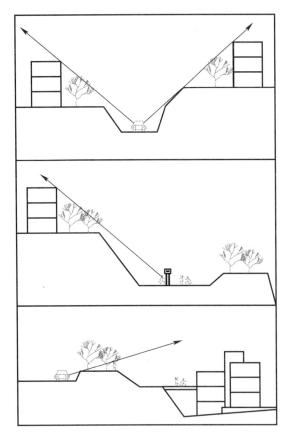

图 5-1-2-1　利用地形减少噪声对住宅的影响

2．巧妙设计

村镇住宅设计必须严格遵照国家颁布的有关住宅噪声标准和隔声标准，在工程竣工后将声环境列为工程验收考核的项目。

住宅平面设计中，外墙构件设计应考虑对交通噪声的防护。

改进我国现有住宅用门窗的隔声性能，把隔声性能列为选择门窗的质量考核指标之一。对于分户门，应将隔声要求和防火、防盗要求结合，做成综合隔声门；对于外窗，应注意窗的密闭性能，沿街村镇住宅可以考虑设置一些通风设施，以减少开窗时的噪声干扰。

注意墙体的隔声性能。经测定通常 190mm 厚单排孔混凝土小砌块墙体的隔声指数在 47dB 左右，双面粉刷后达 49dB，200mm 厚加气混凝土砌块双面粉刷后隔声指数在 45dB 左右，所以这些墙体作为分户墙时均须采取隔声措施。如在单排孔混凝土小砌块孔洞内填塞膨胀珍珠岩、矿渣棉或加气混凝土碎块等隔声材料，墙体隔声指数可提高 3~5dB；

根据上海市建筑科学研究院（集团）有限公司对混凝土多孔砖双排孔墙体的隔声性能测试表明，240mm 厚的墙体加双面粉刷后隔声指数为 55dB，已符合国家现行标准的要求。村镇住宅的分户墙、卫生间隔墙应尤其注意其隔声性能。

3．适当管理

对于工业建筑而言，应通过管理减少产生噪声的可能性；对于道路，可以通过限制车速，限制鸣喇叭，限制重载车，降低路面噪声；对于有些人为活动引起的噪声，如舞蹈、晨练等产生的噪声，则可以通过限定活动区域、限定活动时间减少噪声对大多数居民的影响。

第三节　村镇住宅的热环境设计

住宅（包括村镇住宅）热环境的设计目标是以最少的能源消耗高效地提供舒适、健康的居住和工作环境，提高生活质量。建筑热环境直接影响居住者的舒适性。不同的气候区有不同的气候特征，这些气候并非时时都能够让人感到舒适，因此，有必要利用建筑来加以改变，起到防寒避暑、遮风避雨的作用，形成有利于人们居住和工作的适宜的室内热环境。合理的规划和设计是塑造舒适的室内热环境的有效手段。从总体规划到建筑群体布局，从建筑平面设计、剖面设计到建筑构件的局部设计，都能够体现设计师在建筑适应气候、合理选择围护结构和利用太阳能等可再生能源等方面的技巧。由于气候直接影响建筑的群体布局、平面、剖面，乃至于开窗大小和开窗方式等细部，建筑设计适应气候是营造舒适的热环境同时又达到节能要求的重要途径。

在20世纪80年代至20世纪90年代，随着对环境与生态问题的普遍关注，可持续发展的理念进入建筑设计领域，促使设计师更加强调建筑与气候的关系，强调建筑中对各类新技术的综合运用，强调借鉴传统建筑设计手法中所蕴涵的科学内容。

建筑热环境与建筑能源消耗关系密切，采暖和空调直接依赖能源，而能源问题关系到人类的未来。对此，建筑师可以有很广的开拓空间，特别是充分利用被动式措施（而非借助机械设备系统），通过建筑设计和构造措施，例如太阳能和自然通风，控制室内外的热能传递，达到节能和热舒适的目的。当然，住宅的首要功能是为居住者提供舒适的环境，节能和环保也不能以降低居住者的生活舒适度为代价，而是应该在保证具有相应舒适条件下追求低能耗，具备了这种功能的住宅才能够被称作舒适、健康、节能的住宅。

一、室内热环境设计指标

室内热环境直接影响人的生活和健康，是制定相应的设计标准和规范的基础。舒适的室内热环境标准应该以满足人类对环境的客观生理要求为基本依据，室内热环境对人体健康的影响主要表现在对体内和体外（皮肤）温度的影响。制定和提出舒适的室内热环境设计指标应该以满足人对环境的客观生理要求为基本依据，这也是建筑节能设计的前提。

我国现行的《民用建筑热工设计规范》(GB50176-93) 对围护结构的保温要求作了规定，是保温设计的主要依据。围护结构保温能力的选择主要是根据气候条件和房间的使用要求，并按照经济和节能的原则而定，对围护结构规定了最小传热阻以保证使用者的最基本卫生要求。在隔热方面，《民用建筑热工设计规范》(GB50176-93) 规定，建筑的隔热设计标准为：在房屋自然通风的情况下，建筑物的屋顶及东西外墙的内表面最高温度小于或等于夏季室外计算温度，内表面最高温度决定了室内人体所受到的热辐射，直接影响人的热舒适性。

针对冬季采暖地区，我国在1986年就制定了《民用建筑节能设计标准》(JGJ26-86)，规定室内基准温度为18℃。根据各地区的"采暖期度日数"规定该地区建筑的围护结构传热系数限值和单位建筑面积耗热量指标。各地区的采暖期室外计算温度及度日数均可在规范中查出。经过修订的《民用建筑节能设计标准（采暖居住建筑部分）》(JGJ26-95) 着重考虑经济和节能的需要，按照各地区的采暖期室外平均温度规定了该地区的建筑物耗热量指标和与其相适应的外围护结构各部分（如屋顶、外墙、窗、地面等）应有的传热系数限值。

针对夏热冬冷和夏热冬暖地区，国家住房和城乡建设部组织制定并颁布了中华人民共和国行业标准《夏热冬冷地区居住建筑节能设计标准》(JGJ134-2010) 和《夏热冬暖地区居住建筑节能设计标准》(JGJ75-2003)，是夏热冬冷和夏热冬暖地区保温和隔热设计的依据。根据《夏热冬冷地区居住建筑节能设计标准》（JGJ134-2010）规定，冬季采暖室内热环境设计指标为：卧室、起居室室内热环境设计温度18℃，换气次数取1.0次/h；夏季空调室内热环境设计指标为：卧室、起居室室内热环境设计温度26℃，换气次数取1.0次/h。

根据《夏热冬暖地区居住建筑节能设计标准》（JGJ75-2003）规定，夏热冬暖地区划分为两区，北区内建筑节能设计主要考虑夏季空调，兼顾冬季采暖；南区内建筑设计应考虑夏季空调，可不考虑冬季采暖。夏季空调室内设计计算指标为：居住空间室内设计计算温度26℃，计算换气次数1.0次/h；北区冬季采暖室内计算指标为：居住空间室内设计计算温度16℃，计算换气次数1.0次/h。

二、热舒适

热舒适是人的一种主观感觉特性，并且与气候有关，由于人与人之间反应存在差异，难以给出准确的定义。简言之，热舒适就是将人从热难受中解脱出来，建筑需要为人提供舒适，在舒适条件下人并不必然产生反应，但是，不舒适则常常会引起人的反应。

热平衡是人感到舒适的必备条件。人的热平衡是指：人体新陈代谢产生的热量必须与蒸发、辐射、导热和对流的失热代数和相平衡。对人体而言，与周围环境的辐射、对流以及导热是得热或失热过程，而蒸发则完全是失热过程。

人在不同的活动状况下，所要求的舒适温度是不同的。新陈代谢的产热量取决于活动程度，在周围没有辐射或导热不平衡的状况下，新陈代谢产热量有不同的平衡温度。例如，睡觉（产热量为70~80W）时需要的空气平衡温度是28℃，这是人在熟睡时床铺里的温度；人坐着（产热量为100~150W）时，热舒适空气温度是20~25℃；在更高的新陈代谢产热下要定出空气平衡温度就很困难了，例如，马拉松运动员产热量达到1000W，体温可达40℃左右，此时，无论环境温度如何，他的热感觉都为极不舒适。

通常能够接受的热舒适标准是低耗能率、不出汗、不冷颤。在某种特定的情况下，热舒适可以与一定范围的环境因素联系起来，在这个范围内可以通过单独或者同时调节衣物或人的活动量来达到良好的热舒适。建筑的主要功能之一是调节好室内环境，缓解由于过多的得热和失热而带来的不舒适，让人满意地从事各项工作。

人的热舒适性受到环境因素的影响，包括室内热环境状况和个体差异。室内热环境状况包括物理上和心理上两个方面，与人的热舒适密切相关的环境物理因素包括空气温度、空气湿度、空气流速和平均辐射温度。不同个体对于热舒适的感受是有差异的，体现在热舒适的瞬感现象、服装调节、性别差异、个体状况、适应性差异、民族差异、年龄差异等方面。

三、建筑热环境控制的基本方法

建筑物内部空间环境质量的优劣与稳定总是受内外两种干扰源的综合影响，内扰主要包括室内设备、照明、人员等室内热湿源；外扰主要包括室外气候参数如室外空气温度、湿度、太阳辐射、风速、风向的变化，以及邻室的空气温度、湿度的变化。这些均可通过围护结构的传热、传湿、空气渗透使热量和湿量进入室内，对室内热湿环境产生影响。建筑环境控制的基本方法就是根据室内环境质量的不同要求，分别采用采暖、通风或空气调节技术来消除各种干扰，进而在建筑物内建立并维持一种具有特定使用功能且能按需控制的"人造环境"。

1. 采暖

采暖系统一般由热源、散热设备和输热管道等部分组成。采暖技术一般用于冬季寒冷地区，当建筑物室外温度低于室内温度时，房间通过围护结构及通风孔道会造成热量损失，采暖系统的作用就是将热源产生的具有较高温度的热媒经由输热管道送至采暖末端，通过补偿这些热损失达到室内温度参数维持在要求的范围内。

2. 通风

通风就是把室内被污染的空气直接或经净化后排至室外，把新鲜空气补充进来，从而保持室内的空气环境符合卫生标准的需要。对于室内环境要求不高的住宅（包括村镇住宅）来说，可采取简单的自然通风措施，如通过门窗孔口换气，利用穿堂风降温，使用机械提高空气的流速等。在这些情况下，无论对进风或排风都不进行处理。通风系统通常只需将室外新鲜空气导入室内或将室内污浊空气排向室外，从而借助通风换气保持室内空气环境的清洁、卫生，并在一定程度上改善其温度、湿度和气流速度等环境参数。

3. 空气调节

空气调节与供暖、通风一样负担着村镇建筑热环境保障的职能，但它对室内空气环境品质的调控更为全面，层次更高。在室内空气环境品质中，空气温度、湿度、气流速度和洁净度通常被视为空调的基本要求。空调的过程是在分析特定建筑空间环境质量影响因素的基础上，对空调介质按需要进行加热、加湿、冷却、去湿等处理，使之具有适宜的参数与品质，再借助介质传输系统和末端装置向受控环境空间进行能量、质量的传递与交换，从而实现对该空间空气温、湿度及其他环境参数加以控制，以满足人们生活、工作等活动对环境品质的特定需求。

四、热环境保障技术

热环境是建筑环境中的重要内容，主要反映在空气环境的热湿特性中。可持续设计原则要求在提供给人们舒适、健康的室内环境的同时，最大程度地减少能耗，提高能源利用效率，并达到人、建筑与环境的共同及协调发展。因此，热湿环境保障系统——暖通空调系统必须创造并维持一种良好的室内环境，包括人体必需的新鲜空气，合适的空气温度、湿度与流速，有害物浓度低于卫生标准等，同时尽可能地节约能源，提高能源利用效率。热湿环境保障技术主要包括被动式保障技术和主动式保障技术。

1. 被动式保障技术

所谓被动式环境保障，就是利用建筑自身和天然能源来保障室内环境品质。用被动式措施控制室内热湿及生态环境，主要是做好太阳辐射和自然通风这两项工作。基本思路是使日光、热、空气仅在有益时进入建筑，其目的是控制这些元素，使之适时、有效地加以利用，以及合理地储存和分配热空气和冷空气，以备环境调控的需要。

1）控制太阳辐射

太阳辐射对于暖通空调而言是一柄双刃剑：一方面，增加进入室内的太阳辐射可以充分用于天然采光，减少电气照明的能耗，减少由照明引起的夏季空调冷负荷，太阳辐射带来的热量可以减少冬季采暖负荷；另一方面，增加进入室内的太阳辐射又会引起空调冷负荷的增加。控制太阳辐射所采取的具体措施如下：

第一，选用节能玻璃窗。在采暖为主的地区，可选用双层中充惰性气体、内层低辐射 Low-E 镀膜的玻璃窗，它能有效地透过可见光和遮挡室内长波辐射，发挥温室效应；在供冷为主的地区，则可选用外层 Low-E 镀膜玻璃或单层镀膜玻璃窗，它能有效地透过可见光和遮挡直射入射及室外长波辐射。

第二，采用能将可见光引进建筑物内部，而同时又能遮挡对周边区直射入射的遮檐。

第三，利用光导纤维将光能引入内区，而将热能摒弃在室外。

第四，最容易操作而又有效的方法是设置建筑外遮阳板，还可将外遮阳板与太阳能电池相结合，不但降低空调负荷，而且还能为室内照明提供补充能源。

上述措施都能很好地控制太阳辐射，解决昼光照明与空调负荷之间的矛盾。

2）利用有组织的自然通风

自然通风也有其两重性，其优点很多，是当今可持续设计中广泛采用的一项技术措施，自然通风具有如下应用特点：

首先，当室外空气焓值低于室内空气焓值时，自然通风可以在不消耗能源的情况下降低室内空气温度，带走潮湿气体，从而达到人体热舒适。即使当室外空气温、湿度超过舒适区，需消耗能源进行降温降湿处理，也可以利用自然通风输送处理后的新风，而省去风机能耗且无噪声。在间歇空调建筑中，夜间自然通风可以将围护结构和室内家具的贮存热量排出室外，从而降低第二天空调的启动负荷。

其次，无论哪个季节，自然通风都可以为室内提供新鲜空气，改善室内空气质量。

同时，自然通风可以满足人们亲近自然的心理，提高人们对室内环境品质的主观评价满意度。

由此可见，自然通风有利于减少能耗，降低污染，改善建筑物空气环境品质，完全符合可持续发展的思想。

但是，自然通风远不是开窗那么简单，利用自然通风要很好地分析其不利条件，应该因时因地制宜，权衡得失，趋利避害，而不能简单行事。在实施自然通风时应采取以下步骤：

第一，了解建筑物所在地的气候特点、主导风向和环境状况；

第二，根据建筑物功能以及通风的目的，确定所需要的通风量。根据这一通风量，决定建筑物的开口面积以及建筑物内的气流通道；

第三，设计合理的气流通道，确定入口形式（窗和门的尺寸以及开启关闭方式）、内部流道形式（走廊或室内开放空间）、排风口形式等；

第四，必要时可以考虑采用自然通风结合机械通风的混合通风方式，考虑设置自然通风通道的自动控制和调节装置等设施。

2．主动式保障技术

所谓主动式环境保障就是依靠机械、电气等设施，创造一种扬自然环境之长、避自然环境之短的室内环境。多数气候区的村镇住宅建筑不可能完全靠被动式方法保持良好的室内环境品质。因此，要采用机械和电气的手段，借助适当的空调设备，在节能和提高能效的前提下，按"以人为本"的原则，改善室内热湿及生态环境。

第四节　村镇住宅的嗅觉环境设计

人类嗅觉的敏感度是很大的，通常用嗅觉阈来测定。所谓嗅觉阈就是能够引起嗅觉的有气味物质的最小浓度。古人云：入芝兰之室，久而不闻其香；入鲍鱼之肆，久而不闻其臭。当我们停留在具有特殊气味的地方一段长时间之后，对此气味就会完全适应而无所感觉。当然如果长期处在充斥某些有害气体的场所则相反，研究表明长时间接触甲苯、二甲苯一类气体会对人的情绪有所影响，使人易怒，脾气暴躁。

一、室内主要嗅觉污染物的来源和危害

村镇住宅室内主要嗅觉污染物有甲醛、苯、甲苯、二甲苯、氨气、二氧化硫、氮氧化物、一氧化碳、可吸入颗粒物、挥发性有机物等，它们都对人体具有一定的危害，需要引起高度重视。

1. 甲醛

甲醛是一种无色、刺激性、毒性较高且易溶于水的气体。其污染源很多，污染浓度也较高，是室内环境主要污染物之一。

1）来源

室内环境中甲醛主要有以下两个来源：一是来自室外空气的污染，如工业废气、汽车尾气、光化学烟雾等在一定程度上均可排放或产生一定量的甲醛，但一般不超过 0.03mg/m³，这部分气体在一些时候可进入室内；二是来自室内本身的污染。

室内甲醛主要来源于室内使用的建筑材料、装修材料及生活用品等化工产品，同时也来源于包括燃料及烟叶的不完全燃烧等一些次要因素。室内装修常用到各种各样的人造板材（如人造木板、胶合板、刨花板、纤维板等）均散发出有毒、有害气体，这些气体主要源于板材生产过程中所使用的胶粘剂。甲醛具有较强的粘合性，可加强板材的硬度和防虫、防腐能力，因此，目前市场上普遍使用以甲醛为主要成分的脲醛树脂和酚醛树脂作为粘合剂，因而不可避免地会含有游离甲醛（一般为 3% 左右）。另外家具、墙面、地面的装修辅助设备中都要使用粘合剂，因此，凡是用到粘合剂的地方总会有甲醛气体的释放。此外，甲醛还可来自建筑物的隔热围护结构（由脲醛树脂制成的脲－甲醛泡沫树脂）、化妆品、清洁剂、杀虫剂、消毒剂、防腐剂、纸张等。因此，总体上说，室内环境中甲醛的来源是很广泛的，一般新装修的房子其甲醛的含量可达到 0.40mg/m³，个别则有可能达到 1.50mg/m³。此外，经研究表明甲醛在室内环境中的含量与房屋的使用时间、温度、湿度及房屋的通风状况有密切的关系。在一般情况下，房屋的使用时间越长，室内环境中甲醛的残留量越少；温度越高，湿度越大，越有利于甲醛的释放；通风条件越好，建筑、装修材料中甲醛的释放也相应地越快，越有利于室内环境的清洁。

2）危害

甲醛对人体健康的影响主要表现在嗅觉异常、刺激、过敏、肺功能异常、免疫功能异常等方面。当室内空气中甲醛含量为 0.1mg/m³ 时就有异味和不适感；0.5mg/m³ 时可刺激眼睛引起流泪；0.6mg/m³ 时引起咽喉不适或疼痛；浓度再高可引起恶心、呕吐、咳嗽、胸闷、气喘甚至肺气肿。长期低浓度接触甲醛气体，可出现头痛、头晕、乏力、两侧不对称感觉障碍和排汗过剩以及视力障碍，且能抑制汗腺分泌，导致皮肤干燥皲裂；浓度较

高时，对粘膜、上呼吸道、眼睛和皮肤具有强烈刺激性，对神经系统、免疫系统、肝脏等产生毒害。

2．苯、甲苯和二甲苯

室内环境中苯的来源主要是燃烧烟草的烟雾、溶剂、油漆、染色剂、图文传真机、电脑终端机和打印机、粘合剂、墙纸、地毯、合成纤维和清洁剂等。甲苯主要来源于一些溶剂、香水、洗涤剂、墙纸、粘合剂、油漆等，在室内环境中吸烟产生的甲苯量也是十分可观的。二甲苯来源于溶剂、杀虫剂、聚酯纤维、胶带、粘合剂、墙纸、油漆、压板制成品和地毯等。

工业上常把苯、甲苯、二甲苯统称为三苯，在这三种物质当中以苯的毒性最大。一般认为苯毒性的产生是通过代谢产物所致，也就是说，苯须先通过代谢才能对生命体产生危害。苯可以在肝脏和骨髓中进行代谢，而骨髓是红细胞、白细胞和血小板的形成部位，故苯进入体内可在造血组织本身形成具有血液毒性的代谢产物。

3．氨气

在我国很多地区，建筑施工中常人为地在混凝土里添加高碱混凝土膨胀剂和含尿素的混凝土防冻剂等外加剂，以防止混凝土在冬季施工时被冻裂，大大提高了施工进度。这些含有大量氨类物质的外加剂在墙体中随温、湿度等环境因素的变化而还原成氨气从墙体中缓慢释放出来，造成室内空气中氨污染。同时室内空气中的氨也可来自室内装饰材料，比如家具涂饰时使用的添加剂和增白剂大部分都用氨水。

按毒理学分类，氨属于低毒类化合物。氨是无色气体，当环境空气中氨达到一定浓度时，才有强烈的刺激气味。人对氨的嗅阈值为 $0.5\sim1.0mg/m^3$。氨是一种碱性物质，进入人体后可以吸收组织中的水分，溶解度高，对人体的上呼吸道有刺激和腐蚀作用，减弱人体对疾病的抵抗力。氨进入肺泡后易和血红蛋白结合破坏运氧功能。短期内吸入大量的氨可出现流泪、咽痛、声音嘶哑、咳嗽、头晕、恶心等症状，严重者会出现肺水肿或呼吸窘迫综合症，同时发生呼吸道刺激症状。

4．二氧化硫

二氧化硫是具有强烈辛辣刺激气味的无色气体，二氧化硫对室内环境的污染与家庭炊事模式、通风情况、室内结构和燃料质量有关。我国村镇多数农民以烧煤煤饼、煤球及蜂窝煤为主，由于炉灶结构的不合理，煤不能完全燃烧，排放出大量的污染物，其中以二氧化硫为主，吸烟过程中也会产生二氧化硫。曾经有研究表明燃煤户室内空气中二氧化硫的含量比燃气户高得多，冬季厨房可达 $0.86mg/m^3$，卧室达 $0.50mg/m^3$。

长期接触二氧化硫的人，一方面，刺激上呼吸道引起支气管平滑肌反射性收缩，呼吸阻力增加，呼吸功能衰落；另一方面，刺激和损失粘膜，使粘膜分泌增多变稠，纤毛运动受阻，免疫功能减弱，导致呼吸道抵抗力下降，诱发不同程度的炎症，如慢性鼻咽炎、慢性支气管炎、支气管哮喘和肺气肿等。此外，长期接触二氧化硫对大脑皮质机能产生不良影响，使大脑劳动能力下降，不利于儿童智力发育。

5．氮氧化物

有研究表明冬季燃烧原煤的厨房和卧室空气中氮氧化物日平均浓度分别为 $0.159mg/m^3$、$0.132mg/m^3$，燃烧煤气用户的厨房和卧室空气中氮氧化物日平均浓度分别为 0.091mg/m³、0.078mg/m³，燃烧液化气用户分别为 0.070mg/m³、0.064mg/m³。夏季使用三种燃料产生的氮氧化物日平均浓度均低于冬季。因此，室内环境中氮氧化物的产生不仅和能源结构有关，而且随着季节的变化也是不同的。

氮氧化物难溶于水，故对上呼吸道的刺激作用较小，而易于侵入呼吸道深部细支气管和肺泡，当时可无明显症状或有眼及上呼吸道刺激症状，如咽部不适、干咳等。常经 6~7h 潜伏期后出现迟发性肺水肿、成人呼吸窘迫综合症。此外，氮氧化物还可对中枢神经系统、心血管系统等产生危害作用。

6. 一氧化碳

室内环境中的一氧化碳主要来源于人群吸烟、取暖设备及厨房。一支香烟通常可产生大约 13mg 的一氧化碳，对于透气度高的卷烟纸，可以促使卷烟的完全燃烧，产生的一氧化碳量会相对较少。取暖设备和厨房产生的一氧化碳主要是燃料的不完全燃烧引起的。

一氧化碳的中毒机理是：它进入肺泡后很快会和血红蛋白（Hb）产生很强的亲合力，使血红蛋白形成碳氧血红蛋白(COHb)，阻止氧和血红蛋白的结合。血红蛋白与一氧化碳的亲合力要比与氧的亲合力大 200~300 倍，同时碳氧血红蛋白的解离速度却比氧合血红蛋白的解离慢 3600 倍。一旦碳氧血红蛋白浓度升高，血红蛋白向机体组织运载氧的功能就会受到阻碍，进而影响对供氧不足最为敏感的中枢神经（大脑）和心肌功能，造成组织缺氧，从而使人产生中毒症状。

二、室内主要嗅觉污染物防治对策

在村镇住宅中，常用的防治室内嗅觉环境污染的主要对策如下：

1. 组织好通风

经常开窗通风或安装通风换气机是一种简单、有效且经济的清除室内空气污染的方法，这种方法用于污染程度较轻的场合时效果明显，但当室内污染较重时作用不理想。因为关窗后污染浓度很快又提高了，此时可以采用一些吸附技术。

用变压式公用排气道及与其配套运行的深筒油烟机组成排气系统，是解决住宅厨房废气、排除油烟污染、防止串烟串味的有效措施；灶具所处位置应以两面靠墙为宜，以减少进入油烟机的空气量，提高排油烟的效率。

2. 选用绿色材料

室内装修应选择绿色装修材料。装修完毕后，要科学地选购家具，即：购买环保板材制作的家具；另一方面，装修完成后的住宅不要急于入住，应开窗通风一段时间，根据具体情况选择合适的入住时间，当然最理想的状态是经室内环境检测部门检测后入住。

3. 采用一些物理吸附技术

各种空气净化器主要应用活性炭的强吸附性能吸附甲醛等污染物，常用的吸附剂有：多孔炭材料、蜂窝状活性炭、球状活性炭、活性炭纤维、新型活性炭以及分子筛、沸石、多孔粘土矿石、活性氧化铝和硅胶等，此种方法简单易推广，但吸附剂需定期更换。

4．加强绿化

室内环境与室外环境是统一的整体，室外绿化好的社区，由于绿色植物对室外大气中的污染物具有吸附、吸收和净化的作用，所以当室内环境中的污染物浓度高于室外时，室内的污染物就会向外扩散，有利于室内环境中污染物浓度的降低；同时，室内栽养花草不仅能陶冶情操、美化居室，还可以吸收室内产生的一些污染物。

第二章
村镇住宅的健康化设计

村镇住宅的健康化设计主要涉及住宅的室内环境。室内环境是提供人们进行正常学习、工作、休息和各项生活内容而免受室外自然因素干扰影响的人工环境，室内环境必须确保对人体健康无害。一个对人体无害的室内环境涉及良好的室内空气质量和对人体安全的建筑材料和装修材料，它们相互依存，必须引起设计人员的高度重视，否则不但会危害人体健康，还会引起生态系统的破坏和财产损失。

第一节　室内空气质量与室内环境

一般认为，室内空气质量（Indoor Air Quality，简称 IAQ）是指定性或定量地描述室内空气状况好坏的程度，它是与室内人体健康最密切相关的一种本质属性。室内空气能否满足为人体供氧的需要，是其价值的第一体现。室内空气质量的价值高低，还受其主体行为意识的作用，具有一定的差异性。人的文明程度越高，室内空气质量的价值就越高。室内空气质量的定义，通过近二十几年的变化，逐渐被人们所接受，其中包括了客观指标和主观感受两个方面的内容。在美国颁布的 ASRHAE 标准 62-1989《Ventilation for Acceptable Indoor Air Quality（满足可接受室内空气质量的通风）》中给出的"良好的室内空气质量"的定义中包含了其客观评价和主观评价指标。1996 年，ASHRAE 在新的通风标准 62-1989R 中，提出了"可接受的 IAQ"和"感受到的可接受 IAQ"等概念。这样的描述就涵盖了客观指标和主观感受两方面，使室内空气质量的定义更加科学和全面。

一、室内空气污染

室内空气污染是室内环境质量的一种不安全状态。室内空气污染可以理解为由于人类活动或自然过程引起某些物质进入室内空气环境，呈现足够的浓度，持续足够的时间，并因此危害了人体健康或室内环境。室内空气污染包括物理性污染、化学性污染和生物性污染。物理性污染是指因物理因素，如电磁辐射、噪声、振动，以及不合适的温度、湿度、风速和照明等引起的污染；化学性污染是指因化学物质，如甲醛、苯系物、氨气、氡及其子体和悬浮颗粒物等引起的污染；生物性污染是指因生物污染因子，主要包括细菌、真菌（包括真菌孢子）、花粉、病毒、生物体有机成分等引起的污染。

室内空气污染主要是人为污染，以化学性污染最为突出。尽管化学污染物的浓度较低，但多种污染物共同存在于室内，长时间联合作用于人体，涉及面广，接触人多，特别是老弱病幼等敏感人群，而且还可通过呼吸道、消化道、皮肤等途径进入机体，对健康危害显著。

产生室内空气污染的因素是污染源、空气状态和受体，其中最重要的是污染源污染物的排放。只要有措施使污染源达到"零排放"，就可以从根本上杜绝空气污染的产生。通常可以用减少室内污染源的方法控制空气污染。另一方面，当污染物进入室内空气中，其空气污染程度与室内空气状态（空气的流速、相对湿度、温度）

有直接关系，例如开门开窗通风换气，就可以降低室内空气中污染物的浓度。所谓受体因素，主要是指人群对污染物接触时间长短和可感知程度的个体差异。

室内空气污染具有累积性、多样性、长期性等特征。室内环境的相对封闭性，决定了空气污染的累积性。室内空气污染物的来源广泛性和污染物类别的多样性，决定了空气污染的多样性。人们多数时间处于室内环境中，人体接触污染物时间的长期性决定了空气污染的长期性。

室内空气污染物种类很多，一般地，按其存在状态可分为悬浮颗粒物和气态污染物两大类。前者是指悬浮在空气中的固体粒子和液体粒子，包括无机和有机颗粒物、微生物及生物溶胶等；后者是以分子状态存在的污染物，包括无机化合物、有机化合物和放射性物质等。

1. 室内空气污染物的来源

室内空气污染物的来源较多，主要可分为室外来源和室内来源两个方面。

1）室外来源

室外来源包括通过门窗、墙缝等开口进入的室外污染物和人为因素从室外带至室内的室外污染物。工业废气和汽车尾气造成室外大气环境污染，生态环境遭到破坏。在自然通风或机械通风的作用下，这些污染物被输送至室内，尤其当进气口设置在室外污染源附近或正对着室外污染源排放口，而且进气未得到适当处理时，这可能成为室内空气污染物的最主要来源；人体毛发、皮肤以及衣物皆会吸附（黏附）空气污染物，当人自室外进入室内时，也自然地将室外的空气污染物带入室内；将干洗后的衣服带回家，会释放出四氯乙烯等挥发性有机化合物；将工作服带回家，可把工作环境中的污染物带入室内。

2）室内来源

① 建筑材料和装饰材料

建筑材料和室内装饰装修材料释放出的有害物是当前室内空气污染的主要原因。本章第二节将详细介绍这方面的内容。

② 室内用品

洗涤剂、杀虫剂、芳香剂和化妆品等家用化学用品已经成为现代生活的必需品，同时它们又是造成室内空气污染的主要原因。产生有害物的室内家具包括常规木制家具和布艺沙发等。家具释放的有害物质主要是游离甲醛，它来源于人造板的胶黏剂。其次，制造家具时使用的胶、漆、涂料含有大量的苯、甲苯和二甲苯，若干燥不彻底，使用过程中也会缓慢释放。另外，家具加工还可能产生氨，比如家具涂饰时所用的添加剂和增白剂大部分都含氨水，氨会释放到空气之中。不过，这种污染释放期比较快，不会在空气中长期大量积存。另外，随着科学技术的进步，现代办公用品越来越普及，复印机、计算机、打印机、复印纸等新型用品也会释放空气污染物到室内。

③ 人类活动

厨房通风条件差时，烹调是家庭室内空气污染物的主要来源之一，烹调产生的污染物主要有油烟和燃烧烟气两类。我国的烹调方式以炒、油炸、煎、蒸和煮为主，在烹调过程中，由于热分解作用产生大量有害物质，已经测定出的物质包括醛、酮、烃、脂肪酸、醇、芳香族化合物、内酯、杂环化合物等共计220多种。除了油烟外，我国村镇居民多以生物燃料（木材、植物秸秆及粪便）、煤或液化石油气等作燃料，这些燃料燃烧过程中会产生一氧化碳、氮氧化物、氰化氢、二氧化碳、丙烯醛、氯化氢、二氧化硫和未完全氧化的烃类，以及悬浮颗粒物。特别是使用生物燃料取暖、做饭时，大多为开放式燃烧，缺乏必要的通风措施。因此，不但热能利用率低，而且燃烧过程产生大量的颗粒物及气相污染物直接逸入室内，造成室内空气污染。

在室内吸烟，也会造成严重的室内空气污染，香烟烟雾成分极其复杂，它们在空气中以气态、气溶胶态存在。气溶胶态物质的主要成分是焦油及烟碱（尼古丁），每支香烟可产生 0.6~3.6mg 尼古丁，焦油中含有大量的致癌物质。

④ 人体新陈代谢

人体自身通过呼吸道、皮肤、汗腺、大小便向外界排出大量空气污染物，包括 CO_2、氨类化合物、硫化氢等内源性化学污染物，呼出气体中包括苯、甲苯、苯乙烯、氯仿等外源性污染物。此外，人体感染的各种致病微生物，如流感病毒、结核杆菌、链环菌等也会通过咳嗽、打喷嚏等喷出。

⑤ 生物性污染源

室内空气生物性污染因子的来源具有多样性，主要来源于患有呼吸道疾病的病人、动物（啮齿动物、鸟、家畜等）。此外，环境生物污染源也包括床褥、地毯中孳生的尘螨，厨房的餐具、厨具以及卫生间的浴缸、面盆和便具等都是细菌和真菌的孳生地。

2. 室内空气污染的主要影响

室内空气污染的代表性影响主要有以下两方面：

1）危害人体健康

因暴露于不良室内空气，居留人员受到的健康危害可能是短期的，也可能是长期的。影响程度从感觉不舒适、刺激、到患病、致残，甚至死亡。由此付出的代价包括精神伤害，生产率下降，医疗费用增加等。

2）室内用品审美和经济价值受损

不良室内空气质量会引起室内用品表面污染，或仪器、设备精度下降。与这类损坏相关的代价包括清理、校准和维修费用提高，以及使用寿命缩短等。此外，还有由此引起的停工损失。

二、室内空气污染控制对策

控制住宅的室内空气污染十分重要，主要涉及以下措施：

1. 建立健全室内空气质量标准

早在 1988 年，基于对公共场所的室内空气监测和调研工作，中国颁布了第一套比较完整的公共场所室内卫生标准，对各种公共场所的二氧化碳、一氧化碳、可吸入颗粒物浓度和细菌数量作出了限量要求。这些标准的实施对于加强公共场所室内环境的卫生管理，控制传染病传播，保护公众健康起到了积极的作用。

在对室内氡污染和化工污染状况进行长达数年的研究之后，1996 年 7 月 1 日我国颁布实施了《住房中氡浓度控制标准》（GB/T16146-1995）和《居室空气中甲醛的卫生标准》（GB/T16127-1995），它们分别是我国第一个针对居室空气放射性污染和化工污染制订的国家标准。接着，在1997年11月又颁布了室内细菌总数、二氧化碳、可吸入颗粒物、氮氧化物和二氧化硫浓度的卫生标准，并于1998年12月开始实施。

近年来，因建筑和装修活动造成的室内空气污染越来越严重。针对这一现状，国家标准委员会组织卫生、建材、环保、林业、化工、轻工等行业的专家，分析查明了建筑和装修材料所使用的原料和辅料、加工工艺、使用过程等各个环节中可能对人体健康造成危害的有害物质。在此基础上，参照国外有关标准，并结合对国内企业生产的产品进行的试验验证，制定了10项"室内装饰装修材料有害物质限量"标准，于2002年1月1日开始实施。该套标准对室内装饰装修材料中甲醛、挥发性有机化合物（VOCs）、苯、甲苯和二氯乙烯单体、苯乙烯单体、可溶性铅、镉、铬、汞和砷等有害物质，以及建筑材料放射性核素的限量值都作了明确的规定。同时还颁布实施了《室内空气中臭氧卫生标准》（GB/T18202-2000）。

我国卫生部还于2001年9月正式颁布了《室内空气质量卫生规范》（卫法监发〔2001〕255号），该规范综合了单项标准的数据，比较全面地规定了有关室内空气质量的污染物、热环境参数的适量值和卫生要求。《民用建筑工程室内环境污染控制规范》（GB50325-2001）也于2002年1月1日起正式实施，该规范要求民用建筑工程验收时，必须进行室内环境污染物浓度检测，而且检测结果应符合规定。此外，由国家质量监督检验检疫总局、卫生部和国家环境保护部批准的《室内空气质量标准》（GB/T18883-2002）也已发布、实施。总的来说，经过这些年的努力，我国已基本形成控制室内环境污染的技术标准体系。

2．加强建筑装修工程室内环境质量管理

在勘察设计和施工过程中严格执行《民用建筑工程室内环境污染控制规范》（GB50325-2010）。在建筑设计、暖通设计、装饰装修设计中充分考虑室内环境污染控制。建立民用建筑工程（含住宅）室内环境竣工验收检测制度，加强对建筑工程室内环境质量的监督管理，规范市场秩序，杜绝假冒伪劣建筑和装修材料。

3．加强室内的通风换气

通过对"病态建筑"的研究表明，在这类建筑中影响室内空气品质的一个重要因素就是通风换气量不足，从而使得室内CO_2、甲醛、苯、VOCs、氨、氡浓度过高。加强室内的通风换气，不断地向室内补充室外新鲜空气，稀释室内污染物降低其浓度，置换排走室内原有的污浊废气，是提高改善室内空气品质最简单、最有效的办法。

解决室内通风的方法很多。由室内外空气密度不同而产生的热压和室外空气流动所产生的风压作用形成的自然通风是不耗能的简单通风方式，虽然它不可控，处于一种无组织状态，但因不需付出任何代价即可收到一定效益，因而是改善室内空气质量的首选手段，在村镇住宅设计时应重点考虑。

由于自然通风受制于室内外空气环境条件变化，稳定性较差且保证率低，所以对要求高、且自然通风不易实现的场合应采用可控并具有高可靠性的机械通风，它可以根据污染物源在空间内的分布情况，设计比较合理的气流分布方式。

总之，应该引入室外新鲜空气，稀释室内污染物，使住宅具有较好的室内空气质量，当然，与此同时，要尽可能减少能耗。

4．加强能源利用的管理，控制室内空气污染

改变能源结构，也有助于减少产生室内污染物。中国能源结构以煤为主，大量分散式生活耗能是造成能源浪费以及居民室内空气污染的主要原因。生物质，包括稻草、秸秆、薪柴和有机废物，是部分农村地区做饭和取暖的主要能源。生物质直接燃烧不仅效率低下，而且产生大量空气污染物。可以考虑采用沼气、太阳能和风能进行替代。

燃气用具、灶具选择不合理，抽油烟机除污效果不佳，或根本没有排风设施也是造成室内空气污染的主要原因之一，而且随着住房密闭性能提高，这一问题越发严重。有鉴于此，改进炉具、灶具及其通风措施，对于节约能源、防止空气污染物进入室内环境有着非常重要的意义。

第二节　材料与室内环境质量

大量使用化学建筑材料会导致各种空气污染，所以在村镇住宅建设中，合理选择建筑材料和装修材料非常必要。

农村传统住宅一般都采用天然的建筑材料以及传统的材料，并且就地取材，充分利用当地资源，如天然石材、木材、竹材，墙体与屋面大量采用砖、瓦，在这些材料中可能存在一些天然放射性的危害，主要体现在天然石材中。对于开采当地的石材，应该由专业机构对相关的开采场进行测试，确定没有放射性危害的材料才可使用。一般放射性危害大的石材主要是花岗石，颜色越鲜艳的越有可能存在放射性。

2010 年 8 月 18 日，国家住房和城乡建设部以及国家质量监督检验检疫总局联合发布了国家标准《民用建筑工程室内环境污染控制规范》(GB50325-2010)，该规范从 2011 年 6 月 1 日起强制执行。该规范对相应的建筑材料和装修材料都做出明确分级，并对材料中有害物质做出限量要求，从而达到预防和控制民用建筑工程中建筑材料和装修材料产生的室内环境污染的目的。

2001 年 12 月 10 日，国家质量监督检验检疫总局联合住房和城乡建设部、林业局、中国轻工联合会和中国石油化工协会及有关部门发布了"室内装饰装修材料有害物质限量"10 项强制性标准，包括建筑材料有害物质限量的标准（GB18580~GB18588）和建筑材料放射性核素限量标准（GB6566）。具体如下：

GB18580《室内装饰装修材料人造板及其制品中甲醛释放限量》

GB18581《室内装饰装修材料溶剂型木器涂料中有害物质限量》

GB18582《室内装饰装修材料内墙涂料中有害物质限量》

GB18583《室内装饰装修材料胶粘剂中有害物质限量》

GB18584《室内装饰装修材料木家具中有害物质限量》

GB18585《室内装饰装修材料壁纸中有害物质限量》

GB18586《室内装饰装修材料聚氯乙烯卷材地板中有害物质限量》

GB18587《室内装饰装修材料地毯、地毯衬垫及地毯用胶粘剂中有害物质释放限量》

GB18588《混凝土外加剂中释放氨限量》

GB6566《建筑材料放射性核素限量》

这十项强制性标准的实施，有助于从源头上控制建筑装饰装修材料对室内空气质量产生的污染，从而保障民众的身体健康。

根据近年来国内外对室内环境污染的研究，已经检测到的有毒有害物质达数百种，常见的有 10 种以上，其中绝大部分为有机物，另外还有氨、氡气等。非放射性污染主要来源于各种人造板材、涂料、胶粘剂、处理剂等化学建材类建筑材料产品，这些材料在常温下会释放出多种有毒有害物质；放射性污染（氡）主要来自无机建筑材料，还与工程地点的地质情况有关。

一、室内空气污染物的主要种类及其危害

室内空气污染物主要有氡、甲醛、总挥发性有机化合物和氨。其中甲醛和氨在前面已有介绍，这里主要介绍氡和总挥发性有机化合物。

1. 氡

氡（Rn）是镭系、钍系、钾系放射性元素经一系列衰变后产生的气体，极易吸附在微粒上，经呼吸进入人体可沉积在肺部，会使人产生头晕、白血球降低等现象。如果人体长期受到高浓度氡的辐射，可导致肺癌等呼吸道疾病和白血病等。

室内的氡主要来自两方面。一是房屋地基土壤内含有的镭衰变成氡，从建筑物的缝隙、管道等处扩散至室内。二是建筑材料中释放出的氡。花岗岩以及用岩石、土壤为原料的砖、水泥和石灰，以废矿渣、煤渣等制成的砖，以放射性水平较高的地区取的土烧制成的卫生洁具、地砖等都可能使放射性氡含量上升。

影响氡的辐射强度的主要因素是建筑材料的辐射能力、所产生的氡扩散到室内空气中的比例、通风量以及氡的子体沉积在固体表面上的量。前两个因素决定了建筑材料中氡的释放量，后两项决定了氡在空气中的辐射能力。

2. 总挥发性有机化合物

挥发性有机化合物是指在室温下蒸气压大于 133.322Pa（1mmHg），或在空气中的沸点低于 260℃的各种有机化合物。室内挥发性有机化合物的数量可以多达数十种到上百种。由于它们种类多但浓度低，一般总称为总挥发性有机化合物（TVOC）。日常生活中常见的有甲醛、甲醇、苯、甲苯、氯乙烯、丙酮、三氯甲烷、四氯化碳等。室内的挥发性有机物主要来源于人们日常生活中使用的油漆、涂料、胶粘剂、防水剂以及装饰材料。

虽然室内挥发性有机化合物各自的浓度一般较低，但多种微量挥发性有机化合物的共同作用却不可低估。其毒性能引起中枢神经系统、呼吸系统、消化系统、循环系统和免疫功能异常。

二、建筑材料对室内环境的影响及其限量要求

现代村镇住宅的建筑材料大量采用水泥、混凝土以及金属材料，与建筑结构材料配合使用的功能材料中也有大量化工产品以及一些有危害的矿物材料，虽然这些材料对室内环境的影响没有室内装饰装修材料的影响大，但是也会对人造成健康影响，所以要引起注意，严格控制并妥善处理。

《民用建筑工程室内环境污染控制规范》（GB50325-2010）中规定民用建筑工程所选用的建筑材料如砂、石、砖、砌块、水泥、混凝土、混凝土预制构件等无机非金属建筑主体材料的放射性限量应符合表5-2-2-1的规定。

无机非金属建筑主体材料的放射性限量　　　　　　　　表5-2-2-1

测定项目	限　量
内照射指数 I_{Ra}	$\leqslant 1.0$
外照射指数 I_γ	$\leqslant 1.0$

资料来源:《民用建筑工程室内环境污染控制规范》（GB50325-2010）

建筑材料中所含的长寿命天然放射性核素，会放射 γ 射线，直接对室内构成外照射危害。γ 射线外照射危害的大小与建筑材料中所含的放射性同位素的比活度直接相关，还与建筑物空间大小、几何形状、放射性同位素在建筑材料中的分布均匀性有关。

民用建筑工程所使用的加气混凝土和空心率（孔洞率）大于25%的空心砖、空心砌块等建筑主体材料，其放射性限量应符合表5-2-2-2规定。

加气混凝土和空心率（孔洞率）大于25%的建筑主体材料放射性限量　　　　表5-2-2-2

测定项目	限　量
表面氡析出率 [Bq/(m² • s)]	$\leqslant 0.015$
内照射指数 I_{Ra}	$\leqslant 1.0$
外照射指数 I_γ	$\leqslant 1.3$

资料来源:《民用建筑工程室内环境污染控制规范》（GB50325-2010）

加气混凝土和空心率（孔洞率）大于25%的空心砖、空心砌块等建筑主体材料，氡的析出率比外形相同的实心材料大许多倍，有必要增加氡的析出率限量要求。

阻燃剂、混凝土外加剂中氨的释放量不应大于0.10%。能释放甲醛的混凝土外加剂，其游离甲醛含量不应大于500mg/kg。粘合木结构材料，其游离甲醛释放量不应大于0.12mg/m³。

三、装修材料对室内环境的影响及其限量要求

室内装修中所使用的各种装饰材料会释放刺激性的甲醛、苯系物和酮等有机物，这些有害物质直接刺激人的眼睛、皮肤，或引发气管炎等；所使用的尾矿、天然石材（如大理石、花岗岩等）、瓷砖和沥青中，有时会含有过量的放射性元素，如氡等；在村镇建筑中，以前曾大量使用石棉作为建筑材料，石棉是一种纤维状的矿物，被人体吸入后，可导致硅沉着病。

1. 天然石材和墙地砖

天然石材直接取自大自然，通常具有很好的花纹，日渐成为村镇住宅装饰材料中的新宠。然而，天然石材如花岗岩或大理石在其形成过程中，捕获了大量放射性元素如钍、铀等，这些含钍、铀的石材会释放出一种无

色无味的惰性气体——氡。氡是一种放射性元素，其放射性被人体吸入会使人产生头晕、白血球降低等现象。如果人体长期受到高浓度氡的辐射，可导致肺癌等呼吸道疾病和白血病等。据上海市环保协会公布的 2011 年 4 月 22 日至 5 月 31 日对 117 户的家庭与办公楼石材类氡辐射检测结果显示，八成以上的家庭与办公楼均存在不同程度的辐射超标。

根据检测数据统计，室内环境核辐射超标基本存在于大量使用的石材、墙地砖和陶瓷洁具类建材产品上。同时对多家知名建材装饰市场进行了检测。针对石材的核辐射检测数据显示：20% 左右的花岗石辐射剂量大于 0.13μSv/h，达不到 A 类标准。

针对墙地砖的核辐射检测数据显示：40% 左右的墙地砖辐射剂量大于 0.13μSv/h，一些南方地区的陶土辐射剂量甚至大于 0.5μSv/h。检测进一步发现，70% 左右的陶瓷卫生洁具辐射剂量大于 0.13μSv/h。此类陶瓷洁具放射性核素超高的部分原因是由于其制作原料高岭土是一种钾铝硅酸盐，放射性钾偏高。另外，陶瓷洁具需要不同程度的上釉，这是一种含镭、钍较高的涂料，生产商为追求洁具表面亮丽，在工艺上超量上釉，也导致放射性辐射水平值远高于标准限值。

放射性物质含量的高低与产品种类以及产地不同有很大关系。一般来说，花岗岩中放射性含量较高，大理石中放射性含量较低。在各种利用工业废渣生产的建筑材料中放射性也会有所提高。建筑物的选址要尽量避开断裂带，避开高氡地区，地层深处的氡可以通过地层间隙和地下水扩散进入大气圈。在这种地质条件上建造的房屋很容易富集氡气，从而对人体造成伤害。

一般情况下，天然石材是指选择加工成的特殊尺寸或形状的天然岩石，按照材质主要分为花岗石、大理石、石灰石、砂岩、板石等。在室内使用天然石材时，宜选用"浅色系列"中的真正的花岗岩类、由火山岩变质形成的片麻状花岗岩及花岗片麻岩等、少量黑色板石。特别需要关注其放射性，其辐射强度可能偏大，应选用放射性 A 类的天然石材。在全天然放射石材中，大理石类、绝大多数的板石类、暗色系列和灰色系列的花岗石类，其放射性辐射强度都较小。

《民用建筑工程室内环境污染控制规范》(GB50325-2010) 中规定民用建筑工程所使用的无机非金属装修材料，包括石材、建筑卫生陶瓷、石膏板、吊顶材料、无机瓷质砖粘结材料等，其放射性限量应符合表 5-2-2-3 的规定。

无机非金属装修材料放射性限量　　　　　　　　　　表 5-2-2-3

测定项目	限　量	
	A	B
内照射指数 /Ra	≤ 1.0	≤ 1.3
外照射指数 / γ	≤ 1.3	≤ 1.9

资料来源：《民用建筑工程室内环境污染控制规范》(GB50325-2010)

2．木材和人造木质板材

未经处理的木材对健康没有危害，但是木材表面的油漆中含有有机可挥发物，会对敏感的人的眼、鼻、喉产生刺激，影响健康。木材防腐剂中含有有机锡、五氯苯、六氯苯等化学物质，这些物质有毒并且还会致癌。胶合板中采用的胶粘剂很多含有游离甲醛，会对室内环境造成危害。

室内装饰装修大量使用木质人造板，常用的有普通胶合板、细木工板、纤维板、刨花板等。民用建筑工程室内用人造木板及饰面人造木板，采用环境测试舱法测定游离甲醛释放量时，其限量应符合现行国家标准《室内装饰装修材料人造板及其制品中甲醛释放限量》（GB18580）的规定，见表5-2-2-4。

环境测试舱法测定游离甲醛释放量限量　　　　　　表5-2-2-4

级　别	限量（mg/m³）
E_1	≤ 0.12

资料来源：《室内装饰装修材料人造板及其制品中甲醛释放限量》（GB18580）

3．建筑涂料

建筑涂料是应用非常广泛的建筑内外墙、地面、顶棚装饰材料之一。内墙涂料品种分有机和无机两类，其中有机涂料又分为水性涂料和溶剂型涂料。以乳胶涂料为主，品种有苯乙烯-丙烯酸乳胶、醋酸乙烯-丙烯酸乳胶、纯丙烯酸乳胶以及醋酸乙烯乳胶等。

溶剂型涂料为改变其流动性往往使用了大量有机溶剂，表面干燥后，还有少量残留有机物缓慢释放，成为室内VOC的主要来源之一。而水性涂料是以水作溶剂或分散介质，涂料成膜后，挥发的绝大部分是水。因此，以水性涂料代替溶剂型涂料进行室内装饰，会大大降低室内VOC的挥发量。同时，也要注意，水性涂料中的一些助剂也会含有挥发性有机物，要减少或停止使用有害的助剂，推广使用安全无毒的助剂。

民用建筑工程室内用水性涂料和水性腻子，其游离甲醛含量限量应符合表5-2-2-5的规定。

室内用水性涂料和水性腻子中游离甲醛限量　　　　　　表5-2-2-5

测定项目	限　量	
	水性涂料	水性腻子
游离甲醛（mg/kg）	≤ 100	

资料来源：《民用建筑工程室内环境污染控制规范》（GB50325-2010）

民用建筑工程室内用溶剂型涂料和木器用溶剂型腻子，按其规定的最大稀释比例混合后，对VOC和苯、甲苯+二甲苯+乙苯的含量按规定应符合表5-2-2-6的限量。

室内用溶剂型涂料和木器用溶剂型腻子中VOC、苯、甲苯+二甲苯+乙苯限量　　　表5-2-2-6

涂料类别	VOC（g/L）	苯（%）	甲苯+二甲苯+乙苯（%）
醇酸类涂料	≤ 500	≤ 0.3	≤ 5
硝基类涂料	≤ 720	≤ 0.3	≤ 30
聚氨酯类涂料	≤ 670	≤ 0.3	≤ 30
酚醛防锈漆	≤ 270	≤ 0.3	—
其他溶剂型涂料	≤ 600	≤ 0.3	≤ 30
木器用溶剂型腻子	≤ 550	≤ 0.3	≤ 30

资料来源：《民用建筑工程室内环境污染控制规范》（GB50325-2010）

聚氨酯漆测定固化剂中游离二异氰酸酯（TDI、HDI）的含量后，按其规定的最小稀释比例计算出聚氨酯漆中游离二异氰酸酯（TDI、HDI）含量，该含量不应大于4g/kg。

4. 各类室内胶粘剂及处理剂

室内用水性胶粘剂，其挥发性有机化合物（VOC）和游离甲醛的含量，其限量应符合表5-2-2-7的规定。

室内用水性胶粘剂中VOC和游离甲醛限量　　　　　表5-2-2-7

测定项目	限　量			
	聚乙酸乙烯酯胶粘剂	橡胶类胶粘剂	聚氨酯类胶粘剂	其他胶粘剂
挥发性有机化合物（VOC）（g/L）	≤ 110	≤ 250	≤ 100	≤ 350
游离甲醛（g/kg）	≤ 1.0	≤ 1.0	—	≤ 1.0

资料来源：《民用建筑工程室内环境污染控制规范》（GB50325-2010）

室内用溶剂型胶粘剂的挥发性有机化合物（VOC）、苯、甲苯＋二甲苯的含量限量应符合表5-2-2-8的规定。

室内用溶剂型胶粘剂中VOC、苯、甲苯＋二甲苯限量　　　　　表5-2-2-8

项　目	限　量			
	氯丁橡胶胶粘剂	SBS胶粘剂	聚氨酯类胶粘剂	其他胶粘剂
苯（g/kg）	≤ 5.0			
甲苯＋二甲苯（g/kg）	≤ 200	≤ 150	≤ 150	≤ 150
挥发性有机化合物（g/L）	≤ 700	≤ 650	≤ 700	≤ 700

资料来源：《民用建筑工程室内环境污染控制规范》（GB50325-2010）

聚氨酯胶粘剂中测定游离甲苯二异氰酸酯（TDI）的含量后，按其产品推荐的最小稀释量计算出聚氨酯漆中游离甲苯二异氰酸酯（TDI）含量，该含量不应大于4g/kg。

室内用水性阻燃剂（包括防火涂料）、防水剂、防腐剂等水性处理剂，其甲醛含量限量应符合表5-2-2-9的规定。

室内用水性处理剂中游离甲醛限量　　　　　表5-2-2-9

测定项目	限　量
游离甲醛（mg/kg）	≤ 100

资料来源：《民用建筑工程室内环境污染控制规范》（GB50325-2010）

5. 壁布壁纸

壁布、壁纸是以布或纸为基材，以聚乙烯塑料或其他纤维材料等为面层，经过压延或涂布以及印刷、压花或发泡而制成的一种室内墙体装饰材料。具有色彩丰富、图案变化多样、施工效率高等特点。家庭室内装修可以选用复合纸壁纸、纯无纺布壁纸、刷漆墙纸等。室内装修所使用的壁布、帷幕等游离甲醛释放量不应大于0.12mg/m³。室内用壁纸中甲醛含量不应大于120mg/kg。

6. 聚氯乙烯地板

聚氯乙烯地板成分为 PVC 树脂、增塑剂、稳定剂、石灰石、颜料。PVC 化学性质稳定，具有良好的耐水、耐酸碱性能，但耐烟蒂灼烧性能较差。聚氯乙烯地板使用非常广泛，如家庭、医院、学校、办公楼、工厂等。住宅室内用聚氯乙烯卷材地板中挥发物限量应符合表 5-2-2-10 的规定。

聚氯乙烯卷材地板中挥发物限量 表 5-2-2-10

名　称		限量（g/m²）
发泡类卷材地板	玻璃纤维基材	≤ 75
	其他基材	≤ 35
非发泡类卷材地板	玻璃纤维基材	≤ 40
	其他基材	≤ 10

资料来源：《民用建筑工程室内环境污染控制规范》(GB50325-2010)

7. 地毯

地毯按材质分为天然纤维地毯、合成纤维地毯、混纺纤维地毯等，用于住宅室内的地毯、地毯衬垫中总挥发性有机化合物和游离甲醛的释放量限量应符合表 5-2-2-11 的规定。

地毯、地毯衬垫中有害物质释放限量 表 5-2-2-11

名　称	有害物质项目	限量（mg/m²·h）	
		A 级	B 级
地毯	总挥发性有机化合物	≤ 0.500	≤ 0.600
	游离甲醛	≤ 0.050	≤ 0.050
地毯衬垫	总挥发性有机化合物	≤ 1.000	≤ 1.200
	游离甲醛	≤ 0.050	≤ 0.050

资料来源：《民用建筑工程室内环境污染控制规范》(GB50325-2010)

四、降低装修材料对室内环境质量影响的主要方法

室内装饰装修材料品种繁多，其中人造复合材料、化学合成材料的使用越来越广泛。这些材料不断向室内空气中散发污染物，是室内空气污染的重要来源。同时，许多天然材料也经过各种化学处理工艺，同样也向室内空气中散发污染物。为了控制室内环境污染的源头，首先必须对建筑材料和装饰装修材料中的有害物质进行监测和控制，还应采取相应科学而有效的净化处理方法，以减少这些材料向室内环境释放污染物。

1. 装修材料使用前的检测和材料的选择

应在使用前对室内建筑材料、装饰装修材料进行有害物质检测，了解这些材料中有害物质的含量或散发量，以利于针对性地开展室内空气污染控制和治理。对于一般的村镇农民，在住宅建设和室内装修时，不可能大批量地对建筑材料和装饰装修材料进行有害物质检测。因此，在购买建筑材料时，要重视审核生产厂家是否有质量管理部门发放的生产许可证以及每种建筑材料成品有无权威机构的检测报告等，选用合格的装饰装修材料，从源头上把关。

在材料的选用上，尽可能多地使用环境友好的绿色建材，选用绿色、生态、环保、安全的装饰装修材料、减少装修度或承载量；尽量选用资源利用率高的材料，如用复合材料代替实木；选用可再生利用的材料，如玻璃、铁艺件等；用天然材料来装修室内空间，如铁、竹、藤等无污染的材质；墙体用发电厂排出的飞灰或加工后的木屑做成的环保型砖砌成；墙纸用草墙纸、麻墙纸、纱绸墙纸等无污染的多功能墙纸；地材用新兴的环保型地毯；人造板材选用秸秆中密度板；室内涂料用水溶性涂料等。尽量少用有毒、有害、含污染物的化学材料。

2．装修材料使用时对污染物的去除方法和室内空气净化方法

在使用装饰装修材料前，通过涂敷或浸渍等方法，利用污染物去除剂、封闭剂、降解剂等处理后再进行施工，可降低这些装饰装修中有害物质向室内空气的释放。

在室内装修装饰材料中，人造板材是使用面最广、使用量最大、使用种类最多的材料之一。人造板材包括胶合板、细木工板、刨花板、饰面板、密度板和复合地板等。大量检测表明：人造板材所散发的甲醛是引起室内空气中甲醛超标的主要来源之一，而且各种人造板材质量参差不齐，因此在选购人造板材时要特别注意不要选用劣质厂家的三无产品。

从板材内部胶粘剂树脂中游离出来的甲醛，随着气温和时间的变化，散发至空气中，散发周期长，人造板材中游离甲醛的释放期长达 3~5 年，是室内空气污染的主要污染源。因此，应该重视治理人造板材中的游离甲醛，从根源上减少室内空气污染。

许多国家的研究人员发明了多种甲醛去除方法，大体分为：物理吸附法、化学法和生物吸收法。从人造板材使用角度上看，甲醛去除方法可分为在装饰装修施工时使用去除方法和在装饰装修后对室内空气中甲醛进行去除。

在装饰装修过程中可在人造板材表面、接缝处喷涂甲醛去除剂。由于去除剂的种类不尽相同，所含组分也不同，因此，对人造板材中游离甲醛去除效果差别也较大。其中采用含有酰肼类的化合物作为甲醛去除剂主要原料的，其去除效果较好。市场上也有采用过氧化氢（俗称双氧水）、二氧化氯等强氧化剂配制成水溶液涂敷到板材表面来去除甲醛的，这些方法虽然对甲醛有一定的去除能力，但这些氧化物挥发性强，起作用时间非常短，而且对装饰装修材料的使用性能有一定影响，不建议采用。

中科院过程工程研究所利用天然钠基膨润土类层状材料及经简单加工的活性白土或天然沸石多孔材料，通过离子交换或吸附方式将甲醛去除物置于层间或孔隙间，在碱性条件下利用铜离子的氧化性将甲醛氧化成甲酸并最终形成甲酸钠方式，或利用氨与甲醛反应，来捕捉环境中的甲醛。

施加量少、与甲醛反应速度快、甲醛去除率高，对人造板材和环境及人体伤害最小，无毒害作用，产品经济，施工方便的甲醛去除剂，将是今后发展的主要方向。从植物或中草药中提取生物活性物质，利用植物多酚及其活性物质去除甲醛等多种污染物，无疑是一种绿色的甲醛去除法。植物多酚是分子中具有多个羟基酚类植物成分的总称，植物中多酚的含量仅次于纤维素、半纤维素和木质素，主要存在于植物体的皮、根、叶、壳和果肉中，植物多酚在自然界中的储备非常丰富。由于植物多酚具有环境净化的多重功能，能杀菌、除臭、净化空气中的甲醛、VOC_S，利用植物去除空气污染物的研究具有应用范围广、经济效益高和环境扰动小等特点，近年来利用植物去除空气污染物研究的植物修复技术正成为前沿的新课题。

美国宇航局的科学家威廉·沃维尔用了几年的时间，测试了几十种不同的绿色植物对几十种化学复合物的吸收能力，发现绿色植物对空气中的主要污染物具有一定的净化作用。如在24h照明的条件下，芦荟能吸收1m³空气中所含的90%的甲醛，常青藤能吸收90%的苯、龙舌兰可吸收70%的苯、50%的甲醛和24%的三氯乙烯，垂挂兰能吸收96%的一氧化碳、86%的甲醛。

研究表明，常见的观赏植物对多种有害物质有一定的吸附作用。紫苑属、含烟草和鸡冠花等植物，能吸入大量的铀放射性核素；芦荟、吊兰和虎尾兰可清除甲醛；常青藤、月季、蔷薇、芦荟和万年青等可有效清除室内的三氯乙烯、硫化氢、苯、苯酚、氟化氢和乙醚等；虎尾兰、龟背竹和一叶兰等可吸收室内80%以上的有害气体；天门冬可清除重金属微粒；柑橘、迷迭香和吊兰等可使室内空气中的细菌和微生物大为减少。

国内研究人员通过实验得出六种观赏植物能吸收甲醛，吸收甲醛的能力依次为海芋、绿萝、虎皮兰、绿宝石、佛肚竹、肉桂。同种植物不同生长阶段吸收甲醛能力的大小是不同的。

使用植物去除空气污染物，具有处理费用低、对环境破坏小、去除效果好等优点，但同时也具有耗时长、处理不彻底、植物体内代谢产物对植物的毒性以及在食物链中的传递作用对人类有影响的缺点。因此，人们利用植物来净化室内空气中的主要污染物，只是一种辅助的、补充性净化方式。

现在科学研究人员已经成功地利用植物基因工程技术，创造出净化空气中甲醛污染物的特殊转基因观赏植物，从而克服了天然植物吸收分解甲醛能力和速度非常有限的缺点。

利用植物中提取的植物提取液制成的除臭剂应用于室内空气的除臭，具有很好的效果。人们利用中医学、现代药理学的研究成果，从草本、植物性药材、水果、蔬菜中的植物多酚类化学物中，提取的不同植物多酚类化合物，不但有清热解毒、清肺化痰、祛邪利咽的功效，还可用来清除空气中异味、杀菌、净化室内空气。研究发现，这些具有抗菌活性中草药植物的多酚类化合物，不但含有丰富的有机酸，还包括烯键、醛、酮及环氧烷烃基团、烯烃基团。正是这些活性有机化合物和活性基团，在净化室内空气中甲醛、VOC等污染物时发挥了重要作用。由中草药提取物配制的空气净化液经实验证明对甲醛有较高的净化率，对苯也有一定的净化功能。

茶多酚是茶叶中儿茶素类、丙酮类、酚酸类和花色素类化合物的总称。近年来，随着对茶叶研究和认识的加深，茶多酚的各种功效也愈来愈被重视。最新研究表明，茶多酚在室内环境污染治理中有很多实际应用价值。茶多酚等活性物质具抗辐射作用，能有效地阻止放射性物质侵入骨髓，并可使锶90和钴60迅速排出体外，被医学与健康界誉为"辐射克星"。由于自然和人为因素造成的有害射线及放射性物质对人类的危害越来越严重，在室内环境中氡就是重要的放射性污染物之一，是造成癌症病人越来越多的原因之一。茶多酚能够有效地维持白细胞、血小板、血色素水平的稳定，有效地缓解射线对骨髓细胞增重的抑制作用，可减轻放射性物质对肌体免疫系统的抑制作用。因此，在涉及放射污染的场所，在空气中喷洒、或将茶多酚提取物负载于空气过滤器纤维材料中，在一定程度上可去除放射性污染粒子，减少放射物质对人体的侵害，减少室内空气的放射污染。

茶多酚还是一种良好的甲醛捕获剂，对净化室内空气中的甲醛有实用价值。如在人造木板板材原料中掺加茶叶来降低甲醛的释放量；将茶叶水与聚乙二醇、硫脲配等化学成分制备成溶液，处理富含甲醛的三合板，取得了明显降低甲醛释放量的效果；用聚乙二醇、尿素等化学成分制备而成的溶液，甲醛释放相对减少约75%。

以茶多酚为吸附剂去除空气中甲醛的方法有很多，如配制装饰装修材料中的甲醛清除剂，喷涂在人造板材、室内装饰材料表面；配制空气净化喷雾剂净化空气等。

活性炭及其改性产品也是空气净化中常见的方法。活性炭是应用最早、用途较广的一种优良吸附剂，它的孔隙十分丰富，有较大的比表面积。直接采用活性炭吸附甲醛，其吸附容量小，容易产生脱附，造成二次污染。因此，必须对活性炭进行化学改性。活性炭本身是良好的催化剂载体，研究表明，负载金属氧化物 MnO_2 活性炭去除甲醛方法、负载碳酸钠和亚硫酸氢钠的改性活性炭去除甲醛方法的整体性能都高于普通活性炭。活性炭改性后对甲醛的吸附机理由物理吸附转变为化学吸附，同时伴随物理吸附，从而提高了吸附值。

由于吸附剂存在吸附容量有限、使用寿命短等问题，吸附达到饱和后必须再生，使得操作过程呈间隙性。通过光催化技术与活性炭的结合，使活性炭经光催化氧化而去除吸附的污染物后原位再生，从而延长使用周期。在活性炭表面负载 TiO_2 或 $Pt-TiO_2$，可以将活性炭再生。研究表明，利用活性炭 $-TiO_2$ 光催化技术可净化空气中的甲醛和苯。加入少量 TiO_2 光催化材料的建筑卫生陶瓷、涂料和墙体材料等的建筑材料，还具有净化环境、消除氮氧化物、杀菌、防霉等功能。

竹炭是竹材受热分解而得到的主要固体产物。具有发达的微观孔道，吸附性能良好，是一种有着广阔发展空间的多功能吸附性材料。竹炭对不同的有害气体有不同程度的吸附去除能力。通过对竹炭孔结构的重整和孔表面的修饰等方法，如载银纳米 TiO_2 改性竹炭，可以提高对甲醛的吸附量以及吸附速度，同时还具有较高的抗菌性能。

室内墙纸在生产制造时大都采用发泡技术，施工时用胶粘剂贴到墙上，这些材料都会向空气中释放有机污染物，可以在施工完成后向墙纸表面喷涂甲醛或 VOC_S 去除剂、封闭剂等。

第三章
村镇住宅的室外环境设计

优美、舒适的村镇住宅室外环境还包括室外景观设计和固体废弃物处理，这是营造良好的人居环境的必要内容，也是村镇住宅设计中需要关心的内容。

第一节　村镇住宅的室外景观设计

我国各地自然条件迥异，村镇住宅室外景观设计必须从地域条件出发，采用适合当地气候和地理条件的景观设计方案；同时，室外景观设计必须与住宅及住宅群体的布局紧密相关，内外呼应、内外互动，做到建筑与景观的相互融合；还应该注意村镇住宅室外景观与城市住宅室外景观的区别，塑造具有村镇住宅和村镇住宅小区特点的室外景观。

一、院落

在宅基地上，住宅旁边的土地一般情况下就构成了院落。院落，特别是带有生产功能的院落是村镇住宅区别于城市住宅的特色空间，在布置中需要充分考虑家庭农副业生产的需求，综合处理建筑与环境的关系、室内空间与室外空间的关系、生产与生活的关系、美观与实用的关系，尽量做到土地的高效利用和景观的美观大方。

当然，近年来随着产业结构的调整和生活水平的提高，不少地区村镇住宅的院落已经不再具有生产功能，完全是生活型庭院，类似城市住宅底层的院落。这时院落的功能主要是以绿化为主，布局比较自由，景观功能突出。

村镇住宅的院落布置比较灵活，有多种模式，常见的有四合院式、前院式、后院式、前后院式、前侧院式、多院式等。

四合院式的院落面积集中，但不利组织生产功能，加之部分住房朝向不好，目前在实践中使用不多。

前院式的院落位于宅基地的南部，面积集中、空间开敞、满院阳光、通风良好，但有可能造成庭院绿化与畜圈同在一院，景观上不够美观，而且不良气味对住宅有影响，因此，可以采取分区布置，采用甬道与围墙进行分隔。

前后院式的前院为生活庭院，后院为家务生产庭院，脏净分隔，功能分区明确。而且住宅通风、日照良好，畜圈在夏季主导风向的下风带，对住宅影响较小。但后院有阴影区，院落面积分散。图5-3-1-1为前后院住宅实例。

前侧院式将畜圈、禽栏隐蔽在侧院，前院相当于生活院。有利于前院整洁、环境美化、院内阳光充足。图5-3-1-2为前侧院住宅实例。

采用后院式布局时，住宅直接邻街，院落面积集中，住宅通风、朝向良好。但院内有建筑阴影，一般在南方地区采用较多，特别适合于临街开店的住宅。图5-3-1-3为坡地农村住宅，后院依山布置。

多院式住宅设有前院、中院和后院。适合于窄长形宅基地的布局，院落可按使用功能分区，但院落分散、阴影区多。图5-3-1-4为多院式住宅。

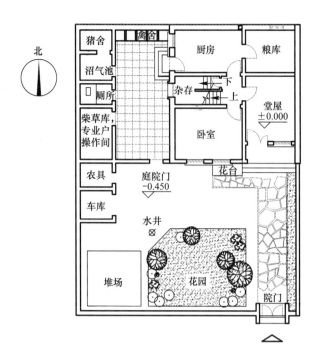

图 5-3-1-1　前后院式住宅实例

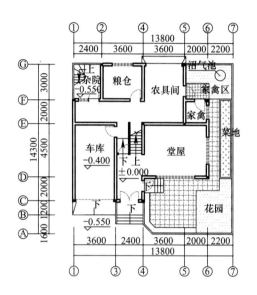

图 5-3-1-2　前侧院式住宅实例

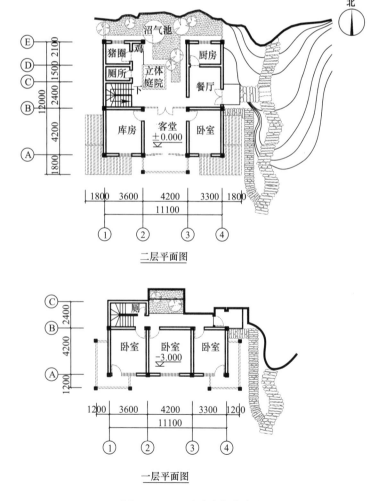

二层平面图

一层平面图

图 5-3-1-3　后院式住宅实例

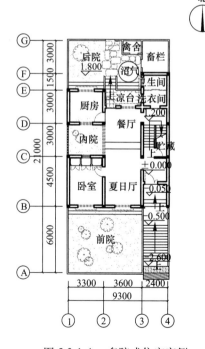

图 5-3-1-4　多院式住宅实例

二、村镇住宅绿地设计

随着生产模式的转变，农村人口逐渐向中心村和小城镇转移，农村居民的住宅也逐渐由独立式向联排式和单元式转变，此时的室外景观设计就可更多地借鉴城市住区的室外景观规划及设计了。

1. 绿地的相关标准

在实践中，可以参照城镇居住区、居住小区、居住组团的做法，在村镇住宅中配备绿化。各级绿地的设置要求可以参考表5-3-1-1和表5-3-1-2。按照2002年版《城市居住区规划设计规范》(GB50180-93) 的要求，新建城市居住区绿地率不低于30%，旧区改建的绿地率不宜低于25%。居住区内的公共绿地指标：组团不少于0.5m²/人，小区（含组团）不少于1m²/人，居住区（含小区与组团）不少于1.5m²/人。

一般情况下，村镇以类似城市居住小区级或者组团级的规模为多，可以选择相应的各级绿地标准和设计要求，即：按照小游园、组团绿地、住宅庭院绿地的设置要求进行规划设计。

各级绿地设置要求表 表 5-3-1-1

名　称	功　能	一般设置要求	规模（万 m²）	最大步行距离（m）	备　注
居住区公园（居住区级）	主要供本区居民就近使用	花木草坪、花坛水面、凉亭雕塑、小卖茶座、老幼设施、停车场等。园内布局应有明确的功能划分	≥ 1.0	≤ 800~1000	最好与居住区中心结合布置
小游园（小区级）	主要供小区内居民就近使用	花木草坪、花坛水面、雕塑、儿童设施等。园内布局应有一定的功能划分	0.6~0.8 ≥ 0.4	≤ 400~500	宜靠近小区中心，结合青少年活动场地布置
组团绿地（组团级）	主要供组团内居民使用	花木草坪、桌椅、简易儿童设施等	≥ 0.05	≤ 150	有开敞式、半封闭式、封闭式三种
住宅庭院绿化	供本幢或邻幢楼的居民使用	底层住户小院、游憩活动场地	酌情决定		
道路绿化	遮阳、防噪声和尘土、美化街景	乔木、灌木、花卉、草坪、小品建筑等；树池最小尺寸1.2m×1.2m，绿地分段长度30~50m；行道树株距6~8m，树干中心距侧石外缘0.75m			

资料来源：主要根据《建筑设计资料集》编委会，建筑设计资料集（第二版）第3集，
　　　　　北京：中国建筑工业出版社，1994。部分作者整理

组团绿地标准规定 表 5-3-1-2

	封闭式绿地	开敞式绿地
南侧为多层楼房	宽≥ 1.51楼高	宽≥ 1.51楼高
	宽≥ 30m	宽≥ 30m
	面积≥ 800m²（1000m²）	面积≥ 500m²（600m²）
	组团绿地应有不少于1/3的面积在标准的建筑日照阴影线范围之外。	

资料来源：主要根据《建筑设计资料集》编委会，建筑设计资料集（第二版）第3集，
　　　　　北京：中国建筑工业出版社，1994。部分作者整理

室外场地组成及布置 表 5-3-1-3

名　称	年龄（岁）	位　置	场地规模(m²)	内　容	服务户数（户）	距离住宅入口（m）
幼儿游戏场地	3~6	住户能照看到的范围；住宅入口附近	100~150	硬地、坐凳、沙坑、砂地等	60~120	≤50
学龄儿童游戏场地	6~12	结合小块公共绿地布置	300~500	多功能游戏场器械、游戏雕塑、戏水池、沙场等	400~600	200~250
青少年活动场地	12~18	结合小区公园布置	600~1000	运动器械、多功能球场等	800~1000	400~500
成年、老年人休息活动场地	>18	可单独设，也可结合各级公共绿地、儿童游戏场	酌定	桌、椅、凳、运动器械、活动场地		200~500

资料来源：《建筑设计资料集》编委会，建筑设计资料集（第二版）第3集，
北京：中国建筑工业出版社，1994

2. 绿化设计

首先，要强调节约用地，绿地尽量利用坡地、劣地、洼地设置，对于场地内留下的自然水面可尽量加以利用。同时，我国疆域广阔，各地自然条件差异很大，绿地设计及树种选择应该紧密结合当地自然条件，巧妙设计，选择恰当的植物品种，突出地域特点。

绿地以突出自然韵味和生态效应为主，减少硬地铺装面积，不宜过于人工化；要注意重点与一般的结合，突出主要的景观效果与主题构思；此外，绿地尽量与公共活动场地相结合（表5-3-1-3），并注意与建筑物、构筑物和市政管线的必要防护距离（表5-3-1-4）。在上述基础上，还应注意以下几项要求：

1）注意功能需要

绿化设计要强调功能需要，植物品种的选择应该与使用功能相结合。行道树宜选择遮阳力强的落叶乔木，儿童游戏场和青少年活动场地不能选用有毒或者带刺的植物，体育运动场地要避免选用大量扬花、落果、落叶的树木，不希望人们进入的场地则可采用密植的灌木等等。

2）发挥调节功能

尽量充分发挥植物调节小气候的功能。如可以通过密植植物遮挡西北的寒风，通过乔木遮挡西晒的阳光，通过高碳汇植物吸收尽量多的 CO_2 等等。

3）注重景观效果

充分注意绿地的景观效果。为了尽快形成绿化面貌，可以采用速生树种与慢生树种相结合的种植方法；应该考虑四季的季相效果，采用落叶与常绿、不同树姿与叶色相结合的绿地设计方案；同时还可以考虑地形的起伏，山石、水体和小品的配置等等，尽量营造优美的住区绿化环境。

4）注意养护管理

尽量选择优良的地方植物品种，对于大量性的普遍绿化宜选用易于管理、易于生长、少修剪、少虫害的植物；对于重点的景观区域可以种植一些观赏性为主的乔灌木及少量花卉；对于人工水面要谨慎使用。

种植树木与建筑物、构筑物、管线的水平距离 表5-3-1-4

名　称	最小间距（m）		名　称	最小间距（m）	
	至乔木中心	至灌木中心		至乔木中心	至灌木中心
有窗建筑物外墙	3.0	1.5	给水管、闸	1.5	不限
无窗建筑物外墙	2.0	1.5	污水管、雨水管	1.0	不限
道路侧面、挡土墙脚、陡坡	1.0	0.5	电力电缆	1.5	
人行道边	0.75	0.5	热力管	2.0	1.0
高2m以下围墙	1.0	0.75	弱电电缆沟、电力电讯杆、路灯电杆	2.0	
体育场地	3.0	3.0	消防龙头	1.2	1.2
排水明沟边缘	1.0	0.5	煤气管	1.5	1.5
测量水准点	2.0	2.0			

资料来源：李德华主编，城市规划原理（第三版），北京：中国建筑工业出版社，2001

第二节　村镇住宅固体废弃物处理

村镇住宅室外固体废弃物是一种不可忽视的污染源，不仅给村镇住宅环境带来严重的污染，还严重威胁了人体健康。我国村镇固体废弃物的治理水平一直很低，长期依靠直接堆放和其他简易处理方式进行消纳，基本未进行无害化处理，致使村镇固体废弃物污染治理问题日益严重，已严重影响了农村环境，威胁着人们的身体健康，成了现代农村居住环境面临的一大难题。

一、村镇居住社区固体废弃物处理面临的问题

固体废弃物的主要成分是生活垃圾、农业及养殖业废弃物、工业固体废弃物、建筑垃圾和医疗垃圾。

农村生活垃圾以厨房剩余物为主，以前大多数厨房剩余物可作为畜禽饲料，从而使生活垃圾自生自灭。近些年来，农村居民的消费结构发生了很大的变化，引起农村生活垃圾成分也发生了明显的改变。农业地膜的使用、畜禽产生的大量粪便，更加剧了农村环境的恶化。一些高污染企业近年来都向边远地区或者农村转移，给农村经济带来发展的同时，也为农村环境的破坏埋下了隐患。

工业固体废弃物主要是废旧电器、油漆桶、过期药品、日光灯管、灯泡、废弃磁带光盘、发胶罐等。

建筑垃圾的主要成分是砖块和煤渣等。粉煤灰、炉渣、煤渣、土砂等无机类物质含量较高，使固体废弃物中的可燃物质含量相对较低。

医疗垃圾主要涉及一些医疗点。在农村存在很多的赤脚医生虽然方便了居民看病，但其对医疗垃圾的随意丢弃，造成了很大的健康安全隐患。

1. 农村住宅固体废弃物的特点

从农村固体废弃物的来源与成分分析来看，可以将其归于以下几个特点：数量大、成分多、面积广、治理难。

农村人口多，产生的固体废弃物量就大。近年来，一些难以自生自灭的废弃物，如：包装废弃物、一次性用品废弃物等在农村大量出现，如婴幼儿使用的一次性尿不湿、妇女卫生用品、废旧衣服鞋帽等，尤其是塑料制品、玻璃、陶器、废旧电器、电池、磁带、光盘、玩具等在村镇住宅固体废弃物中的比例逐年增加。另外，随着农民生活条件的改善，液化气的普及利用和化肥的滥用，许多有机垃圾如秸秆和稻草等未被利用或还田，而是作为废弃物被随意丢弃，使农村生活垃圾在数量和成分上发生很大变化。由于农民居住比较分散，哪里有人或者住所，哪里就有固体废弃物的存在，其分布面积广，给集中治理带来了难度。

2. 农村固体废弃物的处理现状

目前，有些村镇住宅室外固体废弃物常常未经任何收集和无害化处理，自行将固体废弃物倾倒在房屋、农田周围。固体废弃物中的有害组分经风化、雨雪冲刷浸泡以及地表径流的侵蚀和作用，产生的垃圾渗滤液对土壤及地下水污染严重，破坏了周围的生态环境。有时，即使对固体废弃物进行处理也只是简单露天堆放，缺少必要的卫生防护条件，无法采取卫生防疫措施。在炎热的夏季，在固体废弃物露天堆放的地方，恶臭扑鼻，蚊蝇滋生，塑料垃圾袋和细粒废渣在风力的吹动下随风四起，污染周围的大气，造成病菌的传播。

村镇住宅室外固体废弃物往往比较分散，难以进行集中收集，由于农民倾倒垃圾时随意性很强，导致堆放点十分分散，在人口比较密集的村屯周围，垃圾堆放点更是四处可见，占用了大量农田，造成了土地资源的浪费。

二、村镇住宅室外固体废弃物处理对策

村镇住宅室外固体废弃物处理对策主要涉及收集、转运、处理及相关政策几个方面。

1. 村镇住宅室外固体废弃物的收集

村镇住宅室外固体废弃物的收集是将农民家中的垃圾、人畜粪便收集至垃圾箱中的过程。固体废弃物宜进行分类收集，分类是实现垃圾减量化、资源化、无害化的前提，分类越细，越是有利于回收利用和处理。但是，分类过细，又会导致劳动强度大、操作成本高。因此，应综合考虑当地固体废弃物组成、人们生活习惯、处理设施及处理方式等情况，然后确定分类标准。

村镇住宅产生的固体废弃物宜遵照"分类投放、回收利用、集中保管、综合评价"的原则进行收集。

1）分类投放

将村镇住宅产生的固体废弃物分为四类，即一般生活垃圾、可回收垃圾、有毒有害垃圾、装修垃圾。一般生活垃圾包括果皮、剩饭菜、植物、纸巾、灰尘、碎布、皮革、陶瓷、花土等；可回收垃圾包括报刊、书纸、饮料瓶、橡胶制品、金属等；有毒有害垃圾包括废灯管、电池、医药制剂及用具、农药罐（袋）、润滑油罐、气雾剂罐、废的设备用油、灭火器使用后的废弃物等；建筑垃圾包括碎砖、水泥、砂、木材等。

2）回收利用

村镇住宅产生的可回收垃圾投放后，可由专人进行回收，仍有利用价值的循环再用，也可以统一出售给已具备资格的回收商。

3）集中保管

在暂未找到厂家可以处理生活区产生的有毒有害垃圾（而非工业产生）前，将分类投放的有毒有害垃圾集中保管，存放起来直至找到具备相应资格、可以处理此类生活区产生的有毒有害垃圾的商家为止。

4）综合评价

厨余垃圾在收集之前，尽可能将大部分用作禽畜饲料，直接实现减量化和资源化；对于未养殖禽畜家庭产生的此类垃圾以及垃圾中难以用作禽畜饲料的部分，宜收集后进行集中处理。废弃物品中有一部分可进行回收资源化处理，考虑到农村经济条件，废弃物品中可回收成分有限，对于其中难以回收的部分应收集后集中处理。对于有害垃圾，应设专门的收运系统，将其收集至指定地点统一处理。

2. 村镇住宅室外固体废弃物的转运

村镇住宅室外固体废弃物的转运是将农民家庭附近固体废弃物收集箱中的固体废弃物运输至处理地点的过程。对于居住分散的村镇，由于家庭分散，且固体废弃物产量相对较少，若直接用车辆从固体废弃物箱中运走固体废弃物，运输频率高则成本高，运输频率低则固体废弃物易于腐烂。因此，宜采用"村屯固体废弃物收集间、乡镇固体废弃物转运站"的转运模式。

村镇之间的距离一般较远，宜在各个村镇或相近村镇设置固体废弃物收集间。收集间底部采用防渗处理、防止渗滤液下渗。固体废弃物经收集间集中后，再由车辆将固体废弃物运至乡镇固体废弃物转运站。

固体废弃物转运站宜建在合理的位置，以服务周围多个乡镇，同时还需满足以下条件：符合当地的大气防护、水土资源保护、大自然保护及生态平衡的要求；交通方便、运输距离合理，满足供水供电等要求；人口密度、土地利用价值及征地费用均较低；位于居民集中点季风主导风向的下风向。

乡镇固体废弃物转运站一般规模较小，宜采用小型卧式压缩式固体废弃物中转站，可以降低固体废弃物的处理成本。

3. 村镇住宅室外固体废弃物的处理

村镇住宅室外固体废弃物的处理应遵循减量化、资源化、无害化的原则。

1）固体废弃物减量化处理

相对城市来说，农村生态系统较稳定，环境容量较大。应充分利用农村这种巨大的环境自净能力，如土壤、水体、大气和生物的稀释、扩散、降解、吸收和转化等作用，建立农村环境自净体系。就近分化掉最大量垃圾，把需要集中收运处理的固体废弃物量降到最低点。还可以通过扩大绿色覆盖率、修建氧化塘、保护自然天敌和益鸟、推广生物防治等，建立人工自净体系。

农村固体废弃物中，既有可就地填埋的瓦砾砖块，也有可就地堆肥的菜叶瓜皮；既有可收集降解的塑料橡胶制品，也有可回收利用的金属玻璃制品等，有必要实行就地分拣回收处理，实现减量化分类。另外，还应鼓励村民购买绿色产品，多使用农家肥，从源头上减少难降解物质的引入。

2）固体废弃物资源化处理

废弃物是放错地方的资源，一些固体废弃物通过处理，可以进行资源化利用。例如，在广大的农村地区，应加大沼气建设，发展农村沼气，因为它可以在解决群众生活用能的同时，带动养殖业和高效种植业的发展，不仅提高了农产品质量和产量，而且从各个方面直接或间接地促进了农村经济的发展，具有显著的经济效益。食物垃圾进行生态堆肥，那些塑料橡胶、废铜烂铁、玻璃制品等可卖给回收公司以进行再生利用，不能回收的碎砖石块等固形物作为建筑道路填充物铺垫填埋，有效减少固体废弃物运送成本和资源浪费，最大程度地减轻农村固体废弃物处理的费用负担。

3) 固体废弃物无害化处理

农村生产过程中产生的牲畜粪便以及菜帮、菜叶等都在沼气池中得到无害化处理，而那些有害废弃物如电池、残留农药瓶等则应单独集中处理，集中后待运至垃圾场。经过分类压缩的垃圾集中无害化处理是农村垃圾处置的后道程序。

一般说来，目前比较有效的无害化处理方法是焚烧发电，它是目前世界各国广泛采用的垃圾处理技术，主要通过垃圾焚烧来发电，焚烧后的废渣用来制砖，产生的余热用来发电，形成一个完整的循环经济链。但由于其处理成本的限制，大多农村的固体废弃物都是作卫生填埋处理。当然，要彻底地清除那些有毒有害固体废弃物，还需要优化农村固体废弃物收集及运输系统，保证垃圾桶、垃圾中转站及相关垃圾运输车辆的数量。根据上面的分析，可以用图 5-3-2-1 来表示农村固体废弃物的处理过程。

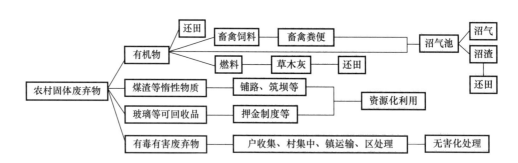

图 5-3-2-1　村镇住宅室外固体废弃物处理途径

4. 政府加大对村镇住宅固体废弃物处理的支持

因建立农村固体废弃物处理与处置系统需要大量的资金，考虑到目前的农村固体废弃物处理现状及危害，国家应该加大农村固体废弃物处理与处置的力度，提供更多的资金支持，保障新农村建设，且还应鼓励社会资金向农村公共卫生服务设施倾斜。农村干部需争取各级政府的资金支持，如省、市、区、镇的各级拨款，再向辖区内单位或个人收取一定的农村固体废弃物处理费，积极倡导国家、集体、个人相结合的方式，实行专款专用于固体废弃物清扫、收集、清运及终端无害化处理等工作，切实解决处理资金不足的问题，建立长期稳定的投入机制。

注释：

[1]《住宅设计规范》(GB 50096-2011)

插图来源：

(1) 图 5-1-1-1 陈易等编. 不同地域特色村镇住宅资料集. 北京：中国建筑工业出版社，2013
(2) 图 5-1-2-1 李德华主编. 城市规划原理（第三版）. 北京：中国建筑工业出版社，2003
(3) 图 5-3-1-1 至图 5-3-1-4 陈易等编. 不同地域特色村镇住宅资料集. 北京：中国建筑工业出版社，2013
(4) 图 5-3-2-1 王洪涛，陆文静编. 农村固体废物处理处置与资源化技术. 北京：中国环境科学出版社，2006

主要参考文献

[1] 陈易等编. 不同地域特色村镇住宅资料集 [M]. 北京：中国建筑工业出版社，2013.
[2] 董娟. 基于地域因素分析的可持续村镇住宅设计理论与方法 [D]. 同济大学博士学位论文. 2010.
[3] 房云阁主编. 室内空气质量检测实用技术 [M]. 北京：中国计量出版社，2007.
[4] 建设部干部学院主编. 实用建筑节能工程设计 [M]. 北京：中国电力出版社，2008.
[5] 《建筑设计资料集》编委会. 建筑设计资料集（第二版）第 1 集 [M]. 北京：中国建筑工业出版社，1994.
[6] 《建筑设计资料集》编委会. 建筑设计资料集（第二版）第 2 集 [M]. 北京：中国建筑工业出版社，1994.
[7] 《建筑设计资料集》编委会. 建筑设计资料集（第二版）第 3 集 [M]. 北京：中国建筑工业出版社，1994.
[8] 李百战主编. 绿色建筑概论 [M]. 北京：化学工业出版社，2007.
[9] 李德华主编. 城市规划原理（第三版）[M]. 北京：中国建筑工业出版社，2001.
[10] 李家华主编. 环境噪声控制 [M]. 北京：冶金工业出版社，2003.
[11] 刘念雄，秦佑国编. 建筑热环境 [M]. 北京：清华大学出版社，2005.
[12] 宋广生，王雨群. 室内环境污染控制与治理技术 [M]. 北京：机械工业出版社，2011.
[13] 王洪涛，陆文静编. 农村固体废物处理处置与资源化技术 [M]. 北京：中国环境科学出版社，2006.
[14] 王昭俊，赵加宁，刘京. 室内空气环境 [M]. 北京：化学工业出版社，2006.
[15] 魏自民，刘鸿亮编. 有机固体废弃物管理与资源化技术 [M]. 北京：国防工业出版社，2009.
[16] 吴清仁，吴善淦. 生态建材与环保 [M]. 北京：化学工业出版社，2003.
[17] 徐鸿儒编. 居家室内环境保护 [M]. 北京：中国建筑工业出版社，2003.
[18] 叶歆. 建筑热环境 [M]. 北京：清华大学出版社，1996.
[19] 张玉祥. 绿色建材产品手册 [M]. 北京：化学工业出版社，2002.
[20] 赵荣义等编. 空气调节（第四版）[M]. 北京：中国建筑工业出版社，2009.
[21] 郑洁等编. 绿色建筑热湿环境及保障技术 [M]. 北京：化学工业出版社，2007.
[22] 朱天乐编. 室内空气污染控制 [M]. 北京：化学工业出版社，2003.